SMART

지안에듀 동영상 강의

KB163345

2023

스마트
9급물리

9급 서울시(경력)·지방직(고졸자)
경력경쟁·해양경찰

신용찬 저

스마트 9급 물리
9급 서울시·9급 지방직·경력경쟁·해양경찰

핵심 꼭!
이론정리. 연습문제

기출문제
9급 서울시 · 지방직

지안에듀
동영상 강의

한솔아카데미

머리말

날로 치열해지는 취업 경쟁 속에서 공무원에 대한 선호도는 매우 높아지고, 또한 관심이 그 어느때보다 높아지고 있는 실정입니다.

수험생들에게는 필수 과목인 물리학은 다른 과목에 비해 다소 부담이 되는 것이 사실이고 최근의 출세 경향은 점점 난이도가 높아지는 추세입니다.

이 책은 9급 고졸 공무원시험을 준비하고 있는 수험생들을 위한 책으로 그 동안의 출제 경향을 분석하여 수험생이라면 반드시 알아야 할 개념 원리를 보다 상세히 설명하였습니다.

또한 필자는 수년간의 강의 경험을 바탕으로 객관식 물리 문제에 대한 핵심을 찾아 공식보다 그래프나 그림 등을 이용하여 문제를 빠른 시간 안에 해결할 수 있도록 하였으며 무엇보다 많은 문제를 자세한 해설과 함께 수록하여 이 책 이외의 다른 참고서적이 필요하지 않도록 하였습니다.

이 책의 몇가지 특징을 살펴보면

1. 최근 출제 경향에 맞춰 문제와 내용을 구성하였으며
2. 예제를 통해 내용의 이해를 돕고 연습문제, 기출문제, 예상문제 등 다수의 문제를 수록하였으며
3. 용어 및 정의는 고딕체로 처리하여 잘 이해토록 하였고 주요공식은 Key Point란을 구성하여 정리하였고
4. 부록에는 물리 용어 및 그리스 문자 소개는 물론 최근의 기출문제를 입수하여 자세한 해설과 함께 수록하였습니다.

책을 쓰는 동안 수험생들의 입장에 서서 보려고 노력하며 나름대로 최선을 다했다고 생각하지만 미비점이 있다면 앞으로 계속 보완해 갈 것을 다짐하면서 수험생 여러분들에게 행운이 함께 하길 빕니다.

끝으로 이 책의 출간을 위해 많은 수고를 해 주신 (주)한솔아카데미 한병천 사장님 이하 이종권 전무님과 편집실 관계자 여러분께 진심으로 감사드립니다.

저자 드림

목 차

제 1 장 힘과 운동

출제경향분석

이 단원은 물리학에 있어서 가장 기본적인 분야로 각종 시험에서 1,2문제 이상씩 출제되고 있다. 특히 중력장에서의 운동과 원운동에 대해서는 개념을 철저히 공부하고 많은 문제를 반복해서 풀어보는 연습이 필요하다.

세 부 목 차

1. 측 정

1 단 위

자연계의 어떤 양을 정의하려고 할 때 어떤 표준을 설정하게 되는데 이렇게 설정된 표준의 부과를 단위라고 한다. 이때 그 정의는 유용하고 실용적이어야 하고 표준은 손쉽고 불변이어야 한다.

(1) 기본단위와 유도단위

도량형회의에서 기본단위를 정하고 그것을 기본으로 계산에 의해 유도된 유도단위가 정해진다.

① 기본단위

량	명 칭	기 호
길 이	meter	m
질 량	kilogram	kg
시 간	Second	S
전 류	Ampere	A
온 도	Kelvin	K
물질의 양	mole	mol
광도(光度)	cendela	cd

(2) 유도 단위

$$속도 = \frac{길이}{시간} \qquad m/s$$

$$힘 = 질량 \times 가속도 \qquad kg\,m/s^2$$

$$가속도 = \frac{속도변화}{시간} \qquad m/s^2$$

$$밀도 = \frac{질량}{부피} \qquad kg/m^3$$

2 단위계

(1) C.G.S 단위계

길이 (cm) 질량 (g) 시간 (Second)로 부터 유도된 단위계

■ 기타 유도단위
진동수　Hz　헤르쯔 ($=s^{-1}$)
압력　　Pa　파스칼 ($=N/m^2$)
전하량　C　쿨롬 　($=A \cdot s$)

(2) M.K.S 단위계

길이 (m) 질량 (g) 시간 (Second)로부터 유도된 단위계

※ 참고단위

10^{-12}	P(Pico)	10^{-9}	n(nano)
10^{-6}	μ (micro)	10^{-3}	m(milli)
10^{12}	T(tera)	10^{9}	G(giga)
10^{6}	M(mega)	10^{3}	K(killo)
10^{2}	h(hecto)		

3 차 원

어떤 양의 물리적 구성을 질량, 길이, 시간, 힘의 조합을 그것들의 지수형으로 나타낸 것으로 차원이 같으면 물리적 성질도 같다.

(1) 종 류

① MLT계(절대 단위계) : Mass, Length, Time으로 나타낸 단위계
② FLT계(중력 단위계) : Force, Length, Time으로 나타낸 단위계

(2) 차원을 나타내는 몇가지 예

① 밀도 g/cm^3 $[ML^{-3}]$
② 가속도 m/s^2 $[LT^{-2}]$
③ 힘(질량×가속도) $N = kgm/s^2$ $[MLT^{-2}]$ $[F]$
④ 일(힘×거리) $J = N{\cdot}m$ $[ML^2T^{-2}]$ $[FL]$

KEY POINT

■ 차원을 알면 그 물리량이 나타내는 것을 알 수 있다.
예) 압력×부피는
$N/m^2 \times m^3 = N \times m$
가 되어 일의 양이 된다.

2. 물체의 운동

1 거리와 변위

(1) 거 리

물체가 움직일 때 실제로 이동한 경로로 스칼라적인 물리량이다.

(2) 변 위

물체가 움직일 때 이동 경로에 관계없이 변한 위치를 직선 거리와 방향으로 표시한 벡터직인 물리량이다.

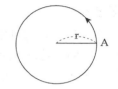

■ 원에서 주의

1회전시
거리$= 2\pi r$
변위$= 0$

예제1

물체가 점 A에서 점 B를 거쳐 점 C까지 이동할 때 거리와 변위는?

풀이 거리 : 7m$(4+3)$
변위의 크기 : 5m $\sqrt{4^2+3^2}$

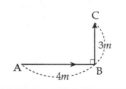

---

2 속도와 속력

(1) 속 력

속력이란 단위시간당 물체가 이동한 거리이다. 즉

$$속력= \frac{이동거리}{시간}(스칼라) \qquad v= \frac{s}{t} 이다.$$

■속력$= \dfrac{거리}{시간}$

(2) 속도

물체의 속력과 방향을 동시에 나타내는 양으로 단위시간당 물체의 변위이다. 즉

$$속도= \frac{변위}{시간}(벡터) \qquad \vec{v}= \frac{\vec{s}}{t} 이다.$$

■속도$= \dfrac{변위}{시간}$

(3) 순간속력

움직이는 물체의 어느 한 순간의 속력을 말하며 거리 시간 관계 그래프에서 접선의 기울기를 말한다.

$$v= \lim_{\Delta t \to 0} \frac{\Delta s}{\Delta t}= \frac{ds}{dt}$$

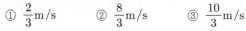

예제2

다음은 직선 운동하는 물체의 시간 t에 따른 변위 S를 나타낸 그래프이다. 처음부터 15초 동안 이 물체의 평균속력은?

① $\frac{2}{3}$m/s ② $\frac{8}{3}$m/s ③ $\frac{10}{3}$m/s

④ 6m/s ⑤ 8m/s

답 ④

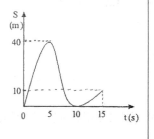

(4) 평균 속력

물체가 움직일 때 물체의 총 이동 거리를 총경과 시간으로 나눈 값이다.

즉 그림처럼 시간 t_1일 때 s_1에 있던 물체가 시간이 지나 시간 t_2일 때 s_2에 있으면 s_1에서 s_2까지 가는 동안 평균속력은 $\overline{v}=\dfrac{\Delta s}{\Delta t}=\dfrac{s_2-s_1}{t_2-t_1}$ 이다.

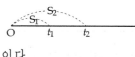

거리 S를 갈 때 v_1 속력 올 때 v_2 속력일 때

평균 속력 $\overline{v}=\dfrac{\text{총거리}}{\text{총시간}}$ 이다.

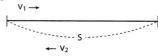

갈 때 시간을 t_1 돌아올 때 시간을 t_2라 하면 $v_1=\dfrac{S}{t_1}$, $v_2=\dfrac{S}{t_2}$ 이다.

$$\overline{v}=\frac{2S}{t_1+t_2}=\frac{2S}{\dfrac{s}{v_1}+\dfrac{s}{v_2}}=\frac{2S}{\dfrac{v_1s+v_2s}{v_1v_2}}=\frac{2v_1v_2}{v_1+v_2}$$

예제3

그래프(거리 - 시간)를 보고 다음 물음에 답하시오.

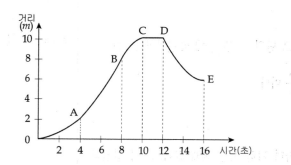

1. 그래프에서 속력이 점점 증가하는 구간은?

풀이 거리-시간 그래프에서 속력은 기울기를 나타내므로 기울기가 점점 증가하는 구간은 O－A구간이다.

■그래프에서 속도 속력 계산시에 D점에서처럼 운동방향이 바뀔 때 주의하자.

2. 구간 O-A에서 속력은 얼마인가?

풀이 기울기=속력이므로 $\frac{2}{4}$ m/s 즉 속력은 $\frac{1}{2}$ m/s

3. O-E구간에서 속력과 속도는 각각 얼마인가?

풀이 속력=$\frac{\text{이동거리}}{\text{시간}}$에서 이동거리는 10m를 갔다가 4m를 되돌아 왔으므로 현재 E점 위치가 6m이다. 따라서 총 움직인 거리는 14m이다. 즉 속력=$\frac{14\text{m}}{16\text{s}}=\frac{7}{8}$ m/s 이다. 속도=$\frac{\text{변위}}{\text{시간}}$에서 16초동안 총변위는 6m이므로 속도=$\frac{6\text{m}}{16\text{s}}=\frac{3}{8}$ m/s이다.

(5) 상대속도

물체의 속도는 관측자의 운동에 따라 다르게 보이는데 관측자가 본 물체의 속도를 **상대속도**라고 하고, 물체 A에 대한 물체 B의 상대 속도 $v=v_B-v_A$와 같이 나타낸다. 즉 A가 관측자이고 B가 물체인 경우이다.

벡터 합성법으로 계산할 때는 $v=v_B+(-v_A)$로 계산하면 편리하다.

다른 표현으로 $v=v_{물체}-v_{관찰자}$도 알아두자.

┌─ 예제4 ─┐

직선도로에서 자동차 A는 동쪽으로 80km/h의 속력으로 달리고 자동차 B는 서쪽으로 100km/h의 속력으로 달리고 있다. A에 대한 B의 속도는?

① 동쪽으로 20km/h   ② 서쪽으로 20km/h

③ 동쪽으로 180km/h   ④ 서쪽으로 180km/h

풀이 A에 대한 B의 상대속도 이므로 $v=\vec{v_B}-\vec{v_A}$이다. 동쪽방향의 속도를 (+), 서쪽방향의 속도를 (-)라고 할 때 상대속도 $v=(-100)-(80)=-180$km/h이다. 따라서 A에 대한 B의 속도는 서쪽으로 180km/h이다.

답 ④

3 가속도

(1) 가속도

물체가 움직일 때 그 물체의 속도의 변화량과 이 변화에 소요된 시간과의 비를 가속도라고 한다. 즉

$$\text{가속도}=\frac{\text{속도의 변화량}}{\text{소요시간}}$$

이다. 직선상을 운동하는 물체의 속도가 v에서 t초 후에 v로 변하였다면 이 운동에서 가속도 a는

$$a=\frac{v-v}{t}\text{ 로 표시된다.}$$

예제5

그림은 등가속도 직선 운동을 하는 자동차의 속력을 시간에 따라 나타낸 것이다. 자동차의 운동에 대한 설명으로 옳지 않은 것은?   <2022년도 9급 경력경쟁>

2m/s 4m/s   8m/s

0초   1초   2초   3초

① 가속도의 크기는 2m/s^2이다.
② 2초인 순간의 속력은 6m/s이다.
③ 1초부터 2초까지 평균속력은 5m/s이다.
④ 0초부터 3초까지 이동 거리는 9m이다.

[풀이] 0~1초 $a=\dfrac{4-2}{1}=2\text{m/s}^2$

  1~3초 $a=\dfrac{8-4}{2}=2\text{m/s}^2$

  가속도가 2m/s^2인 등가속 운동이고 2초일때 속도는 6m/s이다.
  $v^2-v_0^2=2as$에서 0초에서 3초 까지 거리는
  $8^2-2^2=2\times2\times\text{s}$ $\text{s}=15(\text{m})$이다.

[답] ④

(2) 등가속도 운동

가속도 운동중 속도의 변화가 일정한 운동 즉 단위시간당 속도의 변화량이 같은 운동을 등가속도 운동이라고 한다.
등가속도 운동하는 물체의 초속도를 v_o, t초 후의 속도를 v라 하면 가속도

$a=\dfrac{v-v_o}{t}$에서 속도 v는

$v=v_o+at$ ……………………… ㉠

가 된다.
오른쪽 그림은 위 식의 관계를 그래프로 나타낸 것이다. 물체가 t초 동안에

이동한 거리, 즉 변위를 s라 하면 $s=\left(\dfrac{v_o+v}{2}\right)t$ 이므로 이 식에 식㉠을 대입하면

$s=v_ot+\dfrac{1}{2}at^2$ ……………………… ㉡

이 된다. 이것은 위 그래프의 직선 아래 부분의 면적과 같다.

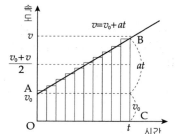

그림. 등가속도 직선 운동의 $v-t$ 그래프

■ 등가속도 운동공식
$v=v_o+at$
$s=v_ot+\dfrac{1}{2}at^2$
$v^2-v_o{}^2=2as$

■ 속도-시간 그래프에서 기울기는 가속도이고 면적은 이동거리이다.

또 식 ㉠과 식 ㉡에서 시간 t를 소거하면

$$v^2 - v_o{}^2 = 2as$$

가 되어 물체의 변화와 속도와의 관계를 나타낸다.

■ 그래프 정리

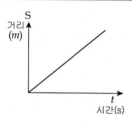

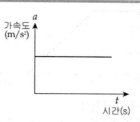

기울기 : 속도(v)		기울기 : 가속도(a)	
		면 적 : 이동거리(s)	

KEY POINT

■ $s-t$ 그래프
기울기＝속도

■ $v-t$ 그래프
기울기＝가속도
면적＝이동거리

■ $a-t$ 그래프
면적＝속도량

─────────

예제6

물체가 정지 상태에서 출발하여 다음 그래프와 같이 가속된다. t=0s에서 t=20s까지 물체가 이동한 거리[m]는? (단, 물체는 직선상에서 운동한다.)

＜2017년도 9급 경력경쟁＞

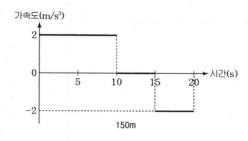

① 225   ② 250
③ 275   ④ 300

풀이 $v-t$ 그래프로 바꾸면

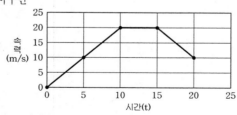

이동거리는 면적이므로 면적은 275m 이다.

답 ③

예제7

그림은 직선도로를 운동하는 자동차의 속력을 시간에 대해 나타낸 것이다. 이에 대한 설명으로 옳은 것은?

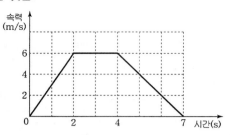

① 0초에서 2초까지 자동차는 등속 운동한다.
② 0초에서 2초 구간의 운동 방향은 4초에서 7초 구간의 운동 방향과 반대이다.
③ 2초에서 4초 사이 자동차에 작용하는 알짜힘(합력)은 0이다.
④ 0초에서 4초까지 자동차가 움직인 거리는 24m이다.

[풀이] ① 0초에서 2초까지 자동차는 가속도가 $3m/s^2$인 등가속도 운동을 한다.
② 0초에서 2초 구간의 속도와 4초에서 7초 구간의 속도는 모두 양수이므로 운동방향은 동일하다.
③ 2초에서 4초 사이 자동차는 등속 운동을 하므로 자동차에 작용하는 알짜힘은 0이다.
④ 0초에서 4초까지 자동차가 움직인 거리는 그래프 아래의 면적이므로
$$\frac{1}{2}\times2\times6+2\times6=18m$$이다.

[답] ③

연습문제

1 그림과 같이 점 A에서 점 B를 거쳐 점 C까지 갔을 때 평균속력과 평균속도는 각각 몇 m/s인가?

① 14, 12
② 10, 12
③ 14, 10
④ 10, 14
⑤ 14, 14

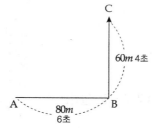

2 다음 중 평균속도와 평균속력이 같은 것은?

① 일정한 빠르기로 왕복운동하는 물체
② 일정한 빠르기로 곡선운동을 하는 물체
③ 등가속도 운동을 하는 물체
④ 일정한 빠르기로 직선 운동하는 물체
⑤ 곡선 운동하는 물체

3 그림은 어느 물체의 속도를 시간에 대하여 그린 그래프이다. 다음 중에서 옳은 것은?

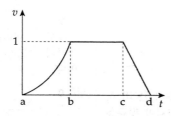

① a－b 구간에서의 등속도 운동이다.
② b－c 구간에서의 가속도는 1이다.
③ b－c 구간에서의 가속도는 0이다.
④ c－d 구간에서는 감속되나 등가속도는 아니다.
⑤ b－c 구간에서 이 물체는 정지해 있다.

4 자동차가 동쪽으로 40m/s의 속도로 20초 동안 달린 후 서쪽으로 20m/s의 속도로 10초 동안 달렸다면 이 자동차의 평균 속도의 크기는 몇 m/s인가?

① 20   ② 33
③ 40   ④ 50
⑤ 60

해설 1

$$평균속력 = \frac{총\ 거리}{총\ 시간} = \frac{140m}{10s}$$
$$= 14m/s$$
$$평균속도 = \frac{변위}{총\ 시간} = \frac{100m}{10s}$$
$$= 10m/s$$

해설 3

속도 시간 그래프이므로 기울기는 가속도 면적이 이동거리이다.

해설 4

동쪽으로 간 거리 $40 \times 20 = 800m$
서쪽으로 간 거리 $20 \times 10 = 200m$
따라서 원점에서 동쪽으로 600m 위치에 있다. $\frac{600}{10+20} = 20m/s$

정답 1. ③ 2. ④ 3. ③ 4. ①

5 비행기의 활주거리가 400m이다. 이 비행기가 정지 상태로부터 일정한 속도로 활주하여 20초 후에 이륙했다면 이륙속도는 몇 m/s인가?

① 40
② 80
③ 100
④ 120
⑤ 60

6 북으로 40m/s의 속도로 달리는 승용차에서 동으로 30m/s의 속도로 달리는 화물차를 볼 때 이 화물차의 상대속도의 크기와 방향는?

① 50 m/s 북서
② 50 m/s 북동
③ 50 m/s 남서
④ 50 m/s 남동
⑤ 50 m/s 서

7 가속도의 값이 1이라는 것은 무엇을 의미하는가?

① 속도가 커지다가 감소한다.
② 속도가 점점 커진다.
③ 속도의 변화가 없다.
④ 속도가 점점 작아진다.
⑤ 속도가 0이 됨을 나타낸다.

8 A에서 B까지 갈 때 A에서 A, B의 중간 지점까지의 속력은 4m/s이였으며 A, B 중간 지점에서 B까지의 속력은 8m/s이었다. 그러면 A에서 B까지의 평균속력은 몇 m/s인가?

① 6
② 5
③ 4
④ $\frac{20}{3}$
⑤ $\frac{16}{3}$

9 등가속 직선 운동에서 시간에 관계없이 일정한 물리량을 갖는 것은?

① 속도
② 운동에너지
③ 운동량
④ 힘
⑤ 변위

해설 **5**

$v_o = 0$ $s = v_o t + \frac{1}{2}at^2$ 에서

$400 = \frac{1}{2} \times a \times 20^2$ $a = 2$

$v = v_o + at$ 에서 $v = 2 \times 20$

$v = 40\text{m/s}$

또 다른 풀이

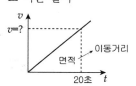

주어진 문제에 맞춰 그래프를 그린다.

면적 $= \frac{1}{2} \times$ 가로 $\times$ 세로

(이동거리)　(시간)　(속도)

$400 = \frac{1}{2} \times 20 \times v$　∴ $v = 40\text{m/s}$

해설 **6**

상대속도 $v_{물체} - v_{관찰자}$

따라서 남동쪽 50m/s

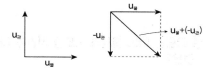

해설 **7**

가속도가 1이라는 것은 단위시간당+1 만큼의 속도가 계속 더해진다는 의미이다.

해설 **8**

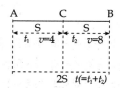

A-C 구간 $4 = \frac{s}{t_1}$ $t_1 = \frac{s}{4}$

C-B 구간 $8 = \frac{s}{t_2}$ $t_2 = \frac{s}{8}$

A-B 구간 $v = \frac{2s}{t} = \frac{2s}{t_1 + t_2}$

$= \frac{2s}{\frac{s}{4} + \frac{s}{8}} = \frac{16}{3}\text{m/s}$

해설 **9**

$F = ma$ 에서 가속도가 일정하면 힘도 일정하다.

정답 5. ① 6. ④ 7. ② 8. ⑤ 9. ④

10 버스가 20m/s로 달리다가 급정차하여 4초만에 정지하였다. 이때 정지거리는?(단, 속도는 일정하게 감속되었다.)

① 20 m

② 30 m

③ 40 m

④ 60 m

⑤ 80 m

11 시간·거리 그래프가 오른쪽 그림과 같을 때 보기중 옳은 것을 모두 고른 것은?

```
┌────────── 보 기 ──────────┐
│ ㄱ. (가),(나)의 속도는 같다.        │
│ ㄴ. (가),(나)의 출발 위치는 같다.    │
│ ㄷ. 같은 시간동안의 이동거리는 (가)가 │
│     (나)보다 항상 크다.            │
└──────────────────────────┘
```

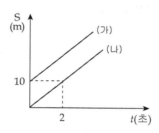

① ㄱ

② ㄴ

③ ㄷ

④ ㄱ, ㄴ

⑤ ㄱ, ㄷ

12 오른쪽 그래프에서 두 자동차의 속도가 같아졌을 때 B자동차가 A자동차에 얼마나 앞서 있는가?

① 0 m

② 25 m

③ 50 m

④ 75 m

⑤ 100 m

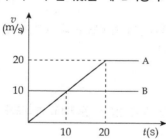

해설 **10**

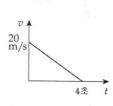

왼쪽과 같이 그래프로 그리면 훨씬 편리하다. $v-t$ 그래프에서 면적이 이동거리를 나타내므로

$$s = \frac{1}{2} \times 20 \times 4 = 40\text{m}$$

해설 **11**

$s-t$ 그래프에서는 기울기가 속도를 나타내므로 기울기가 같으므로 속도가 같고 따라서 시간당 이동거리는 같다. (가)가 10m 앞서 출발한다.

해설 **12**

이동거리 문제이므로 그래프의 면적이 이동거리다.
속도가 같아지는 시간은 10초
10초 동안 A 이동거리 50m
          B 이동거리 100m

정답 10. ③ 11. ① 12. ③

3. 힘과 운동의 법칙

1 힘

물체의 속력을 가감시키거나 운동방향을 바꾸게 하거나 또는 물체의 모양을 변화시키는 작용을 **힘**이라고 한다.

힘의 단위는 1dyne = 1g×1cm/s²　　　(dyne : 다인)

$1N$ 　= 1kg×1m/s²　　(N : Newton)

와 같이 나타낸다.

2 뉴턴의 운동법칙

■ 뉴턴 운동법칙
1, 2, 3 법칙의 또다른 이름을 알아두자

(1) 운동의 제1법칙(관성의 법칙)

외력의 작용이 없거나 작용하는 힘의 합력이 0일 때 정지하고 있던 물체는 정지해 있고 운동하고 있는 물체는 등속직선 운동을 한다. 이것을 관성의 법칙이라 하고 물체가 본래의 운동 상태를 유지하려는 성질을 **관성**이라고 한다.

※ 관성는 질량에 비례한다.

■ 관성 ∝ 질량

(2) 운동의 제2법칙(가속도의 법칙)

물체에 힘이 작용하면 그 힘의 방향으로 가속도가 생기는데 가속도 a 의 크기는 작용한 힘 F에 비례하고 물체의 질량 M에 반비례한다.

■ 가속도는 곧 힘이다.

따라서 $a = \dfrac{F}{m}$ 　∴ $F = ma$

※ 물체 m 의 질량은 0이 될 수 없으므로 힘이 있으면 가속도가 반드시 존재하고 가속도가 0이면 힘도 0이다.

두 힘의 평형조건(힘이 평형상태다=합력이 0이다)
　① 힘의 크기가 같다.
　② 힘의 방향이 반대다.
　③ 같은 작용선상에 작용하여야 한다.

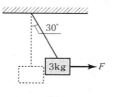

예제1

그림과 같이 질량 3kg인 물체를 천장에 실로 매달고 수평방향으로 힘 F를 가해, 실이 연직방향과 30°의 각이 유지되도록 하였다. 이때 줄에 걸리는 장력의 크기[N]는? (단, 중력가속도는 10m/s²이다.)

<2017년도 9급 경력경쟁>

① $15\sqrt{2}$　　　② $15\sqrt{3}$　　　③ $20\sqrt{2}$　　　④ $20\sqrt{3}$

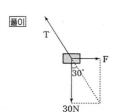

풀이

$T\cos 30 = 30(N)$　　$T \times \dfrac{\sqrt{3}}{2} = 30$

$T = 20\sqrt{3}(N)$

답 ④

(3) 운동의 제3법칙(작용 반작용의 법칙)

일반적으로 물체 A가 물체 B에 힘 F_A를 작용하면 동시에 물체 B도 물체 A에 같은 크기의 힘 F_B를 작용한다. 이때 한 힘을 작용이라 하면 다른 힘을 반작용이라 한다.

$F_A = -F_B$

F_A(작용), F_B(반작용)는 힘의 크기는 같고 방향은 반대이다.

A. B 사이에 중력이 작용할 때 지구 B가 물체 A를 당기는 힘의 반작용은 줄의 장력이 물체 A를 당기는 힘이 아니라 물체 A가 지구 B를 당기는 힘이다.

■주의
작용 반작용에서 힘의 합력은 0이 아니다.

예제2

그림과 같이 4kg, 6kg의 두 물체에 20N의 힘을 가할 때 물음에 답하여라.

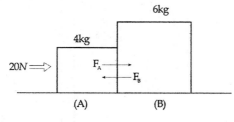

1. 물체 A, B의 가속도는?

풀이 $F = ma$에서 $20N = (4\text{kg} + 6\text{kg}) \times a$　　　$a = 2\text{m/s}^2$
A, B 모두 가속도는 2m/s^2

■좌측 문제에서 $20N$의 힘을 B에 가한다면 $F_A = F_B = 8N$

2. 물체 A, B가 받는 알짜 힘(힘의 합력)은?

풀이 $A : F = ma = 4 \times 2 = 8N$
$B : F = ma = 6 \times 2 = 12N$

3. 물체 B가 물체 A를 미는 힘의 크기는?

풀이 F_A, F_B는 작용 반작용 관계로 힘의 크기는 같다.
물체 A가 $20N$의 힘을 받아 그중 $8N$만 A자신의 힘으로 하고 나머지 $12N$의 힘을 B에 준다.
따라서 $F_A = 12N$ $\therefore F_A = F_B = 12N$

3 여러 가지 힘

(1) 탄성력

물체에 외력을 가해 변형 시켰을 때 원상태로 되돌아가려는 힘을 **탄성력**이라 하고 후크의 법칙에 의해 정의된다.

$F = kx$ [k는 탄성계수 N/m, dyne/cm]

■ 탄성계수 k의 단위는 N/m이다.

① 용수철의 연결

　㉠ 병렬 연결

오른쪽 그림처럼 탄성계수가 k_1, k_2인 용수철을 병렬로 연결하여 힘 F를 가할 때 변위를 x라 하면 힘은 두 용수철에 각각 나누어지므로 $F = F_1 + F_2$이다.
또 $F = kx$, $F_1 = k_1 x$, $F_2 = k_2 x$이므로 $F = F_1 + F_2$에 대입하면
$Kx = k_1 x + k_2 x$ 이다.
따라서 합성 탄성계수 K는 $K = k_1 + k_2$이다.

■ 병렬 연결
$k = k_1 + k_2$

직렬 연결
$\dfrac{1}{k} = \dfrac{1}{k_1} + \dfrac{1}{k_2}$

예제3

무게가 550N인 두 개의 동일한 물체가 그림과 같이 도르래를 통해 용수철저울에 줄로 연결되어 평형을 이루고 있다. 용수철저울의 눈금[N]은?

<2017년도 9급 경력경쟁>

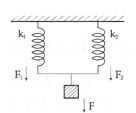

① 0　　　　　　② 275
③ 550　　　　　④ 1100

풀이 장력이 550N이므로 용수철눈금이 550N이다.
답 ③

ⓛ 직렬 연결

오른쪽 그림처럼 탄성계수가 k_1, k_2인 용수철
을 직렬로 연결한 후 힘 F를 가할 때 각 용수
철은 용수철 상수에 반비례하는 값 x_1, x_2
만큼 늘어나게 되어 전체 변위 x는
$x = x_1 + x_2$ 이다.

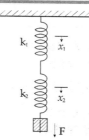

각각의 용수철에 작용하는 힘은 F이므로 $F = k_1 x_1$, $F = k_2 x_2$, $F = kx$에서
$x_1 = \dfrac{F}{k_1}$, $x_2 = \dfrac{F}{k_2}$, $x = \dfrac{F}{k}$를 $x = x_1 + x_2$에 대입하면
$\dfrac{F}{k} = \dfrac{F}{k_1} + \dfrac{F}{k_2}$ 이다.

따라서 합성 탄성계수 k는 $\dfrac{1}{k} = \dfrac{1}{k_1} + \dfrac{1}{k_2}$ 이다.

예제4

그림과 같이 벽에 용수철 상수가
100N/m, 200N/m인 용수철 A, B와
질량 m인 물체를 연결하여 30N의 힘
을 작용시킬 때, 두 용수철이 늘어난
길이의 합 x는? (단, 용수철의 질량과
모든 마찰은 무시한다.)

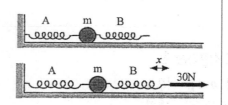

① 15cm   ② 30cm   ③ 45cm

④ 60cm   ⑤ 75cm

답 ③

---

(2) 여러 가지 힘

① 도르레 걸린 두 물체에 작용하는 힘

그림처럼 질량이 m, $M(M > m)$인 두 물체가 마찰이 없는 도르레에 걸려 있
을 때 물체의 가속도와 두 물체를 연결하는 줄의 장력 T를 구해 보자.
물체 M에 작용하는 힘은
$M_g - T = Ma$
이고 물체 m에 작용하는 힘은 $T - mg = ma$
이다. 두 식을 더하면
$(M - m)g = (M + m)a$ 이고
가속도 a는 $a = \dfrac{M - m}{M + m}g$
이다. 이 식을 $T - mg = ma$
대입하여 정리하면 줄의 장력 T는
$T = \dfrac{2Mm}{M + m}g$ 이다.

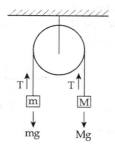

■ 도르레에 걸린 두 물체의 가속도
$a = \dfrac{M - m}{M + m}g$

예제5

그림은 질량이 m, M인 두 물체가 실로 연결되어 중력에 의하여 등가속도 운동하는 모습을 나타낸 것이다. 물체들의 가속도의 크기가 $\frac{3}{5}g$일 때, M의 값은 m의 몇 배인가? (단, 중력가속도의 크기는 g이며, 실과 도르래의 질량과 모든 마찰은 무시한다) <2022년도 9급 경력경쟁>

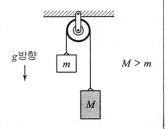

g방향

$M > m$

① 2   ② 3
③ 4   ④ 5

풀이 $Mg - T = Ma$ $T - mg = ma$ 가속도 $a = \frac{3}{5}g$이므로

$Mg - T = \frac{3}{5}Mg$ $T - mg = \frac{3}{5}mg$

$T = \frac{2}{5}Mg$ $T = \frac{8}{5}mg$ 장력 T가 같으므로 $\frac{2}{5}Mg = \frac{8}{5}mg$ $M = 4m$

답 ③

② 빗면에서 미끄러지는 물체에 작용하는 힘

질량 m인 물체가 수평면과 θ각을 이루고 있는 빗면 위에 놓여 있을 때 물체에 작용하는 힘을 구해보자.

물체에 작용하는 힘 mg를 그림과 같이 분해하면 아래로 미끄러지려는 힘 $mg\sin\theta$와 빗면을 누르는 힘 $mg\cos\theta$로 나눌 수 있다. 한편 빗면을 누르는 힘 $mg\cos\theta$는 빗면의 수직항력 N과 같아 평형이 되고 물체에는 $mg\sin\theta$ 힘이 작용한다.

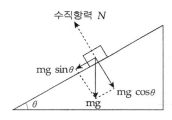

수직항력 N

$mg\sin\theta$

$mg\cos\theta$

mg

θ

면에 마찰력이 0이면 내려 올리는 힘은 $mg\sin\theta$이고 내려올 때의 가속도는 $g\sin\theta$이다.

예제6

그림과 같이 질량 4kg과 6kg인 두 물체를 질량을 무시할 수 있는 줄로 연결하였을 때, 4kg인 물체의 가속도를 구하면? (단, 중력가속도는 $10m/s^2$, 모든 마찰과 저항은 무시한다.)

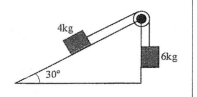

4kg

6kg

30°

① $2m/s^2$ ② $4m/s^2$ ③ $6m/s^2$
④ $10m/s^2$ ⑤ $24m/s^2$

답 ②

③ 평면에 놓인 물체와 연결된 물체의 운동

그림처럼 떨어지고 있는 질량 m 인 물체가 수평면 위의 질량 M 인 물체에 연결되어 가속도 a 로 떨어질 때 가속도와 줄의 장력 T 를 구해보자.(질량은 $M > m$ 이고, 마찰력 $R < $ 장력 T 이라 한다.)

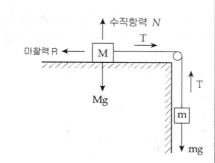

물체 m 에 작용하는 힘은
$mg - T = ma$ 이고

물체 M 에 작용하는 힘은 $Mg = $ 수직항력 N 으로 평형이고 또 다른 힘은
$T - R(= \mu Mg) = Ma$ 이다.

위의 식과 연립하여 T 를 소거하면 $mg - \mu Mg = Ma + ma$ 이고 가속도 a 는
$a = \dfrac{m - \mu M}{M + m} g$ 이다.

이 식을 $Mg - T = ma$ 의 a 에 대입하여 정리하면 줄의 장력 T 는
$T = \dfrac{Mm + \mu Mm}{M + m} g$ 이다. 만약 면에 마찰이 없다면 $\mu = 0$ 을 대입하면 된다.

(3) 만유인력

질량을 가진 임의의 두 물체 사이에는 인력이 작용하는데 이 힘을 만유인력 이라고 한다. 힘의 크기는

$F = G \dfrac{m_1 m_2}{r^2}$ (G 는 만유인력 상수이고 m_1, m_2 는 물체의 질량 r 은 두 물체 사이의 거리이다)

이다. 즉 지구 질량이 M 이고 물체 질량이 m, 지구 반지름이 R 이면 지구 표면에서 만유인력(중력)은

$F = G \dfrac{Mm}{R^2}$ 이다.

예제7

두 인공위성 A와 B가 궤도반경이 각각 r_A, r_B 인 다른 원궤도를 등속 원운동하고 있다. A와 B의공전속력이 각각 v, $2v$ 라고 할 때 궤도 반경의 비 $r_A : r_B$ 는?

<2017년도 9급 경력경쟁>

① 1 : 2   ② 2 : 1   ③ 1 : 4   ④ 4 : 1

풀이 만유인력이 구심력이므로 $\dfrac{GMm}{r^2} = \dfrac{mv^2}{r}$ 이므로 $v = \sqrt{\dfrac{GM}{r}}$ 이므로 $v^2 \propto \dfrac{1}{r}$ 이다. 4 : 1

답 ④

(4) 힘의 평형

어떤 한 지점을 회전 중심으로 하여 회전 시키려는 힘을 돌림힘 이라고 한다. 또 시계 방향으로 회전시키려는 돌림힘과 반시계 방향으로 회전시키려는 돌림힘이 같을 때 평형 상태에 있게 된다.

돌림힘의 크기는 $\tau = r \times F$ {r : 회전 반경, F : 힘} 이다.

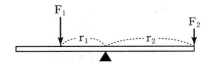

위의 그림에서 평형이 되려면

$r_1 F_1 = r_2 F_2$ 이다.

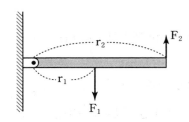

예제8

그림과 같이 받침대 A, B에 질량이 5kg, 길이가 4m인 막대를 수평면과 나란하게 올려놓고, O점으로부터 3m인 지점에 질량이 2kg인 물체를 올려놓았을 때 힘의 평형상태가 유지된다. 이때, 받침대 A가 막대에 작용하는 힘의 크기[N]는? (단, 중력가속도는 10m/s²이고, 막대의 밀도는 균일하며 두께와 폭은 무시한다.)

<2017년도 9급 경력경쟁>

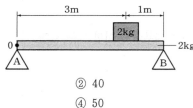

① 30

② 40

③ 45

④ 50

풀이 A와 B의 수직항력을 N_A, N_B라 하면 막대질량 5kg 무게중심은 중앙이고 즉 A에서 2m 물체 질량은 2kg이고 A에서 3m 떨어져 있다.

$50+20=N_A+N_B$ 돌림힘에서 $2\times50+3\times20=4\times N_B$

$N_B=40(N)$ $N_A=30(N)$

답 ①

4 중력장내에서의 운동

지구의 중력장내 그중에서도 지표 근처에서는 지구 중력 가속도가 지구 중심을 향해 그 크기가 일정하므로 등가속도 운동에 따른다.

따라서 앞서 배운 등가속도 운동에 관한 식을 중력 가속도 $g\,(9.8\text{m/s}^2)$를 써서 나타내면 초속도 v_0, 가속도를 g 라 하고 속도 v, 시간 t, 거리 s 이면

관계식은 $v = v_o + gt$

$$s = v_o t + \frac{1}{2}gt^2$$

$$v^2 - v_o{}^2 = 2gs$$

로 나타난다.

(1) 자유낙하운동

지표 가까이 있는 물체에 중력만이 작용하여 초속도 없이 낙하하는 운동을 **자유낙하운동**이라고 한다. 따라서 초속도 $v_o = 0$이므로

$$v = gt$$

$$s = \frac{1}{2}gt^2$$

$$v^2 = 2gs$$

이다.

한편 물방울이 그림처럼 일정한 시간 간격으로 떨어진다면 자유낙하운동이므로 떨어진 거리와 시간 사이에는

$s = \frac{1}{2}gt^2$의 식에서 $s \propto t^2$이 되고

그림. 자유낙하

또 매초당 낙하거리비는 그림에서 보듯이

$1 : 3 : 5 : 7 : \cdots\cdots\cdots\cdots\cdots\cdots\cdots$ 이 된다.

(2) 하방투사운동

물체를 일정한 속력 v_o로 아래 방향으로 던질 때 이 물체의 운동을 **하방투사운동**이라고 한다.

■ 자유낙하
매초당 낙하 거리의 비는
$1 : 3 : 5 : 7\cdots\cdots$

매초당 운동에너지의 비
$1^2 : 2^2 : 3^2 : \cdots\cdots$

초속도 $v_o > 0$이고 중력가속도 g 방향이 v_o와 같은 방향이므로 $g > 0$이다.
따라서 이 운동의 속도 v와 위치 s는

$$v = v_o + gt$$
$$s = v_o t + \frac{1}{2}gt^2$$
$$v^2 - v_o^2 = 2gs$$

의 관계식에 따라 운동하게 된다.

(3) 상방투사운동

물체를 일정한 속력 v_o로 연직 위로 던질 때 이 물체의 운동을 **상방투사운동**이라고
한다. 이 운동에서는 지구중력이 아래 방향으로 작용하므로 물체는 결국 아래로 떨
어진다.
초속도 $v_o > 0$이고 중력가속도 g의 방향은 초속도 v_o와 반대 방향이 되어
$g < 0$이다. 따라서 이 운동의 속도 v와 위치 s의 관계식은

$$v = v_o - gt$$
$$s = v_o t - \frac{1}{2}gt^2$$
$$v^2 - v_o^2 = -2gs$$

이다.
최고점에서 속도 $v = 0$이 되므로 이것을 이용하여 유용하게 문제를 풀 수 있다.

즉 v_o로 상방투사할 때 최고점 도달시간은 최고점에서 속도 v는 $v = 0$이므로
시간 t는 $0 = v_o - gt$ $t = \dfrac{v_o}{g}$가 된다.
최고점의 높이는 $s = v_o t - \dfrac{1}{2}gt^2$에서 $t = \dfrac{v_o}{g}$일 때 이므로

$$s = v_o \frac{v_o}{g} - \frac{1}{2}g\left(\frac{v_o}{g}\right)^2$$
$$= \frac{1}{2}\frac{v_o^2}{g}$$ 된다.

■ 상방투사
최고점의 속도 $v = 0$
그리고 t 계산 최고점 도달시간
$$t = \frac{v_o}{g}$$

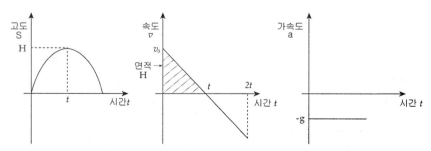

그림. 상방투사운동에서 고도, 속도, 가속도에 관한 그래프

다음은 행성 A, B, C의 표면에서 연직 위로 던져 올린 물체의 운동을 속도 v와 시간 t의 관계로 나타낸 것이다. 행성 A, B, C에서 각 물체가 올라간 최고높이의 비는?

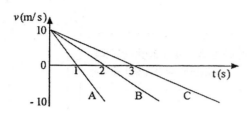

① $1 : \sqrt{2} : \sqrt{3}$　　　② $1 : 2 : 3$　　　③ $1 : 4 : 9$

④ $\sqrt{3} : \sqrt{2} : 1$　　　⑤ $3 : 2 : 1$

📋 ②

(4) 수평투사운동

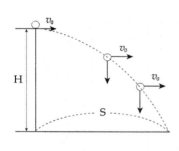 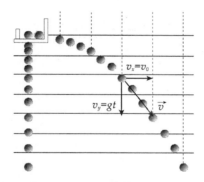

■ 수평투사 = 자유낙하+등속운동

■ 수평도달거리

$$s = v_o \sqrt{\frac{2H}{g}}$$

수평방향으로 초속도 v_o로 던져진 물체의 운동을 **수평투사운동**이라고 한다.
던진 물체는 그림과 같이 운동을 할 것이다. 즉 x방향은 v_o의 등속운동이고, y방향은 자유낙하운동을 한다.

높이 H에서 수평으로 v_o로 투사된 물체는 자유낙하운동에서 $H = \dfrac{1}{2}gt^2$
$t = \sqrt{\dfrac{2H}{g}}$ 시간 후에 지면에 도달하고 결국 $\sqrt{\dfrac{2H}{g}}$ 시간 동안 수평운동한다.

수평으로 등속운동을 하므로 수평도달거리 s는
$s = v_o t$ 에서
$s = v_o \sqrt{\dfrac{2H}{g}}$
이다. 또 t초 후의 속도는

■ 비스듬히 던진 물체
＝상방투사+수평등속운동

그림에서 벡터 합성에 의해

$$v = \sqrt{v_o{}^2 + (gt)^2}$$

이다.

┌─ 예제10 ─
그림은 다음 3가지 운동을 일정한 기준에 다라 구분하는 과정을 나타낸 것이다. (가) ~ (다)에 들어갈 기호로 옳은 것은? <2021년도 국가직 9급 공채>

A. 연직 아래로 떨어지는 물체의 자유낙하 운동
B. 비스듬히 던져 올린 물체의 포물선 운동
C. 등속 원운동

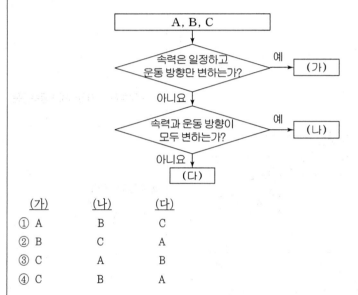

	(가)	(나)	(다)
①	A	B	C
②	B	C	A
③	C	A	B
④	C	B	A

풀이 A. 속력은 일정하게 증가하고 방향은 아랫 방향으로 일정하다.
　B. 속력과 운동방향이 계속 변한다.
　C. 속력은 일정하고 방향은 계속 변한다.
답 ④

(5) 비스듬히 던져 올린 물체의 운동

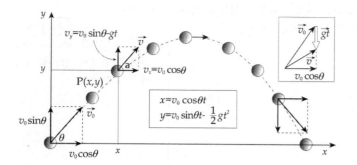

그림과 같이 물체가 초속도 v_o 로 수평면과 θ 각으로 비스듬히 던져질 때 초속도

v_o 의 수평방향 속도는 $v_{ox} = v_o \cos\theta$ (수평등속운동)이고

　　수직방향 속도는 $v_{oy} = v_o \sin\theta$ (상방투사운동)

이다. 먼저 수직방향운동은 상방투사운동과 같아서 꼭대기점에서의 연직운동은 0이

므로 $0 = v_o \sin\theta - gt$ 에서 꼭지점 도달시간은

$$t = \frac{v_o \sin\theta}{g}$$

이다. 꼭지점까지 높이는 $H = v_o t - \dfrac{1}{2}gt^2$ 에서

$$H = v_o \sin\theta \times \frac{v_o \sin\theta}{g} - \frac{1}{2}g \times \left(\frac{v_o \sin\theta}{g}\right)^2 = \frac{1}{2}\frac{v_o^2 \sin^2\theta}{g}$$ 이다.

■ 비스듬히 던진 물체의 수평도달
거리
$$s = \frac{v_o^2}{g}\sin2\theta$$
최고점의 높이
$$H = \frac{v_o^2 \sin^2\theta}{2g}$$

수평방향 이동거리 s 는 $s = vt$ (v 등속이므로)에서 물체가 던져진 후 떨어질

때까지의 시간 t 는 꼭대기점까지의 도달시간의 2배이므로 $t = \dfrac{2v_o \sin\theta}{g}$ 이다.

따라서 수평도달거리 s 는

$$s = v_o \cos\theta \times \frac{2v_o \sin\theta}{g} = \frac{2v_o^2 \sin\theta\cos\theta}{g}$$

$$= \frac{1}{g}v_o^2 \sin2\theta$$ 이다.

그러므로 일반적으로 포사체 운동에서 최대의 수평거리를 얻기 위한 각은 지면에

대해 $\sin2\theta = 1$ 이 되는 $\theta = \dfrac{\pi}{4} = 45°$ 이다.

해 설

1 질량 2kg의 물체가 수평면상에 있다. 이 물체에 16N의 힘을 수평으로 가하면서 직선운동시킬 때 면으로부터 4N의 마찰력을 받는다면 가속도는?

① 2 m/s²
② 4 m/s²
③ 6 m/s²
④ 8 m/s²
⑤ 10 m/s²

따라서 물체의 알짜힘 12N $F = ma$ 에서 구한다.

2 질량 10kg인 물체에 10m/s²의 가속도를 내게 하는데 필요한 힘은?

① 0N
② 0.1N
③ 1N
④ 10N
⑤ 100N

해설 2
$F = ma$에서 구한다.

3 그림과 같이 마찰이 없는 수평면 위에 질량이 각각 1kg, 2kg인 두 물체 A, B중 A에 6N의 힘이 작용될 때 A가 B에 작용하는 힘은 몇 N인가?

① 0
② 1
③ 2
④ 3
⑤ 4

6N → [A] [B]

해설 3
$F = ma$에서 $6 = 3 \times a$
가속도 $a = 2$

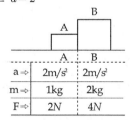

	A	B
a ⇒	2m/s²	2m/s²
m ⇒	1kg	2kg
F ⇒	2N	4N

따라서 6N중 A알짜힘 2N, B알짜힘 4N A가 6N을 받아 2N을 갖고 4N을 밀어준다.

4 물체에 작용하는 힘이 두 배로 커지면 가속도는 몇 배로 되는가?

① 0배
② 1배
③ $\frac{1}{2}$ 배
④ 2배
⑤ $\sqrt{2}$ 배

정답 1. ③ 2. ⑤ 3. ⑤ 4. ④

5 그림과 같이 10kg중의 물체를 두 점에서 연직선과 각각 60°, 30°의 방향으로 잡아 당기고 있을 때 A, B에 작용하는 장력을 T_1, T_2라 하면?

① $T_1 = T_2 = 5\,\text{kg중}$

② $T_1 > T_2 = 5\,\text{kg중}$

③ $T_2 > T_1 = 5\sqrt{3}\,\text{kg중}$

④ $T_2 > T_1 = 5\,\text{kg중}$

⑤ $T_1 = T_2 = 5\sqrt{3}\,\text{kg중}$

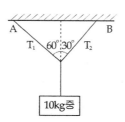

해 설

해설 **5**

T_1, T_2의 합력이 10kg중과 같아야 한다. 따라서 그림에서 $\overrightarrow{OA}$가 T_1, T_2의 합력이고 이것은 물체의 힘 10kg중과 같다.

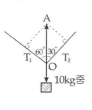

$\therefore\ T_1 = 10\cos 60\,(\text{kg중}) = 5\,\text{kg중}$

$\quad\ T_2 = 10\cos 30 = 5\sqrt{3}\,\text{kg중}$

※ 별해[라미의 정리 이용]

$$\frac{F_1}{\sin\theta_1} = \frac{F_2}{\sin\theta_2} = \frac{F_3}{\sin\theta_3}$$

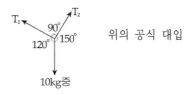

위의 공식 대입

6 그림과 같이 마찰이 없는 수평면 위에 두 물체 사이에 $k=10\text{N/m}$의 용수철이 연결되어 있다. 4kg의 물체를 6N으로 당길 때 용수철의 늘어난 길이는 몇 m인가?

① 0.1

② 0.2

③ 0.4

④ 0.6

⑤ 1

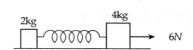

해설 **6**

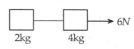

그림에서 4kg의 알짜힘은 4N이므로 6N을 받아서 4N은 자신의 것으로 하고 2N의 힘으로 당긴다.

훅의 법칙에서 $F = kx$, $2 = 10 \times x$, $x = 0.2\text{m}$

7 그림에서 물체A의 가속도는 몇 m/s²인가?(단, 마찰은 없으며 $g=10\text{m/s}^2$)

① $0\,\text{m/s}^2$

② $1\,\text{m/s}^2$

③ $2\,\text{m/s}^2$

④ $3\,\text{m/s}^2$

⑤ $4\,\text{m/s}^2$

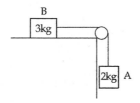

해설 **7**

실의 장력을 T라 하면

A 물체

$\quad : mg - T = ma$

$\quad\quad 20 - T = 2a\ —①$

B물체

$\quad : T - R = ma$

$\quad (\text{마찰력}\ R = 0)$

$\quad\quad T - 0 = 3a\ —②$

①, ②식을 더하면 $20 = 5a$

$a = 4\text{m/s}^2$

정답 5. ④ 6. ② 7. ⑤

8 20m 높이에서 물체를 자유낙하 시킬 때 지면에 떨어지는 순간의 속도는 얼마인가?($g=10\text{m/s}^2$)

① 10 m/s

② 20 m/s

③ $10\sqrt{2}$ m/s

④ $20\sqrt{2}$ m/s

⑤ 5 m/s

9 공을 10m/s의 속력으로 위로 던졌다. 공이 올라가는 높이는?($g=10\text{m/s}^2$)

① 1 m

② 2 m

③ 3 m

④ 5 m

⑤ 10 m

10 수평 방향으로 날아가고 있는 비행기에서 물체를 떨어뜨리면 지상에 있는 사람이 볼 때 어떤 운동을 할까?

① 연직낙하운동을 한다.

② 직선운동을 한다.

③ 원운동을 한다.

④ 포물선운동을 한다.

⑤ 수평운동을 한다.

해설 **8**

자유낙하에서 $v_o=0$, $v=gt$,

$s=\dfrac{1}{2}gt^2$, $v^2=2gs$

해설 **9**

$v=v_o-gt$, $s=v_ot-\dfrac{1}{2}gt^2$에서

최고점 $v=0$, $v_o=gt$

$10=10t$, $t=1$,

$s=10\times1-\dfrac{1}{2}\times10\times1^2=5m$

4. 운동량과 충격량

1 운동량과 충격량

(1) 운동량

물체의 운동효과는 물체의 질량과 물체의 속력으로 나타낼 수 있는데 질량과 속도의 곱을 **운동량**이라고 한다. 식으로 나타내면 $\vec{P} = m\vec{v}$ 이다.
운동량 P 의 단위는 kg m/s가 된다.

(2) 충격량

물체에 작용한 힘 F 와 작용한 시간 Δt 의 곱을 **충격량**이라고 한다.

$$I = F \cdot \Delta t$$
$$= ma \cdot \Delta t = m\frac{\Delta v}{\Delta t} \cdot \Delta t$$
$$= m\Delta v = mv_2 - mv_1 \quad (\Delta v = v_2 - v_1)$$

따라서 충격량은 운동량의 변화량과 같다. 즉 $I = P_2 - P_1$ 이고 충격량을 역적(力積)이라고도 한다.

예제 1

그림은 직선상에서 운동하는 질량이 2kg인 물체의 운동량을 시간에 따라 나타낸 것이다. 이에 대한 설명으로 <보기>에서 옳은 것만을 모두 고르면?

<2020년도 지방직 9급 공채>

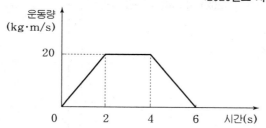

─────── 보 기 ───────

ㄱ. 0 ～ 2초 동안 물체의 가속도의 크기는 5m/s²이다.
ㄴ. 2 ～ 4초 동안 물체는 등속 직선 운동을 한다.
ㄷ. 0 ～ 6초 동안 물체가 받은 충격량은 20N · s이다.

① ㄱ   ② ㄱ, ㄴ   ③ ㄴ, ㄷ   ④ ㄱ, ㄴ, ㄷ

풀이 질량이 2kg이므로 2초 일 때 속도는 10m/s이다. 가속도 $a = \frac{10}{2}$ m/s²이고 2 ～ 4초 동안 10m/s로 등속운동하고 충격량은 운동량의 변화량이므로 0 ～ 6초에서 변화량은 0이다.
답 ②

2 운동량 보존의 법칙

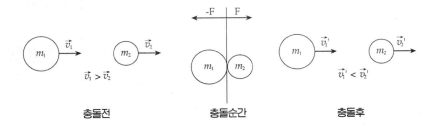

충돌전   충돌순간   충돌후

그림처럼 두 물체가 충돌할 때 충돌순간 작용 반작용으로 인해 힘의 크기는 같고 방향은 반대이며 힘이 작용하는 시간 Δt 도 같다.

따라서 두 물체의 충격량은

$$-F \cdot \Delta t = m_1 (\overrightarrow{v_1}' - \overrightarrow{v_1})$$
$$F \cdot \Delta t = m_2 (\overrightarrow{v_2}' - \overrightarrow{v_2})$$

와 같이 각각 나타낼 수 있고
두 식을 더하면

예제2

마찰이 없는 수평면에서 질량이 m_A 인 물체A가 정지 상태의 질량이 m_B 인 물체 B를 향해 3m/s로 등속도 운동하여 정면충돌하였고, 충돌 후 A와 B가 한 덩어리가 되어 1m/s의 동속도로 운동하였다. 두 물체가 충돌 전후 동일 직선상에서 운동하였다면, $m_A : m_B$ 는? (단, A와 B가 충돌할 때 서로에게 작용하는 힘 이외에 다른 힘은 없으며, 물체의 크기는 무시한다.   <2021년도 지방직 9급 공채>

① 1 : 2   ② 2 : 1
③ 2 : 3   ④ 3 : 2

풀이 운동량 보존의 법칙에서
$$m_A \times 3 = (m_A + m_B) \times 1$$
$$2m_A = m_B \quad m_A : m_B = 1 : 2 \text{이다.}$$

답 ①

$$O = m_1 (\overrightarrow{v_1}' - \overrightarrow{v_1}) + m_2 (\overrightarrow{v_2}' - \overrightarrow{v_2}) \text{ 다시 정리하면}$$
$$m_1 \overrightarrow{v_1} + m_2 \overrightarrow{v_2} = m_1 \overrightarrow{v_1}' + m_2 \overrightarrow{v_2}'$$

이 식은 결국 충돌전의 운동량의 총합은 충돌후의 운동량의 총합과 같다는 것을 의미한다.

이처럼 외력이 없다면 물체들 사이에 힘이 작용하여도 전체 운동량은 일정하게 보존되는데 이것을 운동량 보존의 법칙이라고 한다.

예제3

그림 (가)는 마찰이 없는 수평면에서 질량이 m인 물체 A가 정지해 있는 물체 B를 향해 속력 $2v$로 등속 직선 운동하는 것을 나타낸 것이고, 그림 (나)는 A와 B의 충돌 전후 A의 운동량을 시간에 따라 나타낸 것이다. 충돌 후 A와 B의 속력은 같다. 이에 대한 설명으로 옳은 것만을 모두 고르면? (단, 공기저항은 무시한다)

<2022년도 9급 경력경쟁>

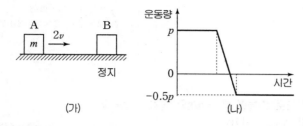

(가) (나)

| ㄱ. B의 질량은 $3m$이다. |
| ㄴ. 충돌 후 A의 속력은 $0.5v$이다. |
| ㄷ. 충돌 후 B의 운동량의 크기는 $3mv$이다. |

① ㄱ, ㄴ ② ㄱ, ㄷ
③ ㄴ, ㄷ ④ ㄱ, ㄴ, ㄷ

풀이 A의 운동량이 충돌 후 $-0.5P$이므로 충돌 후 A는 처음과 반대 방향으로 v 속력으로 튕겨 나온다. 운동량 보존의 법칙에서
$$m \times 2v = m \times (-v) + m_B v \qquad m_B = 3m 이다.$$

답 ②

연습문제

1 지상 20m 되는 곳에서 질량 2kg의 물체가 자유낙하하여 지면에 떨어졌다. 중력에 의하여 물체가 받는 충격량의 크기는?(단, $g=10\text{m/s}^2$)

① $10N \cdot S$

② $20N \cdot S$

③ $30N \cdot S$

④ $40N \cdot S$

⑤ $50N \cdot S$

해설 **1**

지면에 닿는 순간 속력은
$v^2=2gs$ 에서
$v^2=2\times10\times20$, $v=20\text{m/s}$
$I=F\cdot t=mv_2-mv_1$ 에서
$v_1=0$, $v_2=20\text{m/s}$
$I=2\times20-2\times0=40N\cdot s$

2 질량 2kg의 공이 10m/s의 속력으로 벽에 수직으로 충돌한 후 6m/s의 속력으로 튀어 나왔다. 벽이 물체에 가한 충격량은 몇 $N\cdot\sec$인가?

① $8N\cdot\sec$

② $12N\cdot\sec$

③ $20N\cdot\sec$

④ $32N\cdot\sec$

⑤ $120N\cdot\sec$

해설 **2**

충돌 전후 공의 방향이 반대이므로
v_1, v_2부호가 반대이고
$I=mv_2-mv_1$ 에서
$=m(v_2-v_1)=2\times16$
$=32N\cdot\sec$

3 정지해 있는 질량 6kg의 물체에 질량 2kg의 물체가 8m/s의 속력으로 충돌한 뒤 한 덩어리가 되어 움직이고 있다. 이 물체의 속력은 얼마인가?

① 1m/s

② 2m/s

③ 4m/s

④ 6m/s

⑤ 8m/s

해설 **3**

운동량 보존법칙에서
$m_1v_1+m_2v_2=(m_1+m_2)V$
$2\times8+6\times0=(2+6)\times V$
$V=2\text{m/s}$

4 얼음판 위에 질량이 60kg인 어른이 정지해 있다. 질량이 30kg인 어린이가 12m/s의 속도로 미끄러져와 어른과 무딪히면서 서로 껴안았다. 충돌 후 두 사람의 속도의 크기는 얼마인가? (단, 얼음판의 마찰은 무시한다.)

① 2.3m/s

② 4m/s

③ 6m/s

④ 8m/s

⑤ 10m/s

해설 **4**

$m_1v_1=m_2v_2$ 에서
$30\times12=(30+60)\times v$ 이므로
$v=4\text{m/s}$ 이다

정답 1. ④ 2. ④ 3. ② 4. ②

5 질량 30kg인 물체 A가 마찰이 없는 평면 위를 4m/s의 속도로 운동하다가 정지해 있는 질량 60kg인 물체 B와 정면 충돌한 후 정지하였다. 충돌 후의 물체 B의 속도의 크기는?

① $\sqrt{2}\,\mathrm{m/s}$ ② $2\mathrm{m/s}$

③ $2\sqrt{2}\,\mathrm{m/s}$ ④ $8\mathrm{m/s}$

⑤ $8\sqrt{2}\,\mathrm{m/s}$

6 미끄러운 수평면 위를 10m/s의 속력으로 운동하는 질량 50kg의 물체에 진행 방향과 반대 방향으로 5초 동안 일정한 크기의 힘을 가했더니 5초 후 물체는 처음 운동 방향과 반대 방향으로 2m/s의 속력으로 운동하였다. 5초 동안의 이 물체의 운동향의 변화량은 몇 kg·m/s인가?

① 100   ② 400

③ 500   ④ 600

⑤ 1200

7 위 6번 문제에서 물체에 가해진 힘의 크기는 얼마인가?

① 20N   ② 80N

③ 100N   ④ 120N

⑤ 240N

해 설

해설 **5**
$$30 \times 4 = 60 \times v \quad v = 2\mathrm{m/s}$$

해설 **6**
충격량은 운동량의 변화량과 같다.
$$I = F \cdot t = mv_2 - mv_1$$
$$I = (50 \times 2) - 50 \times (-10)$$
$$= 600\mathrm{kg \cdot m/s}$$

해설 **7**
$F \cdot t = I$ 에서 $600 = F \times 5$
$F = 120N$ 이다.

제2장 유체역학

출제경향분석

이 단원은 고등학교 물리에서 다루어지지 않는 부분으로 다소 어렵게 느껴지는 부분이다. 유체에 있어서는 관련되는 법칙들의 차이점을 파악하여 어떤 법칙이 무엇을 정의하는지를 알아두고 강체의 운동은 모멘트에 관한 책의 문제 정도만 숙지하면 충분하다.

세 부 목 차

1. 유체역학

1 밀도와 비중

(1) 밀 도

밀도란 균질한 물질의 단위 부피당의 질량을 말한다.

즉 밀도 $\rho = \dfrac{m}{v}$ (m : 질량 v : 부피)이다.

따라서 단위는 g/cm³, kg/m³ 이다.

물은 4℃에서 밀도가 가장 크며 물의 밀도는 1g/cm³ $= 10^3$ kg/m³ 이다.

■ 밀도 $= \dfrac{\text{질량}}{\text{부피}}$ (g/cm³)

(2) 비중

비중이란 그 물체와 같은 부피의 4℃ 물의 무게에 대한 비를 말하며 따라서 단위는 없다.

C. G. S 단위계에서 물의 밀도와 같다.(C. G. S 단위에서 물의 밀도가 1g/cm³ 이므로)

예제1

어떤 크기의 컵에 물을 채웠을 때 질량 500g이었다. 같은 컵에 물과 같은 양의 어떤 액체를 채웠더니 420g이었다. 이때 이 액체의 비중을 구하여라.(단 빈 컵의 질량은 300g이었다.)

풀이 비중은 물에 대한 무게비이므로 물무게 200g중

액체 무게 120g중에서 $\dfrac{120g \text{중}}{200g \text{중}} = \dfrac{3}{5} = 0.6$이다.

---

2 유체에 작용하는 힘

(1) 압력

단위 면적당 작용하는 힘을 압력이라고 한다.

힘 F가 수직으로 단면적 A 에 작용할 때 압력 P는 $P = \dfrac{F}{A}$ (N/m^2)이 된다.

■ 압력 $= \dfrac{\text{힘}}{\text{면적}}$ (N/m^2)

① 유체의 무게에 의한 압력

유체의 압력은 용기의 벽에 수직으로 작용하며 깊이 내려 갈수록 위에 얹혀지는 유체의 무게가 커지기 때문에 압력이 증가한다.

그러므로 같은 깊이에서 모든 면을 향하는 압력은 같다.

그림에서 바닥 A 에 작용하는 압력 P는

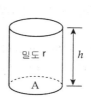

밀도 r

h

A

$$P = \frac{F}{A} = \frac{mg}{A} = \frac{\rho V g}{A} \quad (\text{밀도 } \rho = \frac{m}{V} \quad m : \text{질량} \quad V : \text{부피})$$
$$= \frac{\rho A h g}{A} = \rho h g$$

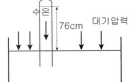

② 대기의 압력

대기에 의해 지표면이 받는 압력 1기압은 0℃의
수은 76cm의 높이로 정의한다.

$$1기압 = 76cmHg \quad [P = \rho g h \quad 수은의 \ \rho = 13.6g/cm^3]$$
$$= 13.6g/cm^3 \times 980cm/s^2 \times 76cm$$
$$= 1.013 \times 10^6 dyne/cm^2$$
$$= 1.013 \times 10^5 N/m^2$$
$$= 1.013 \times 10^5 pa \, (= 1,013hpa)$$
$$= 1,013mb$$

─ **잠깐 이것만은** ─────────────

대기압 1기압은 수은 76cm 높이와 같다.
그러면 물의 높이 얼마와 같을까에서는 수은의 비중이 물의 13.6배이므로 물기둥의 높이
는 76×13.6=1033.6cmH$_2$O이다.

┌─ **예제2** ─────────────────────────────

부피가 1000cm³이고 질량이 0.1kg인 물체가 있다. 이 물체를 물속에 완전히 잠
기게 했을 때 받게 되는 부력의 크기[N]는? (단, 물의 밀도는 1g/cm³, 중력가속도
는 10m/s²이다.)   <2017년도 9급 경력경쟁>

① 1   ② 10
③ 100   ④ 1000

풀이 부력은 $B = \rho V g$이고 부피 1000cm³는 $1000 \times 10^{-6}m^3$이다.
    또 물의 밀도는 $1g/cm^3 = 1000kg/m^3$
    $B = 1000 \times 10^{-3} \times 10 = 10(N)$

답 ②

└─────────────────────────────

(2) **파스칼의 원리**

밀폐된 용기의 유체에 가해진 압력은 모든 방향으로 동일하게 전달된다. 이것을 **파
스칼의 원리**라 한다.
파스칼의 원리를 수압기로 설명하면 단면적이 a인 작은 피스톤이 액체에 직접 작
은 힘 f를 미치면 $P = f/a$가 단면적 A의 큰 피스톤이 달린쪽으로 전달되어
두 압력은 같다.

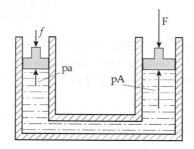

따라서 $p = \dfrac{f}{a} = \dfrac{F}{A}$

$F = \dfrac{A}{a} \times f$ 같이 표현된다.

작은 힘 f로 큰 힘 F을 얻을 수 있어 자동차 브레이크 등에도 이용된다.

예제3

그림 (가)는 밀도가 ρ인 액체에 질량이 1kg이고 부피가 V인 물체 A가 절반만 잠겨 정지해 있는 것을, 그림 (나)는 밀도가 2ρ인 액체에 부피가 V인 물체 B가 $\dfrac{3}{4} V$만큼 잠겨 정지해 있는 것을 나타낸 것이다. 물체 B의 질량은?

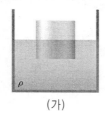
(가)

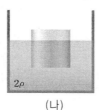
(나)

① 1.5kg   ② 3kg

③ 4.5kg   ④ 6kg

풀이 그림 (가)에서 $1 \times g = \rho \times g \times \dfrac{1}{2} V = \dfrac{1}{2} \rho g V$이다. 그림 (나)에서 B의 질량을 m_B라고 할 때 $m_B g = 2\rho \times g \times \dfrac{3}{4} V = \dfrac{3}{2} \rho g V$를 만족한다. 따라서 B의 질량은 A의 질량의 3배가 되므로 B의 질량은 3kg이다.

답 ②

---

(3) 아르키메데스의 원리

액체속에서 물체는 물체의 부피로 인해 밀어낸 액체의 무게만큼 그 액체로부터 윗방향으로 부력이라는 힘을 받는다. 이것을 **아르키메데스의 원리**라고 한다.

즉 부력 $F = e V g$이다.
$\begin{cases} \rho : \text{물체가 잠긴 액체의 밀도} \\ V : \text{물체에 의해 밀려난 액체의 체적} \\ \quad\quad (\text{액체속에 잠긴 만큼의 물체의 부피}) \\ g : \text{중력가속도} \end{cases}$

다시 말해서 부력은 물체에 의해 밀려난 만큼의 유체의 무게이다.

■ 아르키메데스의 원리(부력) 늘어난 액체의 무게가 부력

예제4

그림 (가)는 액체 A를 담은 용기가 액체 B 위에 떠서 정지해 있는 모습을, (나)는 B를 담은 용기가 A 위에 떠서 정지해 있는 모습을 나타낸 것이다. (가)에서 A의 부피는 V_0이고 (나)에서 B의 부피는 $4V_0$이다. (가)와 (나)에서 용기가 잠긴 부피는 같다.

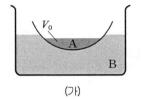
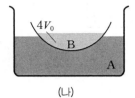

(가)   (나)

A, B의 밀도를 각각 ρ_A, ρ_B라고 할 때, $\rho_A : \rho_B$ 는? (단, 용기의 질량은 무시한다.)

① $1 : \sqrt{2}$ ② $1 : 2$ ③ $\sqrt{2} : 1$ ④ $2 : 1$ ⑤ $4 : 1$

풀이 (가), (나)에서 각각 용기에 담긴 액체 A, B의 무게는 용기가 액체에 잠긴 부피 V에 해당하는 B, A의 무게가 같으므로 $\rho_A V_0 g = \rho_B V_0 g$, $4\rho_B V_0 g = \rho_A V g$에서 $\rho_A = 2\rho_B$ 이다.

답 ④

연습문제

1 토리첼리의 실험을 할 때 관에 공기가 새어 들어가서 수은주의 높이가 18cm 로 되었다. 이때 대기압이 1기압일 때 관내의 공기압력은 몇 기압인가?

① 1기압

② 0.91기압

③ 0.76기압

④ 0.34기압

⑤ 0.24기압

수은주 76cm가 1기압이므로
수은 18cm는
$76 : 1 = 18 : x$
$x = \dfrac{18}{76}$ $x = 0.24$기압
따라서 관내공기 기압은
$1 - 0.24 = 0.76$기압

2 그릇에 물이 차 있고 얼음 덩어리가 물에 떠 있다. 만일 얼음이 다 녹으면 그 릇의 수면 높이의 변화는?

① 수면이 올라간다.

② 수면이 내려갔다 올라간다.

③ 수면이 내려간다.

④ 수면이 올라갔다 내려간다.

⑤ 변화없다.

아르키메데스의 원리에 의해 수면은 변함없다.

3 1기압은 물기둥 얼마의 높이에 의한 압력과 같은가?

① 380 cm

② 760 cm

③ 1,013 cm

④ 1,033.6 cm

⑤ 7600 cm

1기압은 수은주 76cm와 같다. 수은의
밀도가 13.6g/cm³ 이므로
물기둥은 $76 \times 13.6 = 1,033.6$cm

4 물에 얼음이 떠 있을 때 얼음은 전체 부피의 얼마가 물 위로 나오겠는가?(단, 얼음의 비중은 0.9로 계산한다)

① 0.05

② 0.1

③ 0.15

④ 0.2

⑤ 0.3

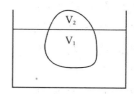

그림에서 물의 밀도는 1, 얼음의 밀도는
0.9, 전체 부피를 V, 잠긴 부피를
V_1, 뜬 부피를 V_2 라고 하면
아르키메데스원리에서
$V \rho g = V_1 \rho_1 g$ 에서 $v_\rho = v_1 \rho_1$
$V \times 0.9 = V_1 \times 1 (V_1$ 은 잠긴 부피,
즉 물이 밀려난 부피)이다.
따라서 $\dfrac{V_1}{V} = 0.9$
0.9가 잠기고 0.1이 물위로 나온다.

5 그림처럼 단면적의 비가 1 : 20인 수압기가 있을 때 A의 단면적에 $80N$의 힘을 얻으려면 a의 단면에 얼마의 힘을 가해야 하는가?

① $1N$
② $4N$
③ $10N$
④ $20N$
⑤ $80N$

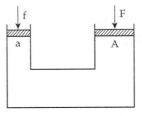

(단면적 A:a=20:1)

6 5번 문제에서 큰 피스톤이 8J의 일을 하려면 작은 피스톤을 몇 cm나 움직여야 하는가?

① 10 cm
② 20 cm
③ 100 cm
④ 200 cm
⑤ 400 cm

7 다음 그림에서 수압 P의 대소 관계가 맞는 것은?

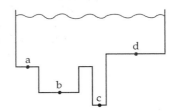

① $P_a = P_b = P_c = P_d$
② $P_d > P_b > P_a > P_c$
③ $P_c > P_a > P_b > P_d$
④ $P_c > P_b > P_a > P_d$
⑤ $P_d > P_a > P_b > P_c$

8 어떤 물체를 물에 완전히 담궜더니 300g 중 만큼 가벼워지고 그 물체를 액체 속에 담갔더니 270g 중 만큼 가벼워졌다. 액체의 비중은 얼마인가?

① 0.3
② 0.5
③ 0.7
④ 0.9
⑤ 1.0

해 설

해설 **5**

파스칼의 원리에서 $\dfrac{f}{a} = \dfrac{F}{A}$ 이므로 $\dfrac{f}{l} = \dfrac{80}{20}$ 이다.

따라서 $f = 4N$

해설 **6**

큰 피스톤의 힘은 $80N$ 이므로
일 $w = F \cdot s$ $8 = 80 \times s$
$s = 0.1m$ 이다.
큰 피스톤의 올라간 부피=작은 피스톤의 내려간 부피이므로
$(A : a = 20 : 1)$
$20 \times 0.1 = 1 \times x$ $x = 2m$

해설 **7**

수압은 깊이에 비례한다. $P = \rho g h$

해설 **8**

액체 중에서 가벼워 지는 것은 부력 때문인데 부력은 eVg 이다.
물에서 부력은 $300g(=eVg)$ 액체에서는 $270g(=eVg)$ 중력가속도 g 와 부피 V 는 같으므로 비중은 $\dfrac{270}{300} = 0.9$ 이다.
이다.

정답 5. ② 6. ④ 7. ④ 8. ④

9 그림과 같이 밀도가 d_1, d_2인 액체 안에 유리관을 넣고 공기를 빼면 각 액체가 h_1, h_2의 높이까지 올라간다. 이때 다음 어느 식이 성립하는가?(단, 양쪽 관은 같은 굵기이다)

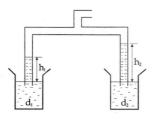

① $\dfrac{h_1}{h_2} = \dfrac{d_1}{d_2}$

② $\dfrac{h_1}{\sqrt{d_1}} = \dfrac{h_2}{\sqrt{d_2}}$

③ $\dfrac{\sqrt{d_1}}{h_1} = \dfrac{\sqrt{d_2}}{h_2}$

④ $\dfrac{h_1}{h_2} = \dfrac{d_2}{d_1}$

⑤ $h_1 + d_1 = h_2 + d_2$

10 비중 S_1, S_2 $(S_1 > S_2)$의 두 액체가 혼합되지 않고 경계면이 수평하게 나눠져 있다. 이 경계면에 비중 s인 물체가 떠 있다. 이 물체가 경계면으로 나누어지는 체적비 얼마인가?(단, 물체는 액체속에 완전히 잠겼다고 가정한다.)

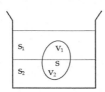

① $\dfrac{S_1 + S}{S - S_2}$

② $\dfrac{S - S_2}{S_1 + S}$

③ $\dfrac{S_1 - S}{S - S_2}$

④ $\dfrac{S - S_2}{S_1 - S}$

⑤ $\dfrac{S_1 + S}{S + S_2}$

해 설

해설 **9**

올라간 양쪽질량이 같으므로
$d_1 h_1 g = d_2 h_2 g$에서
$d_1 h_1 = d_2 h_2$ 이다.

해설 **10**

$S V g = S_1 V_1 g + S_2 V_2 g \qquad V = V_1 + V_2$
$S(V_1 + V_2) = S_1 V_1 + S_2 V_2$
$S V_1 + S V_2 = S_1 V_1 + S_2 V_2$
$S V_2 - S_2 V_2 = S_1 V_1 - S V_1$
$\dfrac{V_1}{V_2} = \dfrac{S - S_2}{S_1 - S}$

정답 9. ④ 10. ④

제3장 에너지와 열

출제경향분석

이 단원은 일과 에너지의 전환과 보존 역학적 에너지의 보존법칙과 열역학 제1법칙과 열역학 제2법칙의 개념숙지가 가장 중요하다. 이러한 열역학의 여러가지 표현들에 대해서도 반드시 알아두어야 한다.

1. 일과 에너지

1 일

(1) 일

일은 물체에 작용하는 힘과 힘의 방향으로 이동한 변위의 곱이다. 즉 힘(F)의 방향과 물체의 변위(S)의 방향이 θ 각을 이룰 때 한 일 $W = FS\cos\theta$로 나타낼 수 있다.

일의 단위로는 J(줄)을 사용하여 1J는 1N의 힘으로 물체를 힘의 방향으로 1m 이동시킬 때 한 일이다. 그러므로 1J=1N·m이다.

■일 W
$W = FS\cos\theta$

예제1

그림과 같이 수평면과 60°의 각으로 20N의 힘을 물체에 작용하여 물체를 10m 이동시켰다면 한 일의 양은 몇 J인가?

풀이 한일 $W = F \cdot s\cos\theta$ 에서

$W = 20 \cdot 10 \cdot \cos 60 = 20 \cdot 10 \cdot \dfrac{1}{2}$

$W = 100$J이 된다

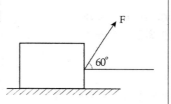

─ 잠깐 이것만은 꼭 ─

일이 0이 되는 경우

일 $W = F \cdot S \cdot \cos\theta$로 표시되므로 힘 F 또는 변위 S가 0이면 일이 0이 됨은 당연하다.

그런데 $\cos\theta$ 가 0이 되는 값 $\theta = 90$일 때도 있다는 것을 명심하자.

예를 들면 인공위성의 운동에서 만유인력이 한 일이나 단진자에서 실의장력이 한 일은 모두 0이 된다.

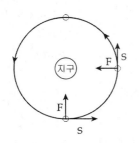

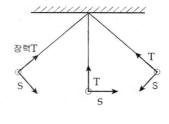

(2) 일의 원리

우리가 일을 할 때 도구를 사용해서 일을 해도 외부에서 그 사용한 도구에 한 일의 양과 그 도구가 물체에 행한 일의 양은 같다. 이것을 **일의 원리**라고 한다.

일반적으로 물체를 들어올릴 때 지레나 도르레 등의 도구를 쓰면 힘을 적게 들일 수는 있으나 일의 양은 같다.

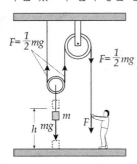

즉 도르레가 물체에 한 일

$W = F \cdot S = mg \times h$ 이고

사람이 도르레에 한 일

$W = F \cdot S$ 에서

$= \dfrac{1}{2}mg \times 2h$ 이다.

따라서 힘은 반으로 줄지만 일은 같다.

예제2

그림처럼 움직 도르레를 이용하여 100N의 물체를 2m 들어올릴 때 외력 F가 한 일은? 또 도르레가 물체에 해준 일은?

풀이 ① 외력 F가 한 일

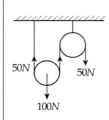

그림처럼 100N의 물체를 매달면 줄의 장력은 50N이면 된다. 또 물체를 2m 상승시키기 위해서는 줄을 4m 당겨야 되므로 일 $W = F \cdot S$ 에서

$W = 50N \cdot 4\ m = 200J$

② 도르레가 한 일

도르레는 물체 100N을 위로 올리려면 100N의 힘이 필요하고 2m 상승시키므로 한 일

$W = F \cdot S$ 에서 $W = 100N \cdot 2m = 200J$

---

(3) 일 률

일률이란 단위 시간 동안에 한 일의 양을 나타내며 t초 동안 한 일의 양이 w이면 일률 P는 다음과 같이 나타낼 수 있다.

$$P = \frac{W}{t}$$

일률의 단위는 와트(기호 : W)를 쓰는데 $1W$는 매초 1J의 일을 할 때의 일률이다. 그러므로 $1W = 1J/s$이다. 또 일 $W = F \cdot S$ 에서

$$P = \frac{W}{t} = \frac{F \cdot S}{t} = F \cdot \frac{S}{t} = F \cdot v$$ 로 힘과 속도의 곱으로도 나타낼 수 있다.

■ 일의 원리
일은 힘과 이동거리의 곱인데 도구를 이용했을 때 힘의 이득이 있어도 일은 항상 같다.

■ 일률은 전력과 같다.
뒤에서 배울 전기에서 전력 P는 전압 V와 전류 I의 곱이다.

즉 $P = \dfrac{W}{t}$

$P = VI$

$\dfrac{W}{t} = VI$

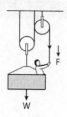

움직 도르레에서는 힘의 크기가 반으로 줄지만
그림과 같은 도르레의 연결에서는 힘 F가
$F = \frac{1}{3} W$ 이다.

예제3

매분 1m³의 물을 1m 높이로 퍼올리는 전동기의 일률은 몇 W인가?

풀이 물 1m³의 질량은 1000kg이므로 위로 올리는 힘 $F = 1000 \times 9.8$N
$$P = \frac{W}{t} = \frac{1000 \times 9.8 \times 1}{60s} = 163 \text{J}/\text{s} = 163 \, W$$

---

2 에너지

(1) 일과 에너지

한 물체가 다른 물체에 대해서 일을 할 수 있는 능력을 가질 때 이 물체는 에너지를 갖는다고 한다.
그러므로 이 에너지의 크기는 물체가 할 수 있는 일의 크기와 같고 단위도 일과 같이 J을 사용한다.

■ 일=에너지이다.
　(에너지≠힘이다.)

(2) 역학적에너지

운동에너지와 위치에너지의 합을 **역학적에너지**라고 한다. 역학적 에너지는 항상 일정하게 보존되는데 이것을 역학적 에너지보존의 법칙이라고 한다.

■ 역학적에너지=운동에너지(E_k)
　＋위치에너지(E_p)

① 운동에너지

질량 m인 물체가 v 속도로 운동하다가 정지할 때까지는 $\frac{1}{2}mv^2$만큼의 일을 할 수 있는데 이것을 물체의 **운동에너지**라고 한다. 이 운동에너지를 E_k라 하면
$E_k = \frac{1}{2}mv^2$이다.

이 식은 다음과 같이 유도된다.

■ 운동에너지 $E_k = \frac{1}{2}mv^2$

질량 m 인 자동차가 v 속도로 달리다가 브레이크를 밟아 속력이 일정하게 줄어 s 거리를 밀린 후 정지하였을 때 앞 단원에서 배운 $v^2 - v_o^2 = 2as$ 에 가속도 $-a$, 초속도 v, 정지하였을 때 속도 o 를 대입하면

$o^2 - v^2 = -2as$ 이고 $F = ma$ 에서 $a = \dfrac{F}{m}$ 이므로

$v^2 = 2 \cdot \dfrac{F}{m}s$ $\quad \dfrac{1}{2}mv^2 = F \cdot s$ 이 된다.

따라서 일의 양 $W = F \cdot s = \dfrac{1}{2}mv^2$ 이 된다.

예제4

그림과 같이 수평면으로부터 높이가 1.8 m인 곳에서 질량이 4 kg인 물체 A가 경사면을 따라 내려와 수평면에 정지해 있던 물체 B와 충돌하였다. 충돌 후 A와 B는 한 덩어리가 되어 반대쪽 경사면에서 수평면으로부터 높이가 0.8 m인 곳까지 올라 순간적으로 멈췄다. B의 질량[kg]은? (단, 중력가속도는 10 m/s²이고, 바닥과의 마찰 및 공기 저항과 물체 크기는 무시한다)   <2020년 9급 공채>

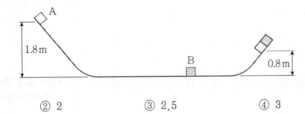

① 1.5   ② 2   ③ 2.5   ④ 3

풀이 $mgh = \dfrac{1}{2}mv^2$ 에서 $v = \sqrt{2gh}$ 이고 A의 충돌전 속력은 $v = 6\,\text{m/s}$

충돌 후 A, B 덩어리 속력은 $v = 4\,\text{m/s}$ 이다. 운동량 보존의 법칙에서 $4 \times 6 = (4 + m_B) \times 4$

$m_B = 2\,\text{kg}$ 이다.

답 ②

---

② 중력에 의한 위치에너지

보통 질량 m 인 물체가 지면으로부터 높이 h 인 곳에 있을 때 이 물체에 작용하는 중력은 mgh 의 일을 할 수 있는 능력을 갖는다. 이것이 그 물체의 중력에 의한 위치에너지이다.

위치에너지를 E_p 라 하면

$E_p = mgh$ 이다.

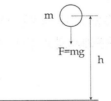

예제5

그림은 지면으로부터 높이 h인 곳에서 가만히 놓은 물체가 점 P, Q를 지나며 운동하는 모습을 나타낸 것이다. P에서 물체의 중력 퍼텐셜 에너지는 운동 에너지의 2배이고, Q에서 물체의 운동 에너지는 P에서 운동 에너지의 2배이다. P와 Q의 높이 차이는? (단, 물체의 크기 및 공기 저항은 무시한다)   <2020년도 지방직 9급 공채>

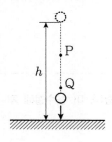

① $\dfrac{h}{5}$　　　　② $\dfrac{h}{4}$　　　　③ $\dfrac{h}{3}$　　　　④ $\dfrac{2h}{5}$

풀이 전체에너지는 같고 mgh이다. P점은 $mgh = 2E_K + E_K$로 위치에너지가 운동에너지의 2배이므로 즉 위치에너지는 $\dfrac{2}{3}mgh$ 운동에너지는 $\dfrac{1}{3}mgh$이고 Q에서는 운동에너지가 위치에너지의 2배이므로 위치에너지는 $\dfrac{1}{3}mgh$이다. 높이 차이는 $\dfrac{1}{3}h$

답 ③

③ 탄성력에 의한 위치에너지

일반적으로 변형된 용수철은 원래 상태로 돌아가면서 다른 물체에 일을 할 수가 있는데 용수철 상수 k인 용수철이 x만큼 늘어 났을 때 $\dfrac{1}{2}kx^2$만큼의 일을 할 수가 있다. 이것을 탄성력에 의한 위치에너지(또는 탄성에너지)라고 한다.

즉 탄성에너지 $E_p = \dfrac{1}{2}kx^2$이다.

■ 탄성력에 의한 위치에너지
$E_p = \dfrac{1}{2}kx^2$

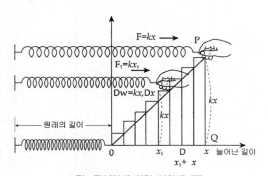

그림. 탄성력에 의한 위치에너지

용수철이 하는 일은 $W = F \cdot x$로 표시되는데 그림처럼 늘어난 길이 x 값에 비례하여 힘 F가 증가하게 된다. 따라서 x만큼 늘리는 동안의 힘은 평균 힘 $\overline{F} = \dfrac{O + F}{2}$가 되어야 하므로 $W = \overline{F}x = \dfrac{1}{2}Fx(F = kx : $후크의 법칙$)$ 일 $W = \dfrac{1}{2}kx^2$ 이 된다.

즉 그래프에서 한 일은 면적과 같다.

예제6

용수철 상수가 400N/m인 용수철을 수평으로 놓고 0.2m 늘렸다. 이 용수철에 저장된 퍼텐셜 에너지는?

① 80J   ② 16J

③ 8J   ④ 40J

풀이 용수철에 저장된 퍼텐셜 에너지는 $\dfrac{1}{2}kx^2$으로 표현된다. 따라서 용수철 상수가 400N/m 이고 늘어난 길이가 0.2m일 때 용수철에 저장된 퍼텐셜 에너지는 $\dfrac{1}{2} \times 400 \times (0.2)^2 = 8J$ 이다.

답 ③

(3) 역학적에너지 보존

물체가 어떤 한 지점에서 다른 지점으로 이동할 때 힘이 한 일이 두 지점의 위치만으로 결정되고 도중의 운동 경로와는 관계 없는 힘을 **보존력**이라 한다. 어떤 물체계에 가해진 힘이 물체의 운동 상태를 변화시킬 때 그 변화량을 위치 에너지의 차이로 설명이 가능하다면 이 때 가해진 힘을 보존력이라 한다.
즉 중력, 탄성력, 전기력, 복원력 등은 보존력이고 마찰력, 저항력 등은 비보존력이다.

┌예제7┐

그림은 영희가 멀리뛰기하는 모습을 순서대로 나타낸 것이다. B는 영희의 질량중심이 가장 높이 올라간 순간이다. 이에 대한 설명으로 옳은 것은?(단, 공기에 의한 저항은 무시한다.)

① B에서 영희에게 작용하는 중력은 0이다.
② A에서의 운동 에너지는 B에서의 운동 에너지보다 크다.
③ B에서의 중력 퍼텐셜 에너지는 C에서의 역학적 에너지보다 크다.
④ B에서 C까지 이동하는 동안 중력이 영희에게 한 일은 0이다.

[풀이] ① 영희의 질량이 m일 때 가장 높이 올라간 순간에도 영희에게 mg만큼의 중력이 작용한다.
② 운동하는 동안 역학적에너지는 보존된다. A보다 B에서의 위치에너지가 더 크므로 운동에너지는 A에서 더 크다.
③ B에서의 역학적 에너지 $E = mgh + \frac{1}{2}mv_B{}^2$이고, C에서의 역학적 에너지 $E = \frac{1}{2}mv_C{}^2$ 이다. $mgh + \frac{1}{2}mv_B{}^2 = \frac{1}{2}mv_C{}^2$이므로 B에서의 중력 퍼텐셜 에너지는 C에서의 역학적 에너지보다 작다.
④ B에서 C까지 이동하는 동안 위치에너지가 감소하므로 중력이 영희에게 한 일은 mgh 이다.

[답] ②

---

① **중력장에서 역학적에너지의 보존**

중력장에서 질량 m인 물체가 자유낙하할 때 A에서 역학적에너지와 B에서 역학적에너지는 항상 같다. 이것을 역학적에너지 보존의 법칙이라 한다.
즉 $mgh_1 + \frac{1}{2}mv_1{}^2 = mgh_2 + \frac{1}{2}mv_2{}^2$ 이다.
이것은 물체가 가지고 있는 역학적에너지는 같은 크기에서 운동에너지와 위치에너지는 상호 전환된다는 의미이다.

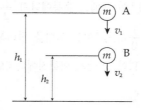

■ 역학적에너지 보존
$$\frac{1}{2}mv^2 + mgh = 일정$$

예제8

그림은 높이가 h인 A 지점에서 속력 $2v$로 운동하던 수레가 동일 연직면상에서 마찰이 없는 곡면을 따라 B 지점을 지나 최고점 C 지점에 도달하여 정지한 순간의 모습을 나타낸 것이다. B에서 수레의 속력은 v이고 높이는 $2h$이다. C의 높이가 $\frac{7}{3}h$일 때, B에서 수레의 운동 에너지는? (단, 수레의 질량은 m, 중력 가속도의 크기는 g이며, 모든 마찰 및 수레의 크기는 무시한다) <2022년도 9급 경력경쟁>

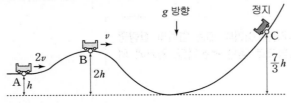

① $\frac{1}{3}mgh$

② $\frac{2}{3}mgh$

③ $2mgh$

④ $\frac{7}{3}mgh$

[풀이] C점에서 정지 상태이므로 위치에너지만 있다. 역학적 에너지 보존에서 B점의 위치에너지와 C점의 위치에너지 차이 만큼 B점에서 운동에너지이다.

$mg \times \frac{7}{3}h - mg \times 2h = \frac{1}{3}mgh$

[답] ①

② **탄성력에 의한 역학적에너지 보존**

그림에서 용수철 상수 k는 용수철의 한끝을 고정하고 다른 끝에 질량 m인 물체를 매어 매끄러운 수평면위에서 수평으로 l만큼 늘였다가 놓으면 용수철은 원래의 길이로 돌아가면서 물체를 운동시킨다.

물체가 B점을 지날 때의 속도를 v_B라 하면 이점에서의 운동에너지는 $\frac{1}{2}mv_B{}^2$이고, 이것은 A, B사이의 용수철의 탄성력에 의한 위치에너지의 차 $\frac{1}{2}kl^2 - \frac{1}{2}kx^2$이 물체의 운동에너지 $\frac{1}{2}mv_B{}^2$이 생기게 하였으므로 $\frac{1}{2}kl^2 - \frac{1}{2}kx^2 = \frac{1}{2}mv_B{}^2$이고 이식을 정리하면

$\frac{1}{2}mv_B{}^2 + \frac{1}{2}kx^2 = \frac{1}{2}kl^2$이 되어 A에서 역학적에너지와 B에서 역학적에너지가 같다는 것을 알 수 있다.

즉 어느 점에서나 운동에너지(E_k)+위치에너지(E_p)=역학적에너지(E)로써 역학적에너지가 보존된다.

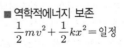

■ 역학적에너지 보존
$\frac{1}{2}mv^2 + \frac{1}{2}kx^2 =$ 일정

예제9

그림과 같이 용수철 상수 k인 두 개의 용수철과 질량 m인 물체를 연결하여 평형 상태를 유지하였다. 물체를 왼쪽으로 x만큼 잡아당겼다가 가만히 놓았을 때, 평형 점을 지나는 순간 물체의 속력은?(단, 용수철의 질량과 모든 마찰은 무시한다.)

① $\sqrt{\dfrac{k}{m}}\,x$

② $\sqrt{\dfrac{m}{k}}\,x$

③ $\sqrt{\dfrac{k}{2m}}\,x$

④ $\sqrt{\dfrac{m}{2k}}\,x$

⑤ $\sqrt{\dfrac{2k}{m}}\,x$

답 ⑤

연 습 문 제

1 수평면에 대하여 경사각 30° 인 마찰이 없는 비탈면을 이용해서 100kg의 물체를 5m 높이까지 옮길 때 필요한 일은 얼마인가?

① 245 J

② 490 J

③ 500 J

④ 4900 J

⑤ 9800 J

2 마찰계수가 0.2인 수평면 위에서 10kg의 물체에 힘을 가하여 5m의 거리를 움직였다. 이때 힘이 한 일은 얼마인가?(단 중력가속도 g=10m/s²이다.)

① 1 J

② 5 J

③ 20 J

④ 50 J

⑤ 100 J

3 그림에서 물체가 처음 위치에서 8m의 변위가 될 때까지 물체에 가해진 일의 양은?

① 16 J

② 32 J

③ 36 J

④ 40 J

⑤ 80 J

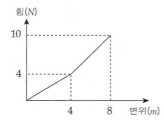

4 그림은 마찰이 없는 수평면위에 정지하고 있던 질량 2kg의 물체에 일정한 힘이 6초동안 작용하여 속도가 24m/s 될 때까지의 그래프이다. 6초동안 힘이 한 일은?

① 12 J

② 48 J

③ 72 J

④ 288 J

⑤ 576 J

해설 **1**

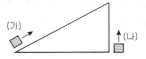

마찰이 없을 때 (가) 경로가 (나)보다 힘이 적게 들지만 이동경로가 길어 결국 일의 양은 (가)와 (나)가 같다.
따라서 일 $W = F \cdot S$에서
$W = 100 \times 9.8 \times 5 = 4900J$

해설 **2**

물체를 움직이기 위해 가한 힘
$F = \mu N = \mu mg = 0.2 \times 10 \times 10$
$\quad = 20N$
이고 한 일 $W = F \cdot S$이므로
$W = 20 \times 5 = 100J$

해설 **3**

한 일 $W = F \cdot S$이므로 그래프에서 면적이 한 일이 된다.
따라서 $W = \left(4 \times 4 \times \frac{1}{2}\right) + (4 \times 4)$
$\quad\quad + \left(4 \times 6 \times \frac{1}{2}\right) = 36J$

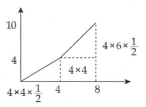

해설 **4**

그래프가 속도-시간 그래프이므로 기울기는 가속도 a, 면적은 변위 s를 나타낸다. 따라서 $a = \dfrac{24}{6} = 4m/s^2$,
$s = 6 \times 24 \times \dfrac{1}{2} = 72m$
힘 $F = ma$에서
$F = 2kg \times 4m/s^2 = 8N$이고
일 $W = F \cdot S = 8 \times 72 = 576J$

5 그림은 빗면에 가만히 놓은 물체가 등가속도 운동을 하여 빗면 위의 점 p, q 를 각각 v_0, $2v_0$의 속력으로 지난 후 수평면에 도달하였을 때 속력이 $3v_0$이 된 모습을 나타낸 것이다. 수평면으로부터 p의 높이는 h이다.

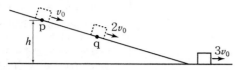

수평면으로부터 q의 높이는? (단, 모든 마찰과 공기 저항, 물체의 크기는 무시한다.)

① $\frac{1}{2}h$ ② $\frac{2}{3}h$

③ $\frac{3}{5}h$ ④ $\frac{5}{8}h$

⑤ $\frac{5}{9}h$

6 질량 50kg의 물체를 수평한 책상면과 나란하게 2m 이동시킬 때 중력이 이 물체에 한 일의 양은?

① 980 J   ② 490 J

③ 245 J   ④ 100 J

⑤ 0 J

7 마찰이 없는 수평면위에 정지하고 있던 2kg의 물체에 일정한 힘이 4초동안 작용하여 속도가 20m/s가 되었다. 이때 일률은 몇 w 인가?

① $50w$ ② $100w$

③ $200w$ ④ $160w$

⑤ $80w$

8 질량 10kg의 물체가 4m/s의 속도로 매끄러운 수평면 위를 운동하고 있다. 이 물체에 운동방향으로 10N의 힘을 10m 이동하는 동안 계속 가하였다면 이때 이 물체의 운동에너지는?

① 40 J   ② 80 J

③ 160 J   ④ 180 J

⑤ 360 J

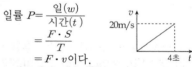

9 경사각 30° 인 마찰이 없는 빗면 위에 정지해 있던 2kg의 물체가 미끄러져 탄성계수 40N/m인 용수철을 완전 비탄성충돌 압축하였다. 압축된 용수철의 길이는?(물체가 미끄러진 길이는 용수철의 압축된 길이를 포함하여 2m이고 중력가속도 $g=10m/s^2$이다.)

① 0.1 m

② 0.2 m

③ 0.4 m

④ 0.8 m

⑤ 1 m

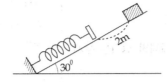

10 5m/s의 속력으로 움직이는 질량 8kg의 물체에 10m의 거리를 일정한 힘을 가하면서 밀었더니 속도가 10m/s로 되었다. 물체에 가한 힘은 몇 N인가?

① 10 N

② 20 N

③ 30 N

④ 40 N

⑤ 50 N

11 탄성계수가 200N/m인 용수철을 5cm 압축시킨후 질량 0.02kg의 물체를 놓아 용수철이 늘어나는 힘으로 밀어낼 경우 물체의 최고속도는 몇 m/s나 될까?

① 1 m/s

② 2 m/s

③ $\sqrt{5}$ m/s

④ 5 m/s

⑤ 10 m/s

12 속력 v m/s 로 운동하던 질량 $m$kg 의 물체 A가 정지하고 있는 질량 2$m$kg 의 물체 B와 충돌한 후 물체 A는 정지하고 물체 B는 운동을 한다. 충돌과정에서 열로 소모된 에너지는 몇 줄 J인가?

① $\frac{1}{16}mv^2$

② $\frac{1}{4}mv^2$

③ $\frac{1}{2}mv^2$

④ mv^2

⑤ $2mv^2$

해 설

해설 9

물체의 위치에너지는 빗면 30° 에서 빗면의 길이 2m는 수직 1m 높이이므로
$$E_p = mgh = 2kg \times 10m/s^2 \times 1m$$
$$= 20J이다.$$
역학적에너지 보존에서 용수철에 전달된 탄성에너지 E_p와 같다.
따라서 $E_p = \frac{1}{2}kx^2$에서
$$20 = \frac{1}{2} \times 40 \times x^2 \quad x = 1이다.$$

해설 10

처음 운동에너지는
$$E = \frac{1}{2}mv^2 = \frac{1}{2} \times 8 \times 5^2 = 100J$$
나중 운동에너지
$$E_p = \frac{1}{2} \times 8 \times 10^2 = 400J$$
해준 일의 양은 300J이다.
일 $W = F \cdot S$에서
$$300J = F \cdot 10m \quad F = 30N$$

해설 11

탄성에너지가 운동에너지로 전환된다.
탄성에너지 E_p 는
$$E_p = \frac{1}{2}kx^2 = \frac{1}{2} \times 200 \times 0.05^2$$
$$= 0.25J$$
운동에너지 E_k 는
$$E_k = \frac{1}{2}mv^2$$
$$\Rightarrow 0.25 = \frac{1}{2} \times 0.02 \times v^2$$
$$25 = v^2 \quad v = 5m/s$$

해설 12

$mv = 2mv_B \quad v_B = \frac{1}{2}v$ 운동에너지는 충돌전이 $\frac{1}{2}mv^2$이고 충돌후가
$$\frac{1}{2} \times 2m \times v_B^2 = \frac{1}{2} \times 2m \times (\frac{1}{2}v)^2$$
에서 $\frac{1}{4}mv^2$ 이다.
따라서 열로 소모된 에너지는
$$\frac{1}{2}mv^2 - \frac{1}{4}mv^2 = \frac{1}{4}mv^2$$ 이다.

2. 열과 분자운동

1 열

(1) 일과 열

줄은 실험을 반복하여 물의 온도변화가 중력이 추를 낙하시키는데 한 일에 비례한다는 사실을 확인하였다. 그는 이 실험에서 1cal의 열을 발생시키는데 4.2J의 일이 필요하다는 것을 알았다. 즉 1cal의 열량은 4.2J의 일에 해당한다.

해 준 일 W와 발생한 열량 Q 사이에는

$$W = JQ$$

의 관계가 있다는 것을 알았다. 비례상수 $J = 4.2 \text{J/cal}$이며, 이것을 **열의 일당량**이라고 한다.

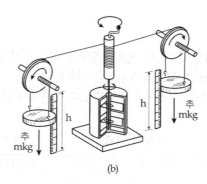

(b)

그림. 줄의 실험장치

■ 열의 일당량 1cal = 4.2J

(2) 온도와 열

① 온 도

물체의 온도는 물체의 차고 더운 정도를 수량적으로 나타낸 것으로 그 물질을 구성하고 있는 분자들의 열운동상태로 결정된다.

㉮ 섭씨온도 : 1기압에서 순수한 물의 어는점을 0℃, 끓는점을 100℃로 하여 그 사이를 100등분하고 간격을 1℃로 정한 온도를 말한다.

㉯ 절대온도 : 기체의 평균 운동에너지가 0으로 측정되는 온도인 −273℃를 절대온도 0K로 정한 온도를 말하며, 절대온도 T와 섭씨온도 t 사이에는 다음과 같은 식이 성립한다.

$$T(\text{K}) = t\,(℃) + 273 [단위 : \text{K(켈빈)}]$$

절대온도 0K는 기체의 속도가 0이 되어 체적이 0이 되고 운동에너지가 0이 되는 온도이다.

㉰ 화씨온도 : 1기압에서 순수한 물의 어는점을 32℉, 끓는점을 212℉로 하여 그 사이를 180등분한 것을 1℉로 정한 온도를 말한다. 섭씨온도와 화씨온도의 관계는 $℉ = \dfrac{9}{5}℃ + 32$가 된다.

■ 절대온도 T 는
$T = t + 273$
│
섭씨온도

② 열량과 비열

㉮ 열량 : 온도가 다른 두 물체를 접촉시키면 열이 고온의 물체에서 저온의 물체로 이동하여 두 물체의 온도가 같아져 열평행상태에 도달하게 된다. 이때 이동한 열의 양을 **열량**이라 하며 단위는 cal 또는 kcal를 사용한다.

물질의 질량이 m, 그 물질의 비열이 c일 때 온도를 Δt만큼 올릴 때 필요한 열량 Q는

$$Q = Cm\Delta t$$

로 나타낼 수 있다.

㉯ 비열 : 어떤 물질 1kg을 1℃ 올리는데 필요한 열량을 그 물질의 **비열**이라고 하며 단위는 J/kg℃ 또는 kcal/kg℃(kcal/kg·k)를 사용한다.

즉 비열이 작을수록 온도가 잘 올라가고 비열이 클수록 온도가 잘 올라가지 않는다.

물질의 비열 (비열의 단위 : J/kg·K)

물 질		온도(℃)	비열	물 질		온도(℃)	비열
알루미늄	(Al)	25	900	납	(Pb)	25	128
철	(Fe)	25	444	금	(Au)	25	130
은	(Ag)	25	236	물		15	4190
구리	(Cu)	25	386	바닷물		20	3900
수은	(Hg)	25	140	에탄올	(C_2H_5OH)	0	2290

㉰ 열용량 : 물체의 온도를 1K 올리는데 필요한 열량을 그 물체의 **열용량**이라고 한다. 단위는 J/K 또는 kcal/K를 사용하고 열용량 H를 식으로 나타내면

$H = Cm$ (C는 비열, m은 물질의 질량)

으로 나타낼 수 있다.

예제1

표는 여러 가지 물질의 비열과 질량을 나타낸 것이다. 같은 열량을 가했을 때 온도 변화가 가장 작은 것은?

물질	A	B	C	D
비열(kcal/kg·℃)	0.2	1.0	0.3	0.25
질량(kg)	15	2.5	5	8

① A   ② B   ③ C   ④ D

풀이 가해준 열량 $Q = cm\Delta T$이고, cm은 열용량으로 열용량이 클수록 가해준 열량이 같을 때 온도 변화가 적다. A의 열용량은 $0.2 \times 15 = 3$kcal/℃, B의 열용량은 $1.0 \times 2.5 = 2.5$kcal/℃, C의 열용량은 $0.3 \times 5 = 1.5$kcal/℃, D의 열용량은 $0.25 \times 8 = 2$kcal/℃이므로 열용량이 가장 큰 A가 온도 변화가 가장 작다.

답 ①

㉒ 물당량

어떤 물질의 열용량이 H이면 이 값은 물의 비열이 $1cal/g℃$ 이므로 질량이 H인 물의 열용량과 같다. 따라서 이 물체를 물로 취급하여 파악할 때 더 편리한 경우 이 물체의 물당량을 mc라고 한다.

예제2

두 물질 A, B를 똑같은 열원으로 가열했더니 A는 20℃, B는 40℃만큼 온도가 올라갔다.(단, 질량은 A가 B의 2배이다.) A와 B의 비열의 비는?

풀이 A물질과 B물질이 받은 열량은 같다. $Q_A = Q_B$
  질량은 A가 $2m$이면 B는 m이므로 $m_A = 2m$, $m_B = m$으로 놓자.
  $Q_A = C_A m_A \Delta t$ $Q_B = C_B m_B \Delta t$
  $Q_A = C_A \cdot 2m \times 20$ $Q_B = C_B \cdot m \times 40$
  $Q_A = Q_B$이므로 $C_A = C_B$ 따라서 비열이 같다.

㉓ 비열의 측정

스티로폼 컵속에 질량 M의 물을 담고 온도 t_1을 측정하여 두고 질량 m의 금속을 가열하여 금속의 온도 t_2를 측정한 후 금속을 스티로폼 컵에 넣고 열평형이 되면 물의 온도 t를 측정한다. 금속은 열을 잃고 물은 열을 얻게 되는데 잃은 열과 얻은 열은 같다. 이 실험에서 금속의 비열을 구해보면 금속이 잃은 열량 Q는 $Q = mc(t_2 - t)$kcal이고, 물이 얻은 열량 Q'은 $Q' = M(t - t_1)$kcal이다. 이때 열의 손실이 없다고 하면, $mc(t_2 - t) = M(t - t_1)$이 성립하므로

$$c = \frac{M(t - t_1)}{m(t_2 - t)}$$

이 된다. 이 식으로 금속의 비열을 구할 수 있다.

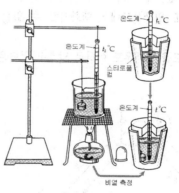

그림. 비열측정

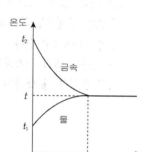

금속이 잃은 열=물이 얻은 열

③ 물질의 상태 변화

모든 물질은 온도와 압력에 따라 고체, 액체, 기체의 상태중 하나의 상태로 존재한다.

고체인 얼음을 가열하면 액체인 물이 되고 물을 계속 가열하면 기체인 수증기가 되는데 이런 현상을 물질의 상태변화라 하고 이때 온도변화없이 물질의 상태만 바꾸는데 필요한 열을 **잠열**이라고 한다.

■ 잠열 : 온도변화없이 물질의 상태만 바꾸는 열
예) 기화열
   액화열

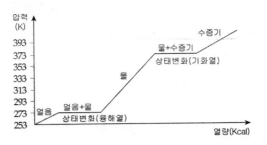

㉮ 융해열 : 1kg의 고체를 같은 온도의 액체로 변화시키는데 필요한 열량을 융해열이라고 하며 얼음의 **융해열**은 80kcal/kg이다.

㉯ 기화열 : 1kg의 액체를 같은 온도의 기체로 변화시키는데 필요한 열량을 기화열이라고 하며 물의 **기화열**은 539kcal/kg이다.

㉰ 임계온도와 임계압력

기체가 액체로 액화될 때 기체의 온도가 어느 일정한 온도 이상이 되면 아무리 큰 압력이로도 액화시킬 수 없는데 이와 같이 액화가 일어날 수 있는 최고의 온도를 임계온도라고 하고 또 임계온도에서 액화시킬 수 있는 최저의 압력을 임계압력이라고 한다.

즉 기체를 액화 시키려면 온도를 임계온도 이하로 낮추고 압력은 임계압력 이상으로 올렸을 때 액화가 된다.

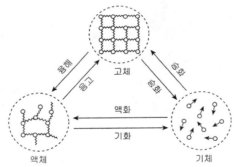

그림. 물질의 상태 변화

예제3

다음은 얼음과 물의 비열 및 숨은열(잠열)을 나타낸 것이다. -10℃인 얼음 1kg을 80℃인 물 2kg에 넣었다면, 열 평형상태에서 물의 온도는?
(단, 얼음의 녹는점은 0℃이며, 외부로의 열손실은 없다.)

얼음		물	
비열	융해열	비열	기화열
0.5kcal/kg℃	80kcal/kg	1kcal/kg℃	540kcal/kg

① 0℃   ② 10℃   ③ 25℃
④ 35℃   ⑤ 55℃

답 ③

예제 4

−10℃의 얼음 1kg을 110℃의 수증기로 만들기 위해 필요한 열량은?(얼음의 융해열은 80kcal/kg이고 물의 기화열은 540kcal/kg이고 물의 비열은 1kcal/kg·K 얼음과 수증기의 비열은 0.5kcal/kg·K라 한다)

풀이 −10℃얼음 → 0℃얼음 → 0℃물 → 100℃물 → 100℃수증기 → 110℃수증기
　　　　　　　 (가)　　 (나)　　 (다)　　　 (라)　　　 (마)

(가) $Q = Cm\Delta t$ 에서 $Q = 0.5 \times 1 \times 10 = 5$kcal
(나) 융해열 80kcal/kg에서 1kg이므로 80kcal
(다) $Q = Cm\Delta t$ 에서 $Q = 1 \times 1 \times 100 = 100$kcal
(라) 기화열 540kcal/kg에서 1kg이므로 540kcal
(마) $Q = Cm\Delta t$ 에서 $Q = 0.5 \times 1 \times 10 = 5$kcal
　　 따라서 $5 + 80 + 100 + 540 + 5 = 730$kcal가 필요하다.

2 기체 분자의 운동

(1) 상태 방정식

① 보일의 법칙

온도가 일정할 때 일정량의 기체를 압축하면 압력이 커지고 기체를 팽창시키면 압력이 작아진다. 기체의 부피가 $\frac{1}{2}$, $\frac{1}{3}$, ……이 되게 압축시키면 기체의 압력이 2배, 3배로 증가하여 기체의 부피와 압력은 반비례한다. 그래프처럼 압력 P와 부피 V는

$$PV = 일정$$

인 관계가 성립하는데 이것을 **보일의 법칙**이라고 한다.

② 샤를의 법칙

모든 기체는 압력이 일정할 때 온도가 1K 증가함에 따라 그 기체가 273K일 때 부피의 $\frac{1}{273}$씩 부피가 팽창한다. 즉 기체의 종류에 관계없이 부피 팽창계수 β는 $\frac{1}{273}$이다.

0℃의 부피를 V_o, t℃때 부피를 V라 하면
$V = V_o\left(1 + \frac{1}{273}t\right)$이다.

또 그래프에서 온도와 압력의 관계를 일반화하면

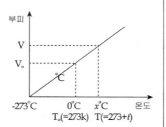

$$V = V_o\left(1 + \frac{1}{273}t\right) = V_o\left(\frac{273+t}{273}\right) = V_o\left(\frac{T}{T_o}\right) \text{이다.}$$

따라서 $\dfrac{V}{T} = \dfrac{V_o}{T_o} =$ 일정으로 표시된다.

이것을 **샤를의 법칙**이라고 한다.

③ 보일-샤를의 법칙

보일의 법칙과 샤를의 법칙을 종합하여 보면 기체의 부피 V는 절대온도 T에 비례하고 압력 P에 반비례한다.

$$V = k\frac{T}{P} \,(k \text{ 는 비례상수})$$

그래프에서 A 상태→B 상태일 때

$V' = \dfrac{V_o P_o}{P}$ 이고 B 상태→C 상태일 때

$V' = \dfrac{V T_o}{T}$ 가 되어 $\dfrac{V_o P_o}{P} = \dfrac{V T_o}{T}$ 이다.

따라서 $\dfrac{V_o P_o}{T_o} = \dfrac{VP}{T} =$ 일정이 되고 이것을 **보일-샤를의 법칙**이라 한다.

만약 0℃, 1기압하에서 $22.4l$ 의 부피(모든 기체의 1몰의 부피)를 갖는 기체 분자에 대해 그 "일정" 값을 구해보면 일정한 값 R은

$$R = \frac{P_o V_o}{T_o} = \frac{1\text{기압} \cdot 22.4l}{273\text{K}} = 0.082(\text{기압} \cdot l/\text{k} \cdot \text{mol})$$
$$= 8.32(\text{J/K} \cdot \text{mol})$$

이고 이때 R를 기체상수라고 한다.

그러므로 기체가 n 몰이라면

$\dfrac{PV}{T} = nR$ 이 되고 $PV = nRT$ 가 된다.

이것을 **이상기체의 상태방정식**이라고 한다.

④ 이상기체

보통의 기체는 보일 – 샤를의 법칙이 성립하지 않는다. 따라서 이 법칙에 따르는 기체를 가상할 수 있는데 이것을 **이상기체**(ideal gas)라고 한다. 보통의 기체는 압력이 낮을수록 또 온도가 높을수록 이상기체와 같은 성질을 갖는다. 이상기체의 성질을 살펴보면

㉮ 기체 분자의 위치에너지는 없다.

㉯ 기체 분자의 충돌은 완전 탄성 충돌이다.

㉰ 이상 기체는 부피가 없고 분자력도 없다.

㉱ 이상 기체는 냉각, 압축시켜도 액화나 응고가 일어나지 않는다.

■ 보일-샤를의 법칙
$$\frac{P_1 V_1}{T_1} = \frac{P_2 V_2}{T_2} = \text{일정}$$

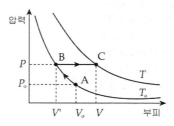
그림. 등온 변화와 정압변화의 그래프

■ 이상기체의 상태방정식
$$PV = nRT$$

예제5

27℃ 1기압하에서 $1.5 \times 10^{-2} \mathrm{m}^3$의 기체를 온도 127℃, 압력 1.5기압으로 했을 때 그의 부피는 얼마인가?

풀이 보일-샤를의 법칙에서

$$\frac{P_1 V_1}{T_1} = \frac{P_2 V_2}{T_2} \text{이므로} \quad \frac{1기압 \times 1.5 \times 10^{-2} \mathrm{m}^3}{300\mathrm{K}} = \frac{1.5기압 \times V_2}{400\mathrm{K}}$$

$$V_2 = \frac{4 \times 10^{-2}}{3} \mathrm{m}^3$$

(2) 기체의 분자 운동론

① 기체 분자의 운동에너지

오른쪽 그림과 같이 한 변의 길이가 l 인 밀폐된 정육면체 안에 질량 m 인 1개의 기체분자가 $+x$ 방향으로 v_x 속력으로 A 벽에 탄성충돌한다고 하자.
충격량은 운동량의 변화량과 같으므로 $I = -mv_x - mv_x = -2mv_x$ 이고 따라서 A 벽에 미치는 충격량의 크기는 t 초동안 $2mv_x$ 이다.
즉 $F_x \cdot t = 2mv_x$ 이고
$v_x = \dfrac{2l}{t}$ 에서 $t = \dfrac{2l}{v_x}$ 이므로
$F_x \cdot \dfrac{2l}{v_x} = 2mv_x$ 가 되고
$F_x = \dfrac{mv_x^{\,2}}{l}$ 가 된다.
기체분자 실제의 속도 $\vec{v}$ 는 $\vec{v_x}$, $\vec{v_y}$, $\vec{v_z}$ 로 분해할 수 있고
$v^2 = v_x^{\,2} + v_y^{\,2} + v_z^{\,2}$ 이다.

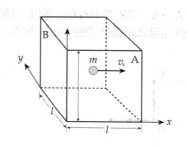

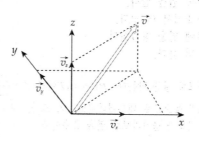

분자수가 무수히 많고 무질서하게 운동하므로 모든 방향에 같다고 생각할 때
$\overline{v}_x^{\,2} = \overline{v}_y^{\,2} = \overline{v}_z^{\,2}$ 이므로 $\overline{v}_x^{\,2} = \overline{v}_y^{\,2} = \overline{v}_z^{\,2} = \dfrac{1}{3}\overline{v}^2$
따라서 $F_x = \dfrac{mv_x^{\,2}}{l}$ 은 $F_x = \dfrac{m\overline{v}^2}{3l}$ 이 되고 만약 상자안에 N개의 단원자 분자가 있다면 힘은 $F_x = \dfrac{Nm\overline{v}^2}{3l}$ 이다.
한편 벽에 작용하는 압력 $P_x = \dfrac{Fx}{l^2} = \dfrac{1}{3} N \dfrac{m\overline{v}^2}{l^3}$ 이다.

방향에 관계없이 일반적으로 압력 $P = \dfrac{1}{3} N \dfrac{m\overline{v}^2}{l^3}$ 이고 $l^3 = V$(부피)이므로

■ 기체분자의 운동에너지
$$E_k = \frac{3}{2} KT$$

$PV = \frac{1}{3}Nm\overline{v}^2$ 이다. $PV = nRT$ 이므로

$nRT = \frac{1}{3}Nm\overline{v}^2$ 이고 $\left(\frac{n}{N}\right)3RT = m\overline{v}^2$ 에서

$\frac{3}{2}\left(\frac{n}{N}R\right)T = \frac{1}{2}m\overline{v}^2$ 이고 $\frac{n}{N}R$ 은 일정하므로 상수 k 로 두면

기체분자의 운동에너지 E_k 는

$E_k = \frac{1}{2}m\overline{v}^2 = \frac{3}{2}KT$ 로서 항상 절대온도에 비례한다.

이때 상수 k 는 볼쯔만 상수로 $\dfrac{8.32\text{J/molK}}{6.02 \times 10^{23}/\text{mol}} = 1.38 \times 10^{-23}\text{J/K}$ 이다.

KEY POINT

■ 기체분자의 속도
$$v = \sqrt{\frac{3KT}{m}}$$
$$v \propto \sqrt{T}$$

예제6

그림은 일정량의 이상기체 상태를 A → B → C로 변화시키는 동안, 이상기체의 압력과 부피를 나타낸 것이다. 이에 대한 설명으로 옳은 것은? <2017년도 9급 경력경쟁>

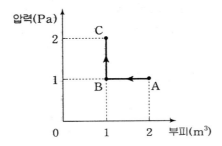

① A → B 과정에서 기체가 외부에 일을 한다.
② 기체의 내부 에너지는 A보다 B에서 더 크다.
③ B → C 과정에서 기체가 외부에 열을 방출한다.
④ 기체의 온도는 B보다 A에서 더 높다.

[풀이] A → B 과정은 부피가 감소하므로 일을 받는다. $PV = nRT$ 에서 $T = \dfrac{PV}{nR}$ 이므로

온도는 $T_A > T_B$ 이다. 온도가 A가 높으므로 내부에너지도 A가 크다.
B → C 과정은 한일은 0이지만 온도가 올라가므로 열을 흡수한다.

[답] ④

---

② 내부에너지

단원자 분자들이 계 안에서 운동하고 있을 때 내부의 모든 분자가 갖는 운동에너지와 위치에너지의 합을 **내부에너지**라고 한다. 이상기체에서는 분자가 충돌할 때 이외는 서로 힘을 미치지 아니하고 자유로이 운동하므로 기체분자는 그들 사이에 힘에 의한 위치에너지는 갖지 않고 운동에너지만 갖는다고 할 수 있다.

따라서 절대온도 T 일 때 단원자 분자의 이상기체 N 개가 들어 있을 때 내부에너지 U 는 $U = N \cdot \frac{1}{2}m\overline{v}^2$ 이다.

앞에서 $\frac{1}{3}(Nm\overline{v}^2) = nRT$ 였으므로

$\qquad\qquad\qquad = \frac{3}{2}nRT$ 가 된다.

■ 내부에너지
$$U = \frac{3}{2}nRT$$

산소나 질소같이 2개 이상의 원자로 이루어진 분자들로 구성된 기체는 분자의 회전운동이 있어서 기체의 내부에너지는 $\frac{3}{2}nRT$보다 커지게 된다.

예 산소, 질소 등 이원자분자의 내부에너지는 $U = \frac{5}{2}nRT$이다.

이원자 분자의 회전운동

1 8m/s로 달리던 질량 1000kg의 자동차가 브레이크를 걸어 정지하였다. 자동차의 운동에너지가 전부 열에너지로 전환됐다면 발생한 열량은?(단, 열의 일당량은 4J/cal)

① 4 kcal
② 8 kcal
③ 32 kcal
④ 4000 kcal
⑤ 8000 kcal

해설 **1**

운동에너지
$E_k = \dfrac{1}{2} \times 1000 \times 8^2 = 32000 \text{J}$ 이고
열량은 $\dfrac{32000}{4} = 8000 \text{cal}(8\text{kcal})$

2 지면으로부터 20m 높이에서 질량 4kg의 물체가 떨어질 때 바닥에 닿을 때까지 공기의 마찰에 의해 38cal의 열이 발생하였다면 바닥에 물체가 닿는 순간의 속도는?(단 중력가속도 $g = 10\text{m/s}^2$이고, 1cal=4J이다.)

① 8 m/s
② 10 m/s
③ 15 m/s
④ 16 m/s
⑤ 18 m/s

해설 **2**

물체의 위치에너지
$E_p = 4 \times 10 \times 20 = 800 \text{J}$ 이고
마찰로 소모된 에너지는
$E = 38 \times 4 = 152 \text{J}$ 이다.
따라서 운동에너지 $E_k = 648\text{J}$ 이다.
$E_k = \dfrac{1}{2}mv^2$ 에서
$648 = \dfrac{1}{2} \times 4 \times v^2$ 에서 $v = 18\text{m/s}$

3 50g의 물체가 100m 높이의 절벽에서 낙하하여 40m/s의 속력을 갖게 되었다. 얼마의 에너지가 공기와의 마찰열로 없어졌나?(단, 중력가속도 $g = 10\text{m/s}^2$, 1cal = 4J)

① 1 cal
② 2 cal
③ 2.5 cal
④ 5 cal
⑤ 10 cal

해설 **3**

위치에너지=운동에너지+손실에너지
이므로
$0.05 \times 10 \times 100 = \dfrac{1}{2} \times 0.05 \times 40^2 + x$
$50 = 40 + x$ $x = 10\text{J}$ 따라서 2.5cal

4 그림은 A, B 두 물체를 접촉시켰을 때 시간에 따른 온도변화를 나타낸 것이다. 설명중 옳은 것을 고른 것은?

> ㉠ 열팽형 상태에 도달시간은 t_1 이다.
> ㉡ A가 잃은 열량이 B가 잃은 열량의 2배이다.
> ㉢ B의 비열이 A의 비열보다 크다.
> ㉣ A의 비열이 B의 비열보다 크다.
> ㉤ B의 열용량이 A의 열용량의 2배이다.

① ㉠, ㉢
② ㉠, ㉡, ㉢
③ ㉠, ㉣
④ ㉠, ㉤
⑤ ㉠, ㉡, ㉢, ㉤

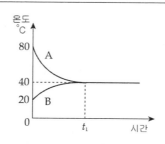

해설 **4**

열평형도달시간은 온도변화가 없는 t_1 시간이고 A가 잃은 열과 B가 얻은 열은 같다.
$Q = Cm\Delta t$ 에서 $Q_A = C_A m_A \times 40$,
$Q_B = C_B m_B \times 20$ 이므로 $Q_A = Q_B$
에서 $2C_A m_A = C_B m_B$ 가 되어 문제에서 A, B질량은 알 수 없으므로 비열은 알 수 없고
$C_A m_A : C_B m_B = 1 : 2$ 가 되어 B가 열용량(cm)이 크다.

정답 1. ② 2. ⑤ 3. ③ 4. ④

5 위 4번 문제에서 A의 질량이 B질량의 2배이면 A, B의 비열의 비는?

① 2 : 1　　　　　　② 1 : 1

③ 1 : 2　　　　　　④ 1 : 4

⑤ 4 : 1

6 어떤 공간에 질량이 m 인 A 기체와 질량이 $4m$ 인 B기체가 같이 들어 있을 때 두 기체의 속도의 비는?

① 4 : 1

② 2 : 1

③ 1 : 1

④ 1 : 2

⑤ 1 : 4

7 속도 v 로 운동하고 있는 질량 m 의 물체 A가 정지하고 있는 질량 $2m$ 의 물체 B와 정면 충돌한 후 물체 A 는 정지하고 물체 B 는 운동한다. 충돌과정에서 열로 소모된 에너지는?

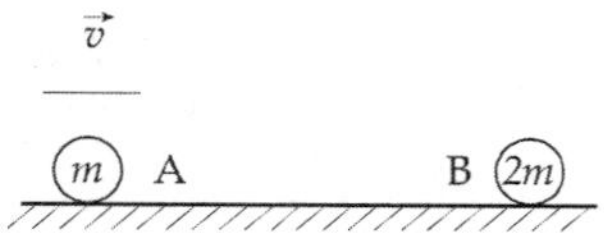

① $\dfrac{1}{2}mv^2$

② $\dfrac{1}{3}mv^2$

③ $\dfrac{1}{\sqrt{2}}mv^2$

④ $\dfrac{1}{4}mv^2$

⑤ $\dfrac{1}{8}mv^2$

$$\overrightarrow{v}$$

$\underset{}{(m)}$ A　　　　B $(2m)$

8 일정한 부피의 밀폐된 용기 안에 들어있는 이상 기체에서 분자의 평균운동에너지가 2배로 되면 이 기체의 압력은 몇 배로 되는가?

① $\dfrac{1}{2}$ 배　　　　② 1배

③ 2배　　　　　　④ 4배

⑤ $\sqrt{2}$ 배

9 질량이 m인 분자 A와 알려지지 않은 분자 B로 혼합된 기체가 평형 상태에 있다. 분자 A의 평균 속력이 v, 분자 B의 평균 속력이 $2v$ 이면 분자 B의 질량은?

① $\frac{1}{4}m$

② $\frac{1}{2}m$

③ $2m$

④ $4m$

⑤ $\sqrt{2}\,m$

10 이상 기체의 부피를 4배로 등압 팽창시키면 이 이상 기체 분자의 속력은 얼마나 빨라지겠는가?

① $\frac{1}{2}$ 배

② $\sqrt{2}$ 배

③ 2배

④ 4배

⑤ 1배

11 이상 기체가 $PV^2 =$ 일정한 값을 가지고 변화하고 있는 물리값을 밟고 있다. 이 과정에서 부피가 2배로 증가하면 온도는 어떻게 되겠는가?

① $\frac{1}{2}$ 배로 된다.

② 2배로 된다.

③ 변화없다.

④ 4배로 된다.

⑤ $\sqrt{2}$ 배로 된다.

12 이상 기체에 관한 설명 중 틀린 것은?

① 등온 팽창시 내부 에너지는 변하지 않는다.
② 단열 팽창시 내부 에너지 변화는 외부에 해준 일과 같다.
③ 등압 팽창시 온도는 하강한다.
④ 부피를 변화시키지 않고 열을 가하면 이 열은 모두 내부 에너지로 바뀐다.
⑤ 답없음

해 설

해설 **9**

두기체가 평형상태에 있으면 온도가 같아서 $E_K = \frac{3}{2}KT$ 에서 운동에너지 같다.
운동에너지 E_K 는 $E_K = \frac{1}{2}mv^2$ 으로도 표현되는데 속력이 2배이면 질량은 $\frac{1}{4}$ 배이다.

해설 **10**

$PV = nRT$ 에서 P 일정할 때 V 가 4배되면 T 가 4배가 된다. $\frac{1}{2}mv^2 = \frac{3}{2}KT$ $v^2 \propto T$ 이므로 속력 v 는 2배가 된다.

해설 **11**

$PV^2 = K$ (K 는 일정) 이라 놓고, $PV = nRT$ 에 대입하면 $\frac{K}{V} = nRT$ 에서 $T \propto \frac{1}{V}$ 이므로 T 는 $\frac{1}{2}$ 배가 된다.

해설 **12**

등압 팽창하면 외부에 일도하고 내부 에너지도 증가한다. 따라서 온도상승한다.

정답 9. ① 10. ③ 11. ① 12. ③

3. 열역학의 법칙

1 이상기체의 팽창과 일

그림과 같은 실린더에 기체분자들이 들어 있을 때 벽은 기체 분자들의 충돌에 의하여 압력을 받고 있다. 피스톤의 단면적을 A, 기체의 압력을 P라고 하면 피스톤에 작용하는 힘 F는

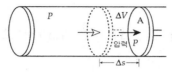

그림. 압력에 의한 팽창

$P = \dfrac{F}{A}$ 에서 $F = PA$ 이다.

이때 힘 F에 의해 피스톤이 ΔS만큼 밀려나가면 기체가 피스톤에 대해 한 일 W는

$W = F \cdot \Delta S = PA \cdot \Delta S$
$\quad = P\Delta V$

가 된다.

KEY POINT

■ 기체가 한 일
$W = P\Delta V$

예제 1

그림은 일정량의 이상 기체가 상태 A→B→C를 따라 변할 때, 이 이상 기체의 압력과 부피를 나타낸 것이다. 이에 대한 설명으로 옳은 것은?

<2020년도 지방직 9급 공채>

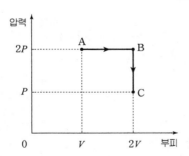

① 기체의 온도는 A에서가 B에서보다 높다.
② A→B에서 기체가 외부에 한 일은 PV이다.
③ B→C에서 기체는 열을 방출한다.
④ B→C에서 기체가 외부에 한 일은 PV이다.

풀이 $PV = nRT$에서 $T = \dfrac{PV}{nR}$로 온도는 A보다 B에서 높다.

　A→B 과정에서 한일은 $W = P\Delta V$에서 $W = 2PV$이다.
　B→C에서는 부피 변화가 없으므로 한 일은 0이다.

답 ④

---

2 열역학 제1법칙

외부에서 물체에 가한 열량을 Q, 물체가 외부에 해준 일의 양을 W, 내부에너지 증가량을 ΔU라 하면

$Q = W + \Delta U$가 된다.

이것을 역학적에너지에 열에너지를 포함한 에너지보전 법칙이다.

이것으로 **열역학 제1법칙**이라고 한다.

위 식 $Q = W + \Delta U$는 $W = P\Delta V$이고, $\Delta U = \dfrac{3}{2}nR\Delta T$이므로

$$Q = P\Delta V + \Delta U = P\Delta V + \frac{3}{2}nR\Delta T$$

와 같이 나타낼 수도 있다.

$\Delta U > 0$: 내부에너지 증가	$\Delta U < 0$: 내부에너지 감소
$\Delta V > 0$: 기체의 부피증가	$\Delta V < 0$: 기체의 부피감소
$Q > 0$: 기체가 열 흡수	$Q < 0$: 기체가 열방출

예제2

실린더 내의 기체에 1000cal의 열량을 가해 주었더니 그 기체가 1기압하에서 부피가 $2 \times 10^{-2} m^3$ 늘어났다. 이때 기체의 내부에너지 증가량은 얼마인가?(단 마찰은 무시하고 1기압 $10^5 N/m^2$)이다.

풀이 $Q = W + \Delta U$에서 $\Delta U = Q - W$이고 $Q = 1000$cal이므로

$Q = 4.2 \times 1000$J이다. $W = P\Delta V$에서 $W = 10^5 \times 2 \times 10^{-2}$J이므로

내부에너지 ΔU는 $\Delta U = 4200 - 2000 = 2200$J

답 2200J

---

*제1종 영구기관 : 외부에서 에너지를 공급받지 않고 작동하는 가상적인 영구기관으로 에너지보존 법칙에 위배되고 제작이 불가능하다.

(1) 정적 변화

그림에서 (가) 경로와 같이 부피를 일정하게 유지하면서 이루어지는 변화를 정적변화라고 한다.

따라서

$Q = W + \Delta U$에서

$Q = P\Delta V + \dfrac{3}{2}nR\Delta T$에서

정적변화에서 $\Delta V = 0$이므로 기체에 가해준 열량은 모두 내부 에너지 증가에 쓰여

$Q = \Delta U = \dfrac{3}{2}nR\Delta T$가 된다.

즉 그림 (가)와 같이 될 때 $Q > 0$, $\Delta U > 0$, $\Delta T > 0$이다.

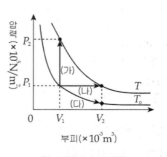

그림. 기체의 변화과정

(2) 정압변화

그림의 (나) 경로와 같이 압력을 일정하게 유지하면서 일어나는 변화과정을 정압변화라고 한다.

따라서 $Q = W + \Delta U$ 에서

$Q = P\Delta V + \dfrac{3}{2}nR\Delta T$ 이고, 정압변화이므로 P가 일정하고 $P\Delta V = nR\Delta T$ 이므로

$Q = nR\Delta T + \dfrac{3}{2}nR\Delta T = \dfrac{5}{2}nR\Delta T$ 가 된다.

즉 그림 (나)와 같이 될 때

$Q > 0,\ \Delta U > 0,\ \Delta T > 0,\ W > 0,\ \Delta V > 0$ 이다.

KEY POINT

■ 정압변화
$(\Delta P = 0)$
$Q = W + \Delta U$
$\quad = \dfrac{5}{2}nR\Delta T$

예제3

그림은 실린더 안의 1몰의 이상기체의 상태가 A → B → C → A로 변화할 때 부피와 온도의 관계를 나타낸 것이다. A → B는 등온 과정, B → C는 단열 과정, C → A는 등적 과정이다. 실린더 안의 이상기체에 대한 설명으로 옳은 것은?

<2022년도 9급 경력경쟁>

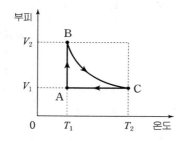

① A → B 과정에서 기체분자의 평균 운동 에너지는 증가한다.
② B → C 과정에서 기체는 외부에 일을 한다.
③ C → A 과정에서 기체는 외부로부터 열을 흡수한다.
④ 기체의 압력은 C에서 가장 크다.

풀이 온도는 A점과 B점 온도는 T_1으로 같고 C 점은 단열 수축하여 온도가 T_2로 올라갔다.

$T_1 < T_2$ 운동에너지 $E_k = \dfrac{3}{2}kT$ 이므로 온도가 같으면 같다.

B → C 과정은 기체가 외부에서 일을 받는다.

C → A 과정은 부피 변화없이 온도가 낮아지므로 열을 방출한다.

답 ④

(3) 등온변화

그림의 (다)과정으로 온도를 일정하게 유지하면서 일어나는 변화과정을 등온변화라고 한다.

따라서 $Q = W + \Delta U$에서

$Q = P\Delta V + \dfrac{3}{2}nR\Delta T$이고, 등온변화이므로 $\Delta T = 0$이므로

$Q = P\Delta V$가 된다.

그림 (다)와 같이 되면 $\Delta V > 0$, $Q > 0$, $W > 0$가 되고 오른쪽 그림에서 면적 W가 외부에 한 일이 되며 한일 W는

$W = \displaystyle\int_{I}^{II} P dV$이고

$PV = nRT$에서 $P = \dfrac{nRT}{V}$이므로

$W = \displaystyle\int_{V_1}^{V_2} \dfrac{nRT}{V} dV$이고

(n, R, T는 모두 일정)

$= nRT \displaystyle\int_{V_1}^{V_2} \dfrac{1}{V} dV$

$= nRT [\ln V]_{V_1}^{V_2} = nRT[\ln V_2 - \ln V_1]$

$= nRT \ln \dfrac{V_2}{V_1}$가 된다.

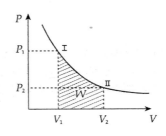

(4) 단열변화

외부에 대해 열의 출입이 없을 때, 즉 $Q = 0$일 때 기체의 부피를 변화시키는 과정을 단열변화라 한다.

그림에서 $A \to B$과정을 단열팽창이라 하고

$Q = P\Delta V + \dfrac{3}{2}nR\Delta T$에서

$O = P\Delta V + \dfrac{3}{2}nR\Delta T$이고

$\Delta V > 0$이므로

$\Delta T < 0$이다. 따라서 내부에너지가 감소된다.

그림에서 $B \to A$과정을 단열압축이라 하고 위와 마찬가지로 $O = P\Delta V + \dfrac{3}{2}nR\Delta T$이고 $\Delta V < 0$이므로 $\Delta T > 0$이다. 따라서 내부에너지는 증가한다.

■ 등온변화
$\Delta T = 0$
  $Q = W$
    $= P\Delta V$

■ 단열팽창 : 내부온도 하강

■ 단열압축 : 내부온도 상승

■ 등온팽창($V_1 \to V_2$)에서 기체가 한일
$W = nRT \ln \dfrac{V_2}{V_1}$

예제4

그림은 일정량의 이상 기체의 상태가 A → B → C → A를 따라 변할 때 압력과 부피를 나타낸 것이다. A → B는 등압과정, B → C는 단열과정, C → A는 등온과정이다. 이에 대한 설명으로 옳지 않은 것은? (단, 그림에서 A, B의 온도는 각각 T_1, T_2이며, 점선은 각각 T_1, T_2의 등온 곡선이고 $T_1 < T_2$ 이다)　　　　<2020년도 9급 공채>

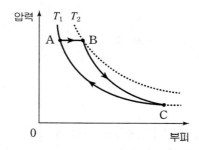

① A → B 과정에서 기체의 내부에너지는 증가한다.
② A → B 과정에서 기체는 외부로부터 열을 흡수한다.
③ B → C 과정에서 기체의 내부에너지가 증가한다.
④ A → B → C 과정에서 기체가 외부에 한 일은 C → A 과정에서 기체가 외부에서 받는 일보다 크다.

풀이 $Q = W + \Delta U$　일　$W = P\Delta V$　　$\Delta U = \dfrac{3}{2}nR\Delta T$

A → B 과정은 내부에너지 증가이고
A → B 과정은 열을 흡수한다.
B → C 과정은 내부에너지가 감소한다. 도표에서 면적은 일의 크기가 된다.

답 ③

(5) 기체의 비열

물질의 비열이 물질 1kg을 온도 1K 올리는데 필요한 열량인 것 같이 기체의 비열은 기체 1몰을 온도 1K 올리는데 필요한 열량이고 이것을 몰비열이라고 한다. 열량을 Q, 몰수를 n, 온도변화를 ΔT라 하면 식으로 쓰면 몰비열 $C = \dfrac{Q}{n\Delta T}$이고 $Q = Cn\Delta T$와 같이 쓸 수 있다.

① 정적비열(체적이 일정할 때의 비열)

정적변화에서 $Q = \dfrac{3}{2}nR\Delta T$였으므로

정적비열 $C_v = \dfrac{Q}{n\Delta T} = \dfrac{\dfrac{3}{2}nR\Delta T}{n\Delta T} = \dfrac{3}{2}R$이다. 즉 $C_v = \dfrac{3}{2}R$이다.

② 정압비열(압력이 일정할 때의 비열)

정압변화에서 $Q = \dfrac{5}{2}nR\Delta T$였으므로

■ 정압비열은 정적비열보다 크다.

정압비열 $C_p = \dfrac{Q}{n\Delta T} = \dfrac{\dfrac{5}{2}nR\Delta T}{n\Delta T} = \dfrac{5}{2}R$이다. 즉 $C_P = \dfrac{5}{2}R$이다.

③ 비열비

정압비열 C_P와 정적비열 C_v와의 비를 **비열비**라고 한다. 식으로 표시해보면 비열비는 γ는

$$\gamma = \dfrac{C_p}{C_v} = \dfrac{C_v + R}{C_v}\left(C_p = \dfrac{5}{2}R,\ C_v = \dfrac{3}{2}R\text{이므로 } C_p = C_v + R\text{이다}\right)$$

$$= \dfrac{\dfrac{5}{2}R}{\dfrac{3}{2}R} = \dfrac{5}{3}\text{가 된다.}$$

※ 정압비열이 정적비열보다 큰 이유는 열을 흡수하는 동안 기체가 팽창하여 외부에 일을 하는데 열량을 필요로 하므로 정압비열이 정적비열보다 크다.

기체의 비열비

기체의 종류	정적 비열	정압 비열	비열비
단원자 분자 기체	$\dfrac{3}{2}R$	$\dfrac{5}{2}R$	$r = \dfrac{5}{3} = 1.67$
이원자 분자 기체	$\dfrac{5}{2}R$	$\dfrac{7}{2}R$	$r = \dfrac{7}{5} = 1.4$
삼원자 분자 기체	$\dfrac{6}{2}R$	$\dfrac{8}{2}R$	$r = \dfrac{8}{6} = 1.33$

3 열역학 제2법칙

(1) 열역학 제2법칙

물체와 외부에 어떤 변화도 남기지 않고 처음의 상태로 되돌아가는 상태를 가역현상이라고 하고 반대로 처음 상태로 되돌아 갈 수 없는 변화를 비가역현상이라고 한다. 이런 비가역현상은 열의 이동에서도 볼 수 있는데 즉 역학적 일이 열로 변하는 현상, 또 열이 고온물체에서 저온물체로 이동하는 현상 등 이와 같이 자연계에는 제1법칙과는 별도로 자연현상의 진행을 결정하는 어떤 법칙이 존재한다.
이러한 자연현상의 비가역성을 **열역학 제2법칙**이라 한다.

※ 열역학 제2법칙의 다른 정의
 ① 클라우 시우스의 표현
  열은 고온 물체에서 저온 물체쪽으로 흘러가고 외부에 영향을 주지 않고 저온에서 고온으로 흐르지 않는다.
 ② 캘빈–플랭크의 표현
  일정온도의 물체로부터 흡수한 열을 모두 일로 전환하는 것은 불가능하다.

※ 제2종 영구기관

저온에서 고온으로 열이 이동하여 스스로 작동하는 이상적인 열기관으로 에너지효율이 100%인 열기관이다. 열역학 제2법칙에 위배되는 것으로 제작이 불가능하다.

(2) 엔트로피

① 엔트로피의 증가

우리는 컵에 물을 붓고 색깔이 있는 잉크 한방울 떨어뜨리면 스스로 확산되어 퍼져 나가는 것을 볼 수 있다.

즉 질서 있는 상태에서 무질서한 상태로 변화가 진행되는 것을 볼 수 있다. 외부에 변화를 남기지 않고는 질서있는 상태로 되돌아가지 못하는 무질서도 증가하는 방향의 비가역 변화이다. 이때 계의 무질서도를 <u>엔트로피</u>라고 한다.

(가) 확산전   (나) 확산후

그림. 확산의 비가역성

엔트로피 S는 $S = \dfrac{Q}{T}$로 정의된다.

(Q : 열량, T : 온도)

만일 고온물체의 온도 T_1, 저온물체의 온도 T_2라하고 고온에서 저온으로 열량 Q가 이동할 때 저온물체의 엔트로피는 $\dfrac{Q}{T_2}$만큼 증가하고 고온물체의 엔트로피는 $-\dfrac{Q}{T_1}$만큼 감소하고 전체 엔트로피의 변화량은

$$\Delta S = -\frac{Q}{T_1} + \frac{Q}{T_2} = Q\left(\frac{1}{T_2} - \frac{1}{T_1}\right)$$ 이 된다.

따라서 $\Delta S > 0$이 되어 엔트로피는 항상 증가한다.

② 가역과 비가역

외부에 어떤 변화도 남기지 않고 원래의 상태로 되돌아 갈 수 있는 변화를 **가역변화** 되돌아 가지 못하는 변화를 **비가역** 변화라고 한다.

실제 자연계에는 마찰이나 저항이 작으나마 있으므로 비가역 현상이다. 가역 변화에서는 엔트로피 변화는 0이고 비가역 변화에서는 엔트로피는 증가한다. 즉 엔트로피는 결코 감소되지 않는다.

(3) 열기관의 효율

① 열기관의 효율

열을 일로 바꾸는 기관을 열기관이라고 한다. 열기관이 동작하는 동안 흡수한 열에너지에 대한 실제 외부에 한 일의 비율을 그 **열기관의 효율**이라고 한다.

열기관의 효율 e 는

$$e = \frac{w}{Q_1} \qquad Q_1 = w + Q_2$$
$$= \frac{Q_1 - Q_2}{Q_1} = 1 - \frac{Q_2}{Q_1}$$
$$= 1 - \frac{T_2}{T_1}$$

이다.

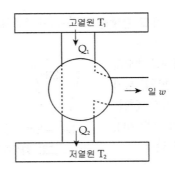

예제5

그림은 온도가 T_1 인 고열원으로부터 Q_1 의 열을 흡수하여 W 의 일을 하고, 온도가 T_2 인 저열원으로 Q_2 의 열을 방출하는 열기관을 모식적으로 나타낸 것이다. 이에 대한 설명으로 <보기>에서 옳은 것만을 모두 고르면?   <2021년도 국가직 9급 공채>

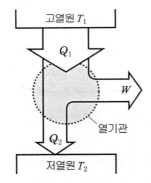

보 기

ㄱ. $W = Q_1 - Q_2$ 이다.
ㄴ. 열효율이 100 %인 열기관은 만들 수 없다.
ㄷ. Q_1 이 일정할 때, W 가 클수록 열기관의 열효율이 낮다.

① ㄱ   ② ㄷ
③ ㄱ, ㄴ   ④ ㄴ, ㄷ

풀이 $Q_1 = W + Q_2$

열효율 100%의 기관은 제작 불가능하다. 열효율은 $\eta = \frac{W}{Q_1}$ 로 W 클수록 크다.

답 ③

② 카르노 기관

카르노 기관이란 열기관의 순환중 열손실이 전혀 없이 흡수한 열량을 모두 일로 바꿀 수 있는 최대효율의 이상적인 기관이다.

카르노 기관은 그림과 같은 등온팽창→단열팽창→등온압축→단열압축의 과정을 거친다.

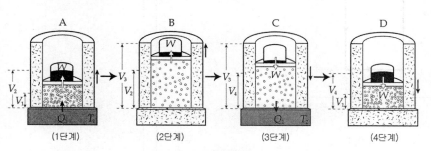

그림. 카르노 기관

즉 그래프에서 보듯이 $A \to B$ 과정은 등온 과정으로 부피가 V_1 에서 V_2 로 팽창하면서 외부에 일을 하는 등온팽창이고 $B \to C$ 과정은 열의 출입이 없는 단열과정으로 부피가 V_2 에서 V_3 로 팽창하면서 외부에 일을 하므로 내부에너지 감소로 온도가 T_1 에서 T_2 로 떨어지는 단열팽창과정이

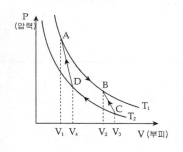

고 $C \to D$ 과정은 등온과정으로 부피가 V_3 에서 V_4 로 압축하는 등온압축이고 $D \to A$ 과정은 열의 출입이 없는 단열과정으로 부피가 V_4 에서 V_1 으로 압축하는 단열압축과정이다. 이러한 연속싸이클을 갖는 기관을 카르노기관이라고 한다.

예제6

그림은 어떤 열기관의 한 순환과정 동안 내부의 이상기체의 압력과 부피의 관계를 나타낸 것이다. 이 열기관에서 한 순환과정 동안 공급한 열이 $20P_0V_0$일 때 열효율은?   <2022년도 9급 경력경쟁>

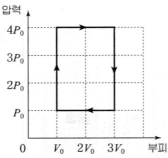

① 0.3   ② 0.4
③ 0.5   ④ 0.6

풀이 $W = P \triangle V$ 면적이 기체의 일이 되어서 일은 $W = 6P_0V_0$이다.

열효율 $\eta = \dfrac{W}{Q} = \dfrac{6P_0V_0}{20P_0V_0} = 0.3$

답 ①

4 열역학 0법칙과 3법칙

(1) 열역학 0법칙

물체 A가 물체 B가 제3의 물체 C와 열적 평형상태를 이룬다면 두 물체 A와 B 또한 서로 열적 평형 상태에 있다.

(2) 열역학 3법칙

어떤 계에서 어떠한 방법으로도 0K의 온도에 도달하는 것은 불가능하다.

연습문제

1 기체의 압력을 $1.0\times10^5 N/m^2$으로 유지한 채로 $2.4\times10^4 J$의 열을 가해 주었더니 그 부피가 $6\times10^{-2}m^3$만큼 증가하였다. 기체의 내부에너지는 얼마만큼 증가하는가?

① 18000 J

② 24000 J

③ 6000 J

④ 12000 J

⑤ 0 J

2 효율이 30%인 열기관에 매초 0.5kcal의 열을 공급하였다. 이 기관의 일률은 몇 w인가?(단, 1kcal은 4200J이다.)

① 500w

② 630w

③ 1260w

④ 4200w

⑤ 150w

3 1몰의 이상기체가 일정한 압력속에서 팽창하여 온도 1℃ 증가하였다면 내부에너지의 증가량은?

① $\frac{1}{2}R$

② R

③ $\frac{3}{2}R$

④ $2R$

⑤ $\frac{5}{2}R$

4 부피가 같은 두 개의 그릇에 각각 1.5mol, 400K의 수소와 2mol, 200K의 헬륨이 들어 있다. 수소와 헬륨기체의 압력의 비는?

① 1 : 1

② 1 : 2

③ 2 : 3

④ 4 : 3

⑤ 3 : 2

$Q=W+\Delta U \qquad Q=P\Delta V+\Delta U$
내부에너지
$\Delta U=Q-P\Delta V$
$\qquad =24000-1\times10^5\times6\times10^{-2}$
$\qquad =18000J$

해설 2

기관이 하는 일은 0.15kcal,
즉 630J이고, 일률 $P=\frac{w}{t}$에서
$P=\frac{630J}{1초}=630w$

해설 3

$\Delta U=\frac{3}{2}nR\Delta T$에서 내부에너지
$\Delta U=\frac{3}{2}\times1\times R\times1=\frac{3}{2}R$

해설 4

$PV=nRT$에서 부피가 같으므로
$P=\frac{nRT}{V}$
$P_{수소}=\frac{1.5\times R\times400}{V}=\frac{600R}{V}$
$P_{헬륨}=\frac{2\times R\times200}{V}=\frac{400R}{V}$
따라서 3 : 2

5 이상기체가 그림과 같이 A, B, C, D 순으로 압력 P와 부피 V를 변화시켰다. 기체의 절대온도가 감소만 하는 과정은?

① $A \to B \to C$

② $B \to C \to D$

③ $C \to D \to A$

④ $D \to A \to B$

⑤ 없다.

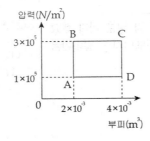

6 위의 5번 문제에서 기체가 한 일의 양은 몇 J인가?

① 100 J

② 200 J

③ 400 J

④ 600 J

⑤ 1200 J

7 127℃의 고온부와 27℃의 저온부에서 작동하는 열기관에 400J의 에너지를 공급할 때 이 기관이 할 수 있는 최대일은 몇 J이나 되는가?

① 50 J ② 100 J

③ 132 J ④ 150 J

⑤ 200 J

8 어떤 기관이 그림과 같이 작동할 때 기관이 외부에 일을 하는 구간은 어느 구간인가?(단, CD구간은 등온팽창 구간이다.)

① AB구간

② BC구간

③ AB구간 BC구간

④ BC구간 CD구간

⑤ CD구간 DA구간

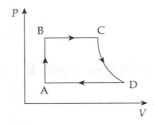

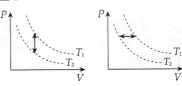
해설 **5**

$$Q = W + \Delta U$$
$$Q = P\Delta V + \frac{3}{2} nR\Delta T$$

$A \to B$ 열흡수

$Q > 0$ $\Delta U > 0$ $\Delta T > 0$

$B \to C$ 열흡수

$Q > 0$ $\Delta U > 0$ $w > 0$ $\Delta T > 0$

$C \to D$ 열방출

$Q < 0$ $\Delta U < 0$ $\Delta T < 0$

$D \to A$ 열방출

$Q < 0$ $\Delta U < 0$ $w < 0$ $\Delta T < 0$

해설 **6**

기체가 한 일은 $W = P\Delta V$에서 위의 그래프에서 면적의 넓이가 일이 되므로

$$W = 2 \times 10^5 \times 2 \times 10^{-3} = 400J$$

해설 **7**

열효율 $e = 1 - \dfrac{T_2}{T_1}$이므로

효율 $e = 1 - \dfrac{28 + 273}{127 + 273}$

$\quad = 1 - \dfrac{300}{400} = 0.25$

최대일은 $400 \times 0.25 = 100J$

해설 **8**

일 $W = P\Delta V$에서 BC구간은 등압팽창하여 일을 하고 CD구간은 등온팽창하여 일한다.

9 어떤 기관이 그림과 같은 경로로 일을 할 때 이 순환과정에 5000cal의 열이 가해졌다면 이 기관의 열효율은 몇 %인가?(단, 1cal = 4J)

① 10 %
② 20 %
③ 25 %
④ 30 %
⑤ 40 %

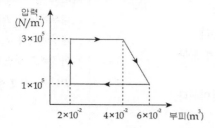

10 질량이 m, $2m$, $3m$인 기체 A, B, C가 $3v$, $2v$, v의 속도로 운동할 때 온도의 비는?

	A : B : C			A : B : C
①	1 : 1 : 1		②	1 : 2 : 3
③	3 : 2 : 1		④	9 : 4 : 1
⑤	9 : 8 : 3			

11 어떤 증기기관이 100cal의 열을 받아 외부에 질량 2.1kg의 물체를 4m 높이까지 올리는 일을 하였다. 이 기관의 열효율은?(중력가속도 $g=10\text{m/s}^2$이다.)

① 10%
② 20%
③ 25%
④ 33%
⑤ 50%

12 열역학 제1법칙을 $\Delta U = Q - W = Q - P\Delta V$라고 쓸 수 있으며 $\Delta U = \frac{3}{2}nR\Delta T$이다. 각 물리량이 (+)일 때와 (−)일 때 아래 표와 같이 해석할 수 있다.

물리량	ΔV	W	ΔT	ΔU	Q
(+)일 때	부피 팽창	외부에 일을 함	온도상승	증가	열을 흡수
(−)일 때	부피 감소	외부로부터 일을 받음	온도하강	감소	열을 방출

이 자료를 분석할 때 기체의 온도가 증가하는 것은?

① 기체의 내부 에너지가 감소한다.
② 기체가 열을 흡수하고 일을 한다.
③ 기체가 열을 흡수하지 않고 부피가 팽창한다.
④ 기체가 열을 흡수하고 부피가 팽창한다.
⑤ 기체가 열을 흡수하지 않고 부피가 수축한다.

해 설

해설 **9**

효율 = $\dfrac{한 일}{가해준 일}$ 에서 한 일은 그래프의 면적이므로 한 일은 6000J 이다. 따라서

효율 = $\dfrac{6000}{5000 \times 4} \times 100 = 30\%$

해설 **10**

$E_k = \dfrac{1}{2}mv^2$ 에서 운동에너지 E_k 의 비는 $A : B : C$가 9 : 8 : 3이므로 운동에너지 $E_k = \dfrac{3}{2}KT$ 는 절대온도 T 에 비례하므로 온도의 비도 9 : 8 : 3이다.

해설 **11**

한 일은 $E = mgh$
$E = 2.1 \times 4 \times 10 = 84$J이고,
84J=20cal이다.
효율 $e = \dfrac{20}{100} \times 100 = 20\%$

해설 **12**

기체가 단열수축되면 온도가 상승하고 내부에너지가 증가한다.
즉 $Q = W + \Delta U$ $\Delta U = \dfrac{3}{2}nRT$
$O = W + \Delta U$
$O = P\Delta V + \dfrac{3}{2}nR\Delta T$
$\Delta V < 0$이면 $\Delta T > 0$이어야 한다.

정답 9. ④ 10. ⑤ 11. ② 12. ⑤

13 이상 기체시 외부와 단절된 상자 안에 있다. 이 계의 내부 에너지를 변화시키지 않고, 상자 안의 분자 개수를 두 배로 늘렸을 때 다음 중 맞는 것을 고르시오.

① 이 계의 열의 출입이 없었으므로 온도는 변하지 않는다.

② 기체 분자의 수가 두 배로 늘었으므로 압력은 두 배가 된다.

③ 체적과 온도가 일정하므로 압력에는 변화가 없다.

④ 총 에너지의 양에 변화가 없으므로 온도는 반으로 낮아진다.

⑤ 답 없음

14 이상 기체 1몰이 있다. 이 이상 기체의 상태가 압력은 4배, 체적은 $\frac{1}{3}$배로 변하였다. 최종상태의 내부에너지는 초기 상태의 내부 에너지의 몇 배가 되는지 옳은 답을 골라라.

① $\frac{3}{4}$

② $\frac{4}{3}$

③ 12

④ $\frac{1}{12}$

⑤ $\frac{\sqrt{3}}{2}$

해 설

해설 13

내부에너지 $RU = \frac{3}{2}nRT$ 이므로 내부에너지 U 가 일정하고 몰수 n 이 2배로 되면 온도는 $\frac{1}{2}$ 로 낮아진다. $PV = nRT$ 에서 압력 P 도 일정하다.

해설 14

$PV = nRT$ 에서 온도 T 가 $\frac{4}{3}$ 배가 되고 내부에너지 U 는 $U = \frac{3}{2}nRT$ 이므로 내부에너지도 $\frac{4}{3}$ 배가 된다.

정답 13. ④ 14. ②

제 4 장 　전기자기학

이 단원은 전기에 관해서는 합성 저항의 계산법과 콘덴서 그리고 키르히호프의 법칙을 이해하고 전류에 의해 만들어지는 자기장의 크기와 방향 또 자기장 내에서 전하의 운동은 반드시 알아야 한다. 그리고 전자기유도에서는 패러데이 법칙을 알아두어야 한다.

세 부 목 차

1. 전기장과 전류

1 전기장과 전위

(1) 정전기

① 마찰전기

유리막대를 명주헝겊으로 문지른 후 유리막대를 가벼운 종이조각에 가까이 가져가면 종이조각이 유리막대에 달라붙는 것을 볼 수 있는데 이것은 마찰로 인하여 유리막대에 전기가 생겼기 때문이며 이것을 **전기마찰**이라고 한다.

또 마찰로 인하여 전기가 발생하였을 때의 물체를 대전되었다고 하며 이 물체를 대전체라고 한다. 이때 생긴 전기의 양을 **전기량** 또는 **전하**라고 한다.

전하는 전자를 얻어 (−)전기로 대전되는 음전하와 전자를 잃어 (+)전기로 대전되는 양전하가 있다. 또 같은 종류의 전기사이에는 반발력이 다른 종류 사이에는 인력이 작용한다. 정전기 사이에 작용하는 이러한 힘을 **전기력**이라고 한다.

※ 대전열

> (+) 털가죽−상아−유리−종이−명주−나무−고무−에보나이트(−)

예제 1

유리막대를 명주헝겊으로 문질렀더니 유리막대는 +전기를 명주 헝겊은 −전기를 띠었다. 전자는 어느 곳에서 어느 곳으로 이동하였다.

풀이 마찰전에는 유리막대와 명주헝겊이 각각 양이온과 음이온의 수가 같아서 중성이었지만 −성질을 띤 전자가 유리막대에서 명주헝겊으로 이동하여 유리막대는 −전하의 수가 줄어서 +전기가 되고 명주헝겊은 유리막대로부터 −전하를 얻어 −전기가 되었다. 즉 전자는 유리 → 명주 이동

㉠ 도체와 부도체

우리 주위의 여러 물질중 전기를 잘 통할 수 있는 물질이 있는가하면 잘 통하지 못하는 물질도 있다. 이때 전기를 잘 통하는 물질을 **도체**라고 하고 잘 통하지 못하는 물질을 **부도체**라고 한다.

모든 물체는 원자로 이루어져 있고 원자에 존재하는 대부분의 전자가 원자핵에 속박되어 있지만 구리와 같은 금속들은 원자핵에 속박되지 않고 자유롭게 돌아다닐 수 있는 전자가 많은데 이것을 **자유전자**라고 한다.

ⓛ 반도체

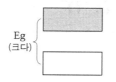

Eg
(크다)

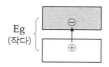

Eg
(작다)

(a) 도체

도체에서는 전자가 채워진 띠 중 에너지가 가장 높은 띠가 일부분만 차 있다. 가장 높은 준위의 전자가 전기 에너지나 열에너지를 받아서 띠 안의 가까운 상태로 천이할 수 있다.

(b) 절연체

전자가 채워진 띠 중 에너지가 가장 높은 띠가 완전히 차 있다. 전자가 천이할 수 없는 먼 상태가 있다.

(c) 반도체

에너지 띠 구조는 절연체와 비슷하고 에너지 간격만 상대적으로 작다. 에너지가 낮은 띠의 전자가 열에너지 또는 전기 에너지를 받아 에너지가 높은 띠로 들뜰 수 있다. 이런 과정에서 홀(+)이 남는다.

그림에서와 같이 반도체의 에너지 간격은 절연체에 비하여 훨씬 작다. 실온에서 소수의 전자가 열 에너지를 받아 원자가 띠에서 전도 띠로 들뜰 수 있다. 즉 온도가 증가함에 따라 전도 전자의 숫자가 증가하고 결과적으로 전기 전도도가 증가한다.
전가가 원자에 띠에서 전도띠로 천이하면 그림의 C처럼 구멍 즉 홀(hole)이 생긴다.

외부 전기장이 걸리면 원자가 띠의 다른 전자가 움직여서 홀을 채울 수 있고 따라서 그 전자의 원래 자리는 hole이 남는다. 이런 과정을 계속 행하여 홀(+)가 이동한다.

이런 과정에 의해 전류가 흐르는 것을 **고유 반도체**라고 한다.
또한 불순물을 첨가하여 반도체의 전기 전도도를 증가 시킬 수 있는데 최외각 전자가 4개인 Ge에 원자가 전자가 다섯 개인 P 같은 불순물을 Ge 결정에 첨가하면 이 전자 중 4개는 공유 결합을 이루고 남은 다른 하나의 전자는 P 이온에 약하게 구속된다.

이 전자는 열에너지를 받아 쉽게 전도띠로 들뜬다. 이 P 원자는 donor(제공자)라고 한다. 이런 doner에 의해 전류가 흐르는 것을 **n형 반도체**라고 한다.
또 원자가 전자가 3개인 Ga 원소 등이 4가 원소인 Si이나 Ge 등과 결합하면 3가의 불순물인 Ga는 다른 자리에서 전자를 받아 들이는 acceptor(받개)가 생긴다. 이렇게 acceptor가 이동하는데 이것은 양전하가 이동하는 것과 같다. 이런 acceptor에 의해 전류가 흐르는 물질을 **P형 반도체**라고 한다.

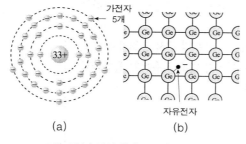

(a) (b)

그림. 비소(aS)의 원자 구조와 N형 반도체

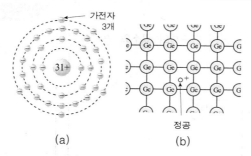

(a)   (b)

그림. 갈륨(Ga)의 원자 구조와 P형 반도체

예제2

그림 (가)는 실리콘(Si)만으로 구성된 순수한 반도체를, (나)는 실리콘만으로 구성된 순수한 반도체에 원자가 전자가 3개인 원자 X를 일부 첨가하여 만든 불순물 반도체를 나타낸 것이다. (가)와 (나)에 대한 설명으로 옳은 것은?

<2022년도 9급 경력경쟁>

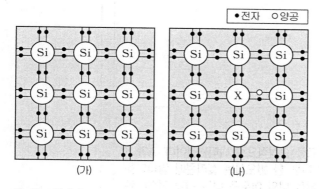

(가)   (나)

① (나)는 p형 반도체이다.

② 비소(As)를 원자 X로 사용할 수 있다.

③ 전기 전도성은 상온에서 (가)가 (나)보다 높다.

④ (나)에 존재하는 양공은 전류의 흐름과 무관하다.

[풀이] 실리콘은 +4가 원자이고 X 원자는 +3가 원자이므로 P형 반도체이다. P형 반도체는 전하운반체가 영공이고 불순물을 첨가한 반도체가 전도도가 띄어나다.

[답] ①

┌─ 예제3 ─┐

그림은 순수한 실리콘(Si)에 비소(As)를 불순물로 첨가한 반도체의 원소와 원자가
전자의 배열을 모식적으로 나타낸 것이다.

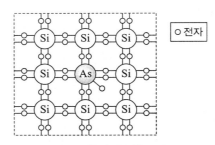

이 반도체의 종류와 비소의 원자가전자의 개수로 옳은 것은?

	종류	원자가전자의 개수
①	p형	3
②	p형	4
③	p형	5
④	n형	3
⑤	n형	5

답 ⑤

┌─ 예제4 ─┐

그림은 반도체 A와 반도체 B의 에너지띠 구조를 모식적으로 나타낸것이다. A와 B
중에서 한 반도체는 순수한 실리콘 (Si)이고 다른 한 반도체는 실리콘에 알루미늄
(Al)이 첨가된 반도체이다. 에너지띠 구조의 밝은 띠와 어두운 띠는 각각 전도띠와
원자가띠를 점선은 받개준위(acceptor level)를 나타낸다.

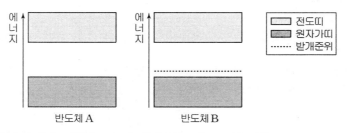

이에 대한 설명으로 옳은 것만을 <보기>에서 있는 대로 고른 것은?

┌─────────────── 보 기 ───────────────┐
ㄱ. 상온에서 전기 전도도는 A가 B보다 크다.
ㄴ. A는 순순한 실리콘이다.
ㄷ. B는 n형 반도체이다.
└────────────────────────────────────┘

① ㄴ   ② ㄷ   ③ ㄱ, ㄴ   ④ ㄱ, ㄷ   ⑤ ㄴ, ㄷ

답 ①

	도 체	반도체	절연체(부도체)
	전기 또는 열에 대한 저항이 매우 작아 전기나 열을 잘 전달하는 물질	전기 전도도가 도체와 절연체의 중간 영역에 속하는 물질	전기 또는 열에 대한 저항이 매우 커서 전기나 열을 잘 전달하지 못하는 물질
에너지 띠의 구조	원자가 띠에 전자가 일부분만 채워져 있다.	띠틈이 비교적 좁고, 원자가띠에 전자가 모두 채워져 있다.	띠틈이 비교적 넓고, 원자가띠에 전자가 모두 채워져 있다.
띠틈의 간격과 전자의 이동	전도띠와 원자가띠의 일부가 겹치거나 원자가띠의 일부만 채워져 있어, 원자가띠의 전자가 쉽게 전도띠로 이동하여 자유 전자가 될 수 있다.	전도띠와 원자가띠 사이의 띠틈의 간격이 비교적 좁아, 원자기띠의 전자가 적당한 에너지(열, 빛, 전기장 등)를 흡수할 경우 전도띠로 이동하여 자유 전자가 될 수 있다.	전도띠와 원자가띠 사이의 띠틈의 간격이 매우 넓어, 원자가띠의 전자가 전도띠로 이동하는 것이 거의 불가능하다.
전류의 흐름	약간의 에너지만 흡수해도 전자가 쉽게 전도띠로 이동하여 고체 안을 자유롭게 이동하므로 전류가 잘 흐른다.	띠틈이 좁아서 전자가 일정량의 에너지를 흡수하면 전도띠로 이동하여 전류가 흐를 수 있다.	띠틈이 매우 넓어서 전자가 전도띠로 이동할 수 없기 때문에 전류가 거의 흐르지 않는다.
전기 전도도	전기 전도도가 크다. → 전기 저항이 매우 작다. → 전류가 잘 흐른다.	도체와 절연체 중간 정도의 전기 전도도를 갖는다.	전기 전도도가 매우 작다. → 전기저항이 매우 크다. → 전류가 잘 흐르지 않는다.
예	은, 구리 등의 금속	실리콘(Si), 게르마늄(Ge) 등	나무, 고무, 유리, 다이아몬드, 바위 등

※ PN 접합

P형 반도체와 N형 반도체를 접합시키는 것을 PN접합(PN junction)이라 하며, 또 이것은 2극관과 같이 정류작용을 하므로 다이오드(diode)라 부른다.

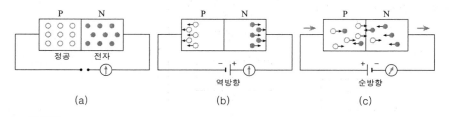

(a)   (b)   (c)

예제5

그림은 p형 반도체에 (+)극을 연결하고, n형 반도체에 (−)극을 연결한 모습이다. 이에 대한 설명으로 옳지 않은 것은?   <2017년도 9급 경력경쟁>

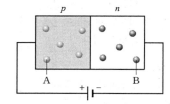

① A는 양공이다.
② 순방향 연결이다.
③ 이 회로에는 전류가 잘 흐른다.
④ B는 전자로 (−)극 쪽으로 이동한다.

[풀이] P형 반도체는 양공이 N형 반도체는 전자가 이동한다.

[답] ④

• **순방향**
  그림(a)와 같이 전압이 걸리지 않았을 때에는 전자와 정공이 서로 확산되어 전기적으로 평형을 이루고 있으나 그림(c)와 같이 P형반도체에 (+)극을 N형 반도체에 (−)극을 연결하면 정공은 N형 쪽으로 과잉전자는 P형쪽으로 접합부를 통과하므로 전류가 P형 반도체에서 N형 반도체쪽으로 흐른다.

• **역방향**
  그림(b)와 같이 P형 반도체에 (−)극을 N형 반도체에 (+)극을 걸어주면 정공은 (−)극에 과잉전자자는 (+)극에 끌려서 접합부를 통과하는 전하가 없으므로 전류가 흐르지 않는다.

- PN 접합의 정류작용

PN 접합형 다이오드에 교류전압을 걸면 순방향으로 전류가 잘 흐르고 역방향으로 전압을 걸면 전류가 잘 흐르지 않아 **정류작용**을 한다. 이런 정류작용은 교류전류를 직류전류로 바꾸어 준다.

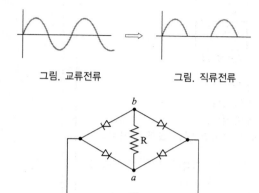

그림. 교류전류   그림. 직류전류

그림과 같이 다이오드 4개로 회로를 구성하면 교류에 연결했을 때 저항 R에는 전류가 a에서 b로만 흐르는 직류가 된다.

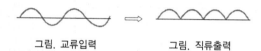

그림. 교류입력   그림. 직류출력

예제6

그림은 불순물을 첨가한 반도체 X, Y를 접합하여 만든 p-n 접합 다이오드를 전지에 연결하였을 때 전구에 불이 계속 켜져 있는 것을 나타낸 것이다. 이에 대한 설명으로 옳은 것은?   <2020년도 9급 공채>

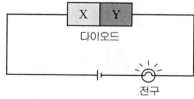

다이오드

전구

① 반도체 X는 p형 반도체이다.
② 반도체 Y에 있는 전자는 반도체 X와의 접합면으로부터 멀어지는 방향으로 이동한다.
③ 전지의 방향을 반대로 연결하여도 전구에 불이 계속 켜진다.
④ 반도체 Y에서는 주로 양공들이 전하를 운반하는 역할을 한다.

풀이 P형 반도체는 (+)극 N형 반도체는 (−)극에 연결해야 한다. 전구에 불이 켜졌으므로 순방향 연결이고 X는 양공 Y는 전자가 운반체이다.

답 ①

예제7

그림은 고체물질 A와 B의 에너지띠 구조를 나타낸 것이다. 이에 대한 설명으로 옳은 것은?

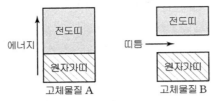

고체물질 A   고체물질 B

① 고체물질 A가 B보다 더 좋은 전기전도도를 가진다.
② 온도가 내려가면 고체물질 B의 전기전도도가 좋아진다.
③ 고체물질 B에서 띠큼이 커지면 전기전도도가 좋아진다.
④ 띠틈보다 큰 에너지를 가진 빛이 고체물질 B에 입사하면 빛은 모두 투과한다.

풀이 ① 원자가띠와 전도띠가 붙어있는 고체물질 A는 도체이고 띠틈이 있는 B는 부도체 또는 반도체일 것이다. 따라서 A가 B보다 더 좋은 전기전도도를 가진다.
② B가 반도체일 경우 온도가 올라갈수록 전기전도도가 좋아질 수 있다.
③ 띠틈이 커질수록 부도체가 되기 때문에 전기전도도는 나빠진다.
④ B가 반도체일 경우 띠틈보다 큰 에너지를 가진 빛이 B에 입사하면 그 빛을 흡수하여 에너지가 높은 띠로 들뜰 수 있다.

답 ①

ⓒ 정전기 유도

대전체를 전기적으로 중성인 물체에 가까이 가져가면 대전체 가까운쪽의 물체표면에는 대전체와 반대종류의 전기를 띠고 먼쪽에는 같은 종류의 전기를 띠게 한다. 이러한 현상을 정전기 유도현상이라고 한다.

■ 대전체에서 이동하는 것은 (−) 전하를 띤 전자이다.

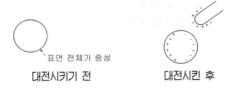

표면 전체가 중성   대전시킨 후

대전시키기 전   대전시킨 후

정전기 유도 현상을 이용하여 물체가 대전되어 있는지를 알아보는데는 그림과 같은 금속박 검전기가 널리 쓰인다.

금속판
절연체
금속막대
금속핀

예제8

그림과 같이 반경이 R인 동일한 두 금속구가 전하량 $+3Q, -Q$로 대전되어 중심 간 거리가 r만큼 떨어져 있을 때, 두 금속구 사이에 작용하는 전기력의 크기가 F였다. 두 금속구를 충분히 오랫동안 접촉시켰다가 다시 중심 간 거리를 $\frac{r}{2}$만큼 떨어뜨려 놓았을 때, 두 금속구 사이에 작용하는 전기력의 크기는? (단, $r \gg R$이다.)

<2022년도 9급 경력경쟁>

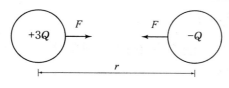

① $\frac{1}{2}F$　　　② $\frac{2}{3}F$　　　③ $\frac{3}{2}F$　　　④ $\frac{4}{3}F$

풀이 $F = k\dfrac{3Q^2}{r^2}$ (인력) 접촉시키면 전하량이 각각 $+Q$만큼씩 되므로

$F' = k\dfrac{Q^2}{\left(\dfrac{r}{2}\right)^2}$ (척력) $= k\dfrac{4Q^2}{r^2} = \dfrac{4}{3}F$ 이다.

답 ④

예제9

그림 (가)는 동일한 두 금속구 A, B를 절연된 실에 연결하여 서로 접촉을 시켜 놓고 (+)대전체를 A에 가까이 가져간 것이고, 그림 (나)는 대전체를 가까이 한 상태에서 두 금속구를 분리시킨 후 대전체를 치운 상태이다. 이때, 금속구 A, B에 대전된 전하량은 각각 $-Q, +Q$이다. 두 금속구와 동일한 대전되지 않은 금속구 C를 (나)의 A에 접촉시키고 나서 분리한 후, 다시 B에 접촉시키고 나서 분리하였을 때 이에 대한 설명으로 옳지 않은 것은? <2017년도 9급 경력경쟁>

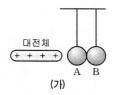

대전체 A B
(가)

금속구 A B C
(나)

① 금속구 B의 최종 전하량은 $+\dfrac{Q}{2}$이다.

② 금속구 A의 최종 전하량은 $-\dfrac{Q}{2}$이다.

③ (가)에서 전자는 금속구 B에서 A로 이동하였다.

④ 금속구 C는 마지막에 (+)전하로 대전된다.

풀이 A와 $-Q$ B는 $+Q$였는데 C를 A와 접촉시키면 A는 $-\dfrac{1}{2}Q$ C는 $-\dfrac{1}{2}Q$가 된다.

이 C를 다시 B에 접촉시키면 B와 C의 전하합은 $+\dfrac{1}{2}Q$이고 B와 C에 각각 $+\dfrac{1}{4}Q$만큼 대전된다.

답 ①

② 쿨롱의 법칙

공간상에 두 개의 전하가 있을 때 같은 종류의 전하는 전하간에 밀어내는 척력이 작용하고 다른 종류의 전하는 전하간에 끌어당기는 인력이 작용하다.

이 두 전하 사이에 작용하는 힘의 크기는 전하량의 곱에 비례하고 두 전하 사이의 거리의 제곱에 반비례한다. 이것을 **쿨롱의 법칙**이라고 한다.

식으로 표현하면

$F = \dfrac{k q_1 q_2}{r^2}$ 이다 (k는 비례상수로 $k = 9 \times 10^9 \, \mathrm{Nm^2/C^2}$)

비례상수 $k = \dfrac{1}{4\pi\epsilon_o}$ (ϵ_o : 진공의 유전율)이고 ϵ_o는 진공의 유전율로 실험적으로 $\epsilon_o = 8.85 \times 10^{-12} \, \mathrm{C^2/Nm^2}$으로 얻어진 값이다.

또 여기서 r은 두 전하사이의 거리이고 $q_1 q_2$는 각각의 전하량인데 단위로는 C(Coulomb)을 사용한다.

$1C$은 $1A$의 전류가 1초 동안 흐른 전하량이다. 전자 1개의 전하량은 $1.6 \times 10^{-19} C$이다.

즉 전자 6.25×10^{18}개의 전하량이 $1C$이다.

KEY POINT

■ 쿨롱의 법칙
전기력 $F = \dfrac{1}{4\pi\epsilon_o} \dfrac{q_1 q_2}{r^2}$

예제10

그림과 같이 x축 상에 거리가 d, $2d$, $4d$인 곳에 전하량이 각각 $-1C$, $+2C$, q인 전하가 고정되어 있다. 전하 q의 크기[C]는?　　　　　　　　　　　　　　　　　　　　＜2017년도 9급 경력경쟁＞

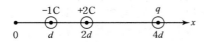

①　-4　　　　　　　　　　　　　②　$+1$

③　$+2$　　　　　　　　　　　　　④　$+8$

[풀이] $E = k\dfrac{q}{r^2}$ 에서 0에서 전기장이 0이므로

$k\dfrac{-1}{d^2} + k\dfrac{+2}{(2d)^2} + k\dfrac{q}{(4d)^2} = 0$에서 $q = +8C$이다.

[답] ④

KEY POINT

예제11

전하량이 각각 +10 C, −2 C인 두 점전하가 있다. 두 점전하 사이의 거리가 $2r$일 때 두 점전하 사이에 작용하는 전기력의 크기를 F_1, 거리가 $3r$일 때 두 점전하 사이에 작용하는 전기력의 크기를 F_2라고 하면 $\frac{F_1}{F_2}$의 값은? (단, 두 점전하는 진공 중에 있다) <2021년도 지방직 9급 공채>

① $\frac{1}{4}$ ② $\frac{9}{4}$ ③ $\frac{1}{9}$ ④ $\frac{4}{9}$

풀이 $F_1 = k\frac{10\times2}{(2r)^2}$ $F_2 = k\frac{10\times2}{(3r)^2}$

$$\frac{F}{F_2} = \frac{k\frac{20}{4r^2}}{k\frac{20}{9r^2}} = \frac{9}{4}$$

답 ②

(2) 전기장

① 전기장

어떤 전하 주위에 다른 전하를 가져가면 그들 사이에는 서로 전기력이 작용하는데 이와 같이 전하 주위에서 전기력이 작용하는 공간을 **전기장**이라고 한다.
전기장은 단위 양전하를 놓았을 때 그 전하가 받는 힘의 크기를 그 점에서의 전기장의 세기라고 정의하고 식으로는

$\vec{E} = \frac{\vec{F}}{q}$ 라고 나타낼 수 있다.

따라서 전기장 E는 크기와 방향을 가진 벡터이다.

■ 전기장 $\vec{E} = \frac{\vec{F}}{q}$

$E = \frac{1}{4\pi\epsilon_o}\frac{q}{r^2}$

예제12

그림과 같이 두 점전하 A, B가 원점 O에서 동일한 거리만큼 떨어진 x축 상에 놓여 있다. y축 상의 한 점 P에서 A, B에 의해 $-y$방향의 전기장이 형성되어 있다고 할 때, 이에 대한 설명으로 옳은 것은? <2017년도 9급 경력경쟁>

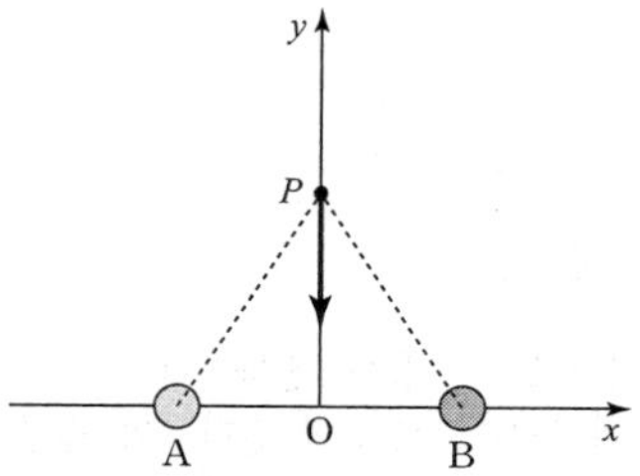

① A의 전하와 B의 전하는 서로 다른 종류이다.
② A의 전하량의 크기와 B의 전하량의 크기는 다르다.
③ P점에 (−)전하를 놓는다면, (−)전하는 $+y$축 방향으로 힘을 받는다.
④ 전기장의 세기는 O에서보다 P에서 더 작다.

풀이 A와 B 모두 같은 (-)음의 전하량을 갖는다.

답 ③

② 전기력선

어떤 전기장내에 (+)전하를 놓았을 때 그 전하가 받는 힘의 방향을 따라가며 그린 선을 **전기력선**이라고 한다. 따라서 전기력선 위의 한 점에서의 점선의 방향이 그 점에서 전기장의 방향이 된다.

KEY POINT

■ 전기력선의 모양 관찰

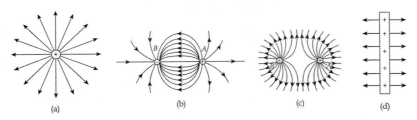

(a) 1개의 양전하에 의한 역선
(c) 같은 부호의 두 전하의 역선
(b) 부호가 다른 전하에 의한 역선
(d) 평면전하분포에 의한 역선

전기력선은 다음과 같은 성질을 가진다.
• 전기력선은 (+)전하에서 나와서 (−)전하로 들어가며 도중에 끊어지거나 교차하지 않는다.
• 전기력선에 그은 접선의 방향이 접점에서 전기장의 방향이다.
• 전기장의 세기는 단위면적당 전기력선의 수에 비례한다.

■ 전기력선의 성질 익히기

예제13

그림과 같이 x축 상에 고정된 양(+)의 점전하 A와 전하량을 모르는 점전하 B가 있다. p지점에서 전기장의 세기가 0일 때, 이에 대한 설명으로 옳은 것은?
(단, $\overline{pA}$, $\overline{Aq}$, $\overline{qB}$, $\overline{Br}$의 길이는 모두 같다.)

① B는 음(−)전하이다.
② A와 B의 전하량의 크기가 같다.
③ 전기장의 세기는 q지점이 r지점보다 작다.
④ q지점과 r지점에서 전기장의 방향은 같다.

[풀이] ① p지점에서 전기장의 세기가 0이므로 B는 음(−)전하이다.
  ② 전기장의 세기는 거리의 제곱에 반비례하므로 A의 전하량이 Q일 때 B의 전하량은 $-9Q$가 된다. 따라서 A와 B의 전하량의 크기는 같지 않다.
  ③ 전기장의 세기는 q지점이 r지점보다 크다.
  ④ q지점에서 전기장의 방향은 $+x$이고, r지점에서 전기장의 방향은 $-x$이므로 전기장의 방향은 서로 반대이다.
[답] ①

③ 가우스의 법칙

폐곡면을 지나는 알짜 전기력선 손은
전하에 $\frac{1}{\epsilon_o}$을 곱한 것과 같다.

이것을 **가우스의 법칙**이라고 한다.

폐곡면을 지나는 총전기력 선속 Φ는

$$\Phi = \oint E \, dS = E \oint dS$$
$$= E 4\pi r^2$$
$$= \frac{g}{4\pi\epsilon_o r^2} \times 4\pi r^2 = \frac{Q}{\epsilon_o} \text{ 이다.}$$

또 전하가 도체에 놓여지면 전기장이 도체에 순간적으로 (약 10^{-12}초) 형성되고 재배치된다. 따라서 도체 내부의 전기장은 내부의 임의의 가우스 면에서 면내로 들어오는 전기력선의 수와 외부로 나가는 전기력선의 수가 같으므로 정전 평형 상태에 도달하여 전기장의 크기는 0이 된다.

예제14

그림 (가)는 평면 상에 고정되어 있는 점전하 A, B가 만드는 전기장을, (나)는 (가)에서 B대신 점전하 C를 고정시켰을 때 A, C가 만드는 전기장을 방향 표시 없이 전기력선으로 나타낸 것이다. P, Q는 전기력선 상의 지점이다.

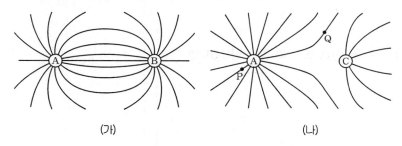

(가)   (나)

이에 대한 옳은 설명만을 <보기>에서 있는 대로 고른 것은?

─────────── 보 기 ───────────

ㄱ. A와 B는 서로 다른 종류의 전하이다.

ㄴ. 전하량의 크기는 B가 C보다 크다.

ㄷ. (나)에서 전기장의 세기는 P에서가 Q에서 보다 크다.

① ㄱ   ② ㄴ   ③ ㄱ, ㄷ
④ ㄴ, ㄷ   ⑤ ㄱ, ㄴ, ㄷ

풀이 ㄱ. (가)는 전하량의 크기는 같고 종류가 다른 전하에 의해 만들어진 전기력선이다.
    ㄴ. C는 전하의 종류는 A와 같고 전하량의 크기는 A보다 작다.
    ㄷ. 전기력선의 밀도는 P에서가 Q에서 보다 크다.

답 ⑤

(3) 전위

① 전위차와 전위

그림과 같이 균일한 전기장내에서 (+)전하 q를 d만큼 끌어올리려면 외부에서 (+)전하에 일을 해 주어야 한다. 이 일의 크기는 qEd이고 일은 전하의 에너지로 저장되는데 이 에너지를 전기적 위치 에너지라고 한다.

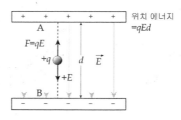

그림. 전기력의 위치에너지

전기장속에서 단위 (+)전하에 외력을 작용하여 전기력에 대하여 두 점 사이를 이동시켰을 때 위치 에너지의 차를 전위차 또는 전압이라고 하며 단위 전하가 갖는 전기적 위치에너지를 전위라고 한다.

전하 q를 기준점에서 다른점까지 옮기는데 한일이 W이면 두 지점사이의 전위 $V = \dfrac{W}{q}$이고 전위의 단위는 J/C이며 이것을 볼트(V)라 한다.

즉 $1V = 1J/C$이다.

또 도체 내부에서 전위차는 0이 되므로 도체 표면이나 도체 내부 모든 곳에서 같다.

즉 $V_b - V_a = -\displaystyle\int_a^b E \cdot dl$ 에서

내부의 전기장 $E = 0$ 이므로 $V_a = V_b$ 이다.

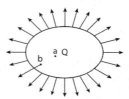

예제15

전기장내에서 $+4C$의 전하를 다른 점으로 옮기는데 $200J$의 일이 필요했다면 그 점의 전위는 얼마나 높아졌나?

풀이 $V = \dfrac{W}{q}$에서 $V = \dfrac{200J}{4C} = 50V$이다.

답 $50V$

---

② 전기장의 세기와 전위차

전위차는 단위 (+)전하를 전기장내에서 옮기는데 필요한 일

즉 $V = \dfrac{W}{q}$, $W = qV$ 이라고 앞서 배웠다.

한편 (+) q인 전하를 전기장 E속에서 거리 d만큼 옮길 때 일은 $W = F \cdot d$이고 전기력 $F = Eq$ 이므로 $W = Eqd$ 가 된다.

따라서 $W = qV$와 $W = qEd$에서 $qV = qEd$ 이므로 전위 V는 $V = E \cdot d$이다.

전하 Q와 전기장 및 전위와의 관계

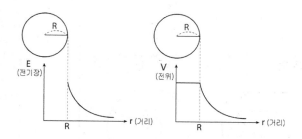

예제16

전기력선이 오른쪽 그림과 같이 된 전기장내에서 각 점의 전기장과 전위의 크기는?

풀이 전기장의 크기는 단위면적당 전기력선의 수에 비례하므로 $E_a = E_c = E_d > E_b$가 되고 전위는 그림에서 왼쪽이 고전위이고 오른쪽이 저전위이다. 따라서 $V_a > V_b = V_c > V_d$가 된다.

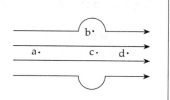

---

(4) 축전기

① 축전기

(+)전하와 (−)전하로 대전된 두 금속판을 가까운 거리에 두고 마주보게 하면 전하들 사이에 인력이 작용하여 두 금속판 사이에 많은 전하를 축적시킬 수 있다. 이와 같이 전하를 축적시키는 것을 충전이라 하고 그 장치를 축전기라고 한다.

■ 축전기 C에 저장된 전하량
$$Q = CV$$

축전기에 모아지는 전하량 Q는 양단에 걸어주는 전압 V에 비례한다.
즉, $Q \propto V$이고 축전기의 전기용량을 C라 하면 $Q = CV$로 나타낼 수 있다.
전기용량 C의 단위는 F로 나타내고 패럿이라고 한다. 실상에서는 패럿의 단위가 너무 크므로 μF(마이크로 패럿)을 많이 사용한다.
$$\mu F = 10^{-6} F$$

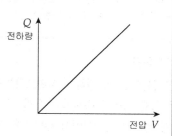

■ 축전기의 용량
평행판 $C = \dfrac{\epsilon S}{d}$

원통형 $C = \dfrac{2\pi \epsilon_o L}{\ln\left(\dfrac{b}{a}\right)}$

구 형 $C = \dfrac{4\pi \epsilon_o ab}{b-a}$

② 평행판 축전기의 전기용량

평행판의 넓이 S가 넓을수록 전기용량이 커지고 두 판 간격 d가 작을수록 전기용량이 커진다. 즉 $C \propto \dfrac{S}{d}$이다. 비례상수 ϵ을 써서 나타내면 $C = \dfrac{\epsilon S}{d}$이고 ϵ은 극판 사이에 채워지는 물질의 유전율이다. 진공중의 유전율은 $\epsilon_o = 8.854 \times 10^{-12} C^2/Nm^2$이다.

물 질	비유전율
진 공	1
공기(건조)	1.0005
변압기 기름	2.22
고무(자연)	2.94
종 이	2.25
에보나이트	2.1~3.3
운 모	3~6
유 리	5~9
물	80.4

물질과 진공의 유전율의 비를 비유전율이라 하며 비유전율 $K = \dfrac{\epsilon}{\epsilon_o}$ 이다.

위 표는 몇 가지 물질의 비유전율을 나타낸 것이다.

평 행 판 형	원 통 형	구 형
판면적 s, 판간격 d	내반경 a, 외반경 b	내반경 a, 외반경 b
$C = \dfrac{\epsilon_o S}{d}$	$C = \dfrac{2\pi\epsilon_o L}{\ln\left(\dfrac{b}{a}\right)}$	$C = \dfrac{4\pi\epsilon_o ab}{b-a}$

예제 17

전기용량이 $3\mu F$인 평행판 축전기에 $200\,V$의 전압으로 충전시킨 다음 전원을 끊었다. 이때 축전기에 충전된 전하량은 몇 C인가? 또 절연 장갑을 끼고 축전기의 극판 사이를 2배로 떼어놓으면 극판사이의 전위는 얼마인가?

풀이 $Q = CV$에서 $Q = 3 \times 10^{-6}F \times 200\,V = 6 \times 10^{-4}C$ 전하량은 $Q = 6 \times 10^{-4}C$으로 변화가 없다. 극판을 2배로 늘이면 전기용량 $C = \dfrac{\epsilon S}{d}$에서 d가 2배가 되므로 전기용량 C는 $\dfrac{1}{2}$배로 되고 $Q = CV$에서 Q가 일정하고 C가 $\dfrac{1}{2}$배로 되면 전압 V는 2배가 되어 처음 $200\,V$의 2배인 $400\,V$(볼트)가 된다.

---

* 반지름 R인 고립된 구의 전기 용량

반지름 R인 구가 전하+Q를 갖는다면 이 전하는 지면으로부터 이동했다고 생각할 수 있다. 이 지면은 적당한 도체 이어서 축전기의 두판 중 한판으로서의 역할을 한다. 구형(내반경 a, 외반경 b)에서 축전기에서 내반경을 고립구인 반경 R로 외반경을 지면이라 하면 b를 무한으로 하면 고립구의 전기용량 C는 $C = 4\pi\epsilon_o R$이 된다.

③ 축전기의 연결

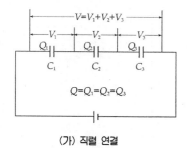

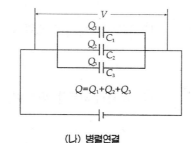

(가) 직렬 연결   (나) 병렬연결

그림. 축전기의 연결

그림 (가)와 같이 직렬 연결하면 도선을 따라 이동하는 전하량 Q는 각 축전기에 서모두 같고 축전기 C_1, C_2, C_3에 걸리는 전압은 V_1, V_2, V_3가 되어 전체 전압 $V = V_1 + V_2 + V_3$가 된다. 그러므로 $Q = CV$에서

$$V = \frac{Q}{C}, \quad V_1 = \frac{Q}{C_1}, \quad V_2 = \frac{Q}{C_2}, \quad V_3 = \frac{Q}{C_3} \text{이고}$$

$$V = V_1 + V_2 + V_3 \text{이므로} \quad \frac{Q}{C} = \frac{Q}{C_1} + \frac{Q}{C_2} + \frac{Q}{C_3} \text{이다.}$$

따라서 직렬 연결된 축전기의 합성 전기 용량 C는 $\frac{1}{C} = \frac{1}{C_1} + \frac{1}{C_2} + \frac{1}{C_3}$ 이 된다.

그림 (나)와 같은 병렬연결에서는 각 축전기에 걸리는 전압이 같아서 $V_1 = V_2 = V_3 = V$가 되고, 전하량은 도선을 따라 나눠지게 되어 $Q = Q_1 + Q_2 + Q_3$ 가 된다.

그러므로 $Q = CV$에서 $Q = CV$, $Q_1 = C_1 V$, $Q_2 = C_2 V$ $Q_3 = C_3 V$이 고 $Q = Q_1 + Q_2 + Q_3$이므로 $CV = C_1 V + C_2 V + C_3 V$이다.

따라서 병렬 연결된 축전기의 합성 전기용량 C는 $C = C_1 + C_2 + C_3$이 된다.

④ 축전기의 정전 에너지

축전기에 충전된 에너지를 정전 에너지라고 한다. 전기용량 C의 축전기에 전압 V를 걸어 축전기 내부에 전하 Q가 축적되는 것을 충전이라 하며 반대로 전하들이 빠져나가는 것을 방전이라 한다.

그림에서 현재 Q'의 전기량이 충전되어 있다면 극판사이의 전압 V'는 Q'에 비례하고 $Q' = CV'$, $V' = \frac{Q'}{C}$ 이 된다. 전기량 ΔQ만큼 더 충전하려면 일 $W = qV$에서 $V' \Delta Q$만큼의 일이 필요하다.

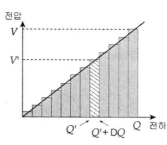

그림. 축전기에 저장된 에너지

■ 축전기의 합성용량
직렬연결 $\frac{1}{C} = \frac{1}{C_1} + \frac{1}{C_2}$
병렬연결 $C = C_1 + C_2$

■ 축전기의 에너지
$W = \frac{1}{2} CV^2$

즉 이것은 그래프에서 넓이와 같아서 전체 일 W는 삼각형의 면적이 되어 $W = \frac{1}{2}QV$가 된다.

또 이 식은 $Q = CV$를 써서 $W = \frac{1}{2}CV^2$으로 나타낼 수도 있다.

⑤ 전기장의 에너지 밀도

평행판 축전기의 전기용량은 $C = \dfrac{\epsilon_o A}{d}$ 이고 두 판의 퍼텐셜 차이 V는 $V = E \cdot d$ 이다.

축전기에 축적된 에너지 U_E는

$$U_E = \frac{1}{2}CV^2 = \frac{1}{2}\frac{\epsilon_o A}{d}(E \cdot d)^2$$
$$= \frac{1}{2}\epsilon_o E^2(Ad) \text{ 이다.}$$

전체 축적된 에너지 $V_e = \dfrac{1}{2}\epsilon_o E^2(Ad)$이면 단위체적 (Ad)당 에너지

즉 에너지 밀도 (J/m^3) U_E는

$$U_E = \frac{1}{2}\epsilon_o E^2 \text{ 이다.}$$

예제18

전기용량 $400\mu F$인 축전기에 $100\,V$의 전압으로 충전시켰을 때 사용할 수 있는 전기에너지는 몇 J인가?

풀이 $W = \dfrac{1}{2}CV^2$에서
$$= \frac{1}{2} \times 400 \times 10^{-6} \times 100^2 = 2\,\text{J}$$

---

2 전압과 전류

(1) 전 류

도체 내에서 전압에 의해 힘을 받은 전하가 이동할 때 단위시간당 이동한 전하량을 **전류**라고 하고 전류는 양전하의 이동방향을 (+), 음전하 즉 전자의 이동방향을 (−) 부호로 정하였다. 따라서 금속도체 내에서의 전류의 방향은 자유전자의 이동방향과 반대가 된다.

그림과 같이 도체의 한 단면을 시간 t 동안에 이동하는 전기량을 Q라고 하면 전류 I는 $I=\dfrac{Q}{t}$이다. 전류의 단위로는 암페어(기호 A)를 쓴다. 즉 $1A = 1\,c/s$이다.

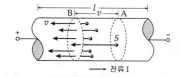

그림. 도체내의 전류

(2) 전기저항

금속내의 자유전자가 기전력의 작용에 의해 전기장과 반대쪽으로의 흐름을 갖게 되는데, 이때 도체내의 성질 즉 도선의 길이, 굵기, 재질 등에 따라 그 전자의 흐름을 방해하는 정도를 달리하며 나타난다. 이 흐름을 방해하는 것을 **전기저항**이라고 한다.

① 옴의 법칙

도선에 흐르는 전류 I는 도선 양단에 걸어준 전압 V에 비례한다. 비례상수를 R이라 하면 $V = IR$이고 이것을 옴(Ohm)의 법칙이라 한다. R은 도선이 갖는 고유특성으로 그 도선의 저항값이며 단위는 Ω(오옴)이고 $1\Omega = 1\,V/A$이다.

또 어떤 저항 R인 도선에 전류 I가 지나면 지난 후에 전압 V는 IR만큼이 떨어지게 된다. 이것을 저항에 의한 전압 강하라고 한다.

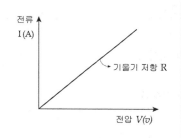

② 저 항

실험에 의하면 전기저항 R은 도선의 길이 l에 비례하고 도선의 단면적 S에 반비례한다. 즉

$R = e\dfrac{l}{S}$이다. 여기서 비례상수 e는 비저항으로 각 물질에 따라 다른 값을 나타내고 단위는 $\Omega \cdot m$이다.

도선의 전기저항은 도선의 온도가 높아지면 금속내의 자유전자들의 충돌이 빈번해지므로 전기의 흐름이 방해를 받게 되어 저항이 커지게 된다.

어떤 도선의 0℃일 때 전기저항이 R_o라고 하면 Δt 만큼 온도를 높이면 증가된 저항 $\Delta R = \alpha R_o \Delta t$ 이며 α는 전기저항의 온도 계수이다.

물질의 비저항(20℃)

물 질	비저항($\Omega \cdot m$)	물 질	비저항($\Omega \cdot m$)
은	1.62×10^{-8}	탄 소	3.50×10^{-5}
구 리	1.69×10^{-8}	유 리	$10^{10} \sim 10^{14}$
알루미늄	2.75×10^{-8}	황	10^{13}
철	9.68×10^{-8}	에보나이트	$10^{13} \sim 10^{15}$
텅 스 텐	5.51×10^{-8}	고 무	$(1 \sim 15) \times 10^{13}$
망 간	4.28×10^{-7}	목 재	$10^{6} \sim 10^{17}$
니 크 롬	1.09×10^{-6}	수 정	75×10^{14}

따라서 Δt의 온도 증가후의 저항 R은

$R = R_o + \Delta R$
$\quad = R_o + R_o \alpha \Delta t = R_o(1 + \alpha \Delta t)$

이다.

③ 저항의 연결

㉠ 직렬 연결

그림과 같이 저항 R_1, R_2, R_3 가 직렬로 연결되어 있을 때 회로 전체에 걸리는 합성저항 R을 구해보면 그림과 같은 직렬 회로에서는 전류 I가 R_1, R_2, R_3에 모두 똑같이 흐르고 각 저항에 걸리는 전압은 V_1, V_2,

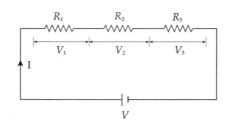

V_3가 걸린다. 그러므로 $V = V_1 + V_2 + V_3$이고 $V = IR$에서 $V_1 = IR_1$, $V_2 = IR_2$, $V_3 = IR_3$이므로 $IR = IR_1 + IR_2 + IR_3$ 가 되어 R_1, R_2, R_3 의 합성저항 R은 $R = R_1 + R_2 + R_3$가 된다.

예제19

그림과 같이 코일 2개와 꼬마전구 (가), (나)를 연결하여 스위치 S가 A 또는 B에 연결될 수 있도록 회로를 만들었다. 현재 스위치 S를 A에 연결한 상태에서 B로 옮겨 연결하면, 전구 (가)와 (나)의 밝기 변화는?

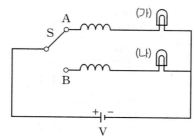

	전구 (가)	전구 (나)
①	즉시 꺼진다.	즉시 밝아진다.
②	즉시 꺼진다.	점차 밝아지다가 일정한 밝기가 된다.
③	점차 어두워지다가 꺼진다.	점차 밝아지다가 일정한 밝기가 된다.
④	점차 어두워지다가 꺼진다.	즉시 밝아진다.
⑤	점차 밝아지다가 꺼진다.	즉시 밝아진다.

답 ③

ⓛ 병렬 연결

그림과 같은 저항 R_1, R_2, R_3가 병렬 연결되어 있을 때 회로 전체에 걸리는 합성저항 R을 구해보면 병렬 연결에서는 R_1, R_2, R_3에 걸리는 전압은 모두 V로 같이 걸리고 전류는 분기점에서 각각 나눠지므로 R_1, R_2, R_3에 각각 I_1, I_2, I_3의 전류가 흘러 $I = I_1 + I_2 + I_3$가 된다. 옴의 법칙 $V = IR$에서 $I = \dfrac{V}{R}$, $I_1 = \dfrac{V}{R_1}$, $I_2 = \dfrac{V}{R_2}$, $I_3 = \dfrac{V}{R_3}$이므로 $\dfrac{V}{R} = \dfrac{V}{R_1} + \dfrac{V}{R_2} + \dfrac{V}{R_3}$가 되어 합성저항 R은 $\dfrac{1}{R} = \dfrac{1}{R_1} + \dfrac{1}{R_2} + \dfrac{1}{R_3}$가 된다.

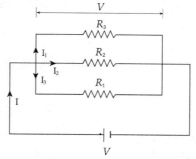

■ 병렬에서 전압이 같고 직렬에서 전류가 같다.

예제20

그림과 같은 회로에서 회로 전체의 합성 저항은 몇 Ω인가? 또 4Ω에 걸리는 전압은 몇 V인가?

[풀이] 3Ω과 6Ω은 병렬 연결이므로
$\dfrac{1}{R}=\dfrac{1}{3}+\dfrac{1}{6}=\dfrac{1}{2}$에서 3Ω과 6Ω의 합성저항은 2Ω이고 이것과 4Ω은 직렬 연결이므로 $R=4+2=6\Omega$이므로 합성 저항 R은 6Ω이다. 또 $V=IR$에서 $6V=I\times 6\Omega$이므로 전류 $I=1A$가 회로에 흐르고 4Ω에 $1A$의 전류가 흐르므로 $V=1A\times 4\Omega=4V$이다.

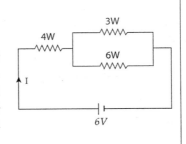

④ 휘스톤 브리지(Wheatstone's bridge)

미지의 저항을 정밀하게 측정할 때 그림과 같은 휘스톤 브리지를 사용한다. 알고 있는 저항 R_1, R_2, R_3에 미지의 저항 R_4를 그림처럼 연결하고 저항을 자유로이 변화시킬 수 있는 가변저항 R_3을 조절하여 검류계 □에 전류가 흐르지 않게 되면 C점과 D점 전위가 같으므로 $I_1R_1=I_2R_2$, $I_3R_3=I_4R_4$이고 □에 전류가 흐르지 않아서 $I_1=I_3$, $I_2=I_4$이므로 $\dfrac{I_1}{I_2}=\dfrac{R_2}{R_1}$,

그림. 휘트스톤 브리지 회로

$\dfrac{R_4}{R_3}=\dfrac{I_3}{I_4}=\dfrac{I_1}{I_2}$ 이어서 $\dfrac{R_2}{R_1}=\dfrac{R_4}{R_3}$ 즉 $R_1R_4=R_2R_3$에서 R_4를 구할 수 있다.

■ 휘스톤 브릿지
$R_1R_4=R_2R_3$

예제21

다음은 사면체의 각 변에 100V-60W인 전구 6개를 연결한 전기회로이다. C와 D 사이에 있는 전구에서 1분 동안 소비되는 전력량은?
(단, 연결 도선의 전기저항은 무시한다.)

① 90J
② 360J
③ 450J
④ 900J
⑤ 3600J

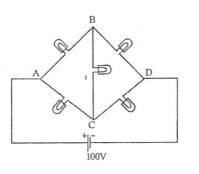

[답] ④

예제22

다음은 축전기와 저항을 10V의 전원에 연결한 전기회로이다. 전기용량이 $2\mu F$인 축전기에 축전된 전하량은?

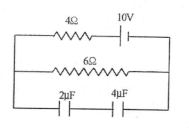

① $2 \times 10^{-6}C$ ② $4 \times 10^{-6}C$

③ $8 \times 10^{-6}C$ ④ 4C

⑤ 8C

답 ③

(3) 전력

① 전기에너지

전열기에 전류가 흐르면 저항에 의해 열이 발생되어 열에너지를 공급하게 된다. 이 에너지는 전류가 흘러 열에너지를 공급한 것이 되는데 이때 에너지를 **전기에너지**라고 한다.

전류가 흐르면서 한일은 $W = qV$이고 $q = It$에서 $W = VIt$가 된다. 또 전류가 단위시간당 한일을 전력이라고 하고 전력 P는 $P = \dfrac{W}{t} = VI$로 나타낼 수 있으며 전력의 단위는 와트(W : 기호)이고 $1W = 1J/S$이다.

예제23

그림과 같이 10V의 전원에 스위치 S와 5Ω의 저항 두 개를 연결하였다. 이에 대한 설명으로 옳은 것만을 모두 고른 것은?

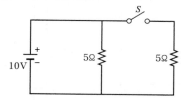

― 보 기 ―――――――
㉠ 스위치 S를 열었을 때 소비되는 전력은 20W이다.
㉡ 스위치 S를 닫으면 전체 저항의 크기가 감소한다.
㉢ 스위치 S를 닫으면 소비되는 전력은 2배가 된다.

① ㉠, ㉡   ② ㉠, ㉢   ③ ㉡, ㉢   ④ ㉠, ㉡, ㉢

풀이 ㉠ 스위치를 열었을 때에는 5Ω의 저항을 한 개만 연결한 경우이므로 소비전력 $P = \dfrac{V^2}{R} = \dfrac{10^2}{5} = 20W$이다.

㉡ 스위치를 닫으면 5Ω의 저항 두 개를 병렬로 연결한 경우이므로 전체 저항은 2.5Ω이 되어 저항의 크기가 감소한다.

㉢ 스위치를 닫을 때 소비전력 $P = \dfrac{V^2}{R} = \dfrac{10^2}{2.5} = 40W$로 2배 증가한다.

답 ④

② 도선에서의 손실 전력

일반적으로 전선으로 많이 쓰는 구리 전기선도 매우 작기는 하지만 저항이 있기 때문에 전선에 전류가 흐를 때 저항에 의한 전력 손실이 발생한다.

손실전력 $P = I^2 R$ (R : 도선의 저항)

만큼이 열에너지로 빠져나가게 된다. 이 식은 전력 $P = VI$에서 옴의 법칙에서 $V = IR$을 대입하여 $P = I^2 R$이 구해진다. 즉 $P = I^2 R$에서 손실전력은 전선의 저항이 일정하므로 전류의 제곱에 비례한다.

그러므로 손실전력은 사용전력 $P_o = VI$ 이므로 사용전력이 많을수록 커진다.

손실전력 $P_손$은

$$P_손 = I^2 R = \frac{P_o^2 R}{V^2}$$ 이다.

따라서 손실전력은 전류의 제곱에 비례하고 전압의 제곱에 반비례하고 사용전력의 제곱에 비례한다.

■ KEY POINT ■

■ 저항 R인 도선에서 손실전력 $P = I^2 R$ 이다. 송전전력이 P_o, 송전전압이 V 이면 손실전력 P 는 $P = \dfrac{P_o^2}{V^2} R$ 이다.

예제24

100V-100W 전열기 A와 200V-200W 전열기 B를 직열 연결한 경우 A와 B에서의 소모전력의 비는?

풀이 전력 $P = \dfrac{V^2}{R}$ 에서 $R = \dfrac{V^2}{P}$ 이므로 A의 저항은 100Ω B의 저항은 200Ω이다.

A와 B가 직렬로 연결되면 전류의 값이 같으므로 $P = I^2 R$ 에서 소모전력 P∝R이다.

따라서 A와 B에서 소모전력의 비는 1 : 2 이다.

답 1 : 2

예제25

변전소 A에서 변전소 B로 P_0의 전력을 전압 V_0으로 송전할 때 송전선에서 소모되는 전력은 P였다. 같은 양의 전력을 $3V_0$의 전압으로 송전할 때 송전선에서 소모되는 전력은?

① P ② $3P$

③ $\dfrac{1}{3}P$ ④ $\dfrac{1}{9}P$

풀이 손실전력 $P = \dfrac{P_0^2}{V_0^2} R$이므로 송전 전압을 3배 증가시키는 경우 손실전력은 $\dfrac{1}{9}$배가 되므로 $\dfrac{1}{9}P$이다.

답 ④

연습문제

1 중성인 물체에 전자가 빠져 나가거나 들어와서 전기를 띠는 현상을 무엇이라고 하는가?

① 도체
② 부도체
③ 전하
④ 대전
⑤ 방전

2 그림과 같이 검전기에 양전하를 띤 막대를 가까이 했을 때 금속판 (a)와 금속박 (b)에 대전된 전하의 종류는?

	(a)	(b)
①	(−)	(+)
②	(+)	(−)
③	(−)	(−)
④	(+)	(+)
⑤	아무런 변화없다.	

(a) 금속판
(b) 금속박

해설 **2**
양전하를 띤 막대가 금속박의 전자 (−)를 금속판으로 끌어 올리므로 금속판은 전자 (−)가 많아지고 금속박은 전자 (−)가 줄어든다.

3 2번 문제에서 계속하여 그림처럼 금속판에 접지시키면 금속박은 어떻게 될까?

① 더 벌어진다.
② 오무라든다.
③ 벌어졌다 오무라든다.
④ 오무라들다가 벌어진다.
⑤ 변화없다.

해설 **3**
접지를 통해 전자가 검전기 쪽으로 끌려 들어오므로 금속박도 일부전자를 받아들여 (+) 전하량이 줄어들어 오무라든다.

4 3번처럼 실험한 뒤 접지선을 절단하고 난 후 대전된 막대를 치우면 금속판 (a)와 금속박 (b)에 대전된 전하의 종류는?

	(a)	(b)
①	(+)	(−)
②	(−)	(+)
③	중성	중성
④	(+)	(+)
⑤	(−)	(−)

해설 **4**
접지선을 먼저 제거후 대전 막대를 치우면 처음 중성이었던 검전기에 전자 (−)가 늘어났으므로 금전기 전체가 골고루 −전하가 분포하게 된다.

정답 1. ④ 2. ① 3. ② 4. ⑤

5 그림처럼 금속구와 금속막대가 맞닿아 있는데 금속막대 쪽에 음으로 대전된 대전체를 가까이 가져간 후 조금 시간이 흐른후 금속구 (가)와 금속막대 (나)를 떼어 내었다 (가)와 (나)의 전하의 종류는?

    (가)   (나)
① 중성   중성
② +   +
③ −   −
④ +   −
⑤ −   +

가   나   대전체
금속구   금속막대   대전체

6 전하량이 e인 두 전하가 2m 떨어져 있을 때 힘을 F라고 하면 전하량이 각각 $2e$인 두 전하가 4m 떨어져 있을 때의 두전하 사이의 전기력은 얼마인가?

① F ② $2F$
③ $4F$ ④ $\dfrac{1}{2}F$
⑤ $\dfrac{1}{4}F$

7 $2\times10^{-4}C, -3\times10^{-4}C$의 전하량을 띤 두 금속구를 3m 떼어 놓았을 때 두 금속구 사이에 작용하는 전기력은?(단, $k = \dfrac{1}{4\pi\epsilon_o} = 9\times10^9\,\mathrm{N\cdot m^2/C^2}$이다)

① 인력 $60N$ ② 척력 $60N$
③ 인력 $10N$ ④ 척력 $10N$
⑤ 인력 $6N$

8 $+q$로 대전된 도체구가 있다. 도체구의 중심으로부터 거리 X에 따른 전기장의 세기를 옳게 표시한 것은?(단, 도체구의 반지름 R이다)

①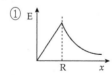
②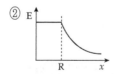
③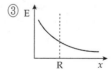
④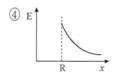
⑤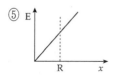

해 설

[해설] **6**

전기력 $F = k\dfrac{q_1 q_2}{4^2}$ 이므로

$F \propto \dfrac{q_1 q_2}{r^2}$ 이다. 따라서 $F = \dfrac{ke^2}{2^2}$

인데 $F' = \dfrac{k4e^2}{4^2} = F$

[해설] **7**

양전하와 음전하이므로 인력이 작용하고 힘의 크기는 $F = k\dfrac{q_1 q_2}{r^2}$ 에서

$F = 9\times10^9 \times \dfrac{2\times10^{-4} \times 3\times10^{-4}}{3^2}$

$= 60N$

[해설] **8**

도체구 내에서 전기장은 0이고 도체구 밖에서 전기장은 거리의 제곱에 반비례한다.

그림과 같이 같은 크기로 대전된 세 개의 도체구가 있다. (가)와 (다)사이에 작용하는 전기력이 $1 \times 10^9 N$이라면 가운데 구 (나)에 작용하는 힘의 합력은?

① $1 \times 10^9 N$

② $\frac{1}{2} \times 10^9 N$

③ $\frac{1}{9} \times 10^{10} N$

④ $\frac{27}{4} \times 10^9 N$

⑤ $\frac{4}{27} \times 10^{10} N$

(가)　(나)　(다)

○　○　○

1m　　2m

10 전하량이 $2C$인 입자가 전기장내로 입사되어 전위가 $10V$에서 $4V$인 곳으로 이동하였다면 이 전하가 한 일은?

① 20 J

② 40 J

③ 80 J

④ 12 J

⑤ 8 J

11 전하 q로부터 40cm 떨어진 곳의 전기장의 크기가 E였다면 전하 $3q$로부터 80cm떨어진 곳의 전기장의 크기는 얼마인가?

① $\frac{1}{2} E$

② E

③ $2E$

④ $\frac{3}{2} E$

⑤ $\frac{3}{4} E$

12 그림에서 각 점의 전위의 크기를 바르게 나타낸 것은?(그림은 전기력선을 나타낸 것이다)

① $V_a > V_b > V_c > V_d$

② $V_d > V_c > V_b > V_a$

③ $V_d > V_c = V_b > V_a$

④ $V_a > V_b = V_c > V_d$

⑤ $V_a = V_b = V_c = V_d$

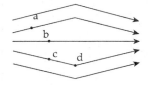

해설 **9**

$F = k \frac{q_1 q_2}{r^2}$에서 $F \propto \frac{1}{r^2}$이므로 (가), (다) 사이의 힘이 $1 \times 10^9 N$이면 (가)와 (나)사이의 거리는 (가), (다)사이의 거리의 $\frac{1}{3}$이므로 힘이 9배인 $9 \times 10^9 N$이고 (나)와 (다)사이의 거리는 (가)와 (나)사이의 2배이므로 힘은 (가)와 (나)보다 $\frac{1}{4}$배여서 $\frac{9}{4} \times 10^9 N$이다.

따라서 합력 $F = \frac{27}{4} \times 10^9 N$

해설 **10**

$W = eV$에서 떨어진 전위 $\Delta V = 10 - 4 = 6V$이므로 일 $W = 2 \times 6 = 12J$

해설 **11**

전기장 $E = \frac{kq}{r^2}$이므로 $E \propto \frac{q}{r^2}$ 문제에서 $E' \propto \frac{3q}{(2r)^2}$가 되어 $E' = \frac{3}{4} E$

해설 **12**

그림에서 전기력선의 방향으로 보아 왼쪽이 양전하가 있다고 생각되므로 전위는 왼쪽이 높고 오른쪽이 낮다.

정답 9. ④ 10. ④ 11. ⑤ 12. ④

13 전기용량이 $C_1 = 3F$, $C_2 = 6F$인 두 축전기를 직렬 연결하여 양단에 $12\,V$의 전지를 연결하였다 축전기 C_2의 양단에 걸리는 전위차는?

① $2\,V$

② $3\,V$

③ $4\,V$

④ $6\,V$

⑤ $12\,V$

14 저항이 $16\,\Omega$인 균일한 굵기의 막대를 일정하게 압축시켜 길이를 처음의 반이 되게 하였다. 이때 이 저항체의 저항은 몇 Ω인가?

① $32\,\Omega$

② $16\,\Omega$

③ $8\,\Omega$

④ $4\,\Omega$

⑤ $2\,\Omega$

15 그림과 같이 회로도에서 3Ω의 양단에 걸리는 전압과 3Ω에 흐르는 전류의 크기는?

① $8\,V$, $\dfrac{8}{3}A$

② $12\,V$, $4A$

③ $8\,V$, $4A$

④ $6\,V$, $2A$

⑤ $6\,V$, $\dfrac{8}{3}A$

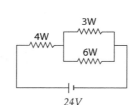

16 그림과 같은 휘스톤 브릿지에서 검류계 Ⓖ에 전류가 흐르지 않았다면 저항 R은 몇 Ω인가?

① $1\,\Omega$

② $2\,\Omega$

③ $3\,\Omega$

④ $4\,\Omega$

⑤ $6\,\Omega$

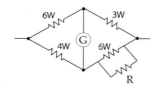

해 설

해설 **13**

직렬 연결에서 전기용량 C는
$$\frac{1}{C} = \frac{1}{C_1} + \frac{1}{C_2}$$이므로
$$\frac{1}{C} = \frac{1}{3} + \frac{1}{6} = \frac{1}{2} \quad C = 2F$$
$Q = CV$에서 전하량은
$Q = 2 \times 12 = 24\,C$이다.
$V_2 = \dfrac{Q}{C_2}$에서 $V_2 = \dfrac{24}{6} = 4\,V$

해설 **14**

저항 $R = \dfrac{el}{A}$에서 압축시키면 길이 l은 $\dfrac{1}{2}l$이 되고 단면적 A는 $2A$가 되므로 저항은 $R \propto \dfrac{l}{A}$에서 $R' = \dfrac{1}{4}R$이 된다.

해설 **15**

3Ω과 6Ω의 합성저항은
$\dfrac{1}{R} = \dfrac{1}{3} + \dfrac{1}{6}$에서 $R = 2\Omega$
4Ω과 합성 저항 즉 전체 저항
$R = 4 + 2 = 6\Omega$이다. $V = IR$에서
$24\,V = I \times 6\Omega$에서 $I = 4A$의 전류가 회로 전체에 흐른다. 4Ω에 걸리는 전압은 $V = 4A \times 4\Omega = 16\,V$이므로 3Ω과 6Ω에는 각각 $8\,V$의 전압이 걸리고 3Ω에 흐르는 전류는
$I = \dfrac{V}{R} = \dfrac{8}{3}A$이다.

해설 **16**

검류계 G에 전류가 흐리지 않으면 마주보는 저항의 곱은 같다.
따라서 $3 \times 4 = 6 \times R'$
R'은 $\dfrac{1}{R'} = \dfrac{1}{6} + \dfrac{1}{R}$이므로
$R' = 2\Omega$이다. $\dfrac{1}{2} = \dfrac{1}{6} + \dfrac{1}{R}$에서
$R = 3\Omega$

17 일정한 전기장이 있는 어느 공간에 질량이 m 이고 전기량이 e 인 양성자를 놓았더니 가속도 a 를 가지고 운동을 시작했다. 만일 이 위치에 질량 $4m$ 이고 전기량 $2e$ 인 입자를 놓으면 이것이 받게 될 가속도는?

① $\frac{1}{4}a$

② $\frac{1}{2}a$

③ a

④ $2a$

⑤ $4a$

18 그림에서 저항 A, B, C의 값이 각각 같다면, 저항 A의 소비 전력은 C의 소비 전력의 몇 배인가?

① $\frac{1}{4}$ 배

② $\frac{1}{2}$ 배

③ 2배

④ 4배

⑤ 1배

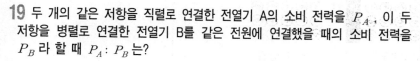

19 두 개의 같은 저항을 직렬로 연결한 전열기 A의 소비 전력을 P_A, 이 두 저항을 병렬로 연결한 전열기 B를 같은 전원에 연결했을 때의 소비 전력을 P_B 라 할 때 $P_A : P_B$ 는?

① $1 : 2$

② $1 : 4$

③ $1 : 1$

④ $2 : 1$

⑤ $4 : 1$

20 3개의 같은 저항을 그림과 같이 저항에 연결하였을 때 각 도선에 흐르는 전류의 비 $I_1 : I_2 : I_3$ 를 구하라.

① $1 : 2 : 3$

② $1 : 3 : 2$

③ $2 : 1 : 3$

④ $2 : 3 : 1$

⑤ $3 : 2 : 1$

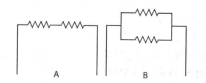

해설 17

전기장에서 전화가 받는 힘은
$F = Eq$ 이므로 $F \propto q$ 이고
$F = ma$ 이다.
$2q$ 가 놓이면 힘 F 는 2배가 되고
질량이 $4m$ 이므로 가속도 a 는 $\frac{1}{2}a$ 이다.

해설 18

저항이 같으므로 C에 흐르는 전류가 A에 흐르는 전류보다 2배이다. 소모전력은 $P = I^2 R$ 이므로 전력은 C가 A의 4배이다.

해설 19

A의 합성저항은 2R이고 B의 합성저항은 $\frac{R}{2}$ 이다.
두전열기를 꽂으면 전압이 같으므로 전력 $P = \frac{V^2}{R}$ 에서 저항에 반비례한다.
$P_A : P_B = 1 : 4$

해설 20

10Ω과 20Ω중 저항이 작은 쪽으로 전류가 많이 흐른다. 즉 전류는 저항에 반비례한다.
따라서 $I_2 : I_3 = 2 : 1$ 이다.
$I_1 = I_2 + I_3$ 이다.

2. 전류에 의한 자기장

1 전류에 의한 자기장

(1) 자기장

자석은 쇠붙이에 가까이 가져가면 쇠붙이를 끌어당기려는 성질을 가지고 있는데 이 같이 자석이 쇠를 당기는 힘을 **자기력**이라고 한다.

막대자석을 실에 매달고 수평하게 움직일 수 있게 하면 자석은 남, 북을 가리키게 되는데 북쪽을 향한 자극을 N극 남쪽을 향한 자극을 S극이라고 한다.

자극은 N극과 S극이 분리되어 존재하지 않고 항상 짝을 이루는데 이 자석 내부의 최소단위의 짝을 자기 쌍극자라고 한다.

■ 전기에 (+)전하는 자기에 N극에 전기에 (−)전하는 자기에 S극에 대응된다.

예제 1

그림은 외부 자기장의 변화에 따른 어떤 물질 내부의 원자 자석 배열 변화를 나타낸 것이다. 이 물질의 자기적 성질에 대한 설명으로 옳지 않은 것은?

<2020년도 지방직 9급 공채>

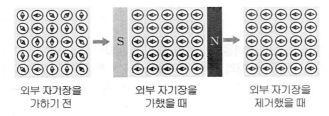

| 외부 자기장을 가하기 전 | 외부 자기장을 가했을 때 | 외부 자기장을 제거했을 때 |

① 외부 자기장을 가하기 전에는 자석 효과가 나타나지 않는다.
② 철, 니켈, 코발트는 이와 같은 자기적 성질을 갖는다.
③ 이 물질의 원자 자석은 외부 자기장의 방향과 같은 방향으로 정렬된다.
④ 초전도체의 마이스너 효과는 이와 같은 자기적 성질에 의해 나타난다.

풀이 외부자기장을 제거했을때 자화된 채로 유지하므로 강자성체이고 철, 니켈, 코발트는 강자성체이다.

답 ④

---

① 자기장

전기와 마찬가지로 극이 다른 N극과 S극 사이에는 인력이 작용하고 극이 같은 N극과 N극, S극과 S극 사이에는 척력이 작용하는데 이와 같이 자기력이 작용하는 공간을 **자기장**이라 한다.

전기장에서 전기력선의 개념을 도입한 것처럼 자기장의 모양을 나타내기 위해 만든 선을 자기력선이라고 하며 그림처럼 나침반으로 쉽게 그릴 수 있다.

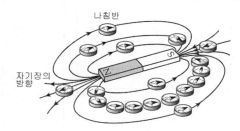

■ 자기력선은 나침반의 N방향에 따라 그려진다.

그림. 자석 주의의 나침반과 자기력선

즉 어떤 공간에서 자기장이 존재할 때 자기력선의 방향은 그 공간에 N극을 놓았을 때 N극이 향하는 방향으로 정해진다. 자기력선의 특징은 다음과 같다.

ㄱ N극에서 나와 S극으로 들어가는 연속 폐곡선이다.

ㄴ 도중에 교차하거나 분리되지 않는다.

ㄷ 자기력선의 밀도와 자기장의 세기는 비례한다.

■ 자기력선의 성질 익히기

예제2

물질의 자성과 관련된 설명으로 옳지 않은 것은?　　　〈2021년도 지방직 9급 공채〉

① 반자성체에 강한 자석을 가까이 가져가면 서로 밀어낸다.
② 원자 내 전자의 운동은 물질이 자기적 성질을 띠는 원인이 된다.
③ 상자성체는 외부 자기장을 제거하면 자화(자기화)된 상태가 바로 사라진다.
④ 강자성체는 외부 자기장을 가했을 때 외부 자기장과 반대 방향으로 자화(자기화)되는 물질이다.

풀이 외부 자기장에서 반대 방향으로 자화 되는 물질은 반자성체이다.

답 ④

---

② 자속과 자속밀도

자기장에 수직한 단면을 지나는 자기력선의 총수를 **자속**이라 한다. 자속은 기호로 Φ(파이)로 나타내고 단위는 Wb(Weber : 웨버)를 사용한다.

또 자기장에 수직인 단위면적당 자속수를 **자속밀도** 또는 **자기장**이라고 하고 자기장의 크기 B는 $B = \dfrac{\Phi}{S}$(S는 단면적)이다. 자기장 B의 단위는 T(Tesla : 테슬라)로 쓴다. 즉 $1T = 1Wb/\mathrm{m}^2$이다.

예제3

강자성체에 대한 설명으로 옳은 것만을 모두 고르면?　　　<2022년도 9급 경력경쟁>

ㄱ. 철은 강자성체이다.
ㄴ. 외부 자기장과 같은 방향으로 자기화가 된다.
ㄷ. 외부 자기장을 제거하면 바로 자기적 특성이 사라진다.

① ㄱ   ② ㄱ, ㄴ
③ ㄴ, ㄷ   ④ ㄱ, ㄴ, ㄷ

[풀이] 철은 강자성체이고 외부자기장을 제거해도 자기적 특성이 남아있다.
[답] ②

(2) 직선 전류에 의한 자기장

도선에 전류가 흐르면 주위에 자기장이 생긴다는 것은 1920년 덴마크의 물리학자 외르스테드(Oersted)가 우연히 도선 옆에 놓아둔 자침이 전류가 흐를 때 움직이는 것을 보고 발견하였다. 그후 **비오사바르**에 의해 자장의 크기는

$$dB = \frac{\mu_o i}{4\pi} \frac{dl \sin\theta}{r^2} \quad (\mu_o = 4\pi \times 10^{-7} \, Wb/A \cdot m : \text{진공에서 투자율})$$

로 정의되었다.

또 자기력선의 방향은 N극이 받는 힘의 방향과 같아서 위 그림에서 자침 N극이 받는 힘의 방향은 위의 오른쪽 그림에서 오른나사의 진행 방향이 전류의 방향이면 나사를 돌리는 방향이 자기력선의 방향이 된다.

이것을 **앙페르의 법칙**이라고 한다.

직선 도선에 전류 I가 흐르면 전류로부터 r 거리에서 자기장 B는 전류에 비례하고 거리에 반비례한다. 식을 쓰면 비오사바르의 식

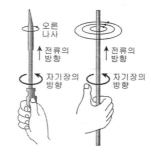

그림. 직선전류가 만드는 자기장

$dB = \frac{\mu_o i}{4\pi} \frac{dl \sin\theta}{r^2}$ 로부터 자기장 B는 적분에 의해 $B = 2 \times 10^{-7} \frac{i}{r} (T)$가 된다.

예제4

그림과 같이 무한히 긴 직선 도선 A, B가 xy 평면에 있다. A에는 일정한 전류 I 가 흐르고, B에는 a 또는 b 방향으로 전류가 흐른다. 표는 B에 흐르는 전류의 크기 와 방향에 따른 원점에서의 자기장의 크기를 나타낸 것이다. (가), (나)에 들어갈 값을 바르게 나열한 것은? (단, 지구자기장은 무시한다)   <2022년도 9급 경력경쟁>

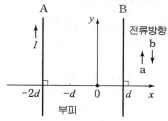

B의 전류의 크기	B의 전류의 방향	원점에서 자기장의 크기
I	a	B_0
(가)	a	0
I	b	(나)

	(가)	(나)		(가)	(나)
①	$\frac{1}{3}I$	$\frac{1}{3}B_0$	②	$\frac{2}{3}I$	$\frac{1}{2}B_0$
③	$\frac{1}{2}I$	$2B_0$	④	$\frac{1}{2}I$	$3B_0$

풀이 도선 A에 의해 지면으로 들어가는 방향의 자기장이 $k\dfrac{I}{2d}$가 생긴다. B에 a 방향전류 가 흐르면 나오는 방향의 자기장 $k\dfrac{I}{d}$가 생기므로 상쇄되어서 나오는 방향의 $k\dfrac{I}{2d}=B_0$ 자기장이 생긴다. 원점에 자기장이 0이 되려면 B에 $\dfrac{1}{2}I$ 전류가 흐르고 B도선에 b 방향 전류가 흐르면 A 도선에 의한 자기장과 합이 $3B_0$가 된다.

답 ④

(3) 원형 전류에 의한 자기장

원형 도선에 전류를 흘렸을 때 오른나사 법칙에 의해 오른쪽 그림과 같은 자기력선이 나타남을 알 수 있다.

원형 전류 중심에서의 자기장은 전류의 크기에 비례하고 반지름 r에 반비례하여 자기장 B는

$B = 2\pi \times 10^{-7} \dfrac{I}{r} (T)$가 된다.

즉 이 값은 직선전류의 π배가 된다.

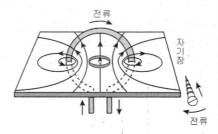

그림. 원형도선 주위의 자기장의 방향

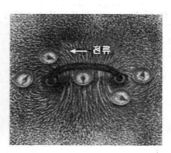

그림. 원형도선 주의의 자기장

예제 5

일정한 세기의 전류가 흐르는, 무한히 가늘고 긴 직선 도선으로부터 수직 거리 $2r$ 만큼 떨어진 지점에서 전류에 의한 자기장의 크기가 B일 때, 이 도선으로부터 수직 거리 $3r$만큼 떨어진 곳에서 전류에 의한 자기장의 크기는?   <2020년도 9급 공채>

① $\dfrac{1}{3}B$ ② $\dfrac{1}{2}B$

③ $\dfrac{2}{3}B$ ④ $\dfrac{3}{2}B$

[풀이] 직선도선에 흐르는 전류에 의한 자기장은 $B = k\dfrac{I}{r}$이다.

따라서 $2r$인 곳은 $B = k\dfrac{I}{2r}$, $3r$인 곳은 $B = k\dfrac{I}{3r}$이다.

[답] ③

(4) 솔레노이드

원형 전류를 그림처럼 조밀하게 나선형으로 감았을 때 이 코일의 모양을 솔레노이드라고 한다.

KEY POINT

■ 솔레노이드에 전류가 만드는
자기장의 크기
$B = 4\pi \times 10^{-7} ni$
(n : 단위 m당 감긴 횟수)

 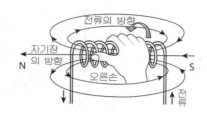

그림. 솔레노이드에 의한 자기장

솔레노이드에 전류를 흘려주면 원형 도선을 모아 놓은 것과 같은 것이 되어 위의 오른쪽 그림과 같은 자기력선이 그려진다.

솔레노이드 내부에서의 자기장은 흐르는 전류에 비례하고 단위 길이당 감은 횟수에 비례하여 자기장의 크기 B는 $B = \mu_o n I$ ($\mu_o = 4\pi \times 10^{-7}\ Wb/A \cdot m$: 진공에서 투자율) 이다.

2 전자기력

(1) 자기장속에서 전류가 받는 힘

오른쪽 그림과 같은 실험 장치를 하고 도선에 전류를 흘려주면 도선은 자기장과 전류에 각각 수직한 방향으로 힘을 받는다. 이 힘의 작용은 플레밍의 왼손 법칙에 따른다. 즉 왼손을 아래 그림과 같이 표현할 때 자기장의 방향으로 검지 손가락을 가리키고 전류의 방향으로 중지 손가락을 가리키면 엄지손가락의 방향으로 힘을 받게 된다.

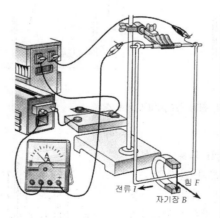

그림. 자기장속에서 도선이 받는 힘

■ 자기장 속에서 전류가 받는 힘
크기 $F = Bli$

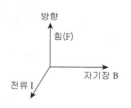

자기장이 직선 전류에 작용하는 자기력 F는 자기장, B, 전류, I 자기장내의 도선의 길이 l 에 비례하며 식으로 나타내면 $F = BlI$이다. 이때 전류의 방향과 자기장의 방향이
직각을 이루지 않고 θ각 이라면 자기력 F는 $F = BlI\sin\theta$가 된다.

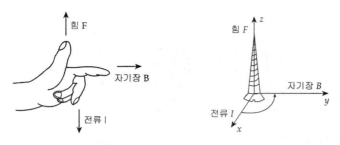

그림. 플레밍의 왼손법칙

(2) 평행한 두 직선 전류 사이에서의 힘

두 직선 도선을 평행하게 놓고 전류를 흐르게 하면 각각의 도선이 만드는 자기장에 의해 힘을 받게 되는데 아래의 그림처럼 전류의 방향이 같을 때는 인력이 전류의 방향이 반대 방향으로 흐를 때는 척력이 작용한다. 이 힘의 방향은 플레밍의 왼손법칙에 따른 것이다.

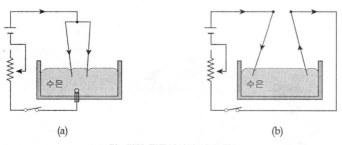

(a)   (b)

그림. 평행 전류사이의 상호 작용

아래 오른쪽 그림과 같이 평행한 두직선 도선이 거리 r 만큼 떨어져 있고 전류가 각각 I_1, I_2 가 같은 방향으로 흐르면 M_2 지점에서 전류 I_1 에 의해 만들어진 자기장의 방향은 앙페르의 법칙에 따라 지면속으로 들어가는 방향이 된다. 이 지면속으로 들어가는 방향의 자기장속에 아래에서 위로 흐르는 전류를 통하면 플레밍의 왼손법칙에 따를 때 힘의 방향은 왼쪽으로 되고 마찬가지로 M_1지점에서 I_2에 의한 자기장

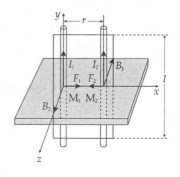

■ 나란한 두 직선 도선에 전류가 흐를 때 작용하는 힘의 크기는
$$F = 2 \times 10^{-7} \frac{i_1 i_2}{r} l$$
방향은
같은 방향의 전류 : 인력
다른 방향의 전류 : 척력

과 I_2의 전류에 의해 힘의 방향은 오른쪽으로 향하여 결국 인력이 작용하게 되고 작용받는 자기력은

$$F_1 = B_2 I_1 l_1 \quad (B_2 = 2 \times 10^{-7} \frac{I_2}{r})$$
$$= 2 \times 10^{-7} \frac{I_2}{r} I_1 l_1 \text{ 이고 } F_2 = B_1 I_2 l_2 = 2 \times 10^{-7} \frac{I_1}{r} I_2 l_2 \text{이다.}$$

따라서 평행한 두 도선에 같은 방향의 전류가 흐를 때 두 도선은 서로 같은 크기의 인력이 작용한다.

예제6

10cm 떨어진 길이 2m의 평행한 직선 도선에 $2A$와 $5A$의 전류가 각각 같은 방향으로 흐를 때 두 도선 사이의 힘의 방향과 크기를 구하여라.

풀이 같은 방향으로 흐르는 두 직선 도선에서는 인력이 작용하고 힘의 크기는
$$F = 2 \times 10^{-7} \frac{I_1 I_2}{r} l \text{ 에서 } F = 2 \times 10^{-7} \frac{2 \times 5}{0.1} \times 2 = 2 \times 10^{-5} N \text{이다.}$$

---

(3) 자기장 속에서 운동하는 전하가 받는 힘

앞에서 우리는 자기장 속에서 전류는 힘을 받는다는 것을 알았다 결국 전류라는 것은 시간당 전하가 흘러가는 양을 나타내는 것이므로 전하 각각이 자기장에 의해 힘을 받는 것이다. 자기장 B에 수직하게 놓인 길이 l인 도선에 전류 I가 흐르면 힘 F는 $F = BlI$이고 대전입자 한 개의 전하량을 q, 도선의 단면적을 지는 입자수를 N이라 하면 $I = \frac{Nq}{t}$이고 입자의 속도 $v = \frac{l}{t}$에서 $l = vt$ 이다.

■ 자기장 속에서 v속도로 움직이는 전하 q가 받는 힘(로렌쯔의 힘)
$$F = Bqv$$

이것을 $F = BlI$에 각각 대입하면
$$F = B \times \frac{Nq}{t} \times vt = BNqV \text{ 이다.}$$
따라서 도선내에 전하 한 개가 자기장을 지날 때 받는 힘 f는 $f = Bqv$이다. 이것을 **로렌쯔의 힘**이라고 한다.

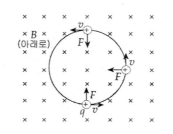

오른쪽 그림과 같이 지면 아래로 형성된 자기장 속으로 양전하 q를 입사시키면 로렌쯔의 힘을 받아 반시계방향으로 회전을 하고 전자를 입사시키면 양전하와 부호가 반대이므로 시계방향으로 원운동하게 된다.

그림. 자기장속에서의 대전입자의 운동

■ 자기장 속에서 점전하가 원운동 할 때 반지름은
$$r = \frac{mv}{Bq}$$
주기는 $T = \frac{2\pi m}{Bq}$

이때 원운동하고 있는 대전입자는 원의 중심 방향으로 전자기력 즉 로렌쯔의 힘과 바깥쪽으로 원심력이 작용하고 힘의 크기가 같을 때 등속원운동을 하게 된다.

자기장 B속을 질량 m인 전하 q가 v속도로 입사하면 로렌쯔힘=원심력에서 $Bqv = \dfrac{mv^2}{r}$이 되어 회전 반경 r은 $r = \dfrac{mv}{Bq}$가 되고 대전 입자의 주기, 즉 한 바퀴 도는데 걸린 시간은 $v = \dfrac{2\pi r}{T}$에서 $r = \dfrac{2\pi rm}{BqT}$이고 주기 T는 $T = \dfrac{2\pi m}{Bq}$이다.

즉 대전입자의 주기는 전기장 B와 전하량 q에 반비례하고 질량 m에 비례한다.

예제7

질량 m, 전하량 +q인 대전입자가 지면 속을 향하는 균일한 자기장 B에 수직으로 입사되었다. 이 입자가 중력과 전자기력에 의하여 등속도로 운동할 때 이 입자의 속도는? (단, g는 중력 가속도이다.)

① $\dfrac{mg}{Bq}$

② $\dfrac{Bq}{mg}$

③ $\sqrt{\dfrac{mg}{Bq}}$

④ $\sqrt{\dfrac{Bq}{mg}}$

⑤ $\dfrac{mg}{2Bq}$

답 ①

연습문제

1 전류 I가 흐르는 직선 도선으로부터 거리 r인 곳에서의 자기장의 크기가 B이었다. 이 도선에 전류 $2I$를 흘려주고 도선으로부터 거리 $2r$인 곳에서의 자기장을 측정하면 그 크기는?

① $\frac{1}{4}B$ ② $\frac{1}{2}B$

③ B ④ $2B$

⑤ $4B$

해설 1

직선도선에 의한 자기장 $B = 2 \times 10^{-7} \frac{i}{r}$ 에서 $B \propto \frac{I}{r}$ 이므로 $2I$, $2r$이 되어 자기장 B는 B와 같다.

2 $20A$의 전류가 흐르는 반지름 $0.2m$인 원형도선의 중심에서 생기는 자기장의 크기는 얼마인가?

① $2 \times 10^{-7} Wb/m^2$

② $4 \times 10^{-7} Wb/m^2$

③ $4 \times 10^{-6} Wb/m^2$

④ $2\pi \times 10^{-5} Wb/m^2$

⑤ $4\pi \times 10^{-5} Wb/m^2$

해설 2

원형도선에 전류가 흐를 때 자기장 $B = 2\pi \times 10^{-7} \frac{i}{r}$ 이다

따라서 $B = 2\pi \times 10^{-7} \times \frac{20}{0.2}$
$= 2\pi \times 10^{-5} Wb/m^2$

3 균일한 자기장 B에 질량 m, 전하량 q인 대전입자가 자기장에 직각으로 v 속도로 입사할 때 대전입자의 원운동의 주기 T는?

① $\frac{mv}{Bq}$ ② $\frac{Bq}{2\pi m}$

③ $\frac{mv}{2r}$ ④ $\frac{Bq}{mv}$

⑤ $\frac{2\pi m}{Bq}$

해설 3

주기 $T = \frac{2\pi r}{v} \left(v = \frac{2\pi r (거리)}{T(시간)} \right)$ 이고 전하 q가 자기장 B에 수직 입사하면 원운동하게 되고 로렌쯔힘＝구심력에서 $Bqv = \frac{mv^2}{r}$ 에서 $\frac{r}{v} = \frac{m}{Bq}$ 이 되고 이 식을 $T = \frac{2\pi r}{v}$ 에 대입하면 주기 $T = 2\pi \frac{m}{Bq} = \frac{2\pi m}{Bq}$ 이 된다.

4 그림과 같이 전류가 위로 흐르는 도선에 나침반 2개를 도선의 위와 아래에 각각 놓아두었을 때 나침반의 N극의 방향은?

	(가)	(나)
①	왼쪽	오른쪽
②	오른쪽	왼쪽
③	윗쪽	아래쪽
④	아래쪽	위쪽
⑤	둘 다 변화없다	

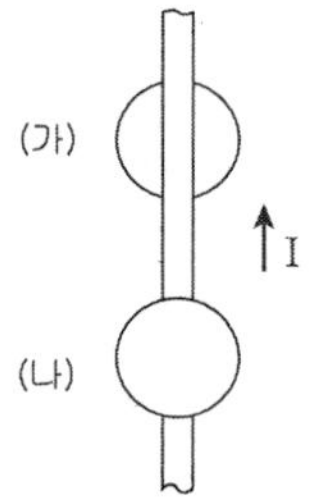

해설 4

앙페르의 오른나사 법칙에 의해 도선의 뒤쪽은 왼쪽 방향으로 도선의 위쪽은 오른쪽 방향으로 자기장이 생긴다.

정답 1. ③ 2. ④ 3. ⑤ 4. ①

5 균일한 자기장 속에 수직으로 입사한 대전입자가 원운동을 하고 있다. 입사속도를 2배로 하고 자기장의 크기를 2배로 하면 원운동의 반지름은 처음 반지름의 몇 배가 될까?

① $\frac{1}{4}$배

② $\frac{1}{2}$배

③ 1배

④ 2배

⑤ 4배

6 그림과 같이 두 직선 도선 A, B에 $3A, 1A$의 전류가 같은 방향으로 흐를 때 B도선으로부터 10cm 떨어진 P점에서 자기장의 방향과 크기는? (단, A, B 도선의 거리는 20cm이다)

① 지면위로 $4 \times 10^{-6} Wb/m^2$

② 지면속으로 $4 \times 10^{-6} Wb/m^2$

③ 지면위로 $4\pi \times 10^{-6} Wb/m^2$

④ 지면속으로 $4\pi \times 10^{-6} Wb/m^2$

⑤ 지면속으로 $2 \times 10^{-6} Wb/m^2$

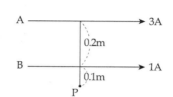

7 그림과 같이 길이 2m인 두 평행직선 도선에 전류 $20A$와 $10A$가 각각 반대방향으로 흐르고 있다. 두 도선 사이가 20cm 떨어져 있을 때 두 도선 사이에 작용하는 힘은 인력인가 척력인가 또 크기는 몇 N인가?

① 힘의 작용이 없다.

② 인력 $4\pi \times 10^{-4} N$

③ 척력 $4\pi \times 10^{-4} N$

④ 인력 $4 \times 10^{-4} N$

⑤ 척력 $4 \times 10^{-4} N$

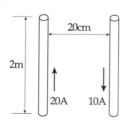

해설 **5**

$Bqv = \dfrac{mv^2}{r}$ 에서 원운동 반지름 $r = \dfrac{mv}{Bq}$ 이다. 반지름 $r \propto \dfrac{v}{B}$ 이므로 B가 2배, v가 2배가 되어 반지름은 변화가 없다.

해설 **6**

A도선에 의한 P점의 자기장은 지면으로 들어가는 방향으로 자기장 크기 B는 $B = 2 \times 10^{-7} \dfrac{3}{0.3}$ $= 2 \times 10^{-6} Wb/m^2$ 이고 B도선에 의한 P점에서의 자기장은 지면으로 들어가는 방향으로 자기장의 크기 B는 $B = 2 \times 10^{-7} \dfrac{1}{0.1} = 2 \times 10^{-6} Wb/m^2$ 이다. 따라서 두 자기장의 합은 방향이 같으므로 지면속으로 향하는 자기장이며 크기는 $4 \times 10^{-6} Wb/m^2$ 이다.

해설 **7**

전류가 반대방향으로 흘러 척력이 작용한다.
힘 $F = 2 \times 10^{-7} \dfrac{i_1 i_2}{r} l$ 에서 $F = 2 \times 10^{-7} \dfrac{20 \times 10}{0.2} \times 2$ $= 4 \times 10^{-4} N$

정답 5. ③ 6. ② 7. ⑤

■ 제4장 전기자기학 126

3. 전자기 유도

1 전자기 유도

(1) 유도 기전력

앞에서 배운 전류가 흐름에 따라 주위공간에 자기장이 형성된 것과는 역으로 그림과 같은 실험장치에서 자석을 움직여서 즉 자기장을 변화시켜서 검류계의 바늘을 관찰한 결과 코일에 전류가 흐르는 것을 발견할 수 있었다. 이러한 현상을 전자기 유도라고 코일에 전류가 흐르게 한 기전력을 **유도 기전력**이라고 한다. 이때 흐르는 전류를 유도전류라고 한다.

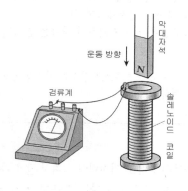

■ 코일에 영향을 미치는 자기장의 변화에 의해 코일에 전류가 흐른다.

① 렌쯔의 법칙

오른쪽 그림에서 N극을 가까이 할 때 전류의 방향을 나타낸 것이다. N극이 코일에 가까와지면 코일에 닿는 자속의 수가 많아지는데 코일은 이를 막기 위해 코일의 위쪽에 N극을 만들기 위해 코일의 위쪽을 N극으로 하는 유도전류가 흐르고 반대로 N극을 멀리하면 N극을 끌어당기기 위해 코일의 위쪽에 S극을 만드는 방향으로 유도전류가 흐른다. 즉 코일을 지나는 자기력선의 수가 시간에 따라 변하면 그 변화를 방해하려는 방향으로 전류가 유도된다. 이것을 **렌쯔의 법칙**이라고 한다.

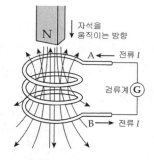

그림. 유도 전류의 방향

■ 렌쯔의 법칙
변화를 방해하려는 방향으로 전류가 유도된다.

예제 1

그림과 같이 일정한 전류 I가 흐르는 직선 도선이 있고, 같은 평면에 놓인 원형 도선을 일정한 속도 v로 오른쪽으로 당길 때 일어나는 현상으로 옳지 않은 것은?   <2017년도 9급 경력경쟁>

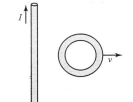

① 원형 도선에 전자기 유도 현상이 발생한다.
② 원형 도선 내부를 통과하는 자기력선속은 감소한다.
③ 원형 도선에 흐르는 유도전류의 방향은 반시계방향이다.
④ 원형 도선 내부를 통과하는 직선도선에 의한 자기장의 방향은 종이면으로 들어가는 방향이다.

풀이 직선도선의 오른쪽에 자기장 X가 생기고 오른쪽으로 갈수록 자기장 X의 크기는 작아지므로 시계 방향으로 전류가 유도 된다.

답 ③

② 패러데이의 법칙

앞의 실험에서 자석의 운동이 빠를수록 유도 기전력이 커져서 많은 유도전류가 흐르게 된다. 즉 이것은 유도 기전력은 코일을 지나는 자속의 시간적 변화율에 비례함을 뜻한다 자속의 변화량 $\Delta\phi$가 시간 Δt 사이에 변화할 때 유도되는 기전력 V는 $V = \dfrac{\Delta\phi}{\Delta t}$가 된다.

이것을 **패러데이의 법칙**이라고 한다.

유도 기전력의 방향에 관한 렌쯔의 법칙과 유도 기전력의 크기에 관한 패러데이의 법칙을 함께 표현하면 $V = -\dfrac{\Delta\phi}{\Delta t}$가 된다. (−)부호는 전기장의 변화에 반대하는 방향으로 유도전류가 흐름을 뜻한다.

또 코일을 N회 감은 솔레노이드에 유도되는 유도 기전력은

$$V = -N\frac{\Delta\phi}{\Delta t}(V)가 된다.$$

(2) **자기장 속에서 운동하는 도선에 생기는 기전력** 오른쪽 그림과 같이 균일한 자기장 B에 수직하게 놓인 디근자 도선 위에서 길이 l인 도선을 일정한 속력 v로 움직이면 도선 a, b안에 있는 자유전자들도 v 속력으로 바깥쪽으로 끌리게 된다. 자기장 속에서 운동하는 전자는 로렌쯔 힘을 받아 움직이게 되고 전류는 전자와 반대방향으로 즉 그림에서 $b \rightarrow a$ 방향으로 유도전류가 생긴다.

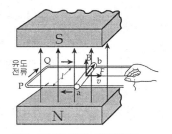

그림. 운동에 관한 유도기전력

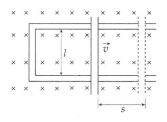

유도되는 기전력의 크기는 자기장 B속에서 길이 l 인도선을 v 속도로 운동할 때 시간 t 동안 유도되는 기전력은 패러데이 법칙에서

$V = -\dfrac{d\phi}{dt}$ (자속 $\phi = BA$, $B = \dfrac{\phi}{A}$, A는 단면적) 이다. 따라서

$V = -B\dfrac{dA}{dt}$ 이고 그림에서 면적 $A = lS$ (l은 일정)

$V = -Bl\dfrac{ds}{dt}\left(\dfrac{ds}{dt} = v\right)$ 이므로 $V = -Blv$의 기전력이 유도된다.

KEY POINT

■ 자기장 내에서 움직이는 도선에 유도되는 기전력 $V = -Blv$

예제2

그림과 같이 지면에 수직한 방향으로 들어가는 균일한 자기장 영역을, 자기장에 수직한 방향으로 등속 직선 운동하는 사각형 도선이 통과한다. 이에 대한 설명으로 옳은 것만을 모두 고르면?   <2022년도 9급 경력경쟁>

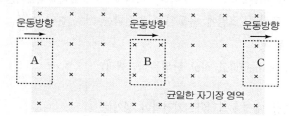

ㄱ. A 지점에서 발생하는 유도전류의 방향은 반시계 방향이다.
ㄴ. A, B 지점에서 발생하는 유도전류의 크기는 서로 같다.
ㄷ. A, C 지점에서 발생하는 유도전류의 방향은 서로 같다.

① ㄱ   ② ㄱ, ㄷ
③ ㄴ, ㄷ   ④ ㄱ, ㄴ, ㄷ

풀이 A지점에서 ×× 방향의 자기장이 증가하므로 반대방향의 자기장을 만들기 위해 반시계 방향으로 전류가 흐른다. B지점은 변화 없으므로 전류가 흐르지 않는다.

C지점은 ×× 방향의 자속이 감소하므로 ×× 자속을 만드는 방향 즉 시계 방향의 전류가 흐른다.

답 ①

---

(3) 자체유도와 상호유도

① 자체유도(self-induction)

그림과 같이 램프 두 개를 한 개는 저항과 다른 한 개는 코일과 연결한 다음 두 램프를 병렬로 연결하여 스위치 S를 닫으면 P_1 전구는 곧바로 밝아지는데 코일과 연결된 P_2 전구는 서서히 밝아지게 된다. 이것은 코일에 전류가 흐르면서 코일자체에 생기는 자속의 변화를 스스로

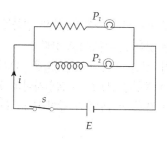

방해하는 유도 기전력이 전원 E의 기전력과 반대 방향으로 생기기 때문이다. 이러한 현상을 자체 유도라고 하며 이때의 기전력을 **자체 유도 기전력**이라 한다.

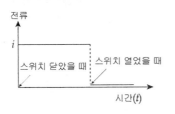

그림. 램프 P_1에 흐르는 전류　　　　그림. 램프 P_2에 흐르는 전류

도선에 전류가 흐를 때 주위에 자기장이 만들어지는 것을 앞에서 배운 바 있다. 전류 I가 흐를 때 발생한 자속 ϕ는 전류에 비례하여 $\phi \propto I$이다. 비례상수 L을 사용하여 $\phi = LI$로 표현할 수 있다. 따라서 코일에 유도되는 기전력은 $V = -\dfrac{d\phi}{dt} = -\dfrac{d}{dt}LI$이고 $V = -L\dfrac{dI}{dt}$가 된다.

여기서 비례상수 L을 자체유도계수(self-inductance)라고 하고 단위는 H(헨리)로 표기한다.

즉 $1H$는 전류가 회로에서 1초동안 $1A$식 변할 때 $1V$의 유도 기전력이 생기는 코일의 자체 유도 계수이다.

■ 자체 유도기전력
$V = -L\dfrac{dI}{dt}$

② 상호 유도 계수(mutuat induction)

그림과 같은 두 개의 코일을 놓고 1차코일에 전류를 흐르게 하면 1차코일에 자속이 만들어지고 이 자속은 2차코일을 지나게 되므로 2차코일은 이 자속을 방해하려는 방향으로 전류를 흘리게 된다.

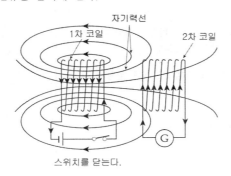

스위치를 닫는다.

이와 같이 1차코일의 전류 변화에 의한 자기력선수의 변화로 다른 2차코일에서의 전자기 유도 현상이 일어나는 것을 **상호유도**라고 한다.

1차코일에 전류 I_1이 흘러서 생긴 자속이 2차코일을 지나는 자속수를 ϕ_2라고 하면 $\phi_2 = MI_1$이다. 이때 비례상수 M을 두 코일사이의 상호유도계수 또는 상호 인덕턴스라고 하고 단위는 자체 인덕턴스와 같이 Henry(기호 : H)를 쓴다.

■ 상호유도기전력
$V = -M\dfrac{dI}{dt}$

2차코일에 생기는 기전력 V_2는 $V_2 = \dfrac{d\phi_2}{dt}$이고 $\phi_2 = MI_1$이므로

$V_2 = -M\dfrac{dI_1}{dt}$이다.

예제3

그림은 점선으로 표시된 직사각형 영역의 지면에 수직으로 들어가는 균일한 세기의 자기장이 걸려 있고, 정사각형 모양의 도선 abcd가 일정한 속도로 자기장 영역으로 들어가는 모습을 나타낸 것이다. 도선 abcd에 유도되는 전류에 대한 설명으로 옳은 것만을 모두 고른 것은?(단, 도선 abcd의 저항은 일정하다.)

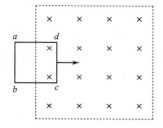

━━━━━━━━━━ 보 기 ━━━━━━━━━━
ⓐ 도선 abcd가 자기장 영역에 완전히 들어가기 전까지 도선에 유도되는 전류의 방향은 시계 방향이다.
ⓑ 자기장 영역으로 들어가는 속도가 빠를수록 유도 전류의 세기는 강해진다.
ⓒ 도선 abcd가 자기장 영역으로 완전히 들어가면 유도 전류는 증가한다.

① ⓐ 　　 ② ⓑ 　　 ③ ⓐ, ⓑ 　　 ④ ⓑ, ⓒ

풀이 ⓐ 도선이 자기장 영역에 들어가는 동안 유도되는 전류의 방향은 반시계 방향이다.

ⓑ 유도기전력 $\epsilon = -N\dfrac{d\phi}{dt}$로 도선이 들어가는 속도가 빠를수록 자속의 변화가 크게 되므로 유도기전력이 커지게 된다. 따라서 유도 전류의 세기도 강해진다.

ⓒ 도선이 자기장 영역으로 완전히 들어가면 자속의 변화가 없으므로 유도 전류가 발생하지 않는다.

답 ②

KEY POINT

---

2 교류

(1) 교류 기전력

어떤 회로에 전류가 흐를 때 흐르는 전류의 방향과 크기가 일정하게 흐르는 전류를 직류라고 하고 시간에 따라 방향과 세기가 달라지는 것을 **교류**라고 한다. 이 교류는 우리들이 보통 가정에서 사용하는 전원이다.

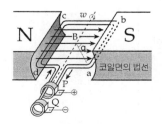

그림. 교류 발전기의 원리

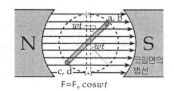

$F = F_0 \cos wt$

F : 코일을 지나는 자기력선속
F_0 : 자기력선속의 최대값

그림. 코일을 지나는 자기력선속의 변화

위의 왼쪽 그림과 같이 자기장 B속에서 사각형 모양의 코일의 각속도 W로 회전을 하면 사각형 코일 $abcd$의 넓이를 A라 할 때 코일면이 자기장에 수직이면 코일을 통과하는 자속은 $\phi_o = AB$ (B : 자속밀도)이다.

시간 t 후에 θ의 각도만큼 회전하면 코일을 통과하는 자속은 $\phi = BA\cos\theta$이고 $W = \dfrac{\theta}{t}$이므로 $\phi = BA\cos wt$ 이다. 앞에서 배운 유도 기전력 V는

$V = -\dfrac{d\phi}{dt} = -\dfrac{d}{dt}(BA\cos wt) = BAW\sin wt$ 이며 코일을 N회 감는다면

$V = NBAW\sin wt = V_o\sin wt$ 가 생겨 이것을 교류전압이라 하고 교류전압 V가 최대일 때 값 V_o는 $V_o = NBAW$ 이다.

■ 교류기전력
$V = V_o\sin wt$
V_o : 최대전압

이와 같이 유도 기전력 $V = V_o\sin wt$로서 싸인 함수가 되어 아래 그림과 같이 자속과의 관계를 나타낼 수 있다.

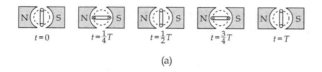

(a)

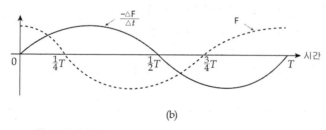

(b)

그림. 코일의 주기적 회전(a)과 자속 및 유도 기전력의 변화(b)

코일이 한번 회전하는 시간을 주기라고 하고 기호로는 T를 쓴다. 또 1초 동안 회전수를 진동수라 하고 기호는 f를 쓰고 진동수의 단위는 Hz(헬쯔) 또는 CPS(Cycle per Second)를 쓰며 주기와는 역수 관계에 있다.

즉 $T = \dfrac{1}{f}$임을 앞에서 배운 바 있다.

각속도 $w = \dfrac{2\pi}{T}$이므로 $w = 2\pi f$로 쓸 수 있고 우리나라에서 공급되는 교류의 진동수 f는 $60Hz$이다.

전압 V를 저항 R에 연결하면 $V = IR$에서 $I = \dfrac{V}{R} = \dfrac{V_o}{R}\sin wt$ 가 되어 전류 $I = I_o\sin wt$ 가 된다. (I_o : 교류전류의 최대값)

예제4

50회 감긴 가로 25cm 세로 12cm인 직사각형 코일이 2T인 자기장 안에서 $60Hz$의 속력으로 회전하고 있을 때 이 코일에 유도되는 최대 기전력은 몇 V인가?

풀이 $V = NBA\omega\sin\omega t$ 에서 최대전압 $V_o = NBA\omega$ 이고 $\omega = 2\pi f$ 에서 120π 이므로 $V_o = 50 \times 2 \times 0.25 \times 0.12 \times 120\pi = 360\pi \, V$ 이다.

(2) 교류의 실효값

전압 V와 전류 I를 그래프에 함께 나타내면 오른쪽 그림과 같이 된다. 여기서 전류와 전압을 한주기 동안 단순히 산술평균을 내면 각각 0이 되어 버린다.

그러나 우리가 이용하는 것은 전압에 의한 전류의 흐름, 즉 전기에너지이므로 전력의 입장에서 평균값을 생각해야 한다.

우리는 이미 앞에서 저항 R에서 소비되는 전력 P는 $P = I^2 R$임을 배웠다. $I = I_o\sin\omega t$ 이므로 전력 P는 $P = I_o^2\sin^2 wt \times R$이 된다. I와 I^2을 비교하면 오른쪽 그림과 같이 되고 그림에서 ㄱ, ㄴ, ㄷ, ㄹ의 면적이 모두 같아서 한 주기동안 I^2을 평균하면 $\frac{I_o^2}{2}$이 된다. 전력 P를 평균한 평균전력 $\overline{P}$는

$$\overline{P} = \frac{1}{2}I_o^2 R = R\left(\frac{I_o}{\sqrt{2}}\right)^2$$ 이 된다.

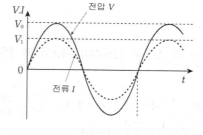

그림. 저항에 흐르는 전류와 전압

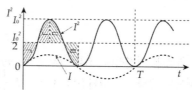

그림. 교류전류의 제곱의 평균값

다시 말해서 교류 전류에 의해 소비되는 전력과 같은 양의 전력을 소비하는 직류전류의 값을 교류전류의 **실효값**이라고 한다.

즉 실효값 전류 I는 최대전류 I_o와 $I = \frac{I_o}{\sqrt{2}}$ 의 관계가 성립한다.

같은 방법으로 교류전압의 실효값을 구할 수가 있어서 교류 전압의 실효값은 $V = \frac{V_o}{\sqrt{2}}$ (V_o는 최대 전압)와 같이 나타낼 수 있다.

우리가 가정에서 보통 사용하는 전압, 전류의 값은 실효값을 나타내는 것이다.

■ 최대전압 V_o
$V_o = \sqrt{2}\, V$

■ 최대전류 I_o
$I_o = \sqrt{2}\, I$
(V, I는 실효값)

KEY POINT

• 교류전류의 실효값 별해

순간 전류값을 I, 최대전류값을 I_o, 전류의 실효값을 I_e라 하면 $I_e = \sqrt{\overline{I^2}}$,
$I = I_o \sin\omega t$ 이므로

$$\overline{I^2} = \frac{1}{T}\int_o^T I_o{}^2 \sin^2\omega t\, dt = \frac{I_o^2}{T}\int_o^T \frac{1}{2}(1-\cos 2\omega t)\,dt$$

$$= \frac{I_o{}^2}{T}\cdot\frac{1}{2}\left[t - \frac{1}{2\omega}\sin 2\omega t\right]_o^T = \frac{I_o^2}{2}$$

$$I_e = \sqrt{\overline{I^2}} = \frac{I_o}{\sqrt{2}} \quad I_e = \frac{I_o}{\sqrt{2}}$$

예제5

교류전압 220 V에 220 V − 100 W의 전구를 연결하여 사용할 때 전구에 흐르는 최대 전류는 몇 A나 될까?

풀이 $P = IV$ $I = \frac{V}{R}$에서 전력 $P = \frac{V^2}{R}$이다. 전구의 저항 $R = \frac{V^2}{P} = \frac{220^2}{100}$
$= 484\Omega$이므로 $V = IR$에서 전류 $I = \frac{V}{R} = \frac{220}{484} = 0.45A$
따라서, 최대전류 $I_o = \sqrt{2}\,I = \sqrt{2} \times 0.45 = 0.63A$이다.
답 $0.63A$

(3) 코일에 흐르는 전류

■ 코일의 저항 $X_L = 2\pi f L$

자체 유도계수가 L인 코일을 회로에 연결하여 전류 $I = I_o \sin wt$를 흐르게 하면 코일에는 전류의 흐름을 방해하는 방향으로 역기전력 $V = -L\frac{dI}{dt}$가 생긴다.
그러므로 교류전원의 전압 V는 역기전력에 맞서서 $V = L\frac{dI}{dt}$가 작용하게 되고 $I = I_o \sin wt$ 이므로 $V = L\frac{dI}{dt}$에서 $V = L\frac{d}{dt}(I_o \sin wt) = wLI_o \cos wt$
$= wLI_o \sin\left(wt + \frac{\pi}{2}\right)$가 된다. 옴의 법칙에서 전압=저항×전류이므로 위의 식에서 저항은 wL이 된다. 이 값을 **유도 리액턴스**(reactance)라고 하며 기호로 X_L로 표시하고 단위는 Ω(옴)이다.
즉 $X_L = wL$ $(w = 2\pi f)$ $X_L = 2\pi f L$로 나타낼 수 있다.
한편 $V = wLI_o \cos wt$의 물리적 의미는 아래 그림과 같이 전압 V가 cos 함수의 그래프가 되어 전류의 위상보다 전압의 위상이 90° 앞서 감을 나타낸다.
또 코일은 공급된 전기에너지를 자기장의 에너지 $V = \frac{1}{2}Li^2$으로 저장하였다가 그 에너지를 회로에 되돌려 주므로 전력의 소모가 없다.

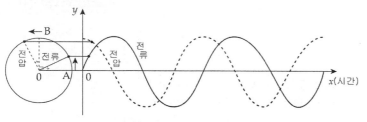

그림. 코일을 흐르는 전류와 전압의 시간 변화

(4) 축전기에 흐르는 교류

축전기가 들어있는 회로에서 직류전원에 연결시 켰을 때는 전류가 흐르지 않아 전구에 불이 켜 지지 않지만 오른쪽 그림과 같이 교류전원에서 는 불이 켜진다. 정전용량 C인 축전기에 교류 전압 $V = V_o \sin wt$를 걸면 축전기에 충전 되는 전하량 Q는 $Q = CV = CV_o \sin wt$ 이다. 따라서 회로에 흐르는 전류

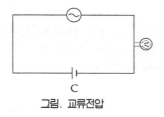

그림. 교류전압

■ 콘덴서에 걸리는 저항
$$X_c = \frac{1}{2\pi fc}$$

$I = \dfrac{dQ}{dt} = \dfrac{d}{dt} CV_o \sin wt = W CV_o \cos wt = W CV_o \sin \left(wt + \dfrac{\pi}{2} \right)$이다.

옴의 법칙에서 전압=저항×전류와 비교하여 위의 식을 바꾸면 $V_o \cos wt = \dfrac{1}{wc} \times I$가 되어 저항은 $\dfrac{1}{wc}$이 된다.

이 값을 **용량 리액턴스**(reactance)라고 하며 기호로 X_c로 표시하고 단위는 Ω(옴) 이다.

즉 $X_C = \dfrac{1}{wc} \ (w = 2\pi f)$

$X_C = \dfrac{1}{2\pi fc}$로 나타낼 수 있다.

한편 $I = wc \cos wt$의 물리적 의미는 아래그림과 같이 전류 I가 cos함수의 그래 프가 되어 앞서 살펴본 코일에서와 반대로 전류의 위상보다 전압의 위상이 $90°$ 늦다.

또 축전기에서도 코일에서와 마찬가지로 축전기에 저장되었던 에너지는 다시 사용 하므로 전력이 소모되지 않는다.

■ 코일에는 전압의 위상이 전류의 위상보다 $\dfrac{\pi}{2}$ 앞서고 콘덴서에는 반대로 전류의 위상이 전압의 위상보다 $\dfrac{\pi}{2}$ 앞선다.

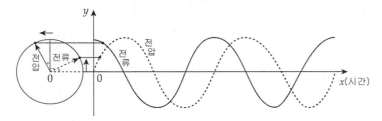

그림. 축전기를 흐르는 전압와 전류의 시간 변화

┌─ **잠깐 이것만은** ─────────────────────────

코일과 콘덴서의 저항을 비교하면

$$X_L = 2\pi f L, \quad X_C = \frac{1}{2\pi f c}$$

이다. L과 C는 각각 고유한 값을 갖는 상수이므로 X_L와 X_C는 주파수 f의 값에 따라 결정난다. 따라서 유도 리액턴스 X_L은 f값에 비례하고 용량 리액턴스 X_C는 f값에 반비례한다.

└──

┌─ 예제6 ─────────────────────────────────────

그림과 같은 회로에서 스위치 S를 a 또는 b에 연결하여 전류계에 흐르는 전류의 세기를 측정하였다. 표는 전압이 일정한 교류 전원의 진동수가 각각 f, $2f$ 일 때 전류계에 측정된 전류의 세기를 나타낸 것이다.

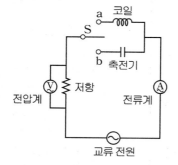

스위치	전류 세기	
	f 일 때	$2f$ 일 때
a에 연결할 때	I	I_a
b에 연결할 때	I	I_b

이에 대한 설명으로 옳은 것만을 <보기>에서 있는 대로 고른 것은?

──────────────────── 보 기 ────────────────────

ㄱ. I_a는 I 보다 작다.
ㄴ. S를 a에 연결할 때, 전압계에 측정되는 전압은 f 일 때가 $2f$ 일 때보다 크다.
ㄷ. I_a는 I_b 보다 크다.

① ㄱ   ② ㄷ   ③ ㄱ, ㄴ   ④ ㄴ, ㄷ   ④ ㄱ, ㄴ, ㄷ

풀이 ㄱ. 코일은 진동수가 큰 교류 전류를 잘 흐르지 못하게 하는 특성이 있다. 따라서 I_a는 I보다 작다.
ㄴ. 저항 양단에 걸리는 전압은 전류의 세기에 비례한다. 따라서 저항 양단에 걸리는 전압은 전류의 세기가 I 일 때가 I_a일 때 보다 크다.
ㄷ. 축전기는 진동수가 큰 교류 전류를 잘 흐르게 하는 특성이 있다. 따라서 I_b는 I보다 크므로 I_a는 I_b보다 작다.

답 ③

└──

(5) RLC 직렬 회로

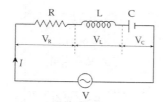

그림. R.L.C 직렬회로

위의 회로와 같이 저항(R), 코일(L), 콘덴서(C)를 직렬로 연결하고 회로에 교류전압 V를 걸어줄 때 R, L, C에 걸리는 각각의 전압을 V_R, V_L, V_C라 하자.

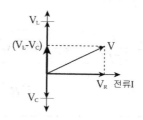

앞서 살펴본 바와 같이 저항에서는 전류와 전압의 위상이 $I = I_o \sin wt$, $V = V_o \sin wt$ 로 같았지만 코일에서는 전압의 위상이 전류의 위상보다 $\frac{\pi}{2}$ 만큼 빠르고 콘덴서에서는 전압의 위상이 전류의 위상보다 $\frac{\pi}{2}$ 만큼 늦었다.

이것을 합성하여 전체 전압 V는 오른쪽 그림처럼 그려질 것이며 크기를 식으로 나타내면

$V = \sqrt{V_R^2 + (V_L - V_C)^2}$ 이 된다.

또 이 회로에서 실제 저항(R)과 코일과 축전기(콘덴서)의 리액턴스와 같은 저항을 합성한 저항을 이 회로의 **임피던스**(Impedence : Z)라고 하고 단위는 Ω(옴)이다.

회로에 흐르는 전류는 I라 하면 옴의 법칙에서

$V = IZ$이고 $V_R = IR$,

$V_L = IX_L$, $V_C = IX_C$이므로 위 식에 대입하면

$IZ = \sqrt{(IR)^2 + (IX_L - IX_C)^2}$ 이므로 임피던스 Z는

$Z = \sqrt{R^2 + \left(2\pi fL - \dfrac{1}{2\pi fc}\right)^2}$ 이다.

RLC직렬회로에서 전류가 최대로 흐를 때를 전기적 공명이라 하고 전기적 공명이 일어나려면 저항인 임피던스 Z가 최소가 되어야 하므로

Z는 $2\pi fL - \dfrac{1}{2\pi fc}$이 0일 때 최소이다.

따라서 $2\pi fL = \dfrac{1}{2\pi fc}$이고 진동수(주파수) f 는 $f = \dfrac{1}{2\pi\sqrt{LC}}$이다.

이것을 **직렬공진 조건**이라고 한다.

■ $R - L - C$ 직렬회로에서 저항 Z(임피던스)
$$Z = \sqrt{R^2 + (X_L - X_C)^2}$$

■ 공진조건
$$f = \frac{1}{2\pi\sqrt{LC}}$$

저항, 코일, 콘덴서에서의 전류, 전압, 저항 비교

	저항(R)	코일(L)	콘덴서(C)	R-L-C 회로	기타
전류	I	I	I	I	직렬연결이므로 모두 같다.
전압	V_R	V_L	V_c	$V=\sqrt{V_+^2{}_{(V_L-V_c)^2R}}$	
위상	I와 V_R 같다.	V_L이 I보다 90° 앞선다.	I가 V_c보다 90° 앞선다.	I와 V의 위상각	공진주파수 $f=\dfrac{1}{2\pi\sqrt{LC}}$ 에서 I와 V의 위상은 같다.
저항	R	$X_L=2\pi fL$	$X_c=\dfrac{1}{2\pi fL}$	$Z=\sqrt{R^2+(X_L-X_c)^2}$	
소모 전력	I^2R	0	0	I^2R	전력소모는 저항에서만 일어난다.
전류 흐름	직류, 교류에서 모두 흐른다.	직류에서 저항은 0이지만 고주파의 교류에서 전류가 흐르기 어렵다.	직류에서 전류는 못흐르고 저주파 교류에서 흐르기 어렵다.	공진주파수에서 가장 전류가 잘 흐른다.	

예제7

그림 (가)는 진폭이 같은 여러 진동수의 전기 신호를 발생시킬 수 있는 장치를 이용하여 구성한 회로이다. 그림 (나)는 스피커 P와 Q에서 발생하는 소리의 세기를 진동수에 따라 나타낸 것이다. A, B는 각각 코일과 축전기 중 하나이고, P, Q에 병렬 연결된 저항의 저항값은 서로 같다.
이에 대한 옳은 설명만을 <보기>에서 있는 대로 고른 것은?

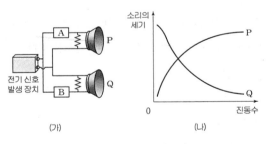

(가)   (나)

보 기

ㄱ. P에서는 고음이 저음보다 소리가 크게 난다.
ㄴ. A는 코일이다.
ㄷ. B는 진동수가 작은 전기 신호를 잘 흐르지 못하게 하는 성질이 있다.

① ㄱ   ② ㄷ   ③ ㄱ, ㄴ   ④ ㄱ, ㄷ   ④ ㄴ, ㄷ

풀이 ㄱ. P에서는 진동수 큰 고음이 진동수가 작은 저음보다 소리가 크게 난다.
  ㄴ. A는 축전기이다. ㄷ. B는 코일이며 진동수가 큰 신호를 잘 흐르지 못하게 한다.
답 ①

(6) 변압기

상호유도를 이용하여 방향과 세기가 주기적으로 변하는 교류전류를 1차코일에 흐르게 하면 2차코일에 기전력이 감긴 횟수에 비례한다. 이와 같은 원리로 교류전압을 변화시키는 장치를 변압기라 한다.

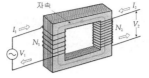

그림. 변압기

각각 유도되는 기전력은 $V_1 = N_1 \dfrac{d\phi}{dt}$ $V_2 = N_2 \dfrac{d\phi}{dt}$ 이다.

따라서 $\dfrac{V_1}{N_1} = \dfrac{V_2}{N_2}$ $\dfrac{V_1}{V_2} = \dfrac{N_1}{N_2}$ 이 되고 1차코일과 2차코일에서의 소모전력은 같으므로 $V_1 I_1 = V_2 I_2$ 가 되고 $\dfrac{N_1}{N_2} = \dfrac{V_1}{V_2} = \dfrac{I_2}{I_1}$ 이다. 이것은 전압은 감긴 수에 비례하고 전류는 반비례한다.

예제8

그림은 감은 수 N_1인 1차 코일에 전압 V_1인 교류전원장치를 연결한 이상적이 변압기의 구조를 나타낸 것이다. 2차 코일에는 전압과 감은 수가 각각 V_2, $3N_1$일 때, 이에 대한 설명으로 옳지 않은 것은?　　　　　　〈2017년도 9급 경력경쟁〉

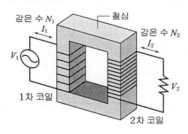

① 패러데이의 전자기 유도 현상을 이용한 것이다.
② 2차 코일에 걸리는 전압 V_2는 V_1의 3배이다.
③ 코일에 흐르는 교류전류의 세기는 I_2가 I_1의 3배이다.
④ 1차 코일과 2차 코일에 흐르는 교류전류의 진동수는 같다.

풀이 $\dfrac{N_1}{N_2} = \dfrac{V_2}{V_1} = \dfrac{I_1}{I_2}$ N_2가 N_1의 3배이면 V_2가 V_1의 3배이고 I_1이 I_2의 3배이다.

답 ③

3 전자기파

전기와 자기가 파동 현상을 일으키며 전파되어 가는 에너지 파동을 전자기파라고 한다. 다음에서 그 성질에 관해 자세히 알아보기로 하자

예제9

진공에서 진행 중인 전자기파에 대한 설명으로 옳은 것만을 모두 고르면?

<2022년도 9급 경력경쟁>

> ㄱ. X선은 적외선보다 파장이 크다.
> ㄴ. 전기장과 자기장의 진동 방향은 서로 수직이다.
> ㄷ. 전기장의 진동 방향과 전자기파의 진행 방향은 서로 수직이다.

① ㄱ   ② ㄴ
③ ㄴ, ㄷ   ④ ㄱ, ㄴ, ㄷ

풀이 X선은 적외선 보다 또 자외선 보다 파장이 짧다. 전자기파의 진행방향에 대해 전기장 자기장 각각 모두 서로 수직이다.

답 ③

---

(1) 전기진동

오른쪽 그림과 같이 충전된 축전기와 코일을 연결하고 스위치를 닫으면 잠시 후 축전기는 완전히 방전되어 전하가 0이 되고 코일은 유도 기전력에 의해 전류가 흐른다. 이 전류는 아래 그림과 같이 축전기에 처음과 반대방향으로 충전되고 최대로 충전되면 전류는 0이 된다. 축전기는 또 이와 반대방향으로 방전하고 코일에 전류가 반대로 흐르게 된다. 이러한 현상

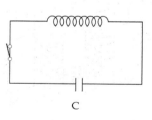

이 계속되는 현상을 **전기진동**이라고 하고 이 회로를 진동회로라고 한다. 또 이때 흐르는 전류를 진동전류라고 한다.

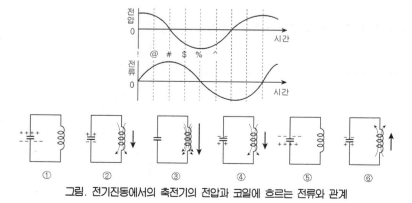

그림. 전기진동에서의 축전기의 전압과 코일에 흐르는 전류와 관계

만일 LC회로에 저항이 0이면 회로에서 소모되는 전력도 0이 되므로 전기 진동은 무한히 계속되겠지만 실제로 도선과 코일에 약간의 전기 저항은 존재하기 마련이므로 전기에너지가 점차 줄어들어 진동 전류는 점차 감쇄되어 없어진다.

LC 전기 진동을 좀 더 쉽게 이해하기 위해 역학적 진동과 비교하면 다음과 같은 관계가 성립한다.

KEY POINT

예제10

전자기파는 진공에서의 파장에 따라 다양한 이름으로 불린다. 다음 중 전자기파가 아닌 것은? <2017년도 9급 경력경쟁>

① 알파선　　　　　　　　　　② 형광등 불빛
③ 병원에서 엑스레이 사진을 찍을 때 사용하는 X선　　④ 자외선

풀이 알파선은 전자기파가 아니라 헬륨핵이다.

답 ①

LC 회로	전기 상태	역학적 에너지	용수철
C, L	전압 V=최대 전류 I = 0	위치에너지=최대 운동에너지=0	
C, L			
C, L	전압 V=0 전류 I =최대	위치에너지=0 운동에너지=최대	
C, L			
C, L	전압 V=최대 전류 I =0	위치에너지=최대 운동에너지==0	

전기에너지$=\dfrac{1}{2}\dfrac{Q^2}{C}$	위치에너지$=\dfrac{1}{2}kx^2$
자기에너지$=\dfrac{1}{2}LI^2$	운동에너지$=\dfrac{1}{2}mv^2$
주기 $T=2\pi\sqrt{LC}$	주기 $T=2\pi\sqrt{\dfrac{m}{k}}$
$\dfrac{1}{2}\dfrac{Q^2}{C}+\dfrac{1}{2}LI^2=$일정	$\dfrac{1}{2}ks^2+\dfrac{1}{2}mv^2=$일정

예제11

전자기파는 파장에 따라 분류할 수 있다. 전자기파를 파장이 긴 것부터 순서대로 바르게 나열한 것은? <2021년도 지방직 9급 공채>

① 감마선, X선, 자외선, 가시광선, 적외선
② 감마선, X선, 적외선, 가시광선, 자외선
③ 적외선, 가시광선, 자외선, X선, 감마선
④ X선, 감마선, 자외선, 가시광선, 적외선

[풀이] 파장의 길이는 장파, 중파, 단파, 초단파, 마이크로파, 적외선, 가시광선, 자외선, X선, 감마선의 순서로 짧아진다.

[답] ③

연 습 문 제

1 다음 중 유도 기전력이 생기지 않는 경우는?

① 도선이 자력선과 수직으로 운동할 때
② 자기장과 수직으로 놓인 원형모양의 도선이 회전운동할 때
③ 자기장과 수직으로 놓인 원형모양의 도선이 병진운동할 때
④ 코일에 도달하는 자력선의 수가 증가할 때
⑤ 코일에 도달하는 자력선의 수가 감소할 때

2 그림과 같이 $10T$의 균일한 자기장이 지면 위쪽을 향하고 있는 자기장내 ㄷ자형 도선위에 도선cd를 놓았다. 도선cd를 매초 8m만큼 오른쪽으로 이동시킬 때 이 회로의 유도 기전력의 크기는?

① $2V$
② $4V$
③ $6V$
④ $8V$
⑤ $10V$

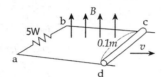

3 위의 2번 문제에서 5Ω의 저항에 흐르는 전류의 방향과 크기는?

① $0A$
② $0.8A$ $a \rightarrow b$
③ $0.8A$ $b \rightarrow a$
④ $1.6A$ $a \rightarrow b$
⑤ $1.6A$ $b \rightarrow a$

4 그림과 같은 코일에 자속밀도가 초당 $10\mathrm{Wb/m^2}$의 비율로 증가하고 있다. 이 코일의 단면적은 $5 \times 10^{-3}\mathrm{m^2}$이고 감은수는 200회이다. 이때 이 코일에 유도되는 유도 기전력은 얼마인가?

① $10V$
② $50V$
③ $100V$
④ $200V$
⑤ $2000V$

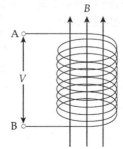

해설 1

유도 기전력 $V = \dfrac{d\phi}{dt}$로 시간당 자속수의 변화량이다.

해설 2

$V = -Blv$에서 유도 기전력
$V = 10 \times 0.1 \times 8 = 8V$

해설 3

플레밍의 오른손 법칙에서이므로 도선 Cd에서 전류가 $c \rightarrow d$이므로 저항에서 $a \rightarrow b$로 전류가 흐르고 전류의 크기는 $I = \dfrac{V}{R}$에서 $I = \dfrac{8}{5} = 1.6A$이다.

해설 4

$V = -N\dfrac{d\phi}{dt}$에서 감긴 회수 $N = 200$회이고 자속밀도가 $1\mathrm{m^2}$당 $10Wb$이므로 코일의 단면적 $5 \times 10^{-3}\mathrm{m^2}$에서는 $5 \times 10^{-2}Wb$이다. 따라서 $V = 200 \times 5 \times 10^2 = 10V$

정답 1. ③ 2. ④ 3. ④ 4. ①

5 $100\,V$용 $100\,W$의 전구를 $100\,V$의 교류 전원에 연결하였다. 이 전구의 저항과 전류의 최대값은 얼마인가?

① $10\,\Omega$　$1.4\,A$
② $10\,\Omega$　$1\,A$
③ $10\,\Omega$　$10\,A$
④ $100\,\Omega$　$1.4\,A$
⑤ $100\,\Omega$　$1\,A$

6 위의 5번 문제에서 소비전력의 최대값은?

① $100\,W$
② $141\,W$
③ $150\,W$
④ $200\,W$
⑤ $282\,W$

7 전력의 송전시 송전 전압을 n배로 높이면 전선에서 발생하는 손실전력은 전압을 높이기 전의 몇 배나 되는가?

① n^2배
② n배
③ $\dfrac{1}{n}$배
④ $\dfrac{1}{\sqrt{n}}$배
⑤ $\dfrac{1}{n^2}$배

8 그림과 같은 두 $L-C$ 회로에서 $L_1 = 2H$, $C_1 = 200\mu F$, $L_2 = 4H$이고 두 회로가 공진한다면 C_2는 얼마인가?

① $100\,\mu F$
② $200\,\mu F$
③ $300\,\mu F$
④ $400\,\mu F$
⑤ $141\,\mu F$

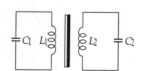

9 1차코일이 400회 2차코일이 200회 감긴 변압기에서 2차코일에서 $800\,W$의 전력을 소모할 때 1차코일에 흐르는 전류의 값은?(2차코일의 전압은 $100\,V$)

① $2\,A$
② $4\,A$
③ $8\,A$
④ $10\,A$
⑤ $16\,A$

해 설

해설 **5**
$P = \dfrac{V^2}{R}$에서 $R = \dfrac{100^2}{100} = 100\,\Omega$의 저항이고 $V = IR$에서
$100\,V = I \times 100\,\Omega$ 이므로 전류 $I = 1\,A$
최대전류 $I_M = \sqrt{2}\,I$에 $I_M = \sqrt{2} \times 1$
$= 1.4\,A$

해설 **6**
$P = I_M{}^2 R$에서 위에서 $I_M = \sqrt{2}\,A$
$R = 100\,\Omega$　$P = \sqrt{2}^2 \times 100 = 200\,W$

해설 **7**
송전전력 $P_o = VI$ 흐르는 전류
$I = \dfrac{P_o}{V}$이고 저항에 의한 손실전력
$P = I^2 R$이므로 손실전력
$P = \dfrac{P_o{}^2}{V^2} R$이다. 따라서 V가 n배
되면 손실전력 $P = \dfrac{1}{n^2}$배가 된다.

해설 **8**
공진조건이 $L_1 C_1 = L_2 C_2$이므로
$2 \times 200 \times 10^{-6} = 4 \times C_2$에서
$C_2 = 100 \times 10^{-6} F$이다.
따라서 $C_2 = 100\mu F$

해설 **9**
$\dfrac{N_2}{N_1} = \dfrac{V_2}{V_1} = \dfrac{I_1}{I_2}$이고 2차코일에서
$P = VI$　$800 = 100 \times I$　$I = 8A$의
전류가 흐른다. 따라서 $\dfrac{200}{400} = \dfrac{I_1}{8}$
$I_1 = 4A$

정답　5. ④　6. ④　7. ⑤　8. ①　9. ②

10 그림과 같은 $R-L-C$ 직렬 회로 전체 걸리는 전압은 몇 V인가?

① $60\,V$

② $100\,V$

③ $140\,V$

④ $170\,V$

⑤ $340\,V$

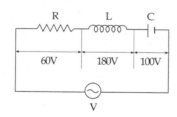

11 10번 문제의 회로에서 저항 $R=40\Omega$, 유도 리액턴스 $X_L=120\Omega$, 용량 리액턴스 $X_C=90\Omega$일 때 회로에 흐르는 전류는?

① 0

② $1A$

③ $2A$

④ $\sqrt{2}\,A$

⑤ $4A$

12 전기 진동 회로에서 축전기의 극판 사이의 간격만을 $\frac{1}{2}$로 하면 진동수는 어떻게 변하겠는가?

① $\frac{1}{4}$ 배

② $\frac{1}{2}$ 배

③ $\frac{1}{\sqrt{2}}$ 배

④ 2배

⑤ 변화없다.

13 자체 유도계수가 $12H$이고 전기용량이 $3\mu F$인 코일과 축전기가 연결된 회로에서 전기진동이 일어나기 위해 교류의 주파수를 얼마로 해야하나?(단, π 는 3으로 계산한다)

① 28Ω

② 32Ω

③ 36Ω

④ 64Ω

⑤ 108Ω

해설 10

전체 전압 $V=\sqrt{V_R^2+(V_L-V_C)^2}$

에서 $V=\sqrt{60^2+(180-100)^2}$

$\qquad = 100\,V$

해설 11

$R-L-C$ 직렬 회로에서 합성저항

임피던스 $Z=\sqrt{R^2+(X_L-X_C)^2}$ 이

므로 $Z=\sqrt{40^2+(120-90)^2}=50\Omega$

옴의 법칙에서 $V=IR$

$100\,V=I\times 50\Omega$ $I=2A$

해설 12

$c=\dfrac{\epsilon A}{l}$ 에서 $C\propto \dfrac{1}{l}$ 이므로 극판간

격 l 이 $\dfrac{1}{2}l$ 로 되면 C 는 2배가 된다.

한편 $f=\dfrac{1}{2\pi\sqrt{LC}}$ 에서 C가 2배가

되면 진동수 f 는 $\dfrac{1}{\sqrt{2}}$ 배가 된다.

해설 13

$f=\dfrac{1}{2\pi\sqrt{LC}}=\dfrac{1}{2\pi\sqrt{12\times 3\times 10^{-6}}}$

$\quad =\dfrac{1}{2\times 3\times\sqrt{36\times 10^{-6}}}$

$\quad =\dfrac{1}{36\times 10^{-3}}\fallingdotseq 28\Omega$

14 다음 중 전자기파가 아닌 것은?

① 적외선
② 장파
③ 가시광선
④ γ선
⑤ β선

15 $L-C$회로에서 코일의 자체 유도계수 $3H$이고 축전기의 전기용량이 $12\mu F$이다. 축전기의 전압이 최대 $100V$일 때 코일에 흐르는 최대 전류는 몇 A인가?

① $0.1A$
② $0.2A$
③ $0.4A$
④ $4A$
⑤ $1A$

16 100V, 400W의 전열기를 100V의 교류 전원에 연결하여 사용할 때 이 전열기에 흐르는 전류의 최대값은 얼마인가?

① $0.25A$
② $2A$
③ $2\sqrt{2}A$
④ $4A$
⑤ $4\sqrt{2A}$

17 위의 16번 문제에서 전열기의 순간 소비전력의 최대값은 얼마인가?

① $100w$
② $200w$
③ $400w$
④ $400\sqrt{2}w$
⑤ $800w$

18 그림과 같이 300Ω인 저항성과 자체 인덕턴스가 1H인 코일을 연결하고 교류 전원에 직렬로 연결하였다. 교류 전압의 실효값이 100V, 각주파수(각속도)가 400rad/s라고 할 때, 300Ω의 저항선에서 소비되는 평균 전력은 얼마인가?

① 12W
② 25W
③ 33W
④ 100W
⑤ 120W

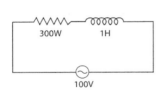

해 설

[해설] 15
$\dfrac{1}{2}CV^2 = \dfrac{1}{2}Li^2$ 에서
$3\times i^2 = 12\times 10^{-6}\times 100^2$
$i^2 = 4\times 10^{-2}$
$i = 0.2A$

[해설] 16
$P = VI$ $400 = 100I$ $I = 4A$
최대 전류 $I_o = 4\sqrt{2}A$

[해설] 17
최대 전압 $V_o = 100\sqrt{2}$ 이고
최대전류 $I_o = 4\sqrt{2}$ 이므로
$P = 100\sqrt{2}\times 4\sqrt{2} = 800w$ 이다.

[해설] 18
코일의 저항 $X_L = Lw = 400\Omega$ 이고
코일과 저항에서 위상차가 $\dfrac{\pi}{2}$ 이므로
합성저항은 $\sqrt{400^2 + 300^2} = 500\Omega$ 이다.
따라서 회로에 흐르는 전류는 0.2A이고 저항선에서의 전력소모는
$P = I^2R = 0.2^2\times 300 = 12w$ 이다.

정답 14. ⑤ 15. ② 16. ⑤ 17. ⑤ 18. ①

19 교류 전류는 주파수가 증가함에 따라 어떻게 될까?

① 코일 속은 잘 흐르나, 축전기 속은 흐르기 어려워진다.
② 축전기 속은 잘 흐르나, 코일 속은 흐르기 어려워진다.
③ 코일이나 축전기 다 흐르기 어려워진다.
④ 코일이나 축전기 다 흐르기 쉬워진다.
⑤ 주파수 변화와 관계없이 항상 일정하다.

해설 **19**

코일의 저항은 $X_L = Lw = 2\pi f L$
이므로 주파수에 비례하고
콘덴서의 저항은
$X_C = \dfrac{1}{Cw} = \dfrac{1}{2\pi f C}$ 이므로
주파수에 반비례한다.

제5장 광학

출제경향분석

이 단원은 수험생들이 다소 어려워하는 부분이다. 그러나 파동방정식만 확실히 이해하고 숙지해두면 별 어려움은 없으리라 생각하고 빛에서는 회절과 간섭 그리고 렌즈와 거울에서는 몇 가지 공식만 암기하고 문제풀이를 반복하면 충분하다.

1. 파 동

1 파동의 발생

(1) 파동의 발생

물이 고인 호수에 돌을 던지면 돌이 떨어진 곳을 중심으로 둥근 모양의 물결이 퍼져 나가는 것을 우리는 쉽게 볼 수 있다. 물결어 퍼져 나갈 때 물위에 떠 있는 나뭇잎 같은 것들은 물결과 함께 이동하지 않고 상하로 움직일 뿐이다.

이것은 물결이 퍼져 나갈 때 물이 직접 이동하는 것이 아니라 물의 각 부분의 운동 모양의 변화가 매질 즉 물을 따라 이동해 가는 것이다.

이와 같이 진동 상태가 규칙적으로 전파되어 가는 것을 파동이라 하고 파동을 전달해주는 물질을 매질, 그리고 파동이 맨처음 발생한 곳을 파원이라고 한다.

물결이 이동할 때 수면위에 있는 나뭇잎이 상하로 진동하는 에너지는 파원에서 매질에 대하여 에너지가 공급되고 이 공급된 에너지가 매질 각 부분의 진동에너지로 변환된다.

■파동의 이동은 매질 자체의 이동이 아니라 진동에너지가 전달되는 것이다.

① 사인파와 펄스파

물결이 퍼져 나갈 때 단면을 관찰하면 그림(가)와 같이 사인곡선 모양을 이루는데 이것을 사인파라고 한다. 그림(나)와 같이 진동상태가 한번 지나 가는 것을 펄스파라고 한다. 즉 펄스파는 일시적 파동이며 반사파와 굴절파를 조사하여 경계의 성질을 알고자 할 때 많이 활용한다.

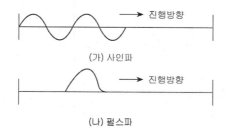

(가) 사인파

(나) 펄스파

② 파동의 표시

• 파장(λ : 람다) : 매질이 한번 진동하는 동안의 파동진행 거리로 단위는 m, cm이다.

• 주기(T) : 한파장이 진행하는데 걸리는 시간으로 단위는 초이다.

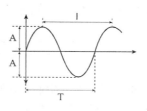

•진폭(A) : 진동의 중심에서 마루 또는 골까지의 거리로 단위는 m, cm이다.

•진동수(f) : 초당 진동하는 회수로 단위는 Hz 또는 cps(cycle per second)이다. 즉 주기의 역수이다. $T = \dfrac{1}{f}$ $f = \dfrac{1}{T}$

•위상 : 특정 시각에서의 파동의 모양이나 상태

•파동의 전파속도(v) : $v = \dfrac{\lambda}{T} = f\lambda$

③ 파동을 나타내는 식

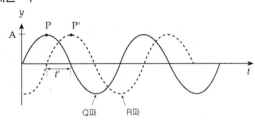

그림에서 Q파의 파동식은 $y = A\sin\omega t\left(\omega = \dfrac{\theta}{t}\right)$로 나타낼 수 있다.

R파는 t'초후에 Q파의 모양으로 즉 Q파가 t'시간동안 진행했을 때의 모양이 므로 R파의 식은 $y = A\sin\omega(t - t')$으로 쓸 수 있고 $v = \dfrac{x}{t'}$ $t' = \dfrac{x}{v}$이 고 $v = \dfrac{\lambda}{T}$이므로 $t' = \dfrac{Tx}{\lambda}$이다.

이것을 대입하면 $y = A\sin\dfrac{2\pi}{T}\left(t - \dfrac{Tx}{\lambda}\right)\left(\omega = \dfrac{2\pi}{T}\right)$이고 정리하면

$y = A\sin 2\pi\left(\dfrac{t}{T} - \dfrac{x}{\lambda}\right)$가 된다.

만일 파동이 왼쪽으로 진행한다면 $y = A\sin 2\pi\left(\dfrac{t}{T} + \dfrac{x}{\lambda}\right)$가 된다.

┌ 예제 1 ┐

오른쪽 두 그림은 어떤 파동의 변위와 거리, 변위 와 시간의 관계를 나타낸 것이다. 그림에서 a와 b 는 각각 무엇을 나타내는가?

① a – 파장, b – 주기
② a – 주기, b – 파장
③ a – 파장, b – 파장
④ a – 주기, b – 주기
⑤ a – 진폭, b – 주기

풀이 a는 x축이 거리이므로 파장이고, b는 x축이 시간이므로 주기이다.

답 ①

④ 파동에너지

파동은 매질이 직접 이동하는 것이 아니라 매질에 진동에너지가 전달되어 나타난 다. 파동의 진행 방향에 수직한 단위 면적을 통해 단위시간당 전달되는 파동에너 지를 파동의 세기라고 한다.

파동의 진폭 A (m), 진동수 f (Hz), 속도가 v (m/s)인 파동이 밀도 ρ (kg/m^3)의 매질 속을 통과할 때 파동의 세기 I는 $I = 2\pi^2 A^2 f^2 v \rho$와 같이 쓸 수 있다. 즉 파동의 세기는 진폭의 제곱에 비례하고, 진동수의 제곱에도 비례한다.

(2) 파동의 종류

① 횡파(고저파) : 매질의 진동 방향과 파동의 진행 방향이 서로 수직인 파동이다. 아래 그림과 같이 손을 상하로 움직이면 횡파가 발생한다. 횡파는 전자기파, 태양빛 등이 있다.

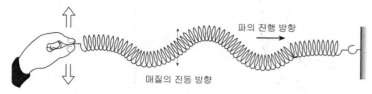

그림. 횡파의 발생과 전파

② 종파(소밀파) : 매질의 진동 방향과 파동의 진행 방향이 서로 평행인 파동이다. 오른쪽 그림과 같이 손을 좌우로 움직이면 밀한 부분과 소한 부분이 생겨나면서 용수철을 따라 종파가 발생한다. 종파에는 음파, 지진파의 P파 등이 있다.

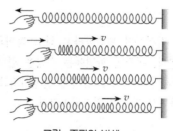

그림. 종파의 발생

※ 종파를 횡파로 나타내는 방법

종파는 횡파와 달리 그자체를 파형으로 나타내기가 어려우므로 아래 그림과 같이 x축 방향의 변위를 왼쪽은 $-y$방향으로 오른쪽은 $+y$ 방향으로 그 변위만큼 이동시켜 나타낸다.

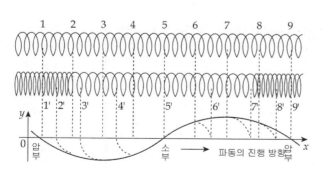

(3) 파동의 진행원리(호이겐스의 원리)

파동이 전파되어 갈 때 매질의 각점이 진동을 하는데 한순간 위치와 운동 상태가 같은 점을 위상이 같다고 말하는데 위상이 같은 점을 연결한 선 또는 면을 파면이라고 한다.

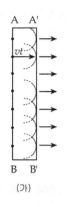
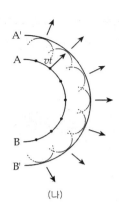

(가)   (나)

파면의 모양이 그림(가)와 같이 직선이면 평면파라고 하고 파면의 모양이 그림(나)와 같이 곡선이면 구면파라고 한다. 이러한 파면에는 수많은 점파원들이 있다고 생각할 수 있고 이 점파원들이 2차의 구면파를 동시에 발생시키고 이구면파의 공통 접선면이 또 새로운 파면을 만들면서 파동이 전파되어간다.

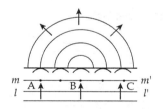

(A, B, C는 파원)

즉 파면 ll' 위의 각점을 파원으로 하여 다음순간 mm' 의 파면이 만들어진다. 이렇게 파동이 진행하는 것을 호이겐스의 원리라고 한다.

예제2

그림은 재질이 같고 굵기가 다른 줄을 연결한 후, 굵은 줄의 한쪽 끝을 수직 방향으로 일정한 주기와 진폭으로 흔들었을 때 진행하는 파동의 어느 순간의 모습을 나타낸 것이다. 이에 대한 설명으로 옳은 것은? (단, 가는 줄의 길이는 무한하다) <2022년도 9급 경력경쟁>

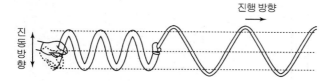

① 굵은 줄의 파장은 가는 줄의 파장보다 크다.
② 굵은 줄의 진동수는 가는 줄의 진동수보다 작다.
③ 굵은 줄의 진동 주기는 가는 줄의 진동 주기보다 크다.
④ 굵은 줄의 파동의 진행 속력은 가는 줄의 파동의 진행 속력 보다 작다.

풀이 줄에서 파의 속력은 $v = \sqrt{\dfrac{T}{\rho}}$ (ρ: 선밀도)이고 또 $v = f\lambda$ 에서 $f = \dfrac{1}{\lambda}\sqrt{\dfrac{T}{\rho}}$ 이다.

진동수는 매질이 변해도 같으며 속력이 증가하면 파장이 길어진다.

답 ④

(4) 파동의 반사와 굴절

파동이 한 매질에서 일정한 속도로 진행해 가던중 다른 매질과의 경계면에 닿으면 원래의 처음매질로 되돌아가는 파동과 다른 매질 속으로 진행하는 파동이 생기는데 되돌아가는 파를 반사파 다른 매질속으로 진행하는 파를 굴절파라고 하고 이러한 현상을 반사와 굴절이라고 한다.

① 반 사

경계면에서 반사가 일어날 때 입사각과 반사각은 페르마의 원리에 의해 같다.

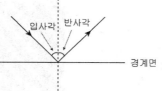

㉠ 고정단 반사

아래 그림처럼 줄의 한쪽 끝을 고정시키고 다른쪽 끝을 진동시켜 한 개의 펄스를 보내면 고정단 부분에서 마루가 골이 되어 되돌아온다. 반사파의 위상이 반 파장 $\left(\dfrac{\lambda}{2}\right)$ 만큼 변한다.

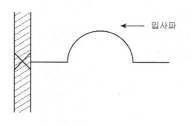

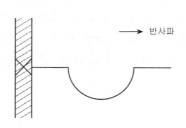

■ 페르마의 원리
두점사이를 진행하는 빛은 진행시간이 가장 짧게 걸리는 경로를 택하여 진행한다.

■ 고정단 반사 위상 π 변화

ⓛ 자유단 반사

아래 그림처럼 줄의 한쪽 끝에 고리를 매고 자유롭게 움직일 수 있게 한 다음 다른쪽 끝을 진동시켜 한 개의 펄스를 보내면 마루는 마루가 되어 돌아온다. 즉 위상의 변화가 없다.

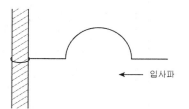 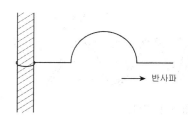

* 파동의 반사에서 소한매질에서 밀한 매질로 진행하다 반사될때는 고정단반사 와 같고 밀한 매질에서 소한매질로 진행하다 반사될때는 자유단 반사와 같다.
* 수면파는 깊은 곳이 소 얕은 곳이 밀한 매질이고 줄은 가벼운 줄이소, 무거 운 줄이 밀한 매질이다.
* 파동이 반사할 때 속도, 파장, 진동수는 변하지 않는다.

② 굴 절

파동이 경계면에서 굴절할 때 진행 방향이 바뀐다. 이것은 매질이 변하므로 파동 의 속도가 달라지기 때문이다. 즉 파동이 굴절할 때는 속도와 파장은 변하지만 진동수는 변하지 않는다.

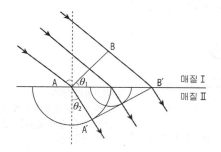 

위의 그림과 같이 매질 I에서 매질 II로 파동이 진행하는 파면 AB를 생각하자 입사각은 θ_1 굴절각 θ_2이고 매질 I, II에서 속도를 v, v_2라 하자 파면 AB가 진행하다가 A가 경계면에 먼저 닿고 B는 t시간후에 B'에 닿게 된다. 먼저 경계면에 도달한 A는 매질이 다른 곳에서 (II가 밀하다면) 속력이 느려져 같은시간 t 동안 BB' 보다 짧은 거리인 AA'의 거리만큼 호이겐스의 원리에 의해 진행한다. 즉 파면 AB가 경계면 AB'에 순차적으로 도달하면서 굴절파 파면 $A'B'$를 만들게 된다. 따라서

$BB' = v, t, \quad AA' = v_2 t,$

$Sin\theta_1 = \dfrac{BB'}{AB'} \quad Sin\theta_2 = \dfrac{AA'}{AB'}$

$\dfrac{\sin\theta_1}{\sin\theta_2} = \dfrac{BB'}{AA'} = \dfrac{v_1 t}{v_2 t} = \dfrac{v_1}{v_2}$ 이고

또 $v = \dfrac{\lambda}{T} = f\lambda$ 에서 진동수는 변하지 않으므로 $\dfrac{v_1}{v_2} = \dfrac{\lambda_1}{\lambda_2}$ 이다.

입사매질과 투과 매질사이의 파동의 성질을 나타내는 값으로 각 매질에서의 속도 비를 굴절률이라고 한다. 만약 진공에 대한 매질 Ⅰ의 굴절률 n, 진공에 대한 매질 Ⅱ의 굴절률을 n_2 라 하면 매질 Ⅰ에 대한 매질 Ⅱ의 굴절률을 n_2라 하면 매질 Ⅰ에 대한 매질 Ⅱ의 굴절률 $n_{12} = \dfrac{n_2}{n_1}$ 이다.

즉 $n_{12} = \dfrac{\sin\theta_1}{\sin\theta_2} = \dfrac{v_1}{v_2} = \dfrac{\lambda_1}{\lambda_2}$ 이 되고 이 법칙을 스넬의 법칙이라 한다.

KEY POINT

■ 스넬의 법칙
$$\dfrac{n_2}{n_1} = \dfrac{\sin\theta_1}{\sin\theta_2} = \dfrac{\lambda_1}{\lambda_2} = \dfrac{v_1}{v_2}$$

예제3

그림은 빛이 A매질에서 B매질로 비스듬히 입사할 때 경계면에서의 반사와 굴절 현상을 나타낸 것이다. 이에 대한 설명으로 옳은 것만을 모두 고른 것은?

<2017년도 9급 경력경쟁>

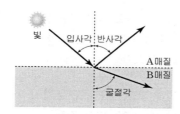

ㄱ. 입사각을 점점 증가시키면 특정각 이상부터 전반사가 일어난다.
ㄴ. 매질의 굴절률은 A가 B보다 크다.
ㄷ. 입사광의 속력은 굴절광의 속력보다 크다.
ㄹ. 입사광과 굴절광의 진동수는 같다.

① ㄱ, ㄷ   ② ㄴ, ㄹ
③ ㄱ, ㄴ, ㄹ   ④ ㄴ, ㄷ, ㄹ

풀이 $n_A > n_B$ $v_A > v_B$ $\lambda_A > \lambda_B$ 이다.

답 ③

---

2 간섭과 회절

(1) 파동의 중첩

매질위의 한점에서 둘 또는 그 이상의 파동이 겹치면서 변위가 변하는 현상을 말한다. 즉 아래의 그림처럼 변위는 $y = y_1 + y_2$가 된다.

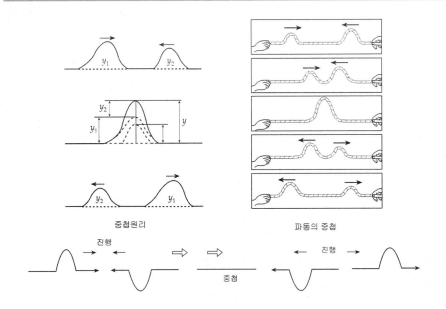

중첩원리   파동의 중첩

KEY POINT

■ 파동은 중첩성과 독립성을 모두 가진다.

이와 같이 합성파의 변위가 $y = y_1 + y_2$가 되는 것을 중첩의 원리라고 하고 파동이 중첩된 후에 서로 지나치고 나면 각파동은 서로 다른 파동의 영향을 받지 않고 만나기전과 같은 모양을 유지하면서 계속 진행한다. 이것을 파동의 독립성이라 한다.

예제4

다음 그림은 똑같은 두 파동이 속력이 같고 서로 반대 방향으로 진행하다가 중첩되기 시작한 것을 나타낸다. 이때부터 파동의 $\frac{1}{4}$ 주기가 지났을 때 중첩된 파동의 모양으로 옳은 것은?   <2017년도 9급 경력경쟁>

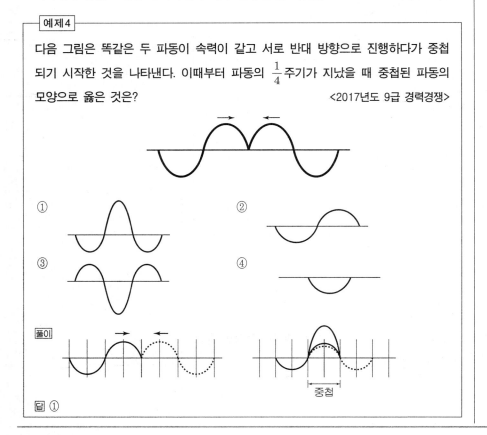

답 ①

(2) 파동의 간섭

두 파동이 한점에서 만나 중첩될 때 파동이 강해지는 부분과 약해지는 부분이 생기는데 이러한 현상을 파동의 간섭이라고 하고 두 파동의 마루와 마루 또는 골과골이 만나 강해지는, 즉 진폭이 최대가 되는 경우를 보강간섭이라 하고 두 파동의 마루와 골이 만나 약해지는, 즉 진폭이 최소가 되는 경우를 상쇄간섭이라고 한다.

KEY POINT

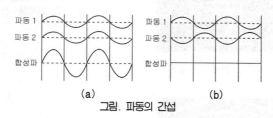

(a)   (b)

그림. 파동의 간섭

■ 파동의 간섭 광로차이가
$\dfrac{\lambda}{2}$의 홀수배이면 상쇄간섭
$\dfrac{\lambda}{2}$의 짝수배이면 보강간섭

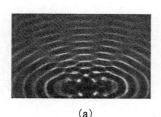 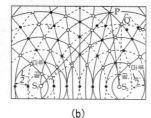

(a)   (b)

그림. 수면파의 간섭

위 그림에서 S_1과 S_2에서 발생한 파동음 마루와 골을 만들며 진행하다 여러 군데에서 중첩이 일어난다.

여기서 두점 P, Q를 생각해보자.

먼저 P점은 S_1의 마루와 S_2의 마루가 만나 보강간섭이 일어난다. P점 이외에 P점과 같이 보강간섭이 일어나는 곳은

$|S_1P - S_2P| = m\lambda(m = 0, 1, 2, 3 \cdots)$으로 파동의 경로차이가 파장 λ의 정수배 일 때이다.

또 다른 점 Q점은 S_1의 마루와 S_2의 골이 만나 상쇄간섭이 일어난다. Q점 이외에도 Q점과 같이 마루와 골이 만나 상쇄간섭이 일어나는 곳은 $|S_1Q - S_2Q|$ $= \dfrac{\lambda}{2}(2m+1)\,(m = 0, 1, 2, \cdots)$으로 파동의 경로차가 반파장의 홀수배일 때이다.

따라서 $|S_1P - S_2P| = \dfrac{\lambda}{2}(2m)\quad(m = 0, 1, 2, \cdots)$: 보강간섭

$\quad\quad |S_1Q - S_2Q| = \dfrac{\lambda}{2}(2m+1)\quad(m = 0, 1, 2, \cdots)$: 상쇄 간섭

과 같이 정리할 수 있다.

(3) 파동의 회절

파동이 진행하다가 호이겐스의 원리에 의해 장애물을 만나도 장애물의 뒷부분까지 파동이 전달되는 현상을 파동의 회절이라 한다.

(가) 물결파의 회절

(나) 슬릿의 간격이 큰 경우

(다) 슬릿의 간격이 작은 경우

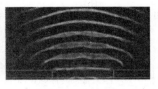

(라) 슬릿의 간격은 (나)와 같고 파장이 긴 경우

회절은 슬릿의 간격이 작을수록 파장이 클수록 잘 일어난다.

예제 5

파동이 전파될 때 좁은 틈이나 모서리를 지나면서 더 넓은 각도로 퍼지는 현상은?

① 반사   ② 회절

③ 굴절   ④ 간섭

풀이 파동이 전파될 때 좁은 틈이나 모서리를 지나면서 더 넓은 각도로 퍼지는 현상을 회절이라고 한다.

답 ②

---

(4) 정상파

파장과 진폭이 같은 2개의 파동이 서로 반대 방향으로 진행하다가 중첩이 될 때 파동은 진동하지만 진행하지 않는 것처럼 보이는 파동을 정상파라고 한다. 즉 정상파는 마디부분은 항상 마디이고 배 부분은 항상 배이다.

마디   배   마디   배   마디   배

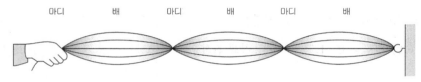

그림. 정상파

KEY POINT

■ 벽뒤의 사람은 보이지는 않지만 소리는 들린다. 소리의 파장이 빛의 파장에 비해 매우 크다.

① 현의 진동

두 끝을 고정시킨 현을 진동시킬 때 정상파가 발생한다.
현의 길이를 l 이라 하면 파장은 다음과 같다.

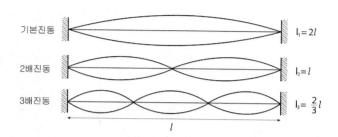

* 현에서 파의 전달속도

속도 $v = \sqrt{\dfrac{T}{\rho}}$ (T : 현의 장력(N), ρ : 선밀도 kg/m)으로 정의된다.

또 $v = \dfrac{\lambda}{T} = f\lambda$ 에서 $f\lambda = \sqrt{\dfrac{T}{\rho}}$ 이 되어 $f = \dfrac{1}{\lambda}\sqrt{\dfrac{T}{\rho}}$ 이다.

이것은 진동수 f 는 파장 λ 에 반비례하고 현의 장력 T 의 제곱근에 비례한다.

② 기주의 진동

관속의 공기 기둥이 진동할 때 정상파가 생기는데 막힌 쪽은 정상파의 마디, 열린쪽
은 정상파의 배 부분이 된다.

㉠ 한쪽 끝이 막힌 관의 진동에서의 파장

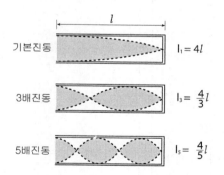

따라서 한쪽 끝이 막힌관(폐관)에서 파장은 $\lambda_n = \dfrac{4l}{2n-1}$ $(n = 1, 2, 3, \ldots)$
이 된다.

KEY POINT

■ 현에서 파의 전달 속도
$$v = \sqrt{\dfrac{T}{\rho}}$$

ⓛ 양쪽 끝이 열린관에서의 진동에서 파장

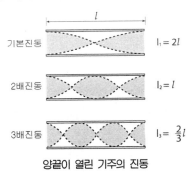

기본진동 $l_1 = 2l$

2배진동 $l_2 = l$

3배진동 $l_3 = \dfrac{2}{3}l$

양끝이 열린 기주의 진동

따라서 양쪽 끝이 열린관(개관)에서 파장은 $\lambda_n = \dfrac{2l}{n}\ (n = 1,2,3,\dots)$이 된다.

예제6

그림 (가)는 파이프로 만든 악기에서 만들어지는 정상파를, 그림 (나)는 빈 병에서 만들어지는 정상파를 단순화하여 그린 것이다. 이에 대한 설명으로 옳지 않은 것은?(단, (가), (나) 관의 길이는 L로 같으며, 관 내 공기의 온도는 동일하다.)

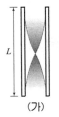
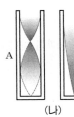

(가)   (나)

① (가)의 파장은 $2L$이다.
② (가)에서 L을 더 짧게 하면 소리의 높이가 낮아진다.
③ (가)는 (나)의 B보다 한 옥타브 높은 소리이다.
④ (나)에서 A는 B보다 높은 소리이다.

풀이 ① (가)의 파장은 $2L$이다.
　② (가)의 관의 길이를 짧게 하면 음파의 파장이 짧아지게 되고 진동수는 높아지므로 음의 높이는 높아진다.
　③ (가)의 파장은 $2L$이고 (나)의 B의 파장은 $4L$이다. 따라서 진동수는 (가)가 (나)의 B 의 2배가 되므로 1옥타브 높은 음이 된다.
　④ 파장이 짧을수록 높은 진동수를 가지므로 A가 B보다 높은 소리이다.
답 ②

| 예제7 |

그림은 한쪽 끝이 열린 관에 물을 담고 소리굽쇠에서 나는 음파의 공명위치를 찾는 실험을 나타낸 것이다. 물의 높이를 낮추어 갈 때, n번째 공명이 일어난 위치를 x_n이라고 하자. $x_1 = L$일 때 x_2와 x_3의 값은?   <2017년도 9급 경력경쟁>

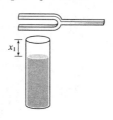

	x_2	x_3
①	1.5L	2L
②	2L	3L
③	2L	4L
④	3L	5L

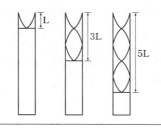

풀이 한쪽 끝이 닫힌 관에서 공명이 일어나는 길이는

$\dfrac{\lambda}{4}$, $\dfrac{3}{4}\lambda$, $\dfrac{5}{4}\lambda$ 즉 , $\lambda_n = \dfrac{L}{2n-1}$ 이다.

따라서 $L, 3L, 5L$ 인 곳이다.

답 ④

---

3 음 파

(1) 소리의 성질

우리가 일반적으로 듣는 소리는 음원의 진동이 공기라는 매질을 통해 퍼져나가는 종파(소밀파)이다.

사람이 들을 수 있는 영역의 주파수를 가청 주파수라고 하고 약 20~20,000Hz이다. 그 이상의 주파수를 초음파라고 한다. 사람이 보통 말할 때 진동수는 100~ 600Hz이다.

① 소리의 속도

소리는 매질을 통해서 전파되므로 매질이 밀할수록 속도는 빨라진다. 그러므로 고체가 속도가 가장 빠르고 기체가 음속이 가장 느리다.

실험적으로 0℃, 1기압에서 소리의 속도는 331.5m/s이며 기온에 비례하여 온도 t ℃에서 음속 v는 $v = 331.5 + 0.6t$ 가 된다. 일반적으로 340m/s로 계산한다.

또 소리의 속도는 기압이나 공기의 밀도에 무관하고 습도가 증가하면 건조한 공기에 비해 속도가 빨라진다.

매 질	속 도(m/s)
공기(0℃)	331
물(0℃)	1402
알루미늄	6420
유 리	5440
강 철	5941

「여러가지 매질에서 속도」

■ 소리는 종파이고 소리는 반드시 매질이 있어야 전파된다.

■ 소리의 속도는 온도가 높을수록 빨라진다.

② 소리의 3요소

ㄱ 음의 높이 : 진동수에 따라 결정되며 진동수가 클수록 높은 소리가 난다. 보통 사람의 목소리는 100~500Hz 정도이다.

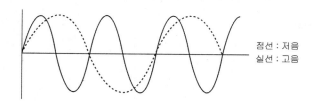

점선 : 저음
실선 : 고음

ㄴ 음의 크기 : 음의 높이와 별개로 우리는 큰 소리와 작은 소리를 구분해서 들을 수 있는데 음의 세기도 일종의 파동의 세기이므로 진폭의 제곱에 비례하여 진폭이 클수록 소리가 크게 들린다. 우리가 듣는 소리의 크기를 식으로 나타내면 $L = 10\log \dfrac{I}{I_0}$가 된다. 소리의 크기 L의 단위는 dB(데시벨)이고 I_0는 소리의 물리적 기준세기로 사람이 들을 수 있는 가장 작은 소리로 $I_0 = 10^{-12}$ ω/m^2이다. 즉 30dB는 소리세기가 $10^{-9}\text{w}/\text{m}^2$이고 50dB은 소리의 세기가 10^{-7} w/m^2으로 50dB이 30dB보다 100배의 크기이다.

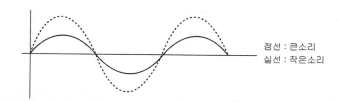

점선 : 큰소리
실선 : 작은소리

ㄷ 음의 맵시 : 여러 악기들이 같은 높이의 같은 크기의 소리를 내는데도 우리는 그 소리를 구분할 수 있는데 그것은 그 악기가 내는 파형이 각각 다르기 때문이다.

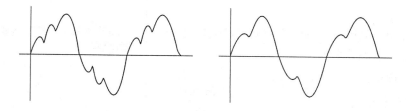

그림. 파형이 다른 경우

(2) 맥놀이

진폭과 진동수가 비슷한 두 음파가 간섭을 일으키면 주기적으로 소리가 커졌다 작아졌다 하는데 이것을 맥놀이라고 한다.

1초 동안 생기는 맥놀이 수는 두 음파의 진동수의 차이와 같다.

두 음파의 진동수가 각각 f_1, f_2이면 맥놀이 수 N은 $N = |f_1 - f_2|$가 된다.

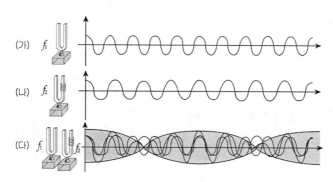

그림. 진동수가 $f_1 f_2$인 두 파를 중첩했을 때의 맥놀이 현상

위의 그림처럼 진동수가 비슷한 (가), (나)의 두 음파가 간섭을 일으키면 (다)의 그림처럼 소리가 커졌다 작아졌다 하며 맥놀이가 생긴다.

연습문제

1 회절에 관한 설명으로 옳은 것은?

① 하늘이 파랗게 보이는 것을 설명할 수 있다.
② 광섬유를 이용한 광통신에 빛이 사용된다.
③ 이슬방울이 반짝인다.
④ 장파는 회절이 잘 일어나므로 통신에 이용된다.
⑤ 물위에 뜬 기름이 무지개색을 띈다.

2 물결파가 8m/s의 속도로 진행하고 있다. 정지해 있는 뱃머리에 2초에 한번씩 파가 부딪힌다면 이파의 파장은?

① 1 m   ② 2 m
③ 4 m   ④ 8 m
⑤ 16 m

3 그림과 같은 통에 물을 담고 물결을 일으켜 깊은 곳 (가)에서 얕은 곳 (나)으로 파동이 진행할 때 경계를 지는 순간 파속의 속도는 어떻게 되는가?

① 빨라진다
② 느려진다
③ 변합없다
④ 진동수에 따라 다르다
⑤ 처음 진행하는 파장에 따라 다르다

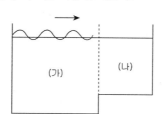

4 소리에서 그 크기를 결정하는 요소는 어느 것인가?

① 파장
② 진동수
③ 파의 모양
④ 진폭
⑤ 속도

해설 **1**
① 빛의 산란
② 빛의 전반사
③ 빛의 반사
⑤ 빛의 간섭

해설 **2**
$v = \dfrac{\lambda}{T}$, $\lambda = vT$, 주기는 2초
속도는 8m/s이므로 $\lambda = 8 \times 2 = 16\mathrm{m}$

해설 **3**
$v \propto \sqrt{h}$ (h : 깊이)이므로 얕아지면 느려지고 파장도 작아진다.

해설 **4**
소리의 3요소중 음의 고저–진동수, 음의 크기–진폭, 음의 맵시–파형

정답 1. ④ 2 ⑤ 3 ② 4. ④

5 오른쪽 그림과 같이 오른쪽으로 진행하는 파동이 있다. 주기가 T 일 때 $\frac{1}{2}T$ 후의 파의 모양은?

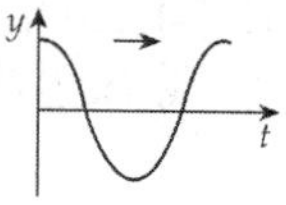

①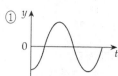

②

③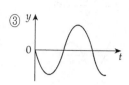

④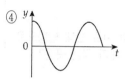

⑤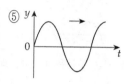

6 소리굽쇠를 울려 맥놀이 실험을 했더니 1분간 120회의 맥놀이가 발생하였다. 한음의 진동수가 400Hz 라면 또 다른 음의 진동수가 많은 쪽은 얼마인가?

① 398 Hz

② 400 Hz

③ 402 Hz

④ 420 Hz

⑤ 520 Hz

7 오른쪽 그림과 같은 관에서 어떤 음파가 기본진동이 일어났다면 파의 파장은 얼마인가?

① 1 m

② 2 m

③ 3 m

④ 4 m

⑤ 8 m

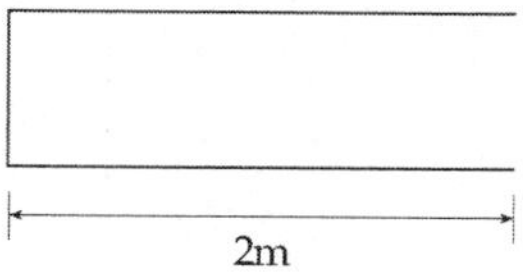

2m

해 설

해설 **5**

$\frac{1}{4}T$ 후 → ⑤ $\frac{1}{2}T$ 후 → ①

$\frac{3}{4}T$ 후 → ③

T 후 → 6문제의 그래프로 변해간다.

해설 **6**

1분에 120회이므로 1초에 2회
맥놀이수 $N = (f_1 - f_2)$ 이므로
$2 = f_1 - 400$ $f_1 = 402\,\mathrm{Hz}$

해설 **7**

막힌 관에서는 기본진동이 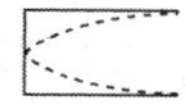 와
같이 되어 관의 길이가
l 이라면 파장은
$\lambda = 4l$ 이 된다.
따라서 $\lambda = 4 \times 2 = 8\mathrm{m}$

8 양쪽 끝이 팽팽하게 매어진 줄의 길이를 측정했더니 2m이었다. 이 줄을 손으로 튕기었더니 소리가 났다. 이 소리의 진동수는 몇 Hz인가?(단, 소리의 속도는 340m/s이다.)

① 85 Hz
② 170 Hz
③ 340 Hz
④ 680 Hz
⑤ 1360 Hz

9 오른쪽 그림과 같이 파장 진폭 진동수가 같은 두 파동이 서로 반대 방향으로 진행하다 만나 간섭을 일으켜 정상파를 만든다. 그림에서 배가 되는 곳은?

① ㄱ, ㄷ, ㅁ, ㅅ
② ㄴ, ㄹ, ㅂ
③ ㄱ, ㄴ, ㄷ, ㄹ, ㅁ, ㅂ, ㅅ
④ ㄷ, ㅁ
⑤ ㄴ, ㅂ

10 오른쪽 그림과 같은 파동이 진행하고 있다. 어느 순간 A점이 아래로 향하고 있다면 B점의 방향과 파동의 진행 방향은?

① B점-오른쪽, 파동-오른쪽
② B점-아래, 파동-오른쪽
③ B점-위, 파동-오른쪽
④ B점-위, 파동-왼쪽
⑤ B점-아래, 파동-왼쪽

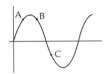

11 진동수와 진폭이 같은 두 음파가 같은 방향으로 반파장의 차이로 겹친다면 간섭의 결과는?

① 소리가 아주 세어진다.
② 소리가 낮아진다.
③ 소리가 아주 약해진다.
④ 소리가 높아진다.
⑤ 소리가 울린다.

12 파동에서 나타나는 다음의 양 중에서 다른 것과 전혀 관계없는 것은 어느 것인가?

① 진폭
② 속도
③ 진동수
④ 파장
⑤ 주기

해 설

[해설] 8

현의 길이가 l 일 때 이 현의 파장은 $\lambda = 2l$ 이 되므로
$\lambda = 2 \times 2 = 4\,\mathrm{m}$가 된다.
또 속도 $v = \dfrac{\lambda}{T} = fx$ 에서 진동수
$f = \dfrac{v}{\lambda}$ 이므로 $f = \dfrac{340}{4} = 85\,\mathrm{Hz}$

[해설] 9

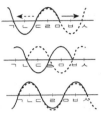

그림에서
$\dfrac{1}{4}T$ 후에는
$\dfrac{2}{4}T$ 후
$\dfrac{3}{4}T$ 후
처럼되어 배가 되는 부분은 ㄴ, ㄹ, ㅂ 이다.

[해설] 10

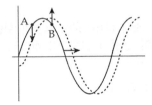

그림에서 A점이 아래 방향이면 B점은 위방향이고 파동은 오른쪽으로 진행한다.

[해설] 11

반파장이 차이가 나는 소리는 상쇄 간섭이 일어나서 진폭이 작아지므로 소리가 약해진다.

[해설] 12

속도 $v = \dfrac{\lambda}{T} = f\lambda \left(\dfrac{1}{T} = f\right)$ 이므로 진폭은 관계없는 량이다.

정답 8. ① 9. ② 10. ③ 11. ③ 12. ①

13 파동이 진행하다가 매질이 다른 경계면을 만났을 때 변하지 않는 물리량은?

① 파장   ② 진동수
③ 속도   ④ 방향
⑤ 위모두 변한다.

14 우리가 피아노 치는 소리를 들을 때 (도)음, (미)음, (솔)음 등이 다름을 알 수 있다. 이것은 소리의 어떤 특성에 기인하는가?

① 소리의 진폭   ② 소리의 속도
③ 맥놀이   ④ 파의 모양
⑤ 소리의 진동수

15 수면 위에서 8cm 떨어져 있는 두 점 S_1, S_2 에서 다 같이 파장 2cm, 진폭 1cm의 물결과가 같은 위상으로 발생되고 있다. S_1, S_2 에서 각각 18cm, 22cm의 곳에 있는 점 P' 에서의 합성파의 진폭은 얼마인가?

① 4cm   ② 5cm
③ 1cm   ④ 2cm
⑤ 0cm

16 두 점파원 S_1, S_2 는 진폭과 파장이 같은 파동을 동일한 위상으로 발생시켰다. 파원 S_1 으로부터 12m, 파원 S_2 로부터 15m 떨어진 점에서 소멸(상쇄)간섭이 일어나는 경우, 이 파동의 파장으로 가능한 것은?

① 1m   ② 1.5m
③ 2m   ④ 3m
⑤ 3.5m

해 설

해설 13
진동수는 매질이 달라져도 변함없다.

해설 14
소리의 3요소는 음의 높이 – 진동수
음의 세기 – 진폭   음색 – 파형

해설 15
경로자= ︱22−18︱=4cm이고 파장이 2cm이므로 보강간섭이 일어난다.

해설 16
상쇄간섭은 경로차 Δ 가
$\Delta = \dfrac{\lambda}{2}(2m+1)$ 일 때 이므로
$\Delta = \dfrac{\lambda}{2},\ \dfrac{3\lambda}{2},\ \dfrac{5\lambda}{2},\ \dfrac{7\lambda}{2}$ …인 경우
가 가능하다 문제에서 $\Delta = 3$m
이므로 $\lambda = 6,\ 2,\ \dfrac{6}{5}$ 등인 경우이다.

2. 빛

1 빛의 진행

(1) 빛의 성질

① 빛의 직진

어두운 방안에서 작은 창문 틈 사이로 햇볕이 스며들 때 빛은 일직선으로 곧게 나아간다. 이와 같은 빛의 직진성으로 인해 오른쪽 그림과 같이 그림자가 생기는 것을 볼 수 있다.

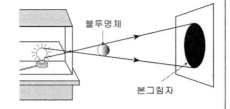

불투명체

본그림자

■ 빛은 **횡파**이며 잔자기파의 일종으로 직진한다.

② 빛의 속도

그동안 여러 학자들에 의해 빛의 속도 측정을 위한 노력이 있었는데 현재 진공중의 빛의 속도 C는 파장에 관계없이 일정하며 그 크기는 $C = 2.9979 \times 10^8 \text{m/s}$로 알려져 있다. 공기중에서는 진공에서 보다는 속도가 작기는 하나 거의 같아서 간단히 $C = 3 \times 10^8 \text{m/s}$로 쓴다.

따라서 지구에서 태양까지의 거리는 약 $1.5 \times 10^8 \text{km}$이므로 $v = \dfrac{s}{t}$에서

$t = \dfrac{s}{v} = \dfrac{1.5 \times 10^{11} \text{m}}{3 \times 10^8 \text{m/s}}$가 되어 t는 약 8분 20초 정도가 된다.

(2) 빛의 반사

빛도 파동이므로 한 매질속을 진행하다가 다른 매질을 만나면 경계면에서 매질의 종류에 따라 전부 또는 일부가 반사된다.

■ 빛은 매질이 다른 경계면에서 반사와 굴절이 된다.

① 반사의 법칙

•입사각과 반사각은 같다.
•입사광선, 반사광선 및 입사점에 세운 법선은 모두 같은 평면 내에 있다.

② 반사의 종류

ㄱ 정반사 : 편평한 표면에 평행하게 입사한 광선들이 반사후에 평행하게 진행하는 반사
ㄴ 난반사 : 거칠은 표면에 평행하게 입사한 광선들이 반사후 불규칙하게 여러방향으로 흩어지는 반사

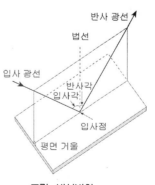

반사 광선

법선

입사 광선

반사각
입사각

입사점

평면 거울

그림. 반사법칙

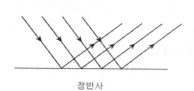

정반사

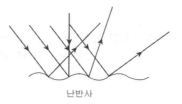

난반사

ⓒ 전반사

앞에서 본 스넬의 법칙에 의하면 $\dfrac{n_2}{n_1} = \dfrac{\sin\theta_1}{\sin\theta_2}$ 에서 굴절률이 큰 매질에서

굴절률이 작은 매질로 빛이 입사할 때 굴절각이 입사각 보다 커지고 또 입사각

θ_1이 커질수록 굴절각 θ_2도 커지게 된다.

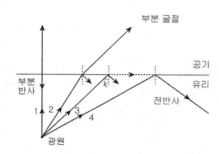

위 그림처럼 유리속에 있는 광원에서 1과 2 경로로 진행할 때는 반사 광선과

굴절 광선이 같이 존재하지만 입사각을 점점 크게 하여 굴절 광선이 없어지는

각을(i_c) 임계각이라 하고 임계각보다 임사각이 크면 전반사가 일어난다.

이러한 전반사는 프리즘을 이용한 망원경이나 광섬유를 이용한 광통신에 널리

사용된다.

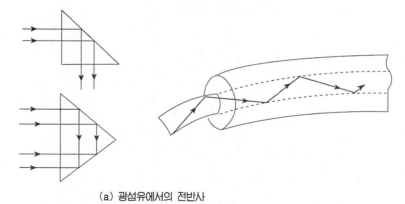

(a) 광섬유에서의 전반사

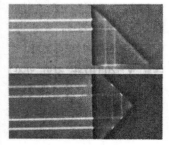

(b) 프리즘

■ 전반사는 광통신에 이용

■ 전반사 조건
굴절률이 큰 매질에서 굴절률이
작은 매질로 진행할 때 임계각
이상에서 발생

■ 전반사의 임계각 구하기

예제1

다음의 생활 속 현상들과 관계가 가장 가까운 파동의 성질은?

<2021년도 국가직 9급 공채>

- 물속에 잠긴 물체의 깊이가 실제보다 얕아 보인다.
- 신기루가 발생한다.

① 반사　　　　　② 굴절　　　　　③ 전반사　　　　　④ 간섭

풀이 굴절 현상에 대한 설명이다.

답 ②

(3) 빛의 굴절

① 굴절의 법칙

빛도 파동의 일종이므로 파동에서 본 것처럼 오른쪽 그림과 같이 매질 I에서 매질 II로 빛이 진행하다가 경계면에서 굴절하게 된다.
따라서 스넬의 법칙에 따라서

$$\frac{n_2}{n_1} = \frac{\sin\theta_1}{\sin\theta_2} = \frac{\lambda_1}{\lambda_2} = \frac{v_1}{v_2}$$

의 관계가 성립한다.

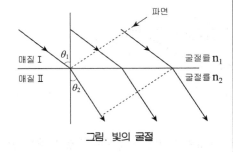

그림. 빛의 굴절

예제2

그림은 단색광 P가 매질 1 → 매질 2 → 매질 1로 진행할 때 P의 경로를 나타낸 것이다. 표는 각 매질의 굴절률, P의 속력, 진동수, 파장을 나타낸 것이다. 표의 물리량의 대소 관계로 옳은 것은? (단, 모눈 간격은 동일하며, 각 매질 1, 2는 균일하다)

<2022년도 9급 경력경쟁>

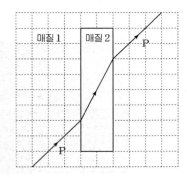

	매질 1	매질 2
굴절률	n_1	n_2
P의 속력	v_1	v_2
P의 진동수	f_1	f_2
P의 파장	λ_1	λ_2

① $n_1 < n_2$　　　② $v_1 > v_2$　　　③ $f_1 > f_2$　　　④ $\lambda_1 < \lambda_2$

풀이 스넬의 법칙 $\frac{n_2}{n_1} = \frac{\sin\theta_1}{\sin\theta_2} = \frac{v_1}{v_2} = \frac{\lambda_1}{\lambda_2}$ ($f_1 = f_2$) 굴절의 관계에서 $v_1 < v_2$, $\lambda_1 < \lambda_2$이다.

답 ④

---

② 떠 보이기

물체를 물속에 넣고 공기중에서 보면 실제보다 떠 보인다. 이것은 굴절률이 큰 물에서 굴절률이 작은 공기 속으로 빛이 나올 때 입사각 i 보다 굴절각 r 이 커지게 된다.

공기의 굴절률이 1이고 물의 굴절률이 n이라면 스넬의 법칙에 의하면 $\dfrac{n_2}{n_1} = \dfrac{\sin\theta_1}{\sin\theta_2}$ 에서

$$n = \frac{\sin r}{\sin i}$$

이고 $\sin r = \dfrac{ao}{ac}$, $\sin i = \dfrac{ao}{ab}$ 이므로

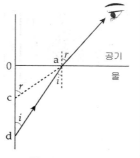

그림. 떠 보이기

$$n = \frac{\dfrac{ao}{ac}}{\dfrac{ao}{ab}} = \frac{ab}{ac}$$ 가 된다. 관측자가 물의 수직 위에서 본다면 $ab = ob$,

$ac = oc$가 되므로 $n = \dfrac{ob}{oc}$ 가 되어 겉보기 깊이는 $oc = \dfrac{ob}{n}$ 가 되어 그림에서 bc 만큼 떠보이게 된다.

즉 $\dfrac{n_2}{n_1} = \dfrac{\sin\theta_1}{\sin\theta_2} = \dfrac{\lambda_1}{\lambda_2} = \dfrac{v_1}{v_2} = \dfrac{h_1}{h_2}$ ($h_1 =$ 실제깊이, $h_2 =$ 겉보기 깊이)

예제3

물의 굴절률은 약 $\dfrac{4}{3}$이다. 이 물속 12m 깊이에 있는 물체는 몇 m 깊이에 있는 것처럼 보이겠는가?

[풀이] $\dfrac{n_2}{n_1} = \dfrac{h_1}{h_2}$ 에서 $\dfrac{4/3}{1} = \dfrac{12}{h_2}$ 이므로 $\dfrac{4}{3}h_2 = 12$ $h_2 = 12 \times \dfrac{3}{4} = 9\text{m}$

[답] 9m

---

4 빛의 간섭과 회절

(1) 빛의 간섭

앞서 우리는 두 개의 파동이 경로차에 따라 보강간섭과 상쇄간섭을 일으킴을 배웠다. 이제 빛에서의 몇 가지 간섭현상을 알아보자.

① 영의 간섭 실험(이중 슬릿에 의한 빛의 간섭)

1801년 영국의 영은 아래 그림과 같은 이중 슬릿을 이용하여 빛의 간섭실험을 하여 밝고 어두운 간섭무늬를 얻어 빛이 파동임을 증명하였다.

■ 광로차 $\Delta = \dfrac{dx}{L}$

$\Delta = \dfrac{\lambda}{2}(2m)$ 보강

$\Delta = \dfrac{\lambda}{2}(2m+1)$ 상쇄

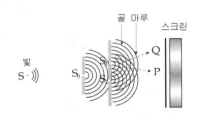

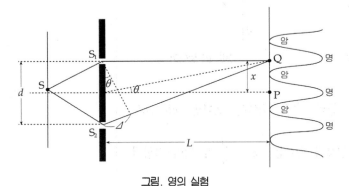

그림. 영의 실험

실험에서 두 개의 슬릿 S_1, S_2의 간격을 d, 슬릿에서 스크린까지의 거리를 L, 스크린의 중앙 (P)에서 무늬까지의 거리를 x라 하고 중심각을 θ라고 하자. 그림에서 두 빛의 광로차 Δ는 $\Delta = QS_2 - QS_1 = d\sin\theta$이고 실험에서 d는 L에 비해 대단히 작은 값이므로 θ도 매우 작아서 $\sin\theta \fallingdotseq \tan\theta$가 되어 $\sin\theta \fallingdotseq \dfrac{x}{L}$이므로 결국 광로차는 $\Delta = d\sin\theta = \dfrac{dx}{L}$이다. 간섭조건에서

$$\frac{dx}{L} = \frac{\lambda}{2}(2m) \quad\cdots\cdots\cdots\cdots\cdots\cdots\cdots\cdots\text{보강간섭(밝은 무늬)}$$

$$\frac{dx}{L} = \frac{\lambda}{2}(2m+1) \quad\cdots\cdots\cdots\cdots\cdots\cdots\cdots\text{상쇄간섭(어두운 무늬)}$$

$$(\text{단 } m = 0, 1, 2, 3, \cdots)$$

이다.

※ 실험에서 무늬 간격과 여러 조건과의 관계

$$\frac{dx}{L} = \frac{\lambda}{2}(2m)\text{에서 } x = \frac{L\lambda m}{d}\text{이다.}$$

따라서

㉠ 파장이 길수록 무늬 간격이 넓어지고

㉡ 슬릿과 스크린 사이 간격이 길수록 무늬 간격이 넓어지고

㉢ 슬릿 사이 간격이 클수록 무늬간격은 좁아진다.

예제 4

이중 슬릿 실험에서 슬릿 사이 간격이 0.3cm이고 슬릿과 스크린 사이 간격이 1m일 때 중앙에서 두번째 어두운 무늬까지의 길이가 0.3mm이었다면 실험에 사용된 단색파장 λ의 길이는 몇 Å인가?

풀이 어두운 무늬이므로 상쇄간섭이 되어

$\dfrac{dx}{l} = \dfrac{\lambda}{2}(2m+1)$이 되고 중앙에서 두 번째 어두운 무늬 이므로 $m = 1$이다.

그리고 $d = 3 \times 10^{-3} m$, $x = 3 \times 10^{-4} m$, $l = 1m$이므로

$\dfrac{3 \times 10^{-3} \times 3 \times 10^{-4} m^2}{1m} = \dfrac{\lambda}{2}(2+1)$

$9 \times 10^{-7} = \dfrac{3\lambda}{2}$, $\lambda = 6 \times 10^{-7} m$

$1m = 10^{10}$ Å 이므로 $\lambda = 6000$ Å 이다.

답 6000 Å

② 얇은 막에 의한 간섭

비누 방울의 막에 햇빛이 비치면 무지개 색으로 보이는 때가 있다. 이것은 비누 방울의 얇은 막에 의한 빛의 간섭현상 때문이다.

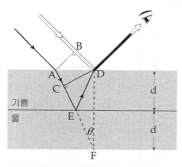

그림. 얇은 막에서 반사하는 빛의 간섭

그림. 비누막에 의한 간섭 무늬

그림과 같이 빛이 공기중에서 두께 d인 얇은 막에 비스듬히 입사하여 D에서 반사되는 광선과 E에서 반사되는 광선이 만나 간섭을 일으킨다.

파면 AB가 진행하여 B가 D에 도달하여 A가 C에 도달하게 된다.

따라서 두 광선의 광로차 Δ는 $\Delta = CE + ED$이고 $ED = EF$이므로

$\Delta = CE + EF = CF$이다.

$CF = 2d\cos\theta$ $(DF = 2d)$이므로

광로차 $\Delta = 2d\cos\theta$이다.

이것은 굴절률 n인 매질(기름) 속에서 빛이 이동한 거리이므로 공기에서 이동거리로 환산하면 $\Delta' = 2nd\cos\theta$가 된다.

㉠ 굴절률이 $n_{공기} < n_{기름} < n_{물}$이면

D점에서 반사는 고정단반사(소한 매질→밀한 매질)가 되어 위상이 $\dfrac{\lambda}{2}$만큼 변한다. 또 E점에서의 반사도 고정단반사가 되어 위상이 $\dfrac{\lambda}{2}$(반파장) 만큼 변하므로 두 반사파는 조건이 같이 되어 광로차 Δ'에 따라 다음과 같이 간섭한다.

$$\Delta' = 2nd\cos\theta = \frac{\lambda}{2}(2m) \cdots\cdots\cdots\cdots \text{보강 간섭(밝다)}$$

$$\Delta' = 2nd\cos\theta = \frac{\lambda}{2}(2m+1) \cdots\cdots\cdots \text{상쇄 간섭(어둡다.)}$$

$$(m = 0, 1, 2, 3, 4, \cdots)$$

ⓒ 굴절률이 $n_{공기} < n_{기름},\ n_{기름} > n_{물}$이면

D점에서는 고정단반사가 되어 위상이 $\frac{\lambda}{2}$(반파장) 변하지만 E점에서는 자유단반사(밀한 매질 → 소한 매질)가 되어 위상이 변하지 않는다. 따라서 광로차 Δ'에 따라 다음과 같이 간섭한다.

$$2nd\cos\theta + \frac{\lambda}{2} = \frac{\lambda}{2}(2m) \cdots\cdots\cdots\cdots \text{보강간섭}$$

$$2nd\cos\theta + \frac{\lambda}{2} = \frac{\lambda}{2}(2m+1) \cdots\cdots\cdots \text{상쇄간섭}$$

정리하면

$$2nd\cos\theta = \frac{\lambda}{2}(2m+1) \cdots\cdots\cdots\cdots \text{보강간섭(밝다)}$$

$$2nd\cos\theta = \frac{\lambda}{2}(2m) \cdots\cdots\cdots\cdots \text{상쇄간섭(어둡다)}$$

$$(m = 0, 1, 2, 3, 4, \cdots)$$

예제5

공기중에 있는 굴절률 n인 얇은 막에 파장 λ인 빛이 수직으로 입사할 때, 반사광이 보강 간섭을 이루기 위한 막의 최소 두께는?

① $\frac{\lambda}{8n}$　　② $\frac{\lambda}{4n}$　　③ $\frac{\lambda}{2n}$　　④ $\frac{\lambda}{n}$　　⑤ $\frac{2\lambda}{n}$

풀이　
$\frac{\displaystyle n1}{\displaystyle \frac{n2}{n3}}$ 에서 공기중에 있는 막이므로 $n_1 = n_3(공기) < n_2$이다.

보강 간섭조건에서

$2nd\cos\theta = \frac{\lambda}{2}(2m+1)$ 이고 수직입사이므로 $\theta = 0$

최소막 두께는 $m = 0$ 이므로 $2nd = \frac{\lambda}{2}$, $d = \frac{\lambda}{4n}$이다.

답 ②

예제6

그림은 입사각 θ_1로 매질 B와 매질 C의 경계면에 입사한 빛이 전반사한 뒤, 매질 B와 매질 A의 경계면에서 굴절각 θ_2로 굴절하여 진행하는 것을 나타낸 것이다. A, B, C의 굴절률을 각각 n_A, n_B, n_C라 할 때, 이들의 크기를 옳게 비교한 것은? (단, $\theta_1 > \theta_2$이다)

<2020년도 지방직 9급 공채>

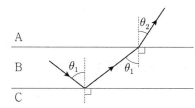

① $n_A > n_B > n_C$　　② $n_A > n_C > n_B$　　③ $n_B > n_A > n_C$　　④ $n_C > n_B > n_A$

풀이 B, C 면사이에 전반사가 일어남으로 $n_B > n_C$이고 A, B면에서 $\theta_2 < \theta_1$의 굴절에서 $n_A > n_B$이다. $n_A > n_B > n_C$

답 ①

---

③ 뉴턴 링(Newton's ring)

평판유리 위에 반지름이 큰 평볼록렌즈를 놓고 위에서 단색광을 비추면 중간의 공기층이 얇은 막구실을 하여 렌즈의 아래면과 위면에서 반사된 빛이 간섭에 의해 명암의 무늬가 나타난다.

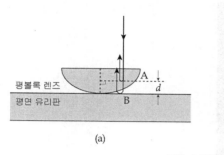

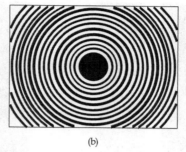

(a)   (b)

그림. 뉴턴의 원무늬

위의 그림에서 렌즈에 수직 입사된 빛은 A와 B에서 각각 반사되는데 A에서 반사는 자유단 반사(밀한 매질 → 소한 매질의 반사)이므로 위상이 변하지 않지만 B에서 반사는 고정단반사 (소한 매질 → 밀한 매질의 반사)가 되어 위상이 $\frac{\lambda}{2}$ (반파장) 변하게 된다. 따라서 광로차 $\Delta (= 2d)$에서 간섭 조건은

$$\Delta = 2d = \frac{\lambda}{2}(2m+1) \quad \cdots\cdots\cdots\cdots\cdots\cdots\cdots\cdots\cdots\cdots\cdots \text{보강간섭(밝다)}$$

$$\Delta = 2d = \frac{\lambda}{2}(2m) \quad \cdots\cdots\cdots\cdots\cdots\cdots\cdots\cdots\cdots\cdots\cdots\cdots \text{상쇄간섭(어둡다)}$$

$$(m = 0,1,2,3,4,\cdots)$$

와 같이 된다.

*d의 계산

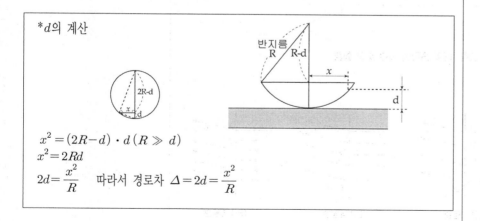

$x^2 = (2R-d)\cdot d\,(R \gg d)$

$x^2 = 2Rd$

$2d = \frac{x^2}{R}$ 따라서 경로차 $\Delta = 2d = \frac{x^2}{R}$

(2) 빛의 회절

회절이란 파동이 장애물의 뒤에까지 전달되는 현상임을 앞서 배웠다. 빛도 파동이므로 오른쪽 그림과 같이 (a) 작은 구멍에서의 회절과 (b)광원과 스크린 사이의 가는 막대에 의한 회절이 나타남을 알 수 있다.

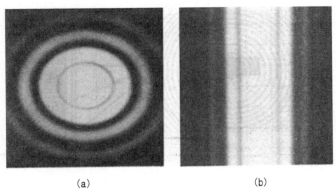

(a)   (b)

그림. 빛의 회절 무늬

① 단일 슬릿에 의한 회절

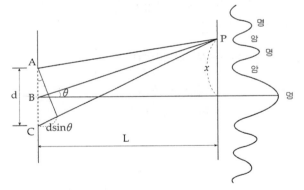

그림. 단일 슬릿에 의한 회절 실험

KEY POINT

■ 단일 슬릿에 의한 광로차 Δ

$\Delta = d\sin\theta$

$\Delta = \dfrac{\lambda}{2}(2m+1)$ 보강

$\Delta = \dfrac{\lambda}{2}(2m)$ 상쇄

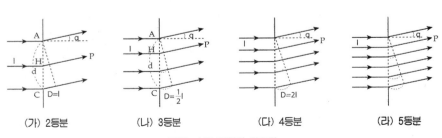

(가) 2등분   (나) 3등분   (다) 4등분   (라) 5등분

그림. 슬릿 간격과 광로차

실험에서 슬릿 AC 사이에 여러 개의 점파원이 만들어지고 이 점파원들이 호이겐스의 원리에 따라 진행하며 스크린에 밝고 어두운 무늬를 만들었다. 스크린의 중앙은 각 점파원들로부터 거의 같은 거리에 있으므로 빛의 위상이 모두 같아서 밝은 무늬를 만들고 위의 그림에서 P점의 어두운 무늬는 A광선과 B광선이 상쇄되었다고 생각하면 AB와 BC의 각각 파원들이 상쇄된다고 할 것이다.

A광선과 B광선이 상쇄되면 광로차는 BB'이고 $BB' = \dfrac{\lambda}{2}$가 된다.

또 $2BB' = CC'$이므로 $CC' = \lambda$가 되어 $CC' = d\sin\theta = \dfrac{\lambda}{2}(2m)$일 때 상쇄 간섭이 일어난다. 그림 (가)와 같은 경우이다.

보강 간섭의 경우, 즉 그림 (나)는 광로차 Δ가 $\dfrac{\lambda}{2}(2m+1)$인 경우는 Δ를 $(2m+1)$등분하여 생각하자.

즉 $\Delta = \dfrac{3}{2}\lambda$인 경우 슬릿 d 간격도 3등분했을 때 AB와 BC의 빛이 앞에서 (가) 본 것처럼 상쇄되고 CD부분만 빛이 나아가 밝은 무늬가 된다.

따라서 $\Delta = d\sin\theta = \dfrac{\lambda}{2}(2m+1)$일 때 밝은 무늬가 생긴다.

정리하면

$$d\sin\theta = \frac{dx}{L} = \frac{\lambda}{2}(2m) \qquad m = 1, 2, 3, \cdots \qquad \text{어두운 무늬}$$

$$d\sin\theta = \frac{dx}{L} = \frac{\lambda}{2}(2m+1) \qquad m = 1, 2, 3, \cdots \qquad \text{밝은 무늬}$$

■ 어두운 무늬

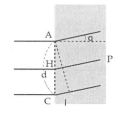

$A \sim B$사이를 통과한 광자들이 $B \sim C$사이를 통과한 광자들과 짝을 이루어 상쇄된다.

예제7

단일 슬릿에서 빛의 무늬를 관측할 때 실험에 따라 밝고 어두운 무늬 간격이 다르게 나타났다. 이와 같이 무늬 간격이 넓게 또는 좁게 나타날 수 있는 이유로 적당한 것은?

────── 보 기 ──────

㉠ 슬릿의 나비를 변화시켰다.
㉡ 슬릿과 스크린 사이의 거리를 좁혔다.
㉢ 빛의 색을 달리 하였다.
㉣ 빛의 세기를 변화시켰다.

① ㉠, ㉡
② ㉠, ㉡, ㉢
③ ㉡, ㉢, ㉣
④ ㉠, ㉡, ㉣
⑤ ㉠, ㉢, ㉣

[풀이] $\dfrac{dx}{L} = \dfrac{\lambda}{2}(2m)$에서 $x \propto \dfrac{L \cdot \lambda}{d}$이므로 슬릿과 스크린 사이거리 (L)와 입사파장 $(\lambda : \text{빛의 색})$에 비례하고 슬릿의 폭 (d)에 반비례한다.

[답] ②

예제8

그림은 전구에서 나오는 빛을 두 개의 편광판을 통해 보는 모습을 나타낸 것이다. 편광판 B는 편광판 A를 90° 회전시킨 것이고 편광판 C는 편광판 A를 45° 회전 시킨 것이다. 이에 대한 설명으로 옳은 것만을 모두 고른 것은?

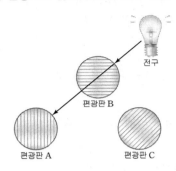

─ 보 기 ─
㉠ 편광판 A와 B를 겹쳐서 보면 전구가 보이지 않는다.
㉡ 편광판 C로만 전구를 보면 전구가 실제보다 어두워 보인다.
㉢ 편광판 A와 B 사이에 편광판 C를 넣으면 전구를 볼 수 있다.

① ㉠, ㉡   ② ㉠, ㉢
③ ㉡, ㉢   ④ ㉠, ㉡, ㉢

[풀이] ㉠ 서로 수직인 편광판을 두 개 지나는 경우 빛이 통과하지 못하기 때문에 전구는 보이지 않는다.

㉡ 편광판을 한 개 지날 때 마다 전구의 밝기는 $\frac{1}{2}$이 되므로 편광판 C를 지나면 전구 의 밝기는 실제보다 어두워진다.

㉢ 빛이 편광판을 B, C, A 순으로 지날 때 A를 통해 통과하는 빛이 있으므로 전구를 볼 수 있다.

[답] ④

말루스의 법칙

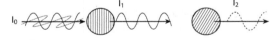

편광판 1개를 통과한 빛의 세기 I_1 은 $I_1 = \frac{1}{2}I_0$이고

두 편광판의 평광 축 사이각을 θ라 하면 두 번째 편광판을 통과한 빛의 세기

$I_2 = I_1 \cos^2\theta$이다.

따라서 $I_2 = \frac{1}{2}I_0\cos^2\theta$ 이다.

연습문제

1 신장 170cm인 사람이 거울 앞 2m 떨어진 지점에서 자신을 볼 때 자신과 거울에 비친 상과의 거리는 몇 m인가?

① 2 m   ② 4 m

③ 6 m   ④ 8 m

⑤ 알 수 없다

해설 **1**
평면 거울에 의한 상은 물체와 거울의 거리만큼 거울의 뒤쪽에 허상이 맺힌다. 따라서 4m

2 위의 1번 문제에서 거울을 1m사람 앞으로 당기면 상의 위치 변화는 어떻게 되겠는가?

① 상이 물체 쪽을 1 m 이동

② 상이 물체의 반대쪽으로 1 m 이동

③ 상이 물체 쪽으로 2 m 이동

④ 상이 물체의 반대쪽으로 2 m 이동

⑤ 상은 제자리에 있다.

해설 **2**
거울을 움직이면 상은 거울의 거리에 2배를 움직이므로 2m 전진한다.

3 진공중에서 6000Å의 빛의 파장이 유리속으로 들어가면 그 파장은 얼마로 되는가? 단 유리의 굴절률은 $\frac{3}{2}$이다.

① 2000 Å

② 3000 Å

③ 4000 Å

④ 6000 Å

⑤ 9000 Å

해설 **3**
$\frac{n_2}{n_1} = \frac{\sin\theta_1}{\sin\theta_2} = \frac{\lambda_1}{\lambda_2}$ 에서

$\frac{\frac{3}{2}}{1} = \frac{6000}{\lambda_2}$ $\frac{3}{2}\lambda_2 = 6000$

$\lambda_2 = 4000 Å$

4 굴절과 회절에 대하여 옳지 않은 것은?

① 굴절은 밀도가 다른 두 매질 사이에서 일어난다.

② 회절은 매질 속에서 장애물이 있을 때 진로를 굽혀서 장애물 뒤에까지 도달한다.

③ 회절은 파장이 길수록 회절성이 커진다.

④ 굴절은 파장이 짧을수록 많이 꺽인다.

⑤ 굴절과 회절은 파장이 길수록 그 율이 더하다.

해설 **4**
굴절은 파장이 짧을수록 회절은 파장이 길수록 강하다.

5 파장이 λ인 단색광이 단일 슬릿을 통하여 회절한 후 스크린 위의 중앙점 O 로부터 첫 번째 밝은 무늬가 P점에 만들어졌다. 경로 AP와 BP사이의 경로 차 $\triangle$ 는?

① 2λ

② $\dfrac{3}{2}\lambda$

③ λ

④ $\dfrac{\lambda}{2}$

⑤ $\dfrac{\lambda}{4}$

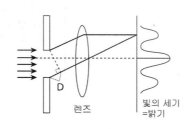

렌즈   빛의 세기 =밝기

6 아래 그림은 굴절률이 n이고 두께가 d인 얇은 막에 입사각 i로 빛을 비출 때, 표면 반사광과 밑변 반사광의 간섭현상을 나타낸 것이다. 두 광선 ㉠, ㉡이 D에서 만났을 때의 광로차는?

① $2\,d\cos r$

② $2\,nd\cos i$

③ $2\,nd\cos r$

④ $2\,nd\sin i$

⑤ $2\,nd\sin r$

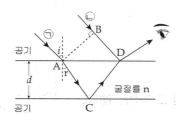

7 아래 그림과 같이 영의 간섭 실험에서 슬릿 사이 간격 d는 2mm이며 중앙 밝은 무늬에서 첫 번째 밝은 무늬 P점까지 거리가 0.3mm일 때 입사된 빛의 파장은 몇 Å인가? 슬릿과 스크린 사이의 거리는 1m이다.(1m = 10^{10}Å)

① 15000 Å

② 6000 Å

③ 3000 Å

④ 1500 Å

⑤ 6670 Å

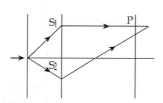

해 설

해설 **5**

$\Delta = \dfrac{\lambda}{2}(2m+1)$ ⋯ 밝은 무늬

첫 번째이므로 $m = 1 = 0$ $\Delta = \dfrac{3}{2}\lambda$

해설 **6**

얇은 막에서의 광로차는
$\Delta = 2\,nd\cos r$이다.

해설 **7**

밝은 무늬 간섭은 $\dfrac{dx}{l} = \dfrac{\lambda}{2}(2m)$
첫 번째 밝은 무늬는 $m = 1$이다.
$\dfrac{2\times10^{-3}m \times 3\times10^{-4}m}{1m} = \lambda$
$\lambda = 6\times10^{-7}m$ $\lambda = 6000$Å

정답 5. ② 6. ③ 7. ②

제**6**장 현대물리

출제경향분석

이 단원은 현대 물리에서는 반드시 모든 시험에서 2문제 이상 출제되고 있다. 빛의 이중성 부분에서는 광전효과에 대해 모든 것을 알아두어야 한다. 물질파의 파장에 대해 숙지하고 원자모형에 관해서는 보어의 모형에 대해 꼭 알아두어야 하고 반감기 문제도 간혹 출제되므로 익혀두어야 한다.

세 부 목 차

1. 빛과 물질의 이중성

1 빛의 이중성

(1) 플랑크의 양자 가설

플랑크는 고온의 물체가 빛에너지를 방출하거나 흡수할 때 그 에너지를 연속적이 아닌 빛의 진동수에 비례하는 불연속적인 어떤 양으로 나타난다는 양자 가설을 주장하여 열복사에 대한 그래프로 증명하였다.(양자란 복사에너지가 연속적인 값을 갖지 않는 작은 에너지 덩어리이다.) 진동수 f 의 빛이 방출하는 에너지는 hf 의 정수배 만큼 방출된다는 것이다. 즉 복사에너지 E는 $E = nhf$ (n : 정수)이다.
h 는 플랑크 상수이며 그 값은 $h = 6.626 \times 10^{-34} J \cdot S$이다.
따라서 빛이 갖는 단위 에너지 양자는 $E = hf = \dfrac{hc}{\lambda}$로 표현된다.

■ 광량자의 에너지
$$E = hf = \frac{hc}{\lambda}$$

(2) 광전효과

오른쪽 그림처럼 검전기에 미리(−)전하로 대전시켜 금속박이 열리게 한 후 자외선이 방출되는 전등을 금속판에 쪼이면 벌어졌던 금속박이 닫히게 된다. 이것은 아연판(금속판)에서 전자들이 자외선에 의해 방출되었음을 의미한다. 이와 같이 빛을 물질에 쪼였을 때 전자가 튀어 나오는 현상을 광전효과라고 하고 이때 튀어나오는 전자를 광전자라고 한다.
그런데 이러한 광전효과는 빛이 파동이면 일어날 수 없는 현상으로 모순이 생기게 된다. 이러한 모순을 아인쉬타인은 플랑크의 양자가설을 적용하여

그림. 광전 효과의 실험

■ 광전효과 빛이 입자성을 갖는다.

빛도 입자의 성질을 가지며 빛의 입자를 광자라고 하고 진동수 f 인 빛의 에너지 E와 운동량 P를 $E = hf = \dfrac{hc}{\lambda}$ $P = \dfrac{hf}{c} = \dfrac{h}{\lambda}$ 로 나타냈다.

① 광전 효과의 실험

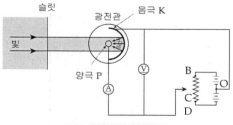

그림. 광전효과 실험장치

위와 같은 실험 장치를 이용하여 실험한 결과 다음과 같은 실험 결과를 얻을 수 있다.

㉠ 금속에서 광전자가 튀어나오게 하려면 금속의 종류에 따라 다르게 정해지는 특정 진동수 f_0 이상의 빛을 비추어야 한다. 이때 f_0를 한계 진동수라고 한다.

㉡ 한계 진동수 f_0 이하의 빛은 빛의 세기가 아무리 커도 광전자가 튀어나오지 않는다.

㉢ 한계진동수 f_0 이상의 빛은 빛의 세기가 약해도 광전자가 튀어나온다.

㉣ 한계 진동수 f_0 이상의 빛에서는 빛의 세기가 클수록 튀어나오는 광전자의 수가 많았다.(광전류가 커진다.)

㉤ 한계 진동수 f_0 이상의 빛에서 진동수가 크면 광전자의 운동에너지가 커진다.(광전압이 커진다.)

예제 1

그림은 어느 금속 표면에 세 종류의 빛을 쏘여 줄 때, 쏘여 주는 광자 한 개의 에너지와 방출되는 광전자의 최대 운동에너지를 나타낸 것이다. 이에 대한 설명으로 옳지 않은 것은?   <2020년도 9급 공채>

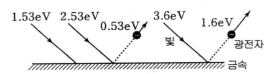

① 빛의 입자성을 확인할 수 있는 실험이다.
② 금속의 일함수는 2 eV이다.
③ 1.53 eV인 빛의 세기를 더 크게 해서 쏘여 주어도 광전자가 방출되지 않는다.
④ 4.5 eV의 광자 1개가 금속 표면에 부딪치면 광전자 2개가 방출된다.

[풀이] 광전 효과 실험으로 빛의 입자성을 알 수 있고 $E_K = hf - w$에서 일함수 값은 2eV이다.
4.5eV의 광자를 비추면 전자의 운동에너지가 더 큰 2eV가 된다.

[답] ④

② 광전자의 운동에너지

광전 효과는 광자가 금속 표면에 닿아 그 에너지를 전자에게 주어 전자를 금속에서 탈출시키는 것으로 광자의 에너지 hf가 커질수록 방출되는 전자의 에너지도 커진다.

그런데 금속판으로부터 전자가 튀어나오려면 금속고유의 특성에 따라 얼마간의 일이 필요하게 되어 방출전자의 에너지는 흡수된 광자의 에너지 보다 작다. 그림처럼 금속내부에

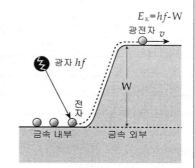

그림. 광전효과의 설명

광자의 에너지 hf를 주면 전자가 흡수하여 튀어나올 때 운동에너지 E_k는

$E_k = hf - W$ $(w = hf_0)$이다.

여기서 w는 전자가 금속 표면에서 외부로 튀어나오는데 필요한 일함수이다. 즉 그래프로 나타내보면 아래 그림과 같다.

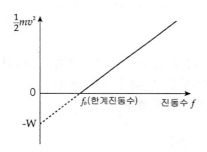

그림. 입사광의 진동수와 운동에너지

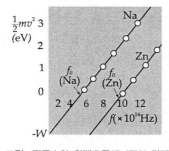

그림. 진동수와 최대운동에너지의 관계

몇 가지 금속의 한계진동수와 일함수

물질	한계진동수 $(\times 10^{14} Hz)$	일함수 (eV)
아 연	10.42	4.31
구 리	11.75	4.86
나 트 륨	5.51	2.28
세 슘	4.56	1.89

예제2

표는 서로 다른 금속 A, B에 진동수와 세기가 다른 단색광 P, Q를 비추었을 때 튀어나오는 광전자의 단위 시간당 개수를 나타낸 결과이다. 이에 대한 설명으로 옳은 것은?　　　　　　　　　　　　　　　　　　　　　　　　　　　　　〈2022년도 9급 경력경쟁〉

금속판	단색광	튀어나오는 광전자의 단위 시간당 개수
A	P	2N
	Q	N
B	P	2N
	Q	0

① 진동수는 Q가 P보다 크다.
② A의 문턱(한계) 진동수는 P의 진동수보다 크다.
③ B의 문턱(한계) 진동수는 Q의 진동수보다 크다.
④ B에 비추는 Q의 세기를 증가시키면 광전자가 나올 것이다.

[풀이] 금속판 B에서 광 P가 광 Q보다 진동수가 크다. 같은 광선 Q에서 B금속은 전자가 튀어나오지 않으므로 문턱진동수가 Q보다 크다.

[답] ③

(3) 콤프턴 효과

미국의 물리학자 콤프턴은 아래 그림과 같이 물체에 X선을 비추어 물질속의 전자가 튀어 나가고 입사된 X선보다 파장이 긴 X선이 산란되고 산란각이 커질수록 산란된 X선의 파장은 커진다는 사실을 발견하였다. 이것을 콤프턴 효과라고 한다.

■ 콤프턴 효과는 빛의 입자성 증명

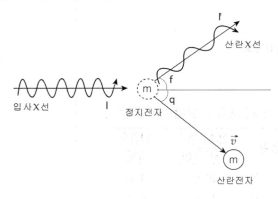

위의 그림에서 입사 X선의 파장을 λ, 산란 X선의 파장을 λ' X선의 산락각을 ϕ 이고 전자가 θ 방향으로 v 속도로 튀어 나아갈 때 전자의 질량 m, 광속이 c 라면 입사 X선의 에너지 $E = \dfrac{hc}{\lambda}$ 산란 X선의 에너지 $E' = \dfrac{hc}{\lambda'}$

산란후 전자의 에너지는 $\dfrac{1}{2}mv^2$ 이므로

운동에너지 보존에서 $\dfrac{hc}{\lambda} = \dfrac{hc}{\lambda'} + \dfrac{1}{2}mv^2$ ……………………………… ㉠이다.

운동량 보존에서는 x방향 $\dfrac{h}{\lambda} = \dfrac{h}{\lambda'}\cos\phi + mv\cos\theta$

y방향 $0 = \dfrac{h}{\lambda}\sin\phi - mv\sin\theta$

위의 두식에서 θ를 소거하면 $m^2v^2 = \dfrac{h^2}{\lambda^2} + \dfrac{h^2}{\lambda'^2} - \dfrac{2h^2}{\lambda\lambda'}\cos\phi$이고

이것을 ㉠식에 대입하면 $2mhc\left(\dfrac{1}{\lambda} - \dfrac{1}{\lambda'}\right) = \dfrac{h^2}{\lambda^2} + \dfrac{h^2}{\lambda'^2} - \dfrac{2h^2}{\lambda\lambda'}\cos\phi$이다.

■ 산란파장의 늘어난 길이는
$\Delta\lambda = \dfrac{h}{mc}(1 - \cos\phi)$

그런데 X선의 입사파장 λ와 산란파장 λ'는 근사적으로 $\lambda^2 ≒ \lambda'^2 ≒ \lambda\lambda'$가 되어 충돌전후의 파장차이 $\Delta\lambda$는 $\Delta\lambda = \lambda' - \lambda = \dfrac{h}{mc}(1 - \cos\phi)$가 된다.

여기서 $\dfrac{h}{mc}$를 콤프턴 파장이라 하고 그값은 0.024Å이다.

이와 같이 콤프턴 효과는 빛을 광자의 흐름으로 보아 보통의 입자의 충돌에서 운동에너지와 운동량 보존의 법칙이 성립하듯이 광자와 전자의 충돌로 빛이 갖는 **입자성**을 설명하고 있다.

2 물질의 이중성

(1) X선

① X선의 발생

독일의 뢴트겐이 음극선 실험중 텅스텐 같은 금속을 (+)극으로 하여 고속의 전자를 충돌시킬 때 투과력이 강한 짧은 파장의 광선이 방출되는데 이것이 X선이다.

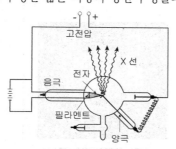

그림. X선 발생관의 구조

■X선은 파장이 매우 짧은 빛으로 발생은 광전효과의 역과정에 의해 발생한다.

위의 그림과 같은 장치를 하고 필라멘트에 전류를 흐르게 하면 전자가 방출되고 전자는 음극(필라멘트)과 양극사이에 걸어준 높은 전압에 의해 가속되어 큰 에너지를 가지고 금속판에 충돌하여 에너지를 잃고 X선이 방출된다.

이 에너지가 모두 X선의 광자에너지로 변한다고 하면 이때 발생한 X선의 최소 파장 $\lambda_{\min}$은 $eV = \dfrac{1}{2}mv^2 = \dfrac{hc}{\lambda_{\min}}$ $\therefore \lambda_{\min} = \dfrac{hc}{eV}$이다.

② X선의 성질 및 이용

㉠ X선은 자기장이나 전기장에서 진로가 변하지 않는다.

㉡ 투과력이 강하고 형광작용 및 사진건판을 감광시키는 감광작용이 있다.

㉢ 반사, 굴절, 회절, 간섭을 일으키며 편광 현상이 있다.

㉣ 기체 분자를 이온화시키는 전리작용이 있다.

㉤ 광전효과와 같은 입자성이 있다.

㉥ 투과력이 강하여 인체 내부의 사진을 찍을 수 있고 세포를 파괴하는 생리작용을 한다.

㉦ 생식 세포의 유전자를 변화시켜 돌연변이를 일으키게 한다.

㉧ 결정체에 투과시켜서 회절 무늬를 활용하여 결정체의 원자구조를 연구한다.

(2) 물질파

① 물질파

1924년 프랑스의 물리학자 드브로이는 파동이라고만 여겨왔던 빛이 입자성을 갖는다면 입자라고만 생각하고 있는 전자도 파동성을 가질 것이라는 가설을 제시하고 질량 m인 입자가 v속도로 운동할 때 입자는 파장 $\lambda = \dfrac{h}{mv}$를 갖는다고 하였다.

이 파장 λ를 드브로이 파장이라 하고 이 입자의 파동을 물질파라고 한다.

이 가설은 후에 1927년 데이비슨과 거머에 의해 전자회절간섭무늬실험을 통해 증명되었다.

② 전자의 파동성

정지하고 있는 전자에 전위차 V를 주어 전자를 가속시켜 속력이 v로 되었다면

전자의 파장 즉 물질파는 다음과 같이 구해진다.

$$e V_0 = \frac{1}{2}mv^2 \, (p = mv)$$
$$= \frac{P^2}{2m}$$
$$P = \sqrt{2me V_0}$$
$$\lambda = \frac{h}{mv} = \frac{h}{p}$$
$$\lambda = \frac{h}{\sqrt{2me V_0}} \, \text{이다.}$$

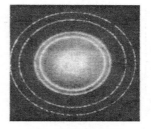

그림. 전자의 회절사진

예제3

표는 질량이 서로 다른 입자 A, B의 운동 에너지와 속력을 나타낸 것이다. A와 B의 물질파 파장을 각각 λ_A, λ_B 라고 할 때, $\lambda_A : \lambda_B$ 는? (단, 상대론적 효과는 무시한다)

<2022년도 9급 경력경쟁>

입자	운동 에너지	속력
A	E	$\frac{1}{2}v$
B	$2E$	$2v$

$\quad \underline{\lambda_A} \quad : \quad \underline{\lambda_B}$
① 2   1
② 4   1
③ 1   2
④ 1   4

풀이 운동에너지는 $\frac{1}{2}mv^2$ 이다. B가 A의 2배인데 속력이 4배이므로 질량이 B가 A의 8배이다.

A 입자는 질량과 속력이 $8m$, $\frac{1}{2}v$ B입자는 질량과 속력이 m, $2v$ 이다.

물질파 파장 $\lambda = \frac{h}{mv}$ 이므로 $\lambda_A = \frac{h}{4mv}$ $\lambda_B = \frac{h}{2mv}$ 이고 $\lambda_A : \lambda_B = 1 : 2$ 이다.

답 ③

③ 물질의 이중성

앞에서 우리는 빛이 파동성과 입자성을 동시에 갖는다는 것을 배웠고 또 지금 전자나 양성자, 중성자 등 입자 역시 빛과 마찬가지로 파동성을 가짐을 알았다. 이와같이 물질입자가 파동성과 입자성을 다 갖는 이런 성질을 물질의 이중성이라고 한다.

따라서 물질이 입자성을 갖는지 파동성을 갖는지는 의도하는 측정장치에 달려 있다. 이것을 보어의 상보성원리라 한다.

예제4

그림과 같은 단면구조를 가지는 투과 전자 현미경에 대한 설명으로 옳지 않은 것은? <2022년도 9급 경력경쟁>

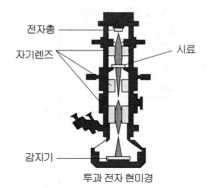

전자총

자기렌즈

시료

감지기

투과 전자 현미경

① 전자의 파동성을 이용한다.
② 전자의 파장이 클수록 높은 분해능을 가진다.
③ 최대 배율은 광학 현미경의 최대 배율보다 크다.
④ 자기렌즈는 자기장을 이용하여 전자선을 모을 수 있다.

[풀이] 파장이 클수록 회절이 잘 일어나고 분해능은 떨어진다.

[답] ②

예제5

주사 전자 현미경에 사용하는 전자 A와 B의 운동량 크기는 각각 p와 $2p$이다. 이에 대한 설명으로 <보기>에서 옳은 것만을 모두 고르면? <2021년도 국가직 9급 공채>

보 기

ㄱ. 속력은 A가 B보다 크다.
ㄴ. 물질파 파장은 A가 B보다 길다.
ㄷ. A를 사용하였을 때 더 작은 구조를 구분할 수 있다.

① ㄴ ② ㄷ
③ ㄱ, ㄴ ④ ㄱ, ㄷ

[풀이] 운동량 $P = mv$ B가 A보다 운동량이 2배 이므로 속력은 B가 A의 2배이다.

$\lambda = \dfrac{h}{mv}$ 파장은 A가 길다. 파장이 짧을수록 더 작은 구조를 구분할 수 있다.

[답] ①

연습문제

1 광전 효과에서 튀어나오는 광전자의 속도는 다음 중 어느 것에 비례하는가?

① 진동수   ② 광속
③ 빛의 세기   ④ 진동수와 광속
⑤ 빛의 세기와 진동수

해설 **1**

$\frac{1}{2}mv^2 = hf - w$ 에서 $v \propto \sqrt{f}$ 이다.

2 광전 효과를 바르게 설명한 말은 다음중 어느 것인가?

① 금속표면에 전자를 입사시켰더니 X선이 나왔다.
② 금속표면에 X선을 입사시켰더니 가시광선이 나왔다.
③ 금속표면에 자외선을 입사시켰더니 광전자가 나왔다.
④ 금속표면에 전자를 입사시켰더니 광전자가 나왔다.
⑤ 정답이 없다.

3 다음 중 빛의 입자성을 나타내는 현상은?

① 렌즈위에 얇은막 코팅
② 전자의 회절
③ 영의 간섭실험
④ 광전효과
⑤ 저녁노을

해설 **3**
광전효과, 콤프턴효과, 광압현상은 빛의 입자성을 나타낸 것이다.

4 전자의 파동성을 예측한 사람은?

① 플랑크   ② 드브로이
③ 보어   ④ 데이비슨
⑤ 아인쉬타인

5 파장이 2λ인 광량자의 에너지는 파장이 λ인 광량자에 비하여 몇 배의 에너지를 갖는가?

① 4 배
② 2 배
③ 1 배
④ $\frac{1}{2}$ 배
⑤ $\sqrt{2}$ 배

해설 **5**

$E = \frac{hc}{\lambda}$ 에서 $E \propto \frac{1}{\lambda}$ 로 에너지는 파장에 반비례한다.

정답 1. ①   2. ③   3. ④   4. ②   5. ④

6 광전류의 크기의 증가 감소는 다음의 어느 것과 관계 있는가?

① 빛의 진동수
② 빛의 파장
③ 빛의 반사
④ 빛의 굴절
⑤ 빛의 세기

7 오른쪽 그래프는 광전효과를 그래프로 나타낸 것이다. 그래프에서 기울기가 의미하는 것은 다음 중 어느 것인가?

① 광속도
② 드브로이 파장
③ 플랑크 상수
④ 광량자의 에너지
⑤ 한계 진동수

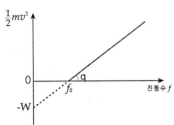

8 콤프턴 효과에서 입사광선 λ와 산란광선 λ'와의 관계는?

① $\lambda' < \lambda$
② $\lambda' = \lambda$
③ $\lambda' > \lambda$
④ $\lambda' \geqq \lambda$
⑤ $\lambda' \leqq \lambda$

9 전압을 V로 걸어 전자를 가속시켰더니 물질파의 파장이 λ였다면 전압을 $4V$로 걸어 전자를 가속시키면 파장의 크기는?

① 4λ
② 2λ
③ λ
④ $\frac{1}{2}\lambda$
⑤ $\frac{1}{4}\lambda$

해 설

 6
빛의 진동수는 광전압에 관계있고 빛의 세기가 커질수록 광전자의 수가 많아져 광전류가 증가한다.

해설 **7**
$\frac{1}{2}mv^2 = hf - w$가 광전효과에서 광전자의 운동에너지 관계식이므로 $-w$는 $\left(\frac{1}{2}mv^2\right)$축의 절편이고 기울기는 h, 즉 플랑크 상수이다.

해설 **9**
$\frac{1}{2}mv^2 = eV$에서 $m^2v^2 = 2meV$이고 $\lambda = \frac{h}{mv}$이므로 $\lambda = \frac{h}{\sqrt{2meV}}$이다.
따라서 $\lambda \propto \frac{1}{\sqrt{V}}$

정답 6. ⑤ 7. ③ 8. ③ 9. ④

그림과 같이 거리 d 만큼 떨어진 고정된 두 벽 사이에서 질량이 m 이고 전하량이 e 인 입자가 왕복 운동을 하고 있다. 이 입자의 물질파가 벽 사이에서 정상파를 만들고 또 이 입자는 전기파를 방출하고 있다고 가정한다.(단, 이 입자와 벽 사이의 충돌은 완전 탄성 충돌이다.)
이 입자의 운동량을 d, h, n 을 써서 표시하라.

① $\dfrac{n\lambda}{2d}$

② $\dfrac{2d}{n\lambda}$

③ $\dfrac{d\lambda}{2n}$

④ $\dfrac{2n}{d\lambda}$

⑤ $\dfrac{n\lambda}{d}$

m

d

해 설

해설 10

거리 d 인 벽 사이에서 파장은
$d=\dfrac{\lambda}{2}n$ ($n=$자연수)이다.

운동량 $P=\dfrac{h}{\lambda}$ 이므로 $P=\dfrac{nh}{2d}$ 이다.

2. 원자의 구조

1 전자와 원자핵의 발견

(1) 전자의 발견

① 진공 방전

오른쪽 그림과 같이 관의 양 끝에 (+), (−)의 두 전극에 높은 전압을 걸어주고 진공 펌프로 유리관속의 압력을 낮추어 주면 방전현상이 나타나는 데 이것을 진공방전이라 한다. 유리관의 압력에 따라 다음과 같이 나눌 수 있다.

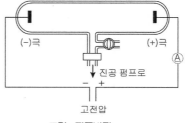

그림. 진공방전

■ 음극선의 본질은 전자

ㄱ 압력이 50~20mmHg이면 붉은 보라색의 아크(arc) 방전이 일어난다.

ㄴ 압력이 10~1mmHg이면 보라색의 글로우 방전이 일어난다. 글로우(glow) 방전하는 방전관을 가이슬러(Geissler)관이라 하고 네온사인 등에 이용된다.

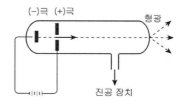

ㄷ 압력이 10^{-3}mmHg 정도되면 빛이 없어지고 그림처럼 음극의 반대쪽 관에 엷은 연두색 형광빛이 나타난다.

② 음극선

위에서 본 것처럼 압력이 10^{-3}mmHg의 낮은 압력에서 녹색형광이 나타나는 이유는 음극에서 무엇인가 나와서 유리벽에 부딪혀 형광을 내게 하는 것으로 이것을 음극선이라고 한다.

실험을 통해 조사한 음극선의 성질은 다음과 같다.

■ 음극선의 성질 암기

ㄱ 음극선은 직진한다. 장애물을 놓아두면 뒤쪽에 그림자가 생긴다.

ㄴ 진공 방전관 내부에 바람개비가 돌아가는 것으로 보아 음극선은 질량을 갖고 있다.

ㄷ 음극선은 유리나 형광물질에 부딪히면 형광을 발생시킨다.

ㄹ 사진 건판을 감광시킨다.

ㅁ 전기장과 자기장에서 진로가 휜다.

ㅂ 금속판에 부딪히면 X선을 발생시킨다.

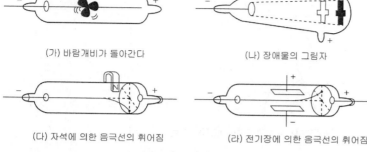

(가) 바람개비가 돌아간다 (나) 장애물의 그림자

(다) 자석에 의한 음극선의 휘어짐 (라) 전기장에 의한 음극선의 휘어짐

그림. 음극선의 성질 실험

이와 같은 실험결과 음극선은 (−)전하를 띤 입자의 흐름임을 알 수 있고 1897년 톰슨은 이 입자를 전자라고 불렀다.

■ 전자의 발견−톰슨

③ **전자의 비전하 측정**

비전하란 대전입자의 전하량 q와 질량 m의 비 $\dfrac{q}{m}$를 비전하라고 한다.

오른쪽 그림에서 전위차가 V 전자의 전하량을 q, 질량을 m, 자기장을 B_1, 전자의 속도를 v라 하면 전자의 속도 v는 $eV = \dfrac{1}{2}mv^2$ $v = \sqrt{\dfrac{2eV}{m}}$ 이고 이전자가 균일한 자기장 B속에 수직 입사하면 등속원운동을 하게 된다. 이때 구심력=로렌쯔의 힘이 성립하므로 $\dfrac{mv^2}{r} = Bev$이고 이식에 v값을 대입하여 정리하면 $\dfrac{e}{m} = \dfrac{2V}{2B^2r^2}$ 이다.

실험에 의해 측정된 비전하 값은 $e/m = 1.76 \times 10^{11c}/\mathrm{kg}$이다.

그림. 전자의 비전하 측정

(2) 원자핵의 발전

* 러더퍼드(Rutherford)의 α입자 산란 실험

러더퍼드는 그림과 같이 α입자를 얇은 금박에 충돌시켜 산란되는 현상을 관측하였다. α입자는 $+Ze$의 전하를 갖는 고속의 헬륨 이온으로 전자에 비해 질량이 대단히 크다.

이 고속의 무거운 α입자는 전자와 같은 가벼운 입자와 충돌하더라도 거의 직진할 것으로 생각되나 몇 개는 $90°$보다 큰 각으로 산란되었다.

이 실험 결과로 다음과 같은 결론을 내렸다.

원자는 (+)전하와 원자의 질량이 거의 모두 좁은 영역에 집중된 핵이 있고 전자는 핵에서 좀 떨어진 공간에 있다. 이렇게 원자의 한부분에 집중된 (+)전하의 질량을 원자핵이라 하였다.

■ 원자핵의 발견
러더퍼드의 α 입자 산란실험

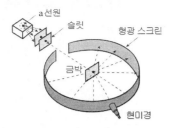

그림. 러더퍼드의 산란실험

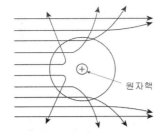

그림. 러더퍼드의 모형에 의한 α입자의 산란

2 원자 모형

(1) 톰슨의 원자 모형

톰슨은 전자를 발견하고 전자가 원자를 구성하는 구성요소로서 원자속에서 전자들은 서로 반발하고 (+)전하로부터는 인력을 받아 이들 힘에 의해 오른쪽 그림과 같이 (+)전하로 이루어진 구형태의 바탕에 전자가 드문드문 박혀있는 모형을 제시하였다.

그러나 훗날 러더퍼드의 α 입자 산란 실험에 의해 잘못된 모형임이 밝혀졌다.

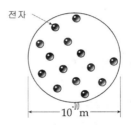

그림. 톰슨의 모형

(2) 러더퍼드의 원자 모형

α입자 산란 실험에서 핵의 존재를 알아냄으로써 원자의 중심에 (+)전하를 가진 핵이 있고 그 원자핵 주위를 (−)전하를 가진 전자가 돌고 있으며 이들은 전기력과 구심력에 의해 안정하게 유지된다는 모형을 발표하였다. 이것은 마치 태양계의 축소판과 흡사한 것으로 생각하였다.

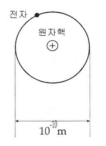

그림. 러더퍼드의 원자모형

* 러더퍼드 원자모형의 문제점

고전 전자기 이론에 의하면 대전 입자가 가속도 운동을 하게 되면 전자기파를 방출하면서 에너지를 잃게 되며 오른쪽 그림과 같이 궤도가 점점 줄어들게 되어 결국 전자는 원자핵과 충돌하게 된다.

그러나 원자는 항상 일정한 크기를 유지하여 전자는 계속 핵주위를 돌고 있으므로 이러한 전자궤도의 안정성을 설명할 수 없는 문제가 있다.

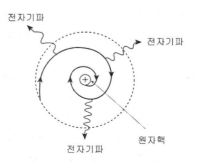

그림. 전자기학에 의한 전자의 운동

또 다른 하나는 러더퍼드의 모형은 원자에서 방출되는 빛의 스펙트럼인 전자의 가속운동으로 인하여 방출되는 전자기파는 빛이 연속적으로 나타나는 연속 스펙트럼이어야 하지만 실제는 선 스펙트럼으로 관측되므로 이모형 아님이 밝혀졌다.

(3) 보어(Bohr)의 원자 모형

① 보어(Bohr)의 양자 가설

보어는 러더퍼드의 모형의 난점을 해결하기 위하여 플랑크의 양자 가설을 도입하여 다음과 같은 두가지 가설을 발표하였다.

㉠ 제1가설(양자조건)

수소원자에서 전자는 원자핵 주위를 도는데 특정 조건을 만족하는 궤도만을 따라 돌 수 있으며 이 궤도 운동에서 전자는 전자기파를 방출하지 않는다. 이것을 양자 조건이라 한다.

질량 m인 전자가 궤도 반지름 r에서 v속력으로 원운동할 때 전자의 물질파의 파장이 λ이면 $2\pi r = n\lambda \ (n = 1, 2, 3, \ldots\ldots)$를 만족하는 반경 r 택한다. 즉 n이 정수이므로 원둘레의 길이가 양자화 되어 있음을 나타낸다. 이때 정수 n을 양자수라 한다. 전자가 양자조건을 만족하는 상태에 있을 때 그 상태를 정상상태라고 한다.

둘레 = 1파장　　　둘레 = 2파장　　　둘레 = 3파장

그림. 수소원자에서 전자의 정상파

즉 전자가 운동하는 원둘레의 길이($2\pi r$)가 물질파 파장의 정수배로서 정상파가 되면 파동은 시각적으로 변하지 않는 상태여서 안정한 상태에서 궤도를 계속 유지할 수 있다.

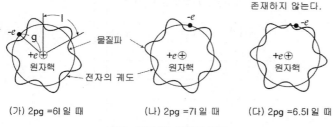

(가) 2pg =6ℓ일 때　　　(나) 2pg =7ℓ일 때　　　(다) 2pg =6.5ℓ일 때

그림. 원자내의 전자의 궤도

예제1

보어의 수소 원자 모형에서 원자에 구속된 전자에 대한 설명으로 옳은 것은?

<2022년도 9급 경력경쟁>

① 연속적인 에너지 준위를 갖는다.
② 전이할 때 방출하는 빛은 선 스펙트럼으로 나타난다.
③ 들뜬상태에서 바닥상태로 전이할 때 에너지를 흡수한다.
④ 원운동을 할 때 항상 에너지를 방출하므로 안정된 궤도에 존재할 수 없다.

풀이 전자의 궤도는 각각 불연속적 에너지 준위를 가지며 들뜬 상태에서 바닥상태로 전이할 때 빛에너지를 방출하는 선스펙트럼을 나타낸다.

답 ②

ⓛ 제2가설(진동수 조건)

전자가 궤도를 옮길 때(천이할 때) 두 궤도간의 에너지 차이만큼 전자기파를 방출하거나 흡수한다. 이것을 진동수 조건이라 한다.

전자가 양자수 n인 궤도에서 m인 궤도로 천이할 때 n, m궤도의 정상상태의 에너지를 각각 $E_n, E_m (E_n > E_m)$이라 하면 진동수 조건은 $hf = E_n - E_m$이다.

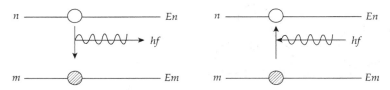

그림. 궤도 천이에 따른 에너지 방출과 흡수

예제2

표는 보어의 수소 원자 모형에서 양자수 n이 1, 2, 3일 때 에너지 준위를 나타낸 것이다. n이 1, 2, 3인 에너지 준위 간에 전자가 전이할 때, 흡수 또는 방출할 수 있는 광자의 에너지로 옳지 않은 것은? (단, 전자가 전이할 때 1개의 광자를 흡수 또는 방출한다)

<2021년도 지방직 9급 공채>

양자수(n)	에너지 준위[eV]
1	-13.60
2	-3.40
3	-1.51

① 1.89 eV   ② 4.91 eV
③ 10.20 eV   ④ 12.09 eV

풀이 에너지 준위 차이 만큼 방출 또는 흡수한다. 10.2eV, 12.09eV, 1.89eV

답 ②

② 보어의 원자 모형

보어는 위의 가설로부터 전자는 원자핵 주위를 원운동하고 있으며 전자가 선택된 궤도에서 도는 정상 상태에서는 전자기파의 방출이 없고 정상 상태의 궤도를 이동할 때만 에너지를 방출 또는 흡수한다.

⊙ 전자의 궤도 반지름

오른쪽 그림에서 전하가 $-e$인 질량 m인 전자가 전하가 $+e$인 원자핵 주위를 반경 r인 원궤도를 v속력으로 운동한다면

$$\frac{mv^2}{r} = \frac{ke^2}{r^2} \left(k = \frac{1}{4\pi\epsilon_0} \right) \cdots\cdots\cdots\cdots\cdots ⊙$$

이다.

한편 양자조건에서 $2\pi r = \lambda \cdot n$이므로 물질파 파장 $\lambda = \dfrac{h}{mv}$를 대입하여 $v = \dfrac{h}{2\pi rm}$를 구하여 앞의 ⊙식에 대입하면

$$r = \frac{h^2}{4\pi^2 kme^2} \cdot n^2 = 0.53n^2 (\text{Å})$$이 된다. 즉 가장 안쪽 궤도 반지름은 $n=1$일 때인 $r = 0.53\,\text{Å}$이고 이것을 보어 반지름이라 한다.

ⓛ 원자의 에너지 준위

정상 상태에서 전자의 운동에너지 E_k는

$$E_k = \frac{1}{2}mv^2 = \frac{1}{2}\frac{ke^2}{r} \left(⊙식에서 \ mv^2 = \frac{ke^2}{r} \right)$$

또 전기력에서 전자의 위치에너지 E_p는 전자가 원자핵으로부터 무한히 멀리 떨어져 있을 때를 기준값으로 0으로 잡으면

$$E_p = -k\frac{e^2}{r}$$이다. $(-)$ 부호는 전자가 원자핵에 끌리고 있음을 의미한다.

따라서 전자의 총에너지 E는

$$E = E_k + E_p = \frac{1}{2}K\frac{e^2}{r} - k\frac{e^2}{r} = -\frac{1}{2}\frac{ke^2}{r}$$이다.

에너지 값이 음인 것은 전자가 원자핵에 구속되었음을 나타낸다.

이식에 앞의 전자궤도 반지름 $r = \left(\dfrac{h^2}{4\pi^2 kme^2} \right)n^2$을 대입하면 양자수 n궤도에서 전자의 에너지 E_n은

$$E_n = -\frac{1}{2}\frac{ke^2}{r} = -\frac{ke^2}{2}\left(\frac{4\pi^2 kme^2}{h^2} \right)\frac{1}{n^2}$$
$$= -\left(\frac{2\pi^2 k^2 me^4}{h^2} \right)\frac{1}{n^2} \quad (n = 1, 2, 3, \cdots\cdots)$$

이 된다. 이것에 m, e, k, h값을 넣고 계산하면

$$E_n = -\frac{21.76 \times 10^{-19}}{n^2} J \quad (n = 1, 2, 3, \ldots\ldots)$$ 이 된다.

또 $1eV = 1.604 \times 10^{-19} J$ 이므로 eV 단위로는

$$E_n = \frac{13.6}{n^2} eV (n = 1, 2, 3, \ldots\ldots)$$ 이다. 이식을 수소원자의 에너지 준위라고 하고 $n = 1$ 일 때의 에너지값을 바닥상태 $n = 2, 3, 4 \ldots\ldots$ 에너지값을 들뜬 상태라고 한다.

예제3

보어의 수소원자 모형에서 양자수 n에 따른 전자의 에너지 E_n은 바닥상태의 에너지가 $-E_0$일 때, $E_n = -\frac{E_0}{n^2}$ 이다. 전자가 $n = 2$인 상태로 전이하면서 방출하는 빛의 진동수들 중에서 제일 큰 것을 제일 작은 것으로 나눈 값은?

<2017년도 9급 경력경쟁>

① $\frac{3}{2}$

② $\frac{9}{5}$

③ 2

④ $\frac{11}{4}$

풀이 진동수가 작은 것이 에너지가 작다. $n = 2$인 상태로 전이 하면서 가장 작은 에너지를 방출할 수 있는 것이 $n = 3$에서 $n = 2$로 전이 할 때 이다.
또 제일 큰 진동수의 방출은 $n = \infty$에서 $n = 2$로 전이 할 때 이다.

$$E' = E_3 - E_2 \quad E'' = E_\infty - E_2$$

$$E' = \left(-\frac{E_0}{3^2}\right) - \left(-\frac{E_0}{2^2}\right) = \frac{5}{36}E_0 \quad E'' = \left(-\frac{E_0}{\infty}\right) - \left(-\frac{E_0}{2^2}\right) = \frac{1}{4}E_0$$

$E = hf$ 이므로 $E \propto f$

$$\frac{\frac{1}{4}E_0}{\frac{5}{36}E_0} = \frac{9}{5}$$ 이다.

답 ②

(4) 수소원자 스펙트럼

① 수소원자 스펙트럼의 발머계열

햇빛에서 나오는 빛은 여러 파장이 결합되어 연속 스펙트럼으로 나타나지만 원자들은 각 원자들의 고유한 선 스펙트럼을 나타낸다.

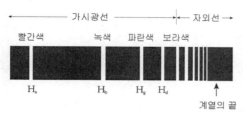

그림. 수소의 스펙트럼(발머 계열)

발머는 그림과 같은 수소원자의 선스펙트럼을 보고 가시광선 영역의 파장이 어떤 수열로 표시되는 것임을 깨닫고 파장 λ는 다음과 같이 나타낼 수 있음을 알았다.

$$\frac{1}{\lambda} = R\left(\frac{1}{2^2} - \frac{1}{n^2}\right) \quad (n = 3, 4, 5, \ldots\ldots)$$

여기서 R는 리드베리 상수이고 그 값은 $r = 1.097 \times 10^7 m^{-1}$이다.
위의 식으로 표시되는 가시광선의 스펙트럼 계열을 발머계열이라고 한다.

② 수소원자 스펙트럼의 여러 계열

수소원자 스펙트럼의 발머계열이 관측된 후 많은 다른 과학자들에 의해 자외선 부분과, 적외선 부분에도 다른 스펙트럼 계열을 발견하여 수식화시켰다.

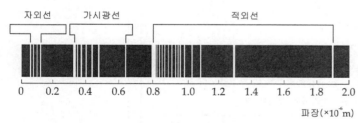

그림. 수소 원자의 스펙트럼

각 계열별 파장 λ는 다음과 같이 표시된다.

$$\frac{1}{\lambda} = R\left(\frac{1}{m^2} - \frac{1}{n^2}\right) \quad (m, n 정수 \quad m < n)$$

$m = 1 \quad n = 2, 3, \ 4\ldots :$ 라이만 계열 (자외선 방출)
$m = 2 \quad n = 3, 4, \ 5\ldots :$ 발머 계열 (가시광선 방출)
$m = 3 \quad n = 4, 5, \ 6\ldots :$ 파셴 계열 (적외선 방출)
$m = 4 \quad n = 5, 6, \ 7\ldots :$ 브래킷 계열 (적외선 방출)
$m = 5 \quad n = 6, 7, \ 8\ldots :$ 푼트 계열 (적외선 방출)

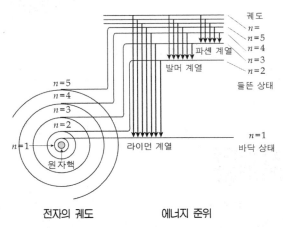

그림. 수소 원자내의 전자의 궤도와 에너지 준위

전자의 궤도   에너지 준위

예제4

그림은 원자핵과 전자로 이루어진 원자 구조의 모형을 나타낸 것이다. 원자핵과 전자 사이의 거리는 r, 원자핵이 전자에 작용하는 전기력의 크기는 F이다. 이에 대한 설명으로 <보기>에서 옳은 것만을 모두 고르면? <2021년도 국가직 9급 공채>

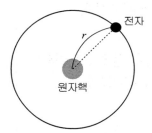

─── 보 기 ───

ㄱ. 전자가 원자핵에 작용하는 전기력의 방향은 서로 밀어내는 방향이다.
ㄴ. 전자가 원자핵에 작용하는 전기력의 크기는 F이다.
ㄷ. 거리 r이 증가하면 원자핵이 전자에 작용하는 전기력의 크기는 커진다.

① ㄱ   ② ㄴ
③ ㄱ, ㄷ   ④ ㄴ, ㄷ

[풀이] 양전하를 띤 원자핵과 음전하를 띤 전자 사이에 $F = k\dfrac{e^2}{r^2}$의 인력이 작용한다.

[답] ②

연습문제

1 다음 중 러더퍼드의 α 입자 산란 실험과 관계 있는 것은?

① α 입자의 성질

② 핵의 질량 측정

③ 전자의 분포 상태

④ 전자의 전하량 측정

⑤ 원자의 유핵 모형

해설 **1**
원자의 중심에 질량이 집중된 덩어리가 존재한다.

2 전자가 에너지 준위 E_n에서 E_m 상태로 떨어졌을 때 방출되는 전자기파의 파장은 얼마인가?(단, 양자수 $n > m$, h는 플랑크 상수, C는 광속)

① $\dfrac{E_n - E_m}{ch}$

② $\dfrac{ch}{E_n - E_m}$

③ $\dfrac{E_n - E_m}{h}$

④ $\dfrac{c}{h(E_n - E_m)}$

⑤ $\dfrac{c(E_n - E_m)}{h}$

해설 **2**
방출에너지
$E = E_n - E_m,\ E = hf = \dfrac{hc}{\lambda}$ 이므로
$\dfrac{hc}{\lambda} = E_n - E_m \quad \lambda = \dfrac{hc}{E_n - E_m}$

3 음극선의 본질은 무엇인가?

① 중간자

② 양성자

③ 전자

④ 양전자

⑤ 중성자

4 보어의 양자조건에서 기저상태에 있는 수소원자에서 전자의 물질파 파장은 그 원자 반지름의 몇 배나 되겠는가?

① 2π배

② $\dfrac{1}{2\pi}$배

③ 1배

④ $\dfrac{1}{2}$배

⑤ 2배

해설 **4**
양자조건 $2\pi r = n\lambda$ (n은 자연수)에서 기저상태이므로 n은 $2\pi r = \lambda$
따라서 파장은 반지름 r에 2π를 곱한 값이다.

5 수소원자에서 $n=2$인 궤도에서 $n=1$인 궤도를 전자가 천이한다. 이때 내는 복사파는 무슨 계열인가?

① 발머계열

② 브레킷계열

③ 라이만 계열

④ 파센계열

⑤ 푼트 계열

6 위의 5번 문제에서 복사파의 파장은 얼마인가? 리드베리 상수 R로 나타내어라.

① $\dfrac{3R}{4}$

② $\dfrac{1}{4}R$

③ $4R$

④ $\dfrac{4}{3R}$

⑤ R

7 수소 원자에서 나오는 스펙트럼은 선 스펙트럼이다. 이것으로 알 수 있는 사실은?

① 수소원자의 크기

② 수소 원자핵의 내부구조

③ 수소 원자핵의 크기

④ 에너지 준위의 불연속성

⑤ 수소 원자의 일함수

8 다음 중 맞는 내용으로 구성된 것은 어느 것인가?

---

1) 밀리컨의 유적 실험으로 전하가 양자화 되어있는 것을 알 수 있다.

2) 리더퍼드의 α 입자 산란 실험은 원자의 중앙에 양전하를 띤 원자핵의 존재를 보여준다.

3) 선 스펙트럼은 러더퍼드의 원자 모형으로 설명될 수 있다.

4) 진공관의 양근에 전원을 연결하고 진공관의 중간에 일함수가 매우작은 금속판에 고전압을 걸어주면 금속판에서 X선이 발생한다.

---

① 1), 2)
② 1), 3)

③ 1), 2), 3)
④ 1), 2), 4)

⑤ 2), 3), 4)

해 설

해설 **6**

$\dfrac{1}{\lambda}=R\left(\dfrac{1}{m^2}-\dfrac{1}{n^2}\right)$ 에서

$\dfrac{1}{\lambda}=R\left(\dfrac{1}{1^2}-\dfrac{1}{2^2}\right) \quad \lambda=\dfrac{4}{3R}$

해설 **7**

전자가 각 궤도에서 안쪽 궤도로 천이할 때 에너지를 방출하는데 방출하는 에너지는 $E=-13.6\left(\dfrac{1}{n^2}-\dfrac{1}{m^2}\right)$ (n, m 은 자연수이며 n 이 바깥궤도 m 이 안쪽 궤도이다.)에 따라므로 불연속적이다.

해설 **8**

전하위 기본 전하량은 $1.6\times10^{-19}C$ 이고 X선 발샌은 광전효과 실험의 역현상이다.

정답 5. ③ 6. ④ 7. ④ 8. ④

3. 원 자 핵

1 원자핵의 구성

앞절에서 원자모형을 살펴본 결과 원자는 원자핵과 전자로 구성되었고 원자핵은 대부분의 질량을 차지하며 양전하를 띠고 있음을 알았다. 그러면 원자핵은 어떤 입자로 구성되어 있을까에 대해 알아본다.

(1) 원자핵의 구조

원자핵은 양성자와 중성자로 구성되어 있으며 이들 핵을 구성하는 입자를 핵자라고 한다.

① **양성자** : 수소원자의 원자핵으로 전기적으로 $+e$의 전하량을 갖고 질량은 전자의 약 1836배이다.

② **중성자** : 전기적으로 중성이며 질량은 양성자와 거의 같다.

■ 원자핵은 양성자+중성자

> ※ **원자핵의 표시**
> 원자핵속의 양성자의 수를 그 원자의 원자 번호라 하고 기호로는 보통 Z로 표시한다. 즉 원자번호가 Z인 원자의 핵속에는 양성자가 Z개 있다. 또, 중성자의 수를 N이라 하면 그 원자핵의 질량 A는 $A = Z + N$이고 원자핵을 표시할 때는 임의의 원소 X가 있으면 ${}_{Z}^{A}X$로 표시한다.

예제 1

원자핵을 구성하는 입자들로만 묶인 것은?

① 양성자, 중성자   ② 양성자, 전자
③ 중성자, 전자   ④ 양성자, 중성자, 전자

답 ①

---

(2) 동위원소

각 원소는 화학적 성질이 같은 원소라도 서로 다른 질량을 갖는 경우가 있는데 즉 양성자의 수는 같지만 중성자의 수가 달라 질량이 다른 원소이다. 이것을 동위원소라고 한다.

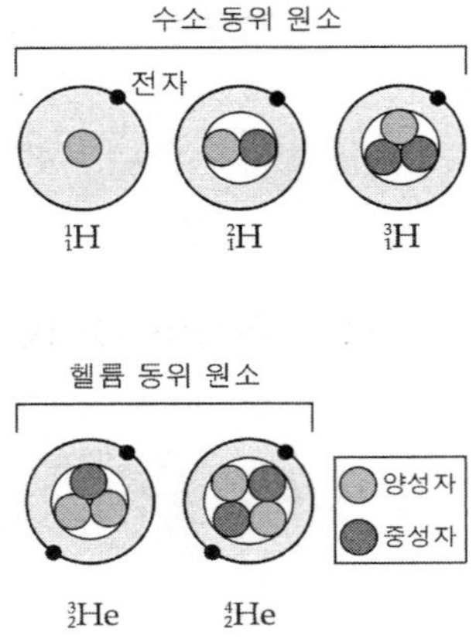

동위원소의 예

원 소		존재비
수소	^1H	99.985
	$^2H(^2D)$	0.015
헬륨	^3He	1.3×10^{-4}
	^4He	≒100
탄소	^{12}C	98.892
	^{13}C	1.108
산소	^{16}O	99.759
	^{17}O	0.037
	^{18}O	0.204
네온	^{20}Ne	90.92
	^{21}Ne	0.257
	^{22}Ne	8.82

그림. 수소와 헬륨 원자핵의 구성과 동위원소

2 방사능과 원자핵의 변환

(1) 방사능

① 방사선

1895년 베크렐은 우라늄을 포함하는 광물에서 미지의 방사선이 나와 사진건판을 감광시키는 것을 발견하였다. 그리고 폴로늄(P_0)과 라듐(Ra) 방사선을 낸다는 것이 발견되었다.

이와 같이 방사선을 내는 원소를 방사성원소라고하고 방사선을 내는 성질을 방사능이라고 한다.

② 방사선의 종류와 성질

자연계에는 α, β, γ의 3종류가 있다. 그림과 같이 방사선의 진로에 전기장이나 자기장을 걸어주면 3종류로 분리되고 이들을 α선(알파선) β선(베타선) γ(감마선)이라고 부른다.

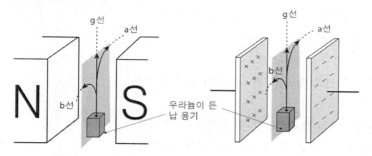

그림. 자기장에 의한 방사선의 궤적　　그림. 전기장에 의한 방사선의 궤적

■ 방사선의 종류
　α 선-헬륨핵
　β 선-전자
　γ 선-전자기파

　㉠ α 선 : 양전하를 띠고 있는 헬륨(He)핵의 흐름이며 전리작용은 세지만 투과력
　　은 매우 약하다.
　㉡ β 선 : 고속의 전자의 흐름이며 α 선보다 전리작용은 약하지만 투과력은 세다.
　㉢ γ 선 : 전기장이나 자기장의 영향을 받지 않는 전자기파로서 성질은 X선과
　　유사하고 질량은 없으며 파장은 X선보다 훨씬 짧고 투과력이 강해서 금속
　　판도 투과한다.

방사선의 성질

종류	본성	질량	전하량	투과력	형과, 사진, 전리작용	전기장 에서 휨	자기장 에서 휨	속도	에너지
α 선	헬륨의 원자핵 ($_2\text{He}^4$)	$4m_p$	$+2e$	소 (공기, 수cm)	대	(−)극 쪽으로 조금 휨	전류와 같음	느림	수MeV
β 선	고속의 전자 ($_{-1}\text{e}^0$)	$\dfrac{m_p}{1840}$	$-e$	중 (Al, 수mm)	중	(+)극 쪽으로 많이 휨	α 선과 반대쪽	중간	2MeV
γ 선	파장이 짧은 전자기파 (광자)	0	0	대 (Pb, 수cm)	소	직진	직진	광속	

(2) 원자핵의 붕괴

① 방사성원소의 붕괴

　방사성원소의 원자핵은 많은 양성자의 전기적 반발력에 의해 깨어지면서 방사선
을 내고 다른 원소의 원자핵으로 변환되는데 이것을 방사성원소의 붕괴 또는 원
자핵의 자연붕괴라고 한다. 붕괴방법에는 방출하는 방사선의 종류에 따라 α붕괴,
β붕괴 γ붕괴로 나누어진다.
　㉠ α 붕괴 : 원자핵에서 α입자(양성자 2개, 중성자 2개)가 방출되고 다른 원자핵
　　으로 변환되는 것

$$_Z^A\text{Y} \rightarrow \,_{Z-2}^{A-4}\text{X} + \,_2^4\text{He} \quad\quad 예) \,\,_{88}^{226}\text{Ra} \rightarrow \,_{86}^{222}\text{Rn} + \,_2^4\text{He}$$
$$\qquad\qquad\qquad\qquad\qquad\qquad\quad (라듐)\qquad\,\,\,(라돈)\quad\,\,(\alpha 선)$$

ⓛ β붕괴 : 원자핵에서 β입자(전자)가 방출되고 다른 원자핵으로 변환되는 것

$$_Z^A X \rightarrow _{Z+1}^A Y + _{-1}^0 e \qquad 예) _6^{14}C \rightarrow _7^{14}N + _{-1}^0 e$$
$$\qquad\qquad\qquad\qquad\qquad (탄소) \quad (질소) \quad (\beta선)$$

또 이 β붕괴에서는 중성자가 양성자로 변할 때 전자 외에 전하도 없고 질량도 매우 작은 소립자인 중성미자도 함께 방출된다.

ⓒ γ붕괴 : α붕괴나 β붕괴로 생긴 원자핵은 기저상태보다 에너지가 더 큰 들뜬 상태에 있다. 들뜬 상태에서 바닥상태로 돌아갈 때 그 에너지를 전자기파의 형태로 γ선(광자)을 방출하고 원자번호와 질량은 변화 없다.

$$_Z^A X \rightarrow _Z^A X + \gamma선$$

② 반감기

방사성원소의 원자핵은 α붕괴, β붕괴를 하여 다른 원자핵으로 변환되어 가므로 남은 원래의 원소는 시간이 지남에 따라 그 양이 줄어든다. 이때 붕괴하는데 걸리는 시간은 방사성 원소의 종류에 따라 다르다. 이와 같이 붕괴로 인해 방사성 원소가 원래 처음 질량의 반으로 줄어드는데 걸린 시간을 반감기라고 한다.

반감기가 T인 방사성원소가 현재 N_0 있다면 t 시간후에 남은 원소의 양 N은 다음과 같이 나타낼 수 있다.

$$N = N_0 \left(\frac{1}{2}\right)^{\frac{t}{T}}$$

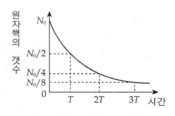

그림. 방사성 원자핵의 반감기

방사성 원소의 반감기

방사성 원소	붕괴의 종류	반감기
$_{84}^{212}Po$	α	3.0×10^{-7}초
$_{82}^{212}Pb$	β	10.64시간
$_{86}^{222}Pn$	α	3.8일
$_{38}^{90}Sr$	β	28년
$_{92}^{238}U$	α	4.51×10^9년
$_{90}^{232}Th$	α	1.41×10^{10}년

어떤 원소가 β붕괴하는데 반감기가 5600년이다. 처음 그양이 32g이었는데 현재 4g이 남아 있었다. 이 원소는 몇 년 전에 생성되었는가?

풀이 $N = N_0\left(\dfrac{1}{2}\right)^{\frac{t}{T}}$ 에서 $4 = 32\left(\dfrac{1}{2}\right)^{\frac{t}{5600}}$

$\dfrac{4}{32} = \left(\dfrac{1}{2}\right)^{\frac{t}{5600}}$, $\left(\dfrac{1}{2}\right)^{3} = \left(\dfrac{1}{2}\right)^{\frac{t}{5600}}$ 이므로 $3 = \dfrac{t}{5600}$ 에서 $t = 16800$년 전이다.

답 16800년

※ 방사성 붕괴의 성질 및 특징

① 방사성원소의 반감기를 이용하여 지질 연대를 측정한다.

② 방사성 붕괴는 핵내부에서 일어나므로 온도, 압력, 전기장, 자기장 및 화학적 변화 등에 영향을 받지 않는다.

③ 방사성 붕괴에서도 운동량이 보존된다.

④ 반감기가 짧을수록 붕괴속도는 빠르고 방사능도 강하다.

⑤ 방출되는 방사선의 세기는 시간이 지날수록 약해진다.

⑥ 방사선 붕괴시 에너지 방출에 의해 온도는 상승한다.

③ 방사선의 검출장치

㉠ 윌슨의 안개상자(전리작용 이용)

일정크기의 상자에 수증기나 알콜증가로 포화시키고 다시 단열팽창시키면 온도가 내려가서 과포화 상태가 된다. 이때 방사선을 지나가게 하면 전리작용에 의해 이온이 생기고 생기 이온 핵을 중심으로 과포화 증기가 응결하여 방사선이 지나간 자리에 안개가 생긴다. 이것을 밝은 빛을 비추어 안개선을 이룬 비적을 관찰하여 검출할 수 있다.

㉡ 가이거 — 뮐러 계수관

금속원통에 아르곤과 알콜 혼합 기체를 넣고 방사선을 지나가게 하면 기체 분자들이 전리되면서 방출된 이온들이 관속의 (+)극에 부딪히면서 순식간에 전류가 흐르게 된다.

이때 강한 방사선일수록 많은 기체 분자들을 전리시키고 따라서 전류도 증가하게 된다. 즉 전류의 증폭을 측정하여 방사선의 세기를 측정할 수 있는 장치이다.

3 원자핵 에너지

(1) 핵에너지

① 질량에너지 등가의 원리

1905년 아인쉬타인은 "등속도 운동하는 모든 좌표계에서 측정된 빛의 속력 C는 항상 같다"는 특수 상대선 이론에서 물체의 질량은 그속력에 따라서 변할 수 있으며 물체가 정지해 있을 때 질량을 m_0, 빛의 속력을 C라고 하면 v로 운동하는 물체의 질량 m은

$$m = \frac{m_0}{\sqrt{1 - \frac{v^2}{c^2}}}$$

가 된다고 하였다.

또 질량과 에너지는 별개로 보존되는 양이 아니라 서로 변환될 수 있는 양으로 질량과 에너지는 동등한 것이라고 하여 감소한 질량이 Δm일 때 Δmc^2의 에너지가 생긴다. 즉 $E = \Delta mc^2$ (c는 진공중의 빛의 속도)이다.

② 질량 결손

양성자와 중성자로 결합된 원자핵의 질량은 양성자와 중성자를 따로 떨어져 있을 때 각 질량의 합보다 작다. 이 질량의 차이를 질량 결손이라 한다.

일반적으로 원자번호 Z 질량수 A의 원자핵의 질량을 M이라 하고 중성자의 수를 N이라 하면 $A - Z = N$이고 결손질량 ΔM은

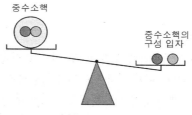
중수소핵
중수소핵의 구성 입자

$\Delta M = (Zm_p + Nm_n) - M$이다.
여기서 m_p는 양성자의 질량이고 m_n은 중성자의 질량이다. 즉 결손질량만큼이 에너지화되어 결합에너지로 되었다.

그림. 중양성자의 질량 결손

따라서 $E = mc^2$이 옳다는 것이 증명되었다.

③ 특수 상대성 이론

1905년 아인쉬타인은 진공속의 광속도는 모든 관성계에서 광원과 관측자 사이에서 상대속도와 무관하게 일정하고 서로 등속도로 운동하는 모든 좌표계에서 동일형태로 표현된다고 하는 특수 상대성 이론을 발표하였다. 이 이론에 의하면 질량과 에너지는 동일하며 속력의 증가와 함께 질량 증가, 시간 지연, 길이 수축도 일어난다. 즉

㉠ $E = mc^2$

㉡ $m = \dfrac{m_o}{\sqrt{1 - (\frac{v}{c})^2}}$

ⓒ $t = \dfrac{t_o}{\sqrt{1-(\dfrac{v}{c})^2}}$

ⓓ $l = l_o \sqrt{1-(\dfrac{v}{c})^2}$

예제3

그림은 관측자 A가 보았을 때, B가 타고 있는 우주선이 $0.7c$의 속력으로 등속 직선 운동을 하고 있는 것을 나타낸 것이다. 광원 S와 빛 검출기 P, Q는 A에 대해 정지해 있으며, 우주선의 운동방향과 평행한 직선상에 놓여 있다. A가 측정 했을 때, P, Q 사이의 거리는 L이고 S에서 방출된 빛은 P, Q에 동시에 도달한다. B가 측정했을 때, 이에 대한 설명으로 옳은 것은? (단, c는 빛의 속력이다)

<2022년도 9급 경력경쟁>

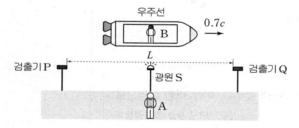

① P와 Q 사이의 거리는 L보다 길다.
② P와 Q 사이의 거리는 고유 길이이다.
③ A의 빛 시계가 B의 빛 시계보다 느리게 간다.
④ S에서 방출된 빛은 P와 Q에 동시에 도달한다.

풀이 $0.7c$로 운동중인 B는 길이 수축이 일어나서 고유길이 L 보다 짧다. B가 관찰하면 A 가 빠르게 움직여서 A의 시계가 느리게 간다. B에서 보면 Q에 먼저 빛이 도달한다.

답 ③

---

(2) 핵분열과 핵융합

① 핵분열

$^{235}_{92}U$에 느린 중성자가 충돌하면 $^{235}_{92}U$으로 변환되는데 이것은 매우 불안정하여 다시 질량수가 작은 가벼운 핵으로 분열되고 동시에 2~3개의 중성자가 방출된다. 이러한 현상을 핵분열이라고 한다. 즉

$^{235}_{92}U + ^{1}_{0}n \rightarrow ^{236}_{92}U$

$^{236}_{92}U \rightarrow ^{144}_{56}Ba + ^{89}_{36}Kr + 3^{1}_{0}n + Q$

　　　　　　　　　　　　　　　(빠른 중성자) (에너지)

또 위 식에서 나오는 2~3개의 중성자를 감속시켜 다른 $^{235}_{92}$U 에 충돌시켜 차례로 핵분열을 일으킬 수가 있다. 이와 같이 계속해서 연속적으로 일어나는 핵반응을 연쇄 반응이라고 한다. 이러한 연쇄 반응을 조절하게 하는 장치를 원자로라고 한다.

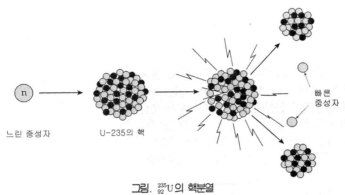

느린 중성자   U-235의 핵   빠른 중성자

그림. $^{235}_{92}$U의 핵분열

예제 4

다음은 우라늄 $^{235}_{92}$U 가 핵반응할 때 반응식을 나타낸 것이다. 이에 대한 설명으로 옳은 것은? <2022년도 9급 경력경쟁>

$$^{235}_{92}\text{U} + \boxed{\quad\text{(가)}\quad} \rightarrow {}^{144}_{56}\text{Ba} + {}^{89}_{36}\text{Kr} + 3{}^{1}_{0}\text{n} + 3.2\times10^{-11}\text{J}$$

① (가)의 양성자 수는 1이다.
② 중성자 수는 Ba이 Kr보다 크다.
③ 이러한 핵반응을 핵융합이라고 한다.
④ 핵반응 전과 핵반응 후의 총질량은 같다.

풀이 (가)는 중성자 ${}^{1}_{0}$n이다. 중성자만 하나이고 핵분열 반응이다. Ba는 중성자가 144-56=88개이고 Kr은 89-36=53개이다. 핵반응 후 질량이 감소하고 감소한 질량이 에너지가 된다.

답 ②

---

② 핵융합

핵분열과 반대로 2개의 가벼운 원자핵이 결합하여 1개의 무거운 원자핵으로 되는 핵반응에서 많은 에너지가 방출되는데 이 반응을 핵융합이라 한다. 태양의 복사에너지가 대표적인 예이다. 또 이러한 핵융합이 일어나기 위해서는 핵과 핵사이의 전기적 반발력보다 큰 에너지를 공급해야 하고 그러기 위해서는 $10^{6} \sim 10^{7} K$의 고온을 유지해야 한다.

가령 태양에너지는 $4{}^{1}_{1}\text{H} \rightarrow {}^{4}_{2}\text{He} + 2{}^{0}_{1}\text{e} + 26.7\text{MeV}$와 같은 식에 의해 에너지가 방출된다.

예제5

다음은 핵융합 과정의 일부를 나타낸 반응식이다. 이에 대한 설명으로 옳지 않은 것은?   <2017년도 9급 경력경쟁>

$$_1^2\text{H} + {}_1^3\text{H} \rightarrow {}_2^4\text{He} + (\ \bigcirc\ ) + 17.6\text{MeV}$$

① ⊙은 중성자이다.
② 에너지를 흡수하는 반응이다.
③ 반응 전과 후에 질량수가 변하지 않는다.
④ 반응 과정에서 질량결손이 일어난다.

풀이 ⊙은 ${}_0^1\text{n}$ 즉 중성자 이다. 에너지를 17.6MeV 만큼 방출한다.

답 ②

(3) 핵력

원자핵은 앞서 살펴 본바와 같이 양성자와 중성자로 결합되어 있는데 양성자와 양성자는 전기적으로 척력이 작용하기 때문에 원자핵이 깨져야 함에도 강하게 결합되어 있다. 이것은 핵자 사이에 전기력 이외에 다른 종류의 대단히 강한 인력이 존재한다는 것을 나타낸다. 이 원자핵을 구성하는 핵자 상호간에 작용하는 힘을 핵력이라고 한다.

이 핵력은 만유인력이나 전기력과 같이 거리 제곱이 반비례하여 작아지는 것이 아니고 매우 짧은 거리 (10^{-15}m)에서만 매우 강하게 작용한다. 빠른 중성자가 원자핵에 접근하여 10^{-15}m의 거리에 접근하면 핵력에 의해 원자핵에 포획된다.

※ 전자의 궤도의 확률적 분포의 화학적 보충

원자모형에서 전자의 궤도를 특정할 수 없고 단지 전자구름으로 확률적 개념으로 설명할 수 있다. 전자가 존재하는 공간을 오비탈이라 하는데 오비탈은 구모양의 S오비탈 아령형의 P오비탈 크로바 모양의 d오비탈 등이 있다. 또 양자수는

주 양자수 n : 에너지 준위를 표시
궤도 양자수 l $(0 \sim n-1$의 정수$)$: 전자의 각 운동량 표시, 오비탈의 모양을 결정
자기양자수 m $(-l \le m \le l$ 정수$)$: 오비탈의 방향을 결정
스핀양자수 $S\left(-\dfrac{1}{2}, \dfrac{1}{2}\right)$: 전자의 방향 표시

등이 있고 특히 원자내에 두 전자는 동일 양자 상태로는 존재가 불가능하여 $\left(-\dfrac{1}{2}, \dfrac{1}{2}\right)$ 상태로만 존재한다는 것인데 이것을 파울리의 베타원리라고 한다.

---

① 강한 상호작용(strong interaction)

원자핵속의 양성자와 중성자가 결합하기 위해서는 전기력보다 더 강한 힘이 필요한데 이러한 원자핵을 만드는데 필요한 힘을 강한 상호작용이라 한다.
또 강한 상호 작용을 매개하는 입자는 글루온(gluon)이라는 입자이다.

② 약한 상호 작용(Weak interaction)

불안정한 원자핵이 붕괴하면서 전자를 방출(β붕괴)하는데 이것은 핵이 붕괴하면서 생성되는데 이 과정에서 원자핵에는 중성미자가 존재함이 밝혀졌고 이 중성미자가 상호작용하는 힘을 약한 상호작용이라 한다.

이것만은 꼭 알아두자

자연계에 존재하는 4대 힘
① 만유인력 ② 전자기력 ③ 강한 상호작용 ④ 약한 상호작용

연습문제

1 두개의 원자핵 A, B의 질량비가 $m_A : m_B = 1 : 64$이면 두 원자핵의 반지름 비 $\gamma_A : \gamma_B$의 값은?

① 1 : 8

② 1 : 4

③ 1 : 2

④ 2 : 1

⑤ 1 : 64

반지름 R은 질량 $A^{\frac{1}{3}}$에 비례한다.

즉 $\gamma \propto m^{\frac{1}{3}}$이므로

$\gamma_A : \gamma_B = m_A^{\frac{1}{3}} : m_B^{\frac{1}{3}}$

2 다음 식에서 X는 무엇인가?

$$^{234}_{92}\text{U} \longrightarrow\ ^{230}_{90}\text{Th} + \text{X} + \text{에너지}$$

① 양성자

② 전자

③ 중성자

④ β 입자

⑤ α 입자

위의 식은 α붕괴(^4_2He)가 일어나 양성자수 2, 질량수 4가 줄어들었다.

3 방사성 원소의 반감기를 T라고 할 때 $3T$후에 그 원소는 처음에 비해 얼마만큼 남아 있겠는가?

① $\dfrac{1}{2}$ ② $\dfrac{1}{3}$

③ $\dfrac{1}{4}$ ④ $\dfrac{1}{8}$

⑤ $\dfrac{1}{9}$

$N = N_0 \left(\dfrac{1}{2}\right)^{\frac{t}{T}}$에서 남은양

$N = N_0 \left(\dfrac{1}{2}\right)^3$ (N_0 : 처음양)이므로

$N = \dfrac{1}{8} N_0$

4 다음 보기에서 에너지를 얻는 원리가 서로 같은 것끼리 옳게 짝지어 놓은 것을 모두 고른 것은?

―――――――――― 보 기 ――――――――――
ㄱ. 태양과 원자폭탄   ㄴ. 원자로와 원자 폭탄
ㄷ. 원자 폭탄과 수소 폭탄   ㄹ. 태양과 수소 폭탄

① ㄱ   ② ㄴ

③ ㄷ   ④ ㄹ

⑤ ㄴ, ㄹ

핵분열(원자폭탄, 원자로)과
핵융합(태양, 수소폭탄)

5 방사성 원소에서 나오는 α, β, γ선을 구분하기 위하여 오른쪽 그림처럼 전기장을 걸어주었다. <보기>에서 옳은 것을 모두 고른 것은?

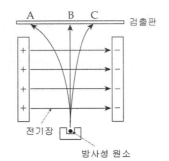

───── 보 기 ─────
ㄱ. α 선의 궤적은 C이다.
ㄴ. β 선의 궤적은 B이다.
ㄷ. γ 선의 궤적은 A이다.
──────────────

① ㄱ
② ㄴ
③ ㄷ
④ ㄱ, ㄴ
⑤ ㄱ, ㄴ, ㄷ

6 $^{235}_{92}$U가 α붕괴 5번 β붕괴 4번을 하였다. 질량수의 감소는?

① 20
② 16
③ 14
④ 10
⑤ 6

7 오른쪽 그림은 시간의 경과에 따른 U^{235}의 남아 있는 양을 백분율로 나타낸 것이다. 지층을 이루는 암석속에 U^{235}가 처음 생성시에는 3.2×10^{-4}g이 포함되어 있었다고 한다. 현재 이 암석에 U^{235}가 8×10^{-5}g이 남아 있다고 할 때 이 지층이 형성된 연대로 가장 적절한 것은?

① 약 7억 년
② 약 14억 년
③ 약 21억 년
④ 약 28억 년
⑤ 약 35억 년

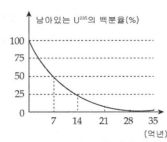

8 β붕괴는 중성자가 양성자로 변화되면서 전자와 중성미자 하나씩 내는 작용이다. 전자의 질량을 m 이라하면 중성자의 질량은 양성자의 질량보다 $\frac{8}{3}m$만큼 크다. β붕괴에서 방출되는 중성미자의 총에너지는? (단, 중성미자 외 다른 입자들의 운동 에너지는 무시할 수 있으며, 빛의 속도는 c 이다.)

① mc^2
② $\frac{5}{3}mc^2$
③ $\frac{8}{3}mc^2$
④ $\frac{25}{9}mc^2$
⑤ $\frac{64}{9}mc^2$

해 설

해설 5
α는 $^4_2$He으로 2+이고 β는 전자로 (−)전하를 띠고 γ는 전자기파로 중성이다.

해설 6
α붕괴는 번호 2 감소, 질량 4 감소, β붕괴는 번호만 1증가 따라서 질량은 4×5(회)$= 20$

해설 7
$N = N_0 \left(\frac{1}{2} \right)^{\frac{t}{T}}$ 에서
$8 \times 10^{-5} = 3.2 \times 10^{-4} \left(\frac{1}{2} \right)^{\frac{t}{7}}$

해설 8
중성자 → 양성자+전자+중성미자이고 중성자=양성자+$\frac{8}{3}m$ 이고, 전자의 질량이 m 이므로 중성미자의 질량은 $\frac{5}{3}m$ 이다. $E = m_o C^2$ 에서 $E = \frac{5}{3}m C^2$ 이다.

정답 5. ① 6. ① 7. ② 8. ②

9 원자핵 반응에서 다음과 같은 반응이 일어났다. 이 때 X는 무엇인가?

$$^{18}_{9}F \rightarrow ^{18}_{8}O + X$$

① 전자   ② 양성자

③ 중성자   ④ 광자

⑤ 양전자

10 다음에서 자연 방사성 원소의 β붕괴를 설명하는 말 중 틀린 것은?

① 중성자수에는 변화가 없다.

② 양성자수가 1개 증가한다.

③ 중성자수가 1개 감소한다.

④ 핵 속에서 전자가 1개 방출된다.

⑤ 핵의 질량수에는 변화가 없다.

11 y 원소의 반감기가 x 원소의 반감기 T와 3배가 되는 두 개의 방사성 원소 x 와 y 가 있다. 처음에 같은 양이었던 두 개의 방사성 원소가 붕괴하기 시작해서 x 와 y 의 질량의 비가 $1:64$로 될 때까지 걸린 시간은 얼마인가?

① $\dfrac{1}{9}T$

② $\dfrac{1}{3}T$

③ $2T$

④ $3T$

⑤ $9T$

해설 10

β 붕괴는 중성자가 깨어져 1개의 양성자와 전자로 된다.

해설 11

x 원소 $N_x = N\left(\dfrac{1}{2}\right)^{\frac{t}{T}}$

y 원소 $N_y = N\left(\dfrac{1}{2}\right)^{\frac{t}{3T}}$ 이므로

$N_x : N_y = 1 : 64$ 에서

$N\left(\dfrac{1}{2}\right)^{\frac{t}{3T}} = 64N\left(\dfrac{1}{2}\right)^{\frac{t}{T}}$ 이므로

$6 + \dfrac{t}{3T} = \dfrac{t}{T}$ $t = 9T$ 이다.

12 그림과 같이 우주선에 탄 철수와 영희가 수평면에 정지해 있는 민수에 대해 각각 일정한 속도 $0.7c$, $0.9c$로 운동하고 있다. 민수가 측정할 때, 영희가 빛 검출기 A에서 빛 검출기 B까지 이동하는 데 걸린 시간은 T이고 A, B로부터 같은 거리에 있는 광원에서 나온 빛은 A와 B에 동시에 도달한다.

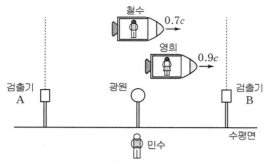

이에 대한 설명으로 옳은 것만을 <보기>에서 있는 대로 고른 것은? (단, c는 빛의 속력이다.)

─────── 보 기 ───────

ㄱ. 철수가 측정할 때, 광원에서 나온 빛은 A보다 B에 먼저 도달한다.
ㄴ. 영희가 측정할 때, A에서 B까지의 거리는 $0.9cT$보다 작다.
ㄷ. 민수가 측정할 때, 철수의 시간이 영희의 시간보다 느리게 간다.

① ㄱ   ② ㄷ   ③ ㄱ, ㄴ
④ ㄴ, ㄷ   ⑤ ㄱ, ㄴ, ㄷ

13 그림은 원자로 내에서 연속적으로 일어나는 우라늄($^{235}_{92}$U)의 핵분열 반응을 나타낸 것이다. (가)는 첫 번째 분열에서 2개, 두 번째 분열에서 3개가 방출되었다.

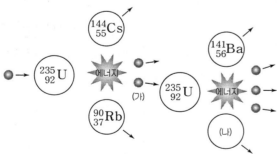

이에 대한 옳은 설명만을 <보기>에서 있는 대로 고른 것은?

─────── 보 기 ───────

ㄱ. (가)는 중성자이다.
ㄴ. (나)의 질량수는 92이다.
ㄷ. (가)의 속력을 느리게 하기 위해 감속재를 사용한다.

① ㄴ   ② ㄷ   ③ ㄱ, ㄴ
④ ㄱ, ㄷ   ⑤ ㄱ, ㄴ, ㄷ

해 설

해설 12

ㄱ. B를 향해 움직이는 철수가 측정하면 B는 광원 쪽으로 움직이고 A는 광원으로부터 멀어지는 쪽으로 움직이므로 광원에서 나온 빛은 A보다 B에 먼저 도달한다.

ㄴ. $0.9cT$는 고유 길이이므로 영희가 측정할 때, A에서 B까지의 거리는 길이 수축이 일어나 $0.9cT$보다 작다.

ㄷ. 민수가 측정할 때, 영희가 철수보다 빠르게 움직이므로 영희의 시간은 철수의 시간보다 느리게 간다.

해설 13

ㄱ. $^{235}_{92}$U이 분열할 때 중성자가 방출된다.

ㄴ. $^{1}_{0}$n$+^{235}_{92}$U$\rightarrow^{141}_{56}$Ba$+$(나)$+3^{1}_{0}$n에서 질량수가 보존되어야 하므로 (나)의 질량수는 92이다.

ㄷ. 감속재는 중성자의 속력을 늦춘다.

핵심정리 및 공식모음집

핵심정리 및 공식모음집

1. 힘과 운동

(1) 속력 $= \dfrac{\text{거리}}{\text{시간}}$

(2) 속도 $= \dfrac{\text{변위}}{\text{시간}}$

(3) 상대속도 : $v_{\text{상대}} = v_{\text{물체}} - v_{\text{관찰자}}$

(4) $a = \dfrac{\triangle v}{t}$

 ① 가속도가 증가할 때 속도 증가

 ② 가속도가 일정할 때 속도 증가, 가속도가 감소할 대 속도 증가

 ③ 가속도가 0일 때 속도 일정

 ④ 가속도가 (−)일 때 속도 감소

(5) 등가속도 운동

 ① $v = v_0 + at$

 ② $s = v_0 t + \dfrac{1}{2} at^2$

 ③ $v^2 - v_0^2 = 2as$

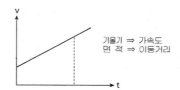

기울기 ⇒ 가속도
면 적 ⇒ 이동거리

(6) 힘

물체의 속력을 가감시키거나 운동방향을 바꾸게 하거나 물체의 모양을 변화시키는 작용을 힘이라고 한다.

(7) 뉴튼의 운동법칙

 ① 관성의 법칙 : 관성은 질량에 비례한다.

 ② 가속도의 법칙 : $F = ma$, 힘의 존재는 가속도의 존재를 의미한다.

 ③ 작용, 반작용의 법칙 : 반드시 두 물체 사이에서 작용하고 작용하는 힘의 크기는 같고 방향은 반대이고 동일직선상에 존재해야 한다. 그러나 합력은 0이 아니다.

(8) 관성력

가속운동을 하고 있는 이동좌표계 안에 있는 물체에 물체의 관성 때문에 나타나는 가상적인 힘. 관성력은 가속도의 반대방향이다.

(9) 탄성력

탄성체를 변형시키는데 필요한 힘

$F = kx$ 후크의 법칙 탄성에너지 $W = \dfrac{1}{2}kx^2$

① 직렬연결 : $\dfrac{1}{k} = \dfrac{1}{k_1} + \dfrac{1}{k_2}$

② 병렬연결 : $k = k_1 + k_2$

(10) 여러 가지 힘

물체와 면의 마찰계수가 μ이면

① 물체가 내려오는 힘 : $mg\sin\theta - \mu mg\cos\theta$

② 물체를 빗면을 따라 올릴 때의 힘 : $mg\sin\theta + \mu mg\cos\theta$

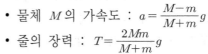

- 물체 M의 가속도 : $a = \dfrac{M-m}{M+m}g$
- 줄의 장력 : $T = \dfrac{2Mm}{M+m}g$

- 물체 m의 가속도 : $a = \dfrac{m-\mu M}{M+m}g$
- 줄의 장력 : $T = \dfrac{Mm+\mu mM}{M+m}g$

(11) 중력장에서의 운동

① 자유낙하 : $v = gt$ $s = \dfrac{1}{2}gt^2$

② 하방투사 : $v = v_0 + gt$ $s = v_0 t + \dfrac{1}{2}gt^2$

③ 상방투사 : $v = v_0 - gt$ $s = v_0 t - \dfrac{1}{2}gt^2$

④ 수평투사(등속운동 + 자유낙하)

수평도달거리 $s = v_0 \sqrt{\dfrac{2h}{g}}$

⑤ 비스듬히 투사(등속운동 + 상방투사운동)

수평도달거리 $s = \dfrac{v_0^2}{g}\sin 2\theta$, 최고점의 높이 $H = \dfrac{v_0^2 \sin^2\theta}{2g}$

(12) 원운동

① 각속도 : $w = \dfrac{2\pi}{T}$

② 선속도 : $v = rw = \dfrac{2\pi r}{T}$

③ 구심가속도 : $a = \dfrac{v^2}{r} = rw^2$

④ 구심력 : $F = \dfrac{mv^2}{r}$

(13) 단진동

① 용수철 진자의 주기 $T = 2\pi\sqrt{\dfrac{m}{k}}$

② 단진자의 주기 $T = 2\pi\sqrt{\dfrac{l}{g}}$

(14) 만유인력

$F = \dfrac{Gm_1m_2}{r^2}$, 중력가속도 $g = \dfrac{GM}{r^2} = \dfrac{4}{3}\pi G\rho R$

(15) 운동량과 충격량

$I = F \cdot t = mv_2 - mv_1$ 운동량 $P = mv$

충격량은 운동량의 변화량가 같다.

$m_1v_1 + m_2v_2 = m_2v_1' + m_2v_2'$ 운동량 보존의 법칙

2. 일과 에너지

무게＝힘, 에너지＝일, 일률＝전력

일 $W = F \cdot s\cos\theta$

힘의 방향으로 s 가 생길 때만 일이 발생한다.

(1) 일률 : $P = \dfrac{W}{t} = F \cdot t$

(2) 움직 도르레

　　M의 힘은 m의 절반이면 들어올릴 수 있지만 한 일은 같다.

　　움직도르레에서 질량 M의 가속도는 $a = \dfrac{4M - 2m}{4M + mg}$

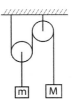

(3) 역학적 에너지 = 운동에너지 + 위치에너지

　　① 중력장에서 $\dfrac{1}{2}mv^2 + mgh =$ 일정

　　② 용수철에서 $\dfrac{1}{2}mv^2 + \dfrac{1}{2}kx^2 =$ 일정

　　※ 만유인력에 의한 위치에너지 $E_p = -\dfrac{GMm}{r}$

(4) 열량

　　$Q = cm \triangle T$ (c : 비열, m : 질량, $\triangle T$: 온도변화량)

　　비열 c 는 어떤 물질 1g을 1℃ 높이는 필요한 cal이다. 즉, 비열이 클수록 온도가 잘 올라 가지 않음

(5) 열의 이동

　　① 전도 : $Q = \dfrac{kA \triangle T}{d}$ (d ; 두께, k : 열전도율, A : 면적, $\triangle T$: 온도차)

　　② 대류

　　③ 복사 : 매질없이 전자기파의 형태로 직접전달　　ex) 태양, 난로

　　※ 부피팽창계수는 선팽창계수의 3배임

(6) 보일-샤를의 법칙 : $\dfrac{P_1 V_1}{T_1} = \dfrac{P_2 V_2}{T_2} =$ 일정

(7) 이상기체상태방정식 : $PV = nRT$

(8) 기체 분자의 운동에너지-온도에 비례

　　$E_k = \dfrac{3}{2}kT$　$\dfrac{3}{2}kT = \dfrac{1}{2}mv^2$　$\sqrt{T} \propto v$

(9) 기체가 한 일 : $P = \dfrac{F}{A}$ 에서 일 $W = F \cdot s$ 이므로 $W = PAS = PV$ 이다.

(10) 열역학 제1법칙(에너지 보존법칙)

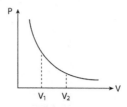

$Q = W + \triangle U$ (W : 일, $\triangle U$: 내부에너지)

$Q = P \ \triangle V + \dfrac{3}{2} n R \triangle T$

한 일 W 는 그래프에서 면적의 넓이와 같다.
특히 등온변화에서 일은

$$W = n R T \log \dfrac{V_2}{V_1}$$

(11) 기체의 비열

몰비열 : $C = \dfrac{Q}{n \triangle T}$, 정적비열 : $C_v = \dfrac{2}{3} R$, 정압비열 : $C_p = \dfrac{5}{2} R$

$C_p > C_v$ 이다.
정압비열이 큰 이유는 기체가 열을 받는 동안 외부에 일을 하기 때문이다.

(12) 열역학 제2법칙
① 열은 반드시 고온에서 저온으로만 흐른다.
② 엔트로피 : 엔트로피는 무질서도를 나타내고 비가역과정에서 계 전체 엔트로피는
항상 증가한다. $S = \dfrac{Q}{T}$

(13) 카르노순환 : 등온팽창 → 단열팽창 → 등온압축 → 단열압축

3. 전기와 자기

(1) 밀리컨의 기름방울 실험
① 전하 1개의 전하량은 $e = 1.6 \times 10^{-19} C$
② 기본전하 6.25×10^{18} 개가 모이면 전하량은 $1 C$

(2) 쿨롱의 법칙 : $F = \dfrac{1}{4 \pi \epsilon_0} \dfrac{q_1 q_2}{r^2}$

(3) 전하가 도체에 놓여지면 전하가 순간적으로(10^{-12}초) 표면에 재배치되면서 도체 내부의 전기장은 상쇄되고 정전 평형상태에 도달하여 내부의 전기장은 0이다. 또 도체 내부의 전위는 표면에서의 전위와 동일하다.

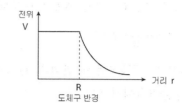

(4) **점전하에 의한 전기장** : $E = \dfrac{1}{4\pi\epsilon_0}\dfrac{q}{r^2}$

(5) $V = E\ d$

전위 : $+q$의 전하량을 B에서 A까지(전기장내에서) 끌어올리는데 필요한 일을 W라 하면 전위차 $V = \dfrac{W}{q}$

등전위면 : ① 등전위면은 전기력선에 수직이다.

② 등전위면에서 전하이동시 한 일은 0이다.

(6) **축전기** : $Q = CV$

일정한 공간에 일정한 전하를 저장하여 일정한 전기장을 생성시키는 장치

전기용량 C는 ① 평행판 : $C = \dfrac{\epsilon_0 A}{d}$

② 원통형 : $C = 2\pi\epsilon_0 \dfrac{L}{\ln\left(\dfrac{b}{a}\right)}$

③ 구형 : $C = 4\pi\epsilon_0 \dfrac{ab}{b-a}$

④ 고립구 : $C = 4\pi\epsilon_0 R$

(7) **축전기의 연결**

직렬연결 : $\dfrac{1}{C} = \dfrac{1}{C_1} + \dfrac{1}{C_2}$ 병렬연결 : $C = C_1 + C_2$

(8) 축전기의 에너지 : $W = \dfrac{1}{2} CV^2$

(9) 전류 : 시간당 전류의 흐름(전자의 움직임과 반대), $I = \dfrac{dQ}{dt}$

(10) 전력 : 전력은 일률과 같다. $P = VI, P = I^2 R, P = \dfrac{V^2}{R}$

　　손실전력 : $P_{손} = I^2 R = \dfrac{P_0^2}{V^2} R$

(11) 직렬, 병렬연결에서 발열량의 비교
　　① 직렬연결에서는 전류가 같으므로 저항에 비례
　　② 병렬연결에서는 전압이 같으므로 저항에 반비례

(12) 저항의 연결
　　직렬 : $R = R_1 + R_2$
　　병렬 : $\dfrac{1}{R} = \dfrac{1}{R_1} + \dfrac{1}{R_2}$

(13) 측정기기
　　① **전류계(회로에 직렬연결)**
　　　•내부저항이 매우 작다.
　　　•분류기(전류계와 병렬연결)
　　　•저항 $R = \dfrac{r}{n-1}$ (n : 배율, r : 내부저항)
　　② **전압계(회로에 병렬연결)**
　　　•내부저항이 매우 크다.
　　　•배율기(전압계와 직렬연결)
　　　•저항 $R = (n-1)r$ (n : 배율, r : 내부저항)

(14) 키르히 호프의 법칙
　　① 제1법칙(전하량보존의 법칙) : $\sum i = 0$
　　② 제2법칙(에너지보존의 법칙) : $\sum V = 0$

(15) 기전력 E, 내부저항 r 인 전지에 외부저항 R 이 연결된 회로에 흐르는 전류는

$$I = \frac{E}{R+r}$$

직렬연결 $I = \frac{nE}{R+nr}$ 병렬연결 : $I = \frac{E}{R + \dfrac{r}{n}}$

(16) RC회로

• 충전시 : $R\dfrac{dq}{dt} + \dfrac{q}{C} = \epsilon$ $q = C\epsilon(1 - e^{-\frac{t}{RC}})$

$\qquad\qquad\qquad\qquad\qquad i = \dfrac{dq}{dt} = \dfrac{\epsilon_0}{R} e^{\frac{-t}{RC}}$

q 가 $63\%(1 - e^{-1})$ 되는데 걸리는 시간을 시간상 수 라하고 $\tau = RC$

• 방전시 : $R\dfrac{dq}{dt} + \dfrac{q}{C} = 0$ $q = q_0 e^{-\frac{t}{RC}}$

$\qquad\qquad\qquad\qquad\qquad i = \dfrac{dq}{dt} = -i_0^{-\frac{t}{RC}}$

(17) 직선전류에 의한 자기장 : $B = \dfrac{\mu_0}{2\pi} \dfrac{i}{r}$

(18) 원형전류에 의한 자기장 : $B = \dfrac{\mu_0}{2} \dfrac{i}{r}$

(19) 솔레노이드에 의한 자기장 : $B = \mu_0 n i$ $\left(\mu_0 = 4\pi \times 10^{-7}\left(\dfrac{T \cdot m}{A}\right), n : 단위\ \text{m}당\ 감긴\ 수\right)$

(20) 토로이드에 의한 자기장 : $B = \dfrac{\mu_0 N}{2\pi} \dfrac{i}{r}$

(21) 평행도선 사이에 작용하는 힘 $F = \dfrac{\mu_0}{2\pi} \dfrac{i_1 i_2}{r} l$

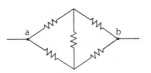

① 같은 방향으로 전류 흐를 때 : 인력
② 다른 방향으로 전류 흐를 때 : 척력

(21) 자기장 속에서 전류가 받는 힘 : $F = Bli$, 방향을 플레밍의 왼손법칙에 의한다.

(22) 자기장 속으로 수직 입사된 전하가 받는 힘 : $F = Bqv$

원운동, 반경 $r = \dfrac{mv}{Bq}$, 주기 $T = \dfrac{2\pi m}{Bq}$

4. 전자기유도

(1) 패러데이 유도법칙 : $\epsilon = -N\dfrac{d\varphi}{dt}$

(2) 렌쯔의 법칙 : 유도전류는 이 전류를 발생시키는 변화를 반대하난 방향으로 흐른다.
   (플레이밍의 오른손 법칙)

(3) 자기장 내에서 움직이는 도선에 유도되는 기전력 : $V = -Blv$

(4) 자체 유도계수가 L인 코일에 유도되는 유도기전력 : $V = -L\dfrac{di}{dt}$

(5) 코일에 저장된 자기에너지 : $W = \dfrac{1}{2}Li^2$

(6) 변압기 : $\dfrac{N_2}{N_1} = \dfrac{V_2}{V_1} = \dfrac{I_1}{I_2}$

(7) 교류전류에서 유도기전력 : $V = NBAw\sin wt$

   최대전압 : $V_0 = NBAw$, 실효전압값 : $V = \dfrac{V_0}{\sqrt{2}}$, 실효전류값 : $I = \dfrac{I_0}{\sqrt{2}}$

(8) 저항, 코일, 축전기에 흐르는 교류 전류의 위상 및 저항

   전류에 비해 저항에 걸린 전압은 위상이 같고
   코일에 걸린 전압은 위상이 $\dfrac{\pi}{2}$ 만큼
   빠르고 축전기에 걸린 전압은 위상이
   $\dfrac{\pi}{2}$ 만큼 느리다.

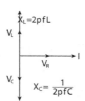

(9) R - L - C 직렬회로

   전압 $V = \sqrt{V_R^2 + (V_L - V_C)^2}$ 임피던스 $Z = \sqrt{R^2 + \left(2\pi f L - \dfrac{1}{2\pi f C}\right)^2}$
   회로에 전류가 최대로 흐를 조건을 직렬공진조건이라 하고 이것은 이피던스 Z가
   최소값이 될 때인데 이 때 주파수 $f = \dfrac{1}{2\pi\sqrt{LC}}$ 이다.
   공전주파수에서 $V_L = V_C$ 이다.

(10) 전자기파

   전하의 진동에 의해 생긴 자기장과 전기장이 주기적으로 공간을 퍼져나가는 것

5. 파동

(1) **파동을 나타내는 식** : $y = A\sin 2\pi \left(\dfrac{t}{T} - \dfrac{x}{\lambda} \right)$

(2) 파동에너지는 매질이 직접 이동하는 것이 아니라 진동에너지가 전달되어 가는 것으로 진폭의 제곱에 비례하고 진동수의 제곱에 비례한다. $I = 2\pi^2 A^2 f^2 v \rho$

(3) 횡파 : 진행방향과 수직으로 진동, 종파 : 진행방향과 같은 방향으로 진동

(4) 호이겐스의 원리는 파면의 발생원리이다.

(5) 페르마의 원리 : 두 점 사이를 진행하는 빛은 진행시간이 가장 짧게 걸리는 경로를 선택

(6) 고정파 반사 : 소한 매질에서 밀한 매질로 진행하다가 반사될 때 반사파는 위상이 π 만큼 변한다.

(7) 자유파 반사 : 밀한 매질에서 소한 매질로 진행하다가 반사될 때 반사파는 위상의 변화 없다.

(8) 스넬의 법칙 : $\dfrac{m_2}{m_1} = \dfrac{\sin\theta_1}{\sin\theta_2} = \dfrac{\lambda_1}{\lambda_2} = \dfrac{v_1}{v_2}$

(9) **파동의 간섭**

① 파동의 경로파 $= \dfrac{\lambda}{2}(2m)$ 보강간섭

② 파동의 경로차 $= \dfrac{\lambda}{2}(2m+1)$ 상쇄간섭

(10) **파동의 회절** : 파동이 진행하다가 호이겐스의 원리에 의해 장애물을 만나도 장애물의 뒤까지 전달되는 현상을 회절이라 한다. 회절은 슬릿의 크기가 작을수록, 파장의 크기가 클수록 잘 일어난다.

(11) **정상파** : 파장의 주기와 진폭이 같은 2개의 파동이 서로 반대방향으로 진행하다가 파동이 진동은 하지만 진행하지 않는 것처럼 보이는 파동을 정상파라 한다.

(12) 현에서의 소리전달 속도 : $\nu = \sqrt{\dfrac{T}{\rho}}$ (T : 현의 장력, ρ : 현의 선밀도)

　진동수 : $f = \dfrac{1}{\lambda}\sqrt{\dfrac{T}{\rho}}$

(13) 기주진동 : 관 속의 공기기둥이 진동할 때 정상파가 생기는 막힌 쪽은 마디, 열린 쪽은 배부분이 된다.

　① 폐관 : 기본진동 → $\lambda = 4l$　　3배진동 → $\lambda = \dfrac{4}{3}l$　　5배진동 → $\lambda = \dfrac{4}{5}l$

　② 개관 : 기본진동 → $\lambda = 2l$　　2배진동 → $\lambda = \dfrac{2}{2}l$　　3배진동 → $\lambda = \dfrac{2}{3}l$

(14) 소리의 3요소 : 진동수(음의 고저), 진폭(음의 세기), 파형(음색)

　소리의 속도 $v = 331.5 + 0.6t$ (온도가 높을수록 소리의 속도는 크다.)

　$v = \sqrt{\dfrac{rP}{\rho}}$ (r : 비열비, P : 압력, ρ : 밀도)

　→ 소리의 속도는 압력과 밀도에는 관계없다. ($P \propto \rho$)

(15) 맥놀이 수 : $N = |f_2 - f_1|$

(16) 도플러 효과 : 음원이나 관측자의 상대적 운동에 의하여 관측되는 진동수가 달라지는 현상을 도플러효과라고 한다.

　　$f = \dfrac{V \pm v_{관측자}}{V \mp v_{음원}} f_0$

　V : 음의 속도, 　　　$v_{관측자}$: 관측자의 속도

　$v_{음원}$: 음원의 속도, 　　f_0 : 음원의 진동수

　분모, 분자의 위 부호($+v_{관}$, $-v_{음}$)는 가까워질 때 아래 부호는 멀어질 때의 부호이다.

6. 빛

(1) 전반사

굴절률이 큰 매질에서 굴절률이 작은 매질로 진행힐 때 임계각 이상에서 전반사가 일어난다. 굴절률 n인 액체속 깊이 l인 곳의 점광원이 바깥에서 보이지 않게 물체를 덮기 위한 최소반경 R은 $R = \dfrac{l}{\sqrt{n^2-1}}$ 이다.

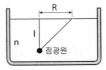

(2) 평면거울 : 거울을 통해 자신의 전신을 보기 위한 거울의 길이는 총 신장의 1/2이 필요하다. 거울 앞 물체가 움직이면 상도 같이 움직이지만 겨울을 움직이면 상은 2배로 움직이다.

오목거울	볼록렌즈	초점거리 $f > 0$ 물체의 위치에 따라 여러 가지 상이 나타난다.
볼록거울	오목렌즈	초점거리 $f < 0$ 상은 물체의 위치에 관계없이 축소, 정립, 허상
실상은 물체와 같은쪽 허상은 물체와 반대쪽	실상은 물체와 반대쪽 허상은 물체와 같은쪽	

(3) 상의 공식 : $\dfrac{1}{a} + \dfrac{1}{b} = \dfrac{1}{f}$

$f = \dfrac{R}{2}$ (R ; 거울의 반경)

$f = (n-1)\left(\dfrac{1}{R_1} + \dfrac{1}{R_2}\right)$ (n : 렌즈의 굴절률, R_1, R_2 : 렌즈의 반경)

배율 $m = \left|\dfrac{b}{a}\right|$

(4) 복합렌즈의 초점거리 : $\dfrac{1}{f} = \dfrac{1}{f_1} + \dfrac{1}{f_2}$

(5) 빛의 간섭과 회절

① 이중슬릿에 의한 간섭 : $\dfrac{dx}{l}=\dfrac{\lambda}{2}(2m)$: 보강간섭, $\dfrac{dx}{l}=\dfrac{\lambda}{2}(2m+1)$: 상쇄간섭

② 얇은 막에 의한 간섭

$$\underline{\begin{array}{c}\text{굴절률} \ \langle\ n_d \\ \hline \text{(막)굴절률}=n_d \\ \hline \text{굴절률} \ \langle n_d \end{array}} \rightarrow$$

$2nd\cos\theta=\dfrac{\lambda}{2}(2m+1)$ 보강간섭

$2nd\cos\theta=\dfrac{\lambda}{2}(2m)$ 상쇄간섭

$2nd\cos\theta=\dfrac{\lambda}{2}(2m)$ 보강간섭

$$\underline{\begin{array}{c}\text{굴절률} \ \langle\ n_d \\ \hline \text{(막)굴절률}=n_d \\ \hline \text{굴절률} \rangle\ n_d \end{array}} \rightarrow$$

$2nd\cos\theta=\dfrac{\lambda}{2}(2m+1)$ 상쇄간섭

③ 뉴톤 원무늬

$2d=\dfrac{\lambda}{2}(2m+1)$ 보강간섭 $2d=\dfrac{\lambda}{2}(2m)$ 상쇄간섭 $\left(2d=\dfrac{x^2}{R}\right)$

④ 단일슬릿에 의한 회절

$d\sin\theta=\dfrac{\lambda}{2}(2m)$ 어두운 무늬 $d\sin\theta=\dfrac{\lambda}{2}(2m+1)$ 밝은 무늬

$(m=1, \ 2,3,4, \ ...)$

※ X선 회절 : 결정내의 원자배치를 탐구하는 수단

Bragg 법칙 : $2d\sin\theta=\lambda\times m$ $(m=1, \ 2,3,4, \ ...)$

(6) 편광 : 빛의 편광현상에 의해 빛이 횡파임이 입증된다.

① 완전편광이 일어날 조건에 관한 법칙(브루스터 법칙) : $n=\tan\theta$

② 말루스의 법칙 : $I=\dfrac{1}{2}I_0\cos^2\theta$

7. 현대물리

(1) 광량자의 에너지 : $E = hf = \dfrac{hc}{\lambda}$ (h : 플랑크 상수)

(2) 광전효과 : 빛의 입자성, 한계진동수 이상에서만 광정효과가 나타난다.

    광전효과에 의한 광정의 운동에너지 $E_k = hf - W$ (W : 금속의 일함수)

    ① 한계진동수 이상의 빛에서 진동수가 클수록 광전압이 크다.

    ② 한계진동수 이상의 빛에서 세기가 클수록 광전류가 크다.

(3) 콤프턴 효과 : $\triangle \lambda = \dfrac{h}{mc}(1 - \cos \theta)$

    빛의 입자성 증명, 산란광선의 파장이 입사광선의 파장보다 크다.

(4) X선 : X선은 파장이 매우 짧은 빛으로 그 발생은 광전효과의 역과정에 의해 발생한다.

(5) 물질파 : $\lambda = \dfrac{h}{mv}$, 데이빗슨 – 저어머의 전자회절실험

(6) 원자모형

    ① 톰슨의 모형

    ② 러더퍼드의 모형

    ③ 보어의 모형

      a) 양자조건 : 원자내에서 전자는 불연속 특정궤도만 돌 수 있다.

        $2\pi r = n\lambda$, $\lambda = \dfrac{h}{mv}$, $2\pi r \cdot mv = nh$

        궤도반경 : $r_n = 0.53 n^2$ Å

      b) 진동수조건 : 하나의 정상상태에서 다른 정상상태로 바뀔 때만 전자기파를
        흡수 또는 방출한다. $\triangle E = hf - E_i - E_f$

        각 궤도에서 에너지 $E_n = -\dfrac{13.6}{n^2} eV$

(7) 방출 전자기파

$$\frac{1}{\lambda} = R\left(\frac{1}{n^2} - \frac{1}{m^2}\right)$$

R : 리드베르그 상수

$n=1$ 라이만계열 $m=2,3,4,...$자외선

$n=2$ 발머계열 $m=3,4,5,...$가시광선

$n=3$ 파센계열 $m=4,5,6,...$적외선

(8) 동위원소 : 원소의 양성자수는 같지만 중성자수가 달라 질양이 다른 원소

(9) 방사선의 종류

① α 선($_2^4 He$)

전리작용은 세지만 투과력은 약하다. 붕괴되면 질량 4감소, 번호 2감소

② β선($_{-1}^0 e$)

α 선보다 전리작용은 약하지만 투과력은 세다. 붕괴되면 질량 불변, 번호 1증가

③ γ 선(광자)

전자기파로 전기장에 영향받지 않고 투과력이 강하다. 붕괴되어도 질량, 번호 불변

(10) 양자수

주양자수 n 1, 2, 3, $\cdots\infty$ 궤도의 에너지

궤도양자수 l $0 \le l \le (n-1)$ 궤도의 각운동향 크기

자기양자수 $m = l \le m \le l$ 궤도의 각운동량 방향

스핀양자수 s $\frac{1}{2}, -\frac{1}{2}$ spin의 각운동량

(11) 상대성이론

① 시간팽창 : $t = \dfrac{t_0}{\sqrt{1-\left(\dfrac{v}{c}\right)^2}}$

② 길이축소 : $l = l_0\sqrt{1-\left(\dfrac{v}{c}\right)^2}$

③ 질량증가 : $m = \dfrac{m_0}{\sqrt{1\left(\dfrac{v}{c}\right)^2}}$

(12) 질량결손 : $E = mc^2$

양성자와 중성자로 결합된 원자핵의 질량은 양성자와 중성자가 따로 떨어져 있을 때 각 질량의 합보다 작다. 이 차이를 질량결손이라 한다.

(13) 반도체

① 고유 반도체

㉠ 고유 반도체는 Si, Ge과 같은 순수한 IV족 원소로 구성되어 공유 결합을 한다.

㉡ 절대 온도 $T = 0K$에서 부도체와 같은 역할을 하지만 실온에서는 도체와 같은 전기전도도를 갖는다.

㉢ 온도가 높거나 빛 에너지를 받을수록 가전자띠의 많은 전자들이 열 에너지를 흡수하여 전도띠로 전이 할 수 있다. 이와 같이 전기 전도도는 온도가 높을수록 증가한다.

㉣ 에너지 간격(Energy gap)이 부도체처럼 넓은 것이 아니라. 매우 좁기 때문에 가전자띠의 전자들은 실온에서 열적 에너지를 흡수하여 가전자띠 전다들의 일부분이 전도띠로 전이할 수 있어서 전기 전도를 가질 수 있다.

② N형 반도체

㉠ Si, Ge 등과 같은 IV족 원소로 된 고유 반도체에 안티몬(Sb), 인(P), 비소(As), 질소(N)와 같은 V족 원소를 첨가한 반도체이다.

㉡ 5가인 불순물을 도우너(donor)라고 한다.

㉢ 불순물이 많이 첨가될수록 전하 운반자는 증가하므로 전기 전도도가 증가한다.

③ P형 반도체

㉠ Si, Ge 등과 같은 IV족 원소로 된 고유 반도체에 칼륨(Ga), 붕소(B), 인듐(In), 알루미늄(Al)과 같은 Ⅲ족 원소를 첨가한 반도체이다.

㉡ 3가인 불순물을 어셉터(acceptor)라고 한다.

㉢ 불순물이 많이 첨가될수록 전기 전도도는 증가한다.

국제 단위계

줄여서 SI 단위계라고 부르는 국제 단위계(the Systeme International d'Unites)는 무게와 측정에 관한 국제 회의에서 개발된 단위계이며, 전 세계의 모든 산업국들이 채택하고 있다. 이 단위계는 mksa(meter-kilogram-second-ampere) 단위계에 기초를 두고 있다. 아래의 자료들은 미국 표준국 NBS의 특별 간행물 330(1981년판)으로부터 발췌하였다.

양	단위 이름	기 호	
	SI 기본단위		
길이	meter	m	
질량	kilogram	kg	
시간	second	s	
전류	ampere	A	
열역학적 온도	kelvin	K	
광도	candela	cd	
물질의 양	mole	mol	
	SI 유도단위		**등가단위**
넓이	square meter	m^2	
부피	cubic meter	m^3	s^{-1}
진동수	hertz	Hz	
질량밀도(밀도)	kilogram per cubic meter	kg/m^3	
속력, 속도	meter per second	m/s	
각속도	radian per second	rad/s	
가속도	meter per second squared	m/s^2	
각가속도	radian per second squared	rad/s^2	
힘	newton	N	$kg \cdot m/s^2$
압력(역학적, 변형력)	pascal	Pa	N/m^2
운동학적 점성	squared meter per second	m^2/s	
동력학적 점성	newton-second per square meter	$N \cdot s/m^2$	
일, 에너지, 열량	joule	J	$N \cdot m$

양	단위 이름	기 호	등가단위
일률	watt	W	J/s
전기량	coulomb	C	A·s
전위차, 기전력	volt	V	W.A, J/C
전기장의 강도	volt per meter	V/m	N/C
전기저항	ohm	Ω	V.A
전기용량	farad	F	A·s/V
자기선속	weber	Wb	V·s
인덕턴스	henry	H	V·s/A
자기 선속 밀도	tesla	T	Wb/m^2
자기장 세기	ampere per meter	A/m	
기자력	ampere	A	cd·sr
광선속	lumen	lm	
밝기, 휘도	candela per square meter	cd/m^2	lm/m^2
조명도	lux	lx	
파수	l per meter	m^{-1}	
엔트로피	joule per kelvin	J/K	
비열용량	joule per kilogram kelvin	J/kg·K	
열전도	watt per meter kelvin	W/m·K	
복사세기(강도)	watt per steradian	W/sr	
방사능(방사성 동위원소의)	becquerel	Bq	s^{-1}
방사선의 조사선량	gray	Gy	J/kg
방사선의 선량당량	sievert	Sv	J/kg

SI 보충단위

평면각	radian	rad	
입체각	steradian	sr	

■ SI 단위의 정의

- **meter(m)** : 미터(meter)는 빛이 진공 중에서 1/299, 792, 458초 동안에 진행하는 거리와 같다.

- **kilogram(kg)** : 킬로그램(kilogram)은 질량의 단위이며, 국제적인 킬로그램 원기의 질량과 같다. (킬로그램 원기는 프랑스의 무게와 측정에 관한 국제 사무국의 Sevres 지하실에 보관되어 있는 백금과 이리듐의 합금으로 특수 제작된 원기둥이다.)

- **second(s)** : 초(second)는 세슘 133 원자의 바닥상태의 두 개의 초미세 준위 사이의 전지에 해당하는 복사선의 주기의 9,192,631,770배에 해당하는 시간이다.

- **amper(A)** : 암페어(amper)는 진공 중에서 1미터 떨어져 있고, 단면적을 무시할 수 있는 무한히 긴 평행 도체 사이에 미터 당 $2 \times 10^{-7} N$의 힘이 작용하도록 하는 정상전류이다.

- **kelvin(K)** : 캘빈(kelvin)은 물의 삼중점의 열역학적 온도의 1/273.16을 단위로 한 열역학적 온도의 단위이다.

- **ohm(Ω)** : 옴(ohm)은 도체의 두 점 사이에 가해진 1V의 일정한 전위차에서 그 도체에 1A의 전류가 흐르게 하는 도체의 두 점 사이의 전기저항이다. 이 도체는 어떠한 기전전력이 되지 않는다.

- **coulomb(C)** : 쿨롱(coulomb)은 1암페어의 전류가 매초 당 운반하는 전기량이다.

- **candela(cd)** : 칸델라(candela)는 임의의 방향으로 진동수 540×10^{12} Hz인 단색 복사선을 방출하고, 그 방향으로 스테라디안 당 1/683W의 복사세기를 가지는 광원의 발광강도이다.

- **mole(mol)** : 몰(mole)은 질량수 12인 탄소 0.012kg에 있는 탄소원자의 수와 같은 실체들을 포함하고 있는 계에 있는 물길의 양이다. 그 최소 단위가 되는 실체들은 원자, 분자, 전자, 다른 입자들로 기술되거나, 그러한 입자들의 무리로 기술되어야 한다.

- **newton(N)** : 뉴톤(newton)은 1kg의 질량에 제곱 초 당 1m의 가속도가 생기게 하는 힘이다.

- **joule(J)** : 주울(joule)은 1N의 힘이 작용한 질점이 힘의 방향으로 1m의 변위를 일으켰을 때 한 일이다.

- **watt(W)** : 와트(watt)는 매 초당 1J의 비율로 에너지를 발생시켜 주는 전력이다.

- **volt(V)** : 볼트(volt)는 도선에서 두 점 사이에 소모되는 전력이 1W일 때, 1암페어의 일정한 전류를 운반하는 두 점 사이의 전위차이다.

- **weber(Wb)** : 웨버(weber)는 기전력이 1초 동안에 1V의 기전력이 일정한 비율로 0까지 줄어들 때 만들어져 한 번 감은 코일 회로에 연관되는 자기력선 속이다.

- **lumen(lm)** : 루멘(lumen)은 세기가 1cd인 균일한 점광원에 의해 1 steradian의 입체각으로 방출되는 광선속이다.

- **farad(F)** : 패럿(farad)는 축전기의 두 판이 각각 IC의 동일한 전기량으로 대전되었을 때, 그 판들 사이에 전위차가 1V가 되는 축전기의 전기용량이다.

- **henry(H)** : 핸리(henry)는 닫힌 회로에서 전류가 매초 당 1A의 비율로 균일하게 변할 때, 회로에 IV의 기전력이 생기는 폐회로의 인덕턴스이다.

- **radian(rad)** : 라디안(radina)은 원둘레에서 반지름의 길이와 호를 자르는 두 반지름 사이의 평면각이다.

- **steradian(sr)** : 스테라디안(steradian)은 구의 반지름의 제곱과 넓이가 같은 구면위의 넓이에 대하여 구의 중심으로부터 잘리는 입체각이다.

- **SI Prefixes** : SI 단위들의 약수나 배수의 이름을 1장의 표 1-1에 나열한 접두사를 응용하여 만들 수 있다.

유용한 수학 관계식

1. 대수

$$a^{-x} = \frac{1}{a^x}, \quad a^{(x+y)} = a^x \, a^y, \quad a^{(x-y)} = \frac{a^x}{a^y}$$

① 로그 : 만일 $\log a = x$ 이면, $a = 10^x$ 이다. $\log a + \log b = \log(ab)$ $\log a - \log b = \log(a/b)$

$$\log(a^n) = n \log a$$

만일 $\ln a = x$ 이면, $a = e^x$ 이다. $\ln a + \ln b = \ln(ab)$ $\ln a - \ln b = \ln(a/b)$ $\ln(a^n) = n \ln a$

② 근의 공식 : 만일 $ax^2 + bx + c = 0$ 이면, $x = \dfrac{-b \pm \sqrt{b^2 - 4ac}}{2a}$ 이다.

2. 이항정리

$$(a+b)^n = a^n + n a^{n-1} b + \frac{n(n-1)a^{n-2}b^2}{2!} + \frac{n(n-1)(n-2)a^{n-3}b^3}{3!} + \ldots$$

3. 삼각함수

직각삼각형 ABC 에서 $x^2 + y^2 = r^2$ 이다.

① 삼각함수의 정의 : $\sin a = y/r$ $\qquad \cos a = x/r$ $\quad \tan a = y/x$

② 항등식 : $\sin^2 a + \cos^2 a = 1$ $\qquad \tan a = \dfrac{\sin a}{\cos a}$

$\qquad\qquad \sin 2a = 2 \sin a \cos a$ $\qquad \cos 2a = \cos^2 a - \sin^2 a = 2\cos^2 a - 1$

$\qquad\qquad \sin \dfrac{1}{2}a = \sqrt{\dfrac{1-\cos a}{2}}$ $\qquad \cos \dfrac{1}{2}a = \sqrt{\dfrac{1+\cos a}{2}}$

$\qquad\qquad \sin(-a) = -\sin a$ $\qquad \sin(a \pm b) = \sin a \cos b \pm \cos a \sin b$

$\qquad\qquad \cos(-a) = \cos a$ $\qquad \cos(a \pm b) = \cos a \cos b \pm \sin a \sin b$

$\qquad\qquad \sin(a \pm \pi/2) = \pm \cos a$ $\qquad \sin a + \sin b = 2 \sin \dfrac{1}{2}(a+b) \cos \dfrac{1}{2}(a-b)$

$\qquad\qquad \cos(a \pm \pi/2) = \pm \sin a$ $\qquad \cos a + \cos b = 2 \cos \dfrac{1}{2}(a+b) \cos \dfrac{1}{2}(a-b)$

4. 기하

반지름 r 인 원 둘레 : $C = 2\pi r$

반지름 r 인 원의 넓이 : $A = \pi r^2$

반지름 r 인 구의 부피 : $V = 4\pi r^3/3$

반지름 r 인 구의 겉넓이 : $A = 4\pi r^2$

반지름 r 이고 높이 h 인 원통의 부피 : $V = \pi r^2 h$

5. 미적분

① 미분

$$\frac{d}{dx}x^n = nx^{n-1}$$

$$\frac{d}{cx}sinax = a\cos ax$$

$$\frac{d}{dx}\cos ax = -a\sin ax$$

$$\frac{d}{dx}e^{ax} = ae^{ax}$$

$$\int \frac{dx}{\sqrt{a^2-x^2}} = \arcsin\frac{x}{a}$$

$$\int \frac{dx}{\sqrt{x^2+a^2}} = \ln(x+\sqrt{x^2+a^2})$$

$$\int \frac{dx}{x^2+a^2} = \frac{1}{a}\arctan\frac{x}{a}$$

$$\int \frac{dx}{(x^2+a^2)^{3/2}} = \frac{1}{a^2}\frac{x}{\sqrt{x^2+a^2}}$$

② 적분

$$\int x^n dx = \frac{x^{n+1}}{n+1}$$

$$\int \frac{dx}{x} = \ln x$$

$$\int \sin ax\,dx = -\frac{1}{a}\cos ax$$

$$\int \cos ax\,dx = \frac{1}{a}\sin ax$$

$$\int e^{ax}dx = \frac{1}{a}e^{ax}$$

멱급수(주어진 x 의 범위에서 수렴한다.)

$$\sin x = x - \frac{x^3}{3!} + \frac{x^5}{5!} - \frac{x^7}{7!} + \dots (all x)$$

$$\cos x = 1 - \frac{x^2}{2!} + \frac{x^4}{4!} - \frac{x^6}{6!} + \dots (all x)$$

$$\tan x = x + \frac{x^3}{3} + \frac{2x^5}{15} - \frac{17x^7}{315} + \dots (|x| < \pi/2)$$

$$e^x = 1 + x + \frac{x^2}{2!} + \frac{x^3}{3!} + \dots (all x)$$

$$\ln(1+x) = x - \frac{x^2}{2} + \frac{x^3}{3} - \frac{x^4}{4} + \dots (|x| < 1)$$

희랍 문자

영문이름	대문자	소문자	이름
Alpha	A	α	알파
Beta	B	β	베타
Gamma	Γ	γ	감마
Delta	Δ	δ	델타
Epsilon	E	ε	입실론
Zeta	Z	ζ	제타
Eta	H	η	에타
Theta	Θ	θ	쎄타
Iota	I	ι	아이오타
Kappa	K	κ	카파
Lambda	Λ	λ	램다
Mu	M	μ	뮤-
Nu	N	ν	뉴
Xi	Ξ	ξ	크시, 자이
Omicron	O	o	오미크론
Pi	Π	π	파이
Pho	P	ρ	로
Sigma	Σ	σ	시그마
Tau	T	τ	타우
Upsilon	Υ	υ	웁실론
Phi	Φ	φ	화이
Chi	X	χ	카이
Psi	Ψ	ψ	프시
Omega	Ω	ω	오메가

원소의 주기율표

주기	IA	IIA	IIIB	IVB	VB	VIB	VIIB	VIIIB		VIIIB	IB	IIB	IIIA	IVA	VA	VIA	VIIA	기체
1	1 H 1.008																	2 He 4.003
2	3 Li 6.941	4 Be 9.012											5 B 10.811	6 C 12.011	7 N 14.007	8 O 15.999	9 F 18.998	10 Ne 20.179
3	11 Na 22.990	12 Mg 24.305											13 Al 26.982	14 Si 28.086	15 P 30.974	16 S 32.064	17 Cl 35.353	18 Ar 39.948
4	19 K 39.098	20 Ca 40.08	21 Sc 44.956	22 Ti 47.90	23 V 50.942	24 Cr 51.996	25 Mn 54.938	26 Fe 55.847	27 Co 58.933	28 Ni 58.70	29 Cu 63.546	30 Zn 65.38	31 Ga 69.72	32 Ge 72.59	33 As 74.922	34 Se 78.96	35 Br 79.904	36 Kr 83.80
5	37 Rb 85.468	38 Sr 87.62	39 Y 88.906	40 Zr 91.22	41 Nb 92.906	42 Mo 95.94	43 Tc (99)	44 Ru 101.07	45 Rh 102.905	46 Pd 106.4	47 Ag 107.868	48 Cd 112.41	49 In 114.82	50 Sn 118.69	51 Sb 121.75	52 Te 127.60	53 I 126.905	54 xE 131.30
6	55 Cs 132.905	56 Ba 137.53	57 La 138.905	72 Hf 178.49	73 Ta 180.948	74 W 183.85	75 Re 186.2	76 Os 190.2	77 Ir 192.22	78 Pt 192.22	79 Au 196.966	80 Hg 200.59	81 Tl 204.37	82 Pb 207.19	83 Bi 208.2	84 Po (210)	85 At (210)	86 Rn (222)
7	87 Fr (223)	88 Ra (226)	89 Ac (227)	104 Rf(?) (261)	105 Ha(?) (262)	106 (257)	107 (260)											

58 Ce 140.12	59 Pr 140.907	60 Nd 144.24	61 Pm (145)	62 Sm 150.35	63 Eu 151.96	64 Gd 157.25	65 Tb 158.925	66 Dy 162.50	67 Ho 164.930	68 Er 167.26	69 Tm 168.934	70 Yb 173.04	71 Lu 174.96
90 Th (232)	91 Pa (231)	92 U (238)	93 Np (239)	94 Pu (239)	95 Am (240)	96 Cm (242)	97 Bk (245)	98 Cf (246)	99 Es (247)	100 Fm (249)	101 Md (256)	102 No (254)	103 Lr (257)

각 원소들은 자연에 존재하는 동위원소들의 혼합물의 평균원자량이다. 안정한 동위원소들이 없는 원소들은 가장 대표적인 동위원소의 원자량의 근사값을 괄호 안에 표시하였다.

단위 변화 인자

1. 길이
$1m = 100cm = 1000mm = 10^6\mu m = 10^9 nm$
$1km = 1000m = 0.6214mi$
$1m = 3.281ft = 39.37in$
$1cm = 0.3937in$
$1in. = 2.540cm$
$1ft = 3.48cm$
$1yd = 91.44cm$
$1mi = 5280ft = 1.609km$
$1 Å = 10^{-10}m = 10^{-8cm} = 10^{-1}nm$
$1nautical\ mile = 6080ft$
$1lightyear = 9.461 \times 10^{15}m$

2. 넓이
$1cm^2 = 0.155in^2$
$1m^2 = 10^4 cm^2 = 10.76ft^2$
$1in^2 = 6.452cm^2$
$1ft^2 = 144in^2 = 0.0929m^2$

3. 부피
$1liter = 1000cm^3 = 10^{-3}m^3 = 0.03531ft^3 = 61.02in^3$
$1ft^3 = 0.02832m^3 = 28.32liters = 7.477gallons$
$1gallon = 3.788liters$

4. 시간
$1min = 60s$
$1h = 3600s$
$1d = 86,400s$
$1y = 365.24d = 3.156 \times 10^7 s$

5. 각도
$1rad = 57.30°180°/\pi$
$1° = 0.01745rad = \pi/180rad$
$1revolution = 360° = 2\pi\ rad$
$1rev/min(rpm) = 0.1047rad/s$

6. 속력
$1m/s = 3.281ft/s$
$1ft/s = 0.048m/s$
$1mi/min = 60mi/h = 88ft/s$
$1km/h = 0.2778m/s = 0.6214mi/h$
$1mi/h = 1.466ft/s = 0.4470m/s = 1.609km/h$
$1furlong/fortnight = 1.662 \times 10^{-4}m/s$

7. 가속도
$1m/s^2 = 100cm/s^2 = 3.281ft/s^2$
$1cm/s^2 = 0.01m/s^2 = 0.03281ft/s^2$
$1ft/s^2 = 0.3048m/s^2 = 30.48cm/s^2$
$1mi/h·\ s = 1.467ft/s^2$

8. 질량
$1kg = 10^3 g = 0.0685slug$
$1g = 6.85 \times 10^{-5}slug$
$1slug = 14.59kg$
$1u = 1.661 \times 10^{-27}kg$
$1kg has\ a\ weight\ of\ 2.205\ Ib\ when\ g = 9.80m/s^2$

9. 힘
$1N = 10^5 dyn = 0.2248Ib$
$1Ib = 4.448N = 4.448 \times 10^5 dyn$

10. 압력
$1Pa = 1N/m^2 = 1.451 \times 10^{-4}Ib/in^2 = 0.209Ib/ft^2$
$1bar = 10^5 Pa$
$1Ib/in^2 = 6891Pa$
$1Ib/ft^2 = 47.85Pa$
$1atm = 1.013 \times 10^5 Pa = 1.013bar$
$\quad = 14.7Ib/in^2 = 2117Ib/ft^2$
$1mmHg = 1torr = 133.3Pa$

11. 에너지
$1J = 10^7 ergs = 0.239cal$
$1cal = 4.186J(\triangle d\ on\ 15°\ calorie)$
$1ft·\ Ib = 1.356J$
$1Btu = 1055J = 252cal = 778ft·\ Ib$
$1eV = 1.602 \times 10^{-19}J$
$1kWh = 3,600 \times 10^6 J$

12. 질량-에너지 등가
$1kg \leftrightarrow 8.988 \pm 10^{16}J$
$1u \leftrightarrow 931.5MeV$
$1eV \leftrightarrow 1.073 \times 10^{-9}u$

13. 일률
$1W = 1J/s$
$1hP = 746W = 550ft·\ Ib/s$
$1Btu/h = 0.293W$

상 수

기본 물리 상수

이 름	기 호	값
빛의 속력	c	$2.99792458 \times 10^8 \text{m/s}$
전자의 전하량	e	$1.602177 \times 10^{-19} C$
중력상수	G	$6.67259 \times 10^{-11} \text{N} \cdot \text{m}^2/\text{kg}^2$
Planck 상수	h	$6.6260755 \times 10^{-34} \text{J} \cdot \text{s}$
Boltzmann 상수	k	$1.38066 \times 10^{-23} \text{J/K}$
Avogadro/수	N_A	$6.022 \times 10^{23} \text{molecules/mol}$
기체 상수	R	$8.314510 \text{J/mol} \cdot \text{K}$
전자의 질량	m_e	$9.10939 \times 10^{-31} \text{kg}$
중성자의 질량	m_a	$1.67493 \times 10^{-27} \text{kg}$
양성자의 질량	m_p	$1.67262 \times 10^{27} \text{kg}$
자유 공간의 유전율	ϵ_o	$8.854 \times 10^{12} C^2/N \cdot m^2$
	$1/4\pi\epsilon_o$	$8.987 \times 10^9 \text{N} \cdot \text{m}^2/\text{C}^2$
자유 공간의 투자율	μ_o	$4\pi \times 10^{07} \text{Wb/A} \cdot \text{m}$

다른 유용한 상수

이름	기호	값
열의 일당량	1atm	$4.186 \text{J/cal} (15°\text{calorie})$
표준 대기 압력	0K	$1.013 \times 10^5 Pa$
절대영도	1eV	$-273.15℃$
전자볼트	1u	$1.602 \times 10^{-19} \text{J}$
원자 질량 단위	mc^2	$1.66054 \times 10^{-27} \text{kg}$
전자의 정지 에너지	Mc^2	0.511MeV
1u의 에너지 동등량	V	931.494eV
이상기체의 부피(0℃ 1기압)	g	22.4liter/mol
중력 가속도(적도의 해수면)		9.7849m/s^2

태양계

천체	질량, kg	반지름, m	궤도 반지름, m	공전 주기
태양	1.99×10^{30}	6.96×10^8	—	—
달	7.35×10^{22}	1.74×10^6	0.38×10^9	27.3d
수성	3.28×10^{23}	2.57×10^6	5.79×10^{10}	88.0d
금성	4.82×10^{24}	6.31×10^6	1.08×10^{11}	224.7d
지구	5.98×10^{24}	6.38×10^6	1.49×10^{11}	365.3d
화성	6.42×10^{23}	3.38×10^6	2.28×10^{11}	687.0d
목성	1.89×10^{27}	7.18×10^7	7.78×10^{11}	11.86y
토성	5.69×10^{26}	6.03×10^7	1.48×10^{12}	29.46y
천왕성	8.66×10^{25}	2.67×10^7	2.87×10^{12}	84.01y
Neptune	1.03×10^{26}	2.48×10^7	4.49×10^{12}	164.8y
Pluto	1.1×10^{22}	4×10^5	5.91×10^{12}	248.7y

부록 2

기출문제

1. 그림은 자동차의 시간과 속력의 관계 그래프를 나타낸 것이다. 이 때 자동차가 움직인 총 거리는?

① 20m
② 40m
③ 60m
④ 80m

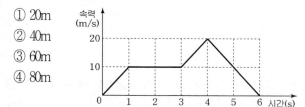

2. 평지에서 질량 1,000kg의 자동차가 30m/s의 속력으로 운동하다 제동을 시작하여 완전히 정지하는 데 까지 50m를 이동하였다면 도로와 자동차 바퀴 사이의 평균적인 마찰 계수는 얼마인가? (단, 중력가속도의 크기는 10m/s²으로 계산한다.)

① 0
② 0.3
③ 0.6
④ 0.9

3. 미끄러운 수평면 위에 정지해 있던 질량 2kg인 물체에 일정한 수평방향을 크기가 시간에 따라 아래 그래프와 같이 변하는 힘이 작용하였다. 시간이 4초일 때 물체의 속력은 얼마인가?

① 4m/s
② 6m/s
③ 10m/s
④ 12m/s

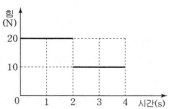

4. 연직 상향으로 물체를 던져 올려서 40m의 높이에 도달시키면 지상에서 던져야 하는 최소의 속도에 가장 가까운 값은 얼마인가? (단, 공기의 저항은 무시하고, 중력가속도의 크기는 9.8m/s²로 한다.)

① 7m/s
② 14m/s
③ 28m/s
④ 35m/s

5. 일반적으로 힘이 일정할 때, 질량을 다르게 하면서 물체의 가속도를 구하여 가속도와 질량의 관계를 그래프로 그렸다. 이 때 질량-가속도 그래프 개형으로 가장 적절한 것은?

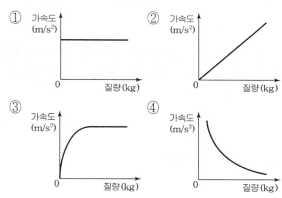

6. 그림 (가)와 (나)는 스피커로 나오는 소리가 공기 중을 진행할 때, 소리가 진행하는 거리와 시간에 따라 공기의 압력 변화를 어떤 두 상황에 대하여 각각 나타낸 것이다. 이에 대한 설명으로 옳은 것은?

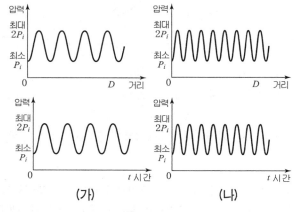

(가)   (나)

① (가)는 (나)보다 진동수가 크다.
② (가)는 (나)보다 회절이 잘 일어난다.
③ (가)는 (나)보다 고음이며 작은 소리이다.
④ (가)와 (나) 모든 경우, 온도가 높은 쪽으로 굴절한다.

7. 10m/s의 속력으로 직선 운동하는 질량 2kg인 물체가 운동 방향과 반대 방향으로 작용하는 외력의 영향을 받아서 5초 만에 정지하였다. 이 때 작용한 외력의 평균 일률(power)은 얼마인가?

① 100W   ② 50W

③ 20W   ④ 10W

8. 36W의 형광등을 220V 직류 전원에 연결한다. 이 형광등의 전기 저항 R과 전류 I에 가장 가까운 값은 무엇인가?

① $R=1.3k\Omega$, $I=0.16A$

② $R=1.3k\Omega$, $I=0.33A$

③ $R=0.57k\Omega$, $I=0.16A$

④ $R=0.67k\Omega$, $I=0.33A$

9. 그림은 A에서 절대 온도가 T_0일 때 A→B→C→A로 순환하는 동안 이상 기체의 압력과 부피의 관계를 나타낸 것이다. 이에 대한 설명으로 옳은 것은?

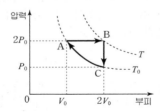

① A→B 과정은 등적 과정이다.

② B에서 절대온도 $T=4T_0$이다.

③ C→A 과정은 단열 팽창 과정이다.

④ A→B 과정에서 내부에너지의 증가량은 $3P_0V_0$이다.

10. 일직선으로 난 도로를 소방차가 840Hz의 경적을 울리면서 108km/h의 속력으로 달리고 있다. 소방차 앞에서 소방차와 마주보는 방향으로 54km/h로 달리는 차에 탄 운전자가 듣는 진동수는 얼마인가? (단, 소리의 속력은 330m/s이다.)

① 800Hz   ② 882Hz

③ 960Hz   ④ 966Hz

11. 어떤 집보다 100m 위에 있는 상수도원과 그 집의 수도가 연결되어 있다. 상수도원의 물의 기압이 4기압이라면 그 집 수도에서의 기압은? (단, 중력가속도의 크기는 10m/s², 물의 밀도는 10³kg/m³, 1기압은 10⁵N/m²으로 계산한다.)

① 10기압   ② 14기압

③ 16기압   ④ 20기압

12. 질량 m인 물체를 용수철에 매달았을 때 주기 T의 단순조화 운동을 한다면, 같은 용수철 2개를 직렬 연결했을 때 물체의 단순조화운동의 주기는?

① $\sqrt{2}\,T$ ② $\dfrac{T}{\sqrt{2}}$

③ $2T$ ④ $\dfrac{T}{2}$

13. 다음 그림은 초점 거리가 f인 볼록 렌즈에 의한 상의 형성을 나타낸 것이다. 물체의 위치 변화에 따른 상의 변화를 바르게 설명한 것을 고르면?

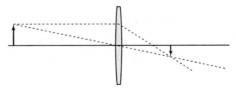

① 위의 그림은 렌즈의 좌측에 위치한 물체가 $2f$보다 멀리 떨어져 있는 경우이다.

② 물체와 렌즈의 거리가 멀어질수록 상의 크기도 증가한다.

③ 물체와 렌즈의 거리가 $2f$가 되면 물체와 같은 크기의 허상이 생긴다.

④ 물체와 렌즈의 거리가 가까워지면 상도 렌즈 가까이 생긴다.

14. 그림 (가)는 막대자석을 나타낸 것이고, 그림 (나)는 막대자석과 같은 자극을 가지도록 전류 I가 흐르는 솔레노이드(solenoid)를 나타낸 것이다. 막대자석과 솔레노이드가 만드는 자기력선들에 대한 설명으로 옳은 것은?

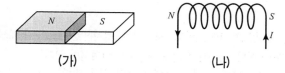

(가)   (나)

① 자기력선들 사이의 간격이 넓은 곳일수록 자기장의 세기가 세다.
② 솔레노이드처럼 막대자석 내부에도 S극에서 N극으로 향하는 자기력선이 존재한다.
③ 자기력선의 임의의 한 점에서 자기장의 방향은 I점에 접하는 면에 대한 법선 방향이다.
④ 자기력선은 N극에서 시작하여 S극으로 들어가는 방향으로 나타내며, 주어진 환경에 따라 개·폐곡선을 모두 이룬다.

15. 영의 이중슬릿에 의한 간섭 실험에서 간섭무늬의 폭이 너무 좁아 무늬를 구분하기가 쉽지 않았다. 무늬를 보다 잘 구분하기 위한 방법 중 틀린 것은?

① 슬릿과 스크린 사이의 간격을 늘린다.
② 입사 광선의 파장을 크게 한다.
③ 이중슬릿의 간격을 좁힌다.
④ 더 밝은 빛을 비춘다.

16. 코일(coil) 내부의 자기장이 변하면, 코일에 전류가 흐르게 되는 현상을 전자기유도라 하고, 이 때 코일에 흐르는 전류를 유도전류라고 한다. 이에 대한 설명으로 옳은 것은?

① 감긴 도선의 수가 많을수록 코일에 유도되는 전류의 크기는 작아진다.
② 유도 전류는 코일 내부의 자기장 변화 속도와 관계 없이 일정하게 나타난다.
③ 코일에 유도되는 전류의 방향은 코일 내부의 자속의 변화를 방해하는 방향이다.
④ 코일 회로 면에 나란한 수평 방향의 자속을 변화 시키는 경우에 최대 유도전류가 나타난다.

해설 및 정답

1. 자동차가 움직인 거리는 그래프 아래쪽의 면적과 같다. 따라서 이 면적의 크기를 구하면

$$\frac{1}{2}\times 1\times 10+4\times 10+\frac{1}{2}\times 2\times 10+\frac{1}{2}\times 1\times 10=60\text{m}$$

이다.

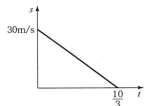

2. 자동차가 제동을 시작하면 운동방향과 반대방향의 가속도로 등가속도 운동을 하게 된다. 자동차의 속도가 0이 될 때까지 걸린 시간을 t라고 할 때 이동한 거리가 50m이어야 하므로 $\frac{1}{2}\times 30\times t=50$이다. 따라서 $t=\frac{10}{3}$이고 이때 가속도 $a=9\text{m/s}^2$이 된다. 물체가 받는 알짜힘 $F=ma$이고 이는 9000N이다.

또한 이 힘은 마찰력과 같으므로 $9000=\mu\times 1000\times 10$를 만족한다. 따라서 마찰계수는 0.9이다.

3. 힘-시간 그래프의 아래쪽 면적은 충격량과 같고 이는 운동량의 변화량과 같다. 이 그래프의 아래쪽 면적은 $8\times 2+4\times 2=24$이다.

처음에 물체가 정지해 있었으므로 4초 후 운동량은 $24\text{N}\cdot\text{s}(=\text{kg}\cdot\text{m/s})$이다.

운동량 $P=mv$이므로 4초 후 속력은 12m/s이다.

4. 중력장에서의 운동은 $a=g$인 등가속도운동이므로 $v^2=2gs$를 만족한다.

따라서 이 식에 대입을 하면 $v^2=2\times 9.8\times 40=784$이므로 초기속도는 28m/s이다.

5. $F=ma$를 만족하므로 질량과 가속도는 반비례 관계이다. 따라서 그래프는 ④의 개형을 갖는다.

6. 그림 (가)와 (나)를 비교하면 파장은 (가)가 더 길고 진동수는 (나)가 더 크다. 따라서 파장이 더 긴 (가)의 경우가 회절이 더 잘 일어나고, 진동수가 더 큰 (나)가 고음이다. 소리는 온도가 높을수록 속도가 빨라지는데 굴절은 속도가 작은 쪽으로 일어나므로 (가)와 (나) 모두 온도가 낮은 쪽으로 굴절한다.

7. 초속도가 10m/s이고 5초 만에 정지하였으므로 가속도는 2m/s^2이다. 따라서 물체에 작용하는 알짜힘의 크기는 $2\times 2=4\text{N}$이 된다. 운동하는 동안 평균 속력은 5m/s이므로 일률은 $F\cdot v=4\times 5=20\text{W}$이다.

8. 전력 $P=\dfrac{V^2}{R}=VI$이다. 따라서 $36=\dfrac{220^2}{R}$에서 R은 약 $1.3\text{k}\Omega$이고 $36=220I$에서 I는 약 0.16A가 된다.

9. A지점에서 이상기체 상태방정식 $nRT_0=2P_0V_0$를 만족한다. B의 상태가 되는 동안 등압 과정으로 부피가 2배 증가하였으므로 온도는 $2T_0$가 된다.

C에서 A로 변할 때에는 등온과정이다.

A→B 과정의 내부에너지 변화는 $\frac{3}{2}nR\Delta T=\frac{3}{2}nRT_0$에서 $nRT_0=2P_0V_0$이므로 내부에너지 증가량은 $3P_0V_0$와 같다.

10. 108km/h는 30m/s이고, 54km/h는 15m/s이다. 이 때 마주 보고 오는 자동차가 듣는 사이렌 소리의 진동수는

$$\frac{330+15}{330-30}\times 840=966\text{Hz}$$가 된다.

11. 베르누이 정리에 의해 $P_1+\rho gh=P_2$를 만족하므로 집 수도에서의 기압은 $4+\dfrac{10^3\times 10\times 10^2}{10^5}=4+10=14$ 기압이 된다.

12. 질량 m인 물체를 용수철에 매달았을 때의 주기 $T=2\pi\sqrt{\dfrac{m}{k}}$ 이다.

용수철 2개를 직렬로 연결하면 용수철의 합성 계수는 $\dfrac{1}{2}k$가 되므로 이 때 주기 $T'=2\pi\sqrt{\dfrac{m}{\frac{1}{2}k}}=\sqrt{2}\,T$가 된다.

13. 볼록 렌즈에 의해 축소된 도립상이 생겼으므로 물체는 $2f$ 보다 멀리 떨어져있다. 지금의 상태에서 물체가 멀어질수록 상의 크기는 감소하다가 초점 위치에 점이 된다. 물체와 같은 크기의 상이 생길 때는 $2f$인 지점에 물체가 있을 때는 맞지만 이 때 실상이 생긴다. 물체와 렌즈의 거리가 가까워지면 상은 렌즈에서 멀어진다.

14. 자기력선의 간격이 좁을수록(밀도가 클수록) 자기장의 세기가 세다. 자기력선은 폐곡선이므로 막대자석 내부에는 S극에서 N극으로 향하는 자기력선이 존재한다. 자기력선의 접선 방향이 그 지점의 자기장 방향이다.

15. 이중슬릿에 의한 무늬 간격 $\Delta x = \dfrac{L\lambda}{d}$ 이다. 이 무늬 간격을 넓히기 위해서는 파장을 길게 하거나 슬릿과 스크린 사이의 간격을 늘리거나 이중슬릿 사이의 간격을 좁혀야 한다. 빛의 밝기는 무늬 폭과는 관계가 없다.

16. 코일에 유도되는 유도기전력은 $-N\dfrac{d\phi}{dt}$ 로 표현된다.

따라서 감긴 도선의 수가 많을수록 유도기전력도 커지고 전류도 커지게 된다. 또한 $\dfrac{d\phi}{dt}$ 는 자속의 변화를 의미하므로 자기장 변화 속도가 빠를수록 유도전류의 크기도 커진다.

이러한 전자기유도현상이 나타나는 이유는 코일이 자신의 원래 상태를 유지하고 싶어 하는 성질 때문이므로 유도되는 전류의 방향은 코일 내부의 자속의 변화를 방해하는 방향으로 발생한다.

1. ③	2. ④	3. ④	4. ③	5. ④
6. ④	7. ③	8. ①	9. ④	10. ④
11. ②	12. ①	13. ①	14. ②	15. ④
16. ③				

1. 그림은 수평면 위에서 질량이 m인 물체가 반지름 R인 실에 매달려 v의 속력으로 등속 원운동하는 것을 나타낸 것이다. 이때 실에 걸리는 장력의 크기가 T라면 반지름이 $2R$, 질량이 $2m$, 속력이 $2v$인 경유 실에 걸리는 장력의 크기는? (단, 물체에 작용하는 힘은 실에 의한 장력뿐이다.)

① T
② $2T$
③ $4T$
④ $8T$

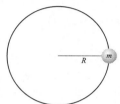

2. 표는 여러 가지 물질의 비열과 질량을 나타낸 것이다. 같은 열량을 가했을 때 온도 변화가 가장 작은 것은?

물질	A	B	C	D
비열 (kcal/kg · ℃)	0.2	1.0	0.3	0.25
질량(kg)	15	2.5	5	8

① A
② B
③ C
④ D

3. 변전소 A에서 변전소 B로 P_0의 전력을 전압 V_0으로 송전할 때 송전선에서 소모되는 전력은 P였다. 같은 양의 전력을 $3V_0$의 전압으로 송전할 때 송전선에서 소모되는 전력은?

① P
② $3P$
③ $\frac{1}{3}P$
④ $\frac{1}{9}P$

4. 원자핵을 구성하는 입자들로만 묶인 것은?

① 양성자, 중성자
② 양성자, 전자
③ 중성자, 전자
④ 양성자, 중성자, 전자

5. 그림은 직선도로를 운동하는 자동차의 속력을 시간에 대해 나타낸 것이다. 이에 대한 설명으로 옳은 것은?

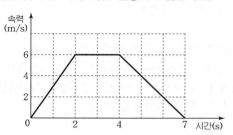

① 0초에서 2초까지 자동차는 등속 운동한다.
② 0초에서 2초 구간의 운동 방향은 4초에서 7초 구간의 운동 방향과 반대이다.
③ 2초에서 4초 사이 자동차에 작용하는 알짜힘(합력)은 0이다.
④ 0초에서 4초까지 자동차가 움직인 거리는 24m이다.

6. 직선도로에서 자동차 A는 동쪽으로 80km/h의 속력으로 달리고 자동차 B는 서쪽으로 100km/h의 속력으로 달리고 있다. A에 대한 B의 속도는?

① 동쪽으로 20km/h
② 서쪽으로 20km/h
③ 동쪽으로 180km/h
④ 서쪽으로 180km/h

7. 그림과 같이 x축 상에 고정된 양(+)의 점전하 A와 전하량을 모르는 점전하 B가 있다. p지점에서 전기장의 세기가 0일 때, 이에 대한 설명으로 옳은 것은? (단, $\overline{pA}$, $\overline{Aq}$, $\overline{qB}$, $\overline{Br}$의 길이는 모두 같다.)

① B는 음(−)전하이다.
② A와 B의 전하량의 크기가 같다.
③ 전기장의 세기는 q지점이 r지점보다 작다.
④ q지점과 r지점에서 전기장의 방향은 같다.

8. 그림은 실린더 내부의 이상 기체에 열을 계속 가하여 기체의 압력이 일정한 외부 압력 P와 평형을 이루면서 기체가 팽창하는 모습을 나타낸 것이다. 이에 대한 설명으로 옳지 않은 것은?

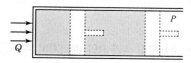

① 기체는 외부에 일을 한다.
② 기체 분자의 평균 속력은 증가한다.
③ 기체가 흡수한 열량(Q)은 기체의 내부에너지 증가량과 같다.
④ 기체의 온도는 상승한다.

9. 그림은 점선으로 표시된 직사각형 영역의 지면에 수직으로 들어가는 균일한 세기의 자기장이 걸려 있고, 정사각형 모양의 도선 abcd가 일정한 속도로 자기장 영역으로 들어가는 모습을 나타낸 것이다. 도선 abcd에 유도되는 전류에 대한 설명으로 옳은 것만을 모두 고른 것은? (단, 도선 abcd의 저항은 일정하다.)

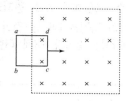

ㄱ. 도선 abcd가 자기장 영역에 완전히 들어가기 전까지 도선에 유도되는 전류의 방향은 시계 방향이다.
ㄴ. 자기장 영역으로 들어가는 속도가 빠를수록 유도 전류의 세기는 강해진다.
ㄷ. 도선 abcd가 자기장 영역으로 완전히 들어가면 유도 전류는 증가한다.

① ㄱ 　　　　　　　　② ㄴ
③ ㄱ, ㄴ 　　　　　　④ ㄴ, ㄷ

10. 그림 (가)는 밀도가 ρ인 액체에 질량이 1kg이고 부피가 V인 물체 A가 절반만 잠겨 정지해 잇는 것을, 그림 (나)는 밀도가 2ρ인 액체에 부피가 V인 물체 B가 $\frac{3}{4}V$만큼 잠겨 정지해 있는 것을 나타낸 것이다. 물체 B의 질량은?

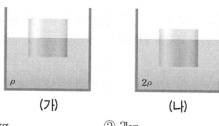

(가) 　　　　　　　(나)

① 1.5kg 　　　　　　② 3kg
③ 4.5kg 　　　　　　④ 6kg

11. 아인슈타인의 특수 상대성 이론으로 설명할 수 있는 현상이 아닌 것은?

① 시간 팽창 　　　　　② 길이 수축
③ 중력 렌즈 현상 　　　④ 질량·에너지 동등성

12. 그림은 영희가 멀리뛰기하는 모습을 순서대로 나타낸 것이다. B는 영희의 질량중심이 가장 높이 올라간 순간이다. 이에 대한 설명으로 옳은 것은? (단, 공기에 의한 저항은 무시한다.)

① B에서 영희에게 작용하는 중력은 0이다.
② A에서의 운동 에너지는 B에서의 운동 에너지보다 크다.
③ B에서의 중력 퍼텐셜 에너지는 C에서의 역학적 에너지보다 크다.
④ B에서 C까지 이동하는 동안 중력이 영희에게 한 일은 0이다.

13. 용수철 상수가 400N/m인 용수철을 수평으로 놓고 0.2m 늘렸다. 이 용수철에 저장된 퍼텐셜 에너지는?

① 80J　　　　　　　② 16J
③ 8J　　　　　　　④ 40J

14. 파동이 전파될 때 좁은 틈이나 모서리를 지나면서 더 넓은 각도로 퍼지는 현상은?

① 반사　　　　　　② 회절
③ 굴절　　　　　　④ 간섭

15. 그림은 전구에서 나오는 빛을 두 개의 편광판을 통해 보는 모습을 나타낸 것이다. 편광판 B는 편광판 A를 90° 회전시킨 것이고 편광판 C는 편광판 A를 45° 회전시킨 것이다. 이에 대한 설명으로 옳은 것만을 모두 고른 것은?

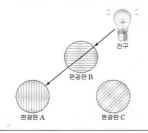

ㄱ. 편광판 A와 B를 겹쳐서 보면 전구가 보이지 않는다.
ㄴ. 편광판 C로만 전구를 보면 전구가 실제보다 어두워 보인다.
ㄷ. 편광판 A와 B 사이에 편광판 C를 넣으면 전구를 볼 수 있다.

---

① ㄱ, ㄴ　　　　　　② ㄱ, ㄷ
③ ㄴ, ㄷ　　　　　　④ ㄱ, ㄴ, ㄷ

16. 직류 전류가 흐르는 도선이 만드는 자기장에 대한 설명으로 옳지 않은 것은?

① 자기장의 세기는 전류의 세기에 비례한다.
② 직선 도선 주위에는 도선을 중심으로 한 동심원 모양의 자기장이 생긴다.

③ 원형 전류 중심에서의 자기장의 세기는 도선이 만드는 원의 반지름에 비례한다.
④ 솔레노이드 내부의 자기장의 세기는 단위 길이 당 도선의 감은 수에 비례한다.

17. 그림은 고체물질 A와 B의 에너지띠 구조를 나타낸 것이다. 이에 대한 설명으로 옳은 것은?

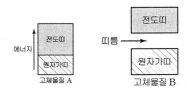

① 고체물질 A가 B보다 더 좋은 전기전도도를 가진다.
② 온도가 내려가면 고체물질 B의 전기전도도가 좋아진다.
③ 고체물질 B에서 띠큼이 커지면 전기전도도가 좋아진다.
④ 띠틈보다 큰 에너지를 가진 빛이 고체물질 B에 입사하면 빛은 모두 투과한다.

18. 그림은 양자수 n에 따른 수소 원자의 에너지 준위의 일부와 전자의 전이 과정을 나타낸 것이고, A, B, C는 전이 과정에서 방출하는 빛이다. 이에 대한 설명으로 옳은 것은?

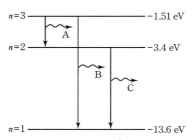

① A의 진동수는 B의 진동수보다 크다.
② -3.4eV와 -13.6eV 사이에 에너지 준위가 존재한다.
③ 금속판에 C를 비출 때 광전 효과가 발생하지 않았다면 같은 금속판에 A를 비추면 광전 효과가 발생한다.
④ 문턱 진동수가 f_0인 금속판에 B를 비출 때 광전 효과가 발생한다면 B의 진동수는 f_0보다 크다.

19. 그림과 같이 10V의 전원에 스위치 S와 5Ω의 저항 두 개를 연결하였다. 이에 대한 설명으로 옳은 것만을 모두 고른 것은?

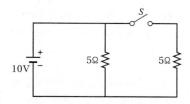

> ㄱ. 스위치 S를 열었을 때 소비되는 전력은 20W이다.
> ㄴ. 스위치 S를 닫으면 전체 저항의 크기가 감소한다.
> ㄷ. 스위치 S를 닫으면 소비되는 전력은 2배가 된다.

① ㄱ, ㄴ   ② ㄱ, ㄷ
③ ㄴ, ㄷ   ④ ㄱ, ㄴ, ㄷ

20. 그림 (가)는 파이프로 만든 악기에서 만들어지는 정상파를 단순화하여 그린 것이다. 이에 대한 설명으로 옳지 않은 것은? (단, (가), (나) 관의 길이는 L로 같으며, 관 내 공기의 온도는 동일하다.)

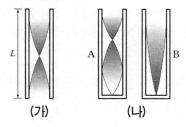

(가)   (나)

① (가)의 파장은 $2L$이다.
② (가)에서 L을 더 짧게 하면 소리의 높이가 낮아진다.
③ (가)는 (나)의 B보다 한 옥타브 높은 소리이다.
④ (나)에서 A는 B보다 높은 소리이다.

해설 및 정답

1. 물체에 작용하는 장력 $T = \dfrac{mv^2}{R}$ 이다.

따라서 반지름이 $2R$, 질량이 $2m$, 속력이 $2v$인 경우 장력 $T' = \dfrac{(2m)(2v)^2}{2R} = 4T$가 된다.

2. 가해준 열량 $Q = cm\Delta T$이고, cm은 열용량으로 열용량이 클수록 가해준 열량이 같을 때 온도 변화가 적다.

A의 열용량은 $0.2 \times 15 = 3\text{kcal}/\text{℃}$,
B의 열용량은 $1.0 \times 2.5 = 2.5\text{kcal}/\text{℃}$,
C의 열용량은 $0.3 \times 5 = 1.5\text{kcal}/\text{℃}$,
D의 열용량은 $0.25 \times 8 = 2\text{kcal}/\text{℃}$
이므로 열용량이 가장 큰 A가 온도 변화가 가장 작다.

3. 손실전력 $P = \dfrac{P_0^{\,2}}{V_0^{\,2}} R$이므로 송전 전압을 3배 증가시키는

경우 손실전력은 $\dfrac{1}{9}$배가 되므로 $\dfrac{1}{9}P$이다.

4. 원자핵은 양성자와 중성자로 이루어져 있다.

5. ① 0초에서 2초까지 자동차는 가속도가 3m/s^2인 등가속도 운동을 한다.
② 0초에서 2초 구간의 속도와 4초에서 7초 구간의 속도는 모두 양수이므로 운동방향은 동일하다.
③ 2초에서 4초 사이 자동차는 등속 운동을 하므로 자동차에 작용하는 알짜힘은 0이다.
④ 0초에서 4초까지 자동차가 움직인 거리는 그래프 아래의 면적이므로 $\dfrac{1}{2} \times 2 \times 6 + 2 \times 6 = 18\text{m}$ 이다.

6. A에 대한 B의 상대속도 이므로 $v = \vec{v_B} - \vec{v_A}$이다.
동쪽방향의 속도를 $(+)$, 서쪽방향의 속도를 $(-)$라고 할 때
상대속도 $v = (-100) - (80) = -180\text{km/h}$이다.
따라서 A에 대한 B의 속도는 서쪽으로 180km/h이다.

7. ① p지점에서 전기장의 세기가 0이므로 B는 음$(-)$ 전하이다.
② 전기장의 세기는 거리의 제곱에 반비례하므로 A의 전하량이 Q일 때 B의 전하량은 $-9Q$가 된다.
따라서 A와 B의 전하량의 크기는 같지 않다.
③ 전기장의 세기는 q지점이 r지점보다 크다.
④ q지점에서 전기장의 방향은 $+x$이고, r지점에서 전기장의 방향은 $-x$이므로 전기장의 방향은 서로 반대이다.

8. ① 기체의 부피가 증가하였으므로 외부에 일을 한다.
② 기체가 열을 받아 등압팽창을 하게 되면 기체의 온도가 증가하므로 기체 분자의 평균 속력은 증가한다.
③ 기체가 흡수한 열량 $Q = W + \Delta U = P\Delta V + \dfrac{3}{2}nR\Delta T$이므로 내부에너지 증가량보다 흡수한 열량이 더 크다.
④ 기체가 열을 받아 등압팽창을 하게 되면 기체의 온도는 상승한다.

9. ㄱ. 도선이 자기장 영역에 들어가는 동안 유도되는 전류의 방향은 반시계 방향이다.
ㄴ. 유도기전력 $\epsilon = -N\dfrac{d\phi}{dt}$로 도선이 들어가는 속도가 빠를수록 자속의 변화가 크게 되므로 유도기전력이 커지게 된다. 따라서 유도 전류의 세기도 강해진다.
ㄷ. 도선이 자기장 영역으로 완전히 들어가면 자속의 변화가 없으므로 유도 전류가 발생하지 않는다.

10. 그림 (가)에서 $1 \times g = \rho \times v \times \dfrac{1}{2} V = \dfrac{1}{2}\rho g V$이다.

그림 (나)에서 B의 질량을 m_B라고 할 때
$m_B g = 2\rho \times g \times \dfrac{3}{4} V = \dfrac{3}{2}\rho g V$를 만족한다.

따라서 B의 질량은 A의 질량의 3배가 되므로 B의 질량은 3kg이다.

11. 중력 렌즈 현상은 일반 상대성 이론으로 설명할 수 있다.

12. ① 영희의 질량이 m일 때 가장 높이 올라간 순간에도 영희에게 mg만큼의 중력이 작용한다.
② 운동하는 동안 역학적에너지는 보존된다. A보다 B에서의 위치에너지가 더 크므로 운동에너지는 A에서 더 크다.

③ B에서의 역학적 에너지 $E = mgh + \dfrac{1}{2}mv_B{}^2$이고,

C에서의 역학적 에너지 $E = \dfrac{1}{2}mv_C{}^2$이다.

$mgh + \dfrac{1}{2}mv_B{}^2 = \dfrac{1}{2}mv_C{}^2$이므로 B에서의 중력 퍼텐셜

에너지는 C에서의 역학적 에너지보다 작다.

④ B에서 C까지 이동하는 동안 위치에너지가 감소하므로 중력이 영희에게 한 일은 mgh이다.

13. 용수철에 저장된 퍼텐셜 에너지는 $\dfrac{1}{2}kx^2$으로 표현된다.

따라서 용수철 상수가 400N/m이고 늘어난 길이가 0.2m일 때 용수철에 저장된 퍼텐셜 에너지는 $\dfrac{1}{2} \times 400 \times (0.2)^2 = 8$J이다.

14. 파동이 전파될 때 좁은 틈이나 모서리를 지나면서 더 넓은 각도로 퍼지는 현상을 회절이라고 한다.

15. ㄱ. 서로 수직인 편광판을 두 개 지나는 경우 빛이 통과하지 못하기 때문에 전구는 보이지 않는다.

ㄴ. 편광판을 한 개 지날 때 마다 전구의 밝기는 $\dfrac{1}{2}$이 되므로 편광판 C를 지나면 전구의 밝기는 실제보다 어두워진다.

ㄷ. 빛이 편광판을 B, C, A 순으로 지날 때 A를 통해 통과하는 빛이 있으므로 전구를 볼 수 있다.

16. ① 직선 도선, 원형 도선, 솔레노이드 모두 자기장의 세기는 전류의 세기에 비례한다.

② 직선 도선이 만드는 자기장은 직선 도선을 중심으로 한 동심원 모양의 자기장이 생긴다.

③ 원형 도선이 만드는 자기장의 세기 $B = \dfrac{\mu_0}{2}\dfrac{i}{r}$이다.

따라서 자기장의 세기는 전류의 세기에 비례하고 원의 반지름에 반비례한다.

④ 솔레노이드 내부의 자기장 $B = \mu n i$이고 n은 단위 길이당 도선의 감은 수 이므로 이에 비례한다.

17. ① 원자가띠와 전도띠가 붙어있는 고체물질 A는 도체이고 띠틈이 있는 B는 부도체 또는 반도체일 것이다. 따라서 A가 B보다 더 좋은 전기전도도를 가진다.

② B가 반도체일 경우 온도가 올라갈수록 전기전도도가 좋아질 수 있다.

③ 띠틈이 커질수록 부도체가 되기 때문에 전기전도도는 나빠진다.

④ B가 반도체일 경우 띠틈보다 큰 에너지를 가진 빛이 B에 입사하면 그 빛을 흡수하여 에너지가 높은 띠로 들뜰 수 있다.

18. ① A의 에너지보다 B의 에너지가 더 크므로 진동수도 B일 때 더 크다.

② 수소 원자의 에너지는 양자화 되어 있으므로 -3.4eV와 -13.6eV 사이에 에너지 준위가 존재하지 않는다.

③ C를 비출 때 광전 효과가 발생하지 않았다면 더 높은 에너지를 지닌 빛을 비춰야 광전 효과가 발생하므로 A를 비추면 광전 효과는 발생하지 않는다.

④ B를 비출 때 광전 효과가 발생하였다면 이 빛의 진동수는 문턱 진동수 보다 크다.

19. ㄱ. 스위치를 열었을 때에는 5Ω의 저항을 한 개만 연결한 경우이므로 소비전력 $P = \dfrac{V^2}{R} = \dfrac{10^2}{5} = 20$W이다.

ㄴ. 스위치를 닫으면 5Ω의 저항 두 개를 병렬로 연결한 경우이므로 전체 저항은 2.5Ω이 되어 저항의 크기가 감소한다.

ㄷ. 스위치를 닫을 때 소비전력 $P = \dfrac{V^2}{R} = \dfrac{10^2}{2.5} = 40$W로 2배 증가한다.

20. ① (가)의 파장은 $2L$이다.

② (가)의 관의 길이를 짧게 하면 음파의 파장이 짧아지게 되고 진동수는 높아지므로 음의 높이는 높아진다.

③ (가)의 파장은 $2L$이고 (나)의 B의 파장은 $4L$이다. 따라서 진동수는 (가)가 (나)의 B의 2배가 되므로 1옥타브 높은 음이 된다.

④ 파장이 짧을수록 높은 진동수를 가지므로 A가 B보다 높은 소리이다.

1. ③	2. ①	3. ④	4. ①	5. ③
6. ④	7. ①	8. ③	9. ②	10. ②
11. ③	12. ②	13. ③	14. ②	15. ④
16. ③	17. ①	18. ④	19. ④	20. ②

서울시 9급 지방공무원 경력경쟁(2016년도)

1. 다음 표는 구 모양을 띤 행성 A, B, C, D의 질량과 반지름을 상대적으로 나타낸 것이다. 밀도가 균일하다고 할 때, 행성 표면에서 질량이 m 인 물체에 작용하는 무게가 가장 큰 행성은?

행성	A	B	C	D
질량	M	2M	6M	12M
반지름	R	R	2R	3R

① A
② B
③ C
④ D

2. 그림은 마찰이 없는 수평면 A 지점에서 B 지점으로 움직이는 물체의 위치를 1초 간격으로 나타낸 것이다. 시간에 따른 물체의 위치 간격은 모두 동일하며 이런 형태가 지속된다. 이 물체의 운동을 그래프로 바르게 나타낸 것은?

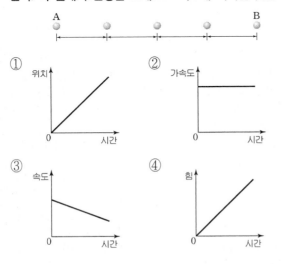

3. 파동 실험용 줄을 2초에 1회씩 상하로 흔들어 주었다. 그 때 줄에서 발생한 파동이 일정한 속력으로 오른쪽으로 진행할 때, 다음 그림은 어느 순간의 변위를 위치에 따라 나타낸 것이다.

① 2
② 4
③ 8
④ 16

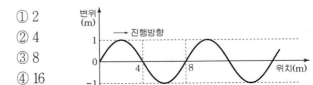

4. 그림은 원자핵을 구성하는 핵자를 나타낸 것이다. 이에 대한 설명으로 옳지 않은 것은?

(가)   (나)

① (가)는 양성자이다.
② (나)는 중성자이다.
③ 쿼크들 사이에 강력이 작용한다.
④ u쿼크의 전하량은 d쿼크의 전하량과 크기가 같다.

5. 그림 (가)는 마찰이 없는 수평면 위에 정지 상태로 놓여 있는 질량 4kg인 물체에 힘을 작용하여 6m를 이동시키는 것을 나타낸 것이고, 그림 (나)는 이 물체에 작용하는 힘의 크기를 이동거리에 따라 나타낸 것이다.

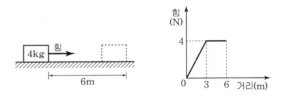

물체가 6m를 지나는 간에서의 속력[m/s]은?

① 3
② 6
③ 9
④ 18

6. 그림은 벤츄리관이다. 넓은 관에서 좁은 관으로 기체가 통과하고, 양쪽은 물로 채워진 단면적이 같은 가는 유리관으로 연결되어 있다. 기체가 지상으로부터 높이가 같은 지점인 (나)에서 (가)로 흐를 때 밀도가 ρ인 물은 높이 차 h로 평형을 유지한다. 이에 대한 설명으로 옳지 않은 것은? (단, 좁은 쪽의 단면적은 A, 넓은 쪽의 단면적은 4A이고, 중력가속도는 g이고, 기체와 물은 압축되지 않는다고 가정한다.)

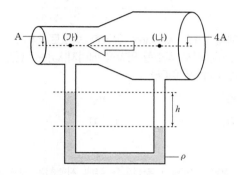

① (가)지점과 (나)지점의 압력 차이는 $\rho g h$ 이다.
② (가)에서 기체의 속력은 (나)에서보다 4배 빠르다.
③ (가)에서 기체의 압력은 (나)에서 기체의 압력보다 크다.
④ 기체가 흐르지 않으면 양쪽 관에 미치는 압력이 같으므로 양쪽 관의 물의 높이는 같아진다.

7. 지상에서 5m 떨어진 곳에서 정지한 질량 2kg 짜리 공을 자유 낙하시켰다. 바닥과 충돌 직후 공의 속도는 위 방향으로 4m/s였다. 이에 대한 설명으로 옳지 않은 것은? (단, 공기 저항은 무시하고, 중력 가속도는 10m/s²으로 한다.)

① 바닥에 닿기 직전 속력은 10m/s이다.
② 바닥이 받은 충격량의 크기는 12N·s이다.
③ 공이 바닥과 충돌 직후 운동량의 크기는 8kg·m/s이다.
④ 공이 바닥에 가한 힘과 바닥이 공에 가한 힘은 작용·반작용 관계이다.

8. 그림 (가)는 내부에 열원이 장치된 단열 실린더에 이상 기체를 넣고 P의 위치에 정지되어 있던 피스톤에 힘을 가하여 Q의 위치까지 이동시키는 모습을 나타내고, 그림 (나)는 (가)에서 Q의 위치에 피스톤을 고정 시킨 상태로 기체에 열을 가하는 모습을 나타내며, 그림 (다)는 (나)에서 피스톤을 가만히 놓았더니 피스톤이 오른쪽으로 움직이고 있는 모습을 나타낸 것이다.

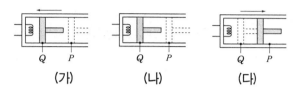

(가)   (나)   (다)

이에 대한 설명으로 옳은 것은? (단, 피스톤과 실린더 사이의 마찰은 무시한다.)

① (가)에서 기체의 온도는 감소한다.
② (나)에서 기체가 흡수한 열량은 기체의 내부 에너지 증가량과 같다.
③ (나)에서 기체 분자가 피스톤 벽에 작용하는 압력은 변하지 않는다.
④ (다)에서 기체는 외부포부터 일을 받는다.

9. 그림은 온도 T_1인 고열원에서 Q의 열을 흡수하여 W의 일을 하고 온도 T_2인 저열원으로 Q_2의 열을 방출하는 열기관을 나타낸 것이다.

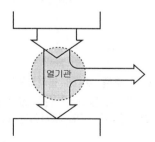

이에 대한 설명으로 옳은 것은?

① $Q_1 < Q_2$ 이다.
② $Q_2 = 0$ 인 열기관을 만들 수 있다.
③ $\dfrac{Q_1 - Q_2}{Q_1}$ 가 작을수록 열효율이 좋다.
④ $W = Q_1 - Q_2$ 이다.

10. 도체와 반도체의 에너지 띠 구조에서 일어나는 것으로 옳지 않은 것은?

① 도체는 반도체에 비해 전류가 흐르기 쉽다.

② 반도체에서 원자가띠에 있는 전자가 전도띠로 전이하면 양공이 생긴다.

③ 반도체에서는 전자의 에너지 값이 띠틈 영역에 존재할 수 있다.

④ 원자가띠의 전자가 전도띠로 이동하면 고체 내를 자유롭게 움직이게 된다.

11. 질량 m 인 행성이 타원 궤도의 긴 반지름이 R 일 때 공전 주기가 T이다. 이 행성과 같은 태양을 초점으로 하는 질량 2m 인 또 다른 행성의 타원 궤도의 긴반지름이 $4R$일 때, 이 행성의 공전 주기는? (단, 행성들 상이에 작용하는 중력은 무시한다.)

① T ② $2T$

③ $4T$ ④ $8T$

12. 그림은 지표면에서 같은 높이에 있는 실린더 피스톤의 단면적이 각각 $A_1 = 1m^2$, $A_2 = 4m^2$인 유압 장치를 나타낸 것이다.

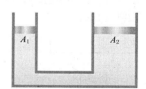

이때 질량 10kg의 추를 A_1에 올려놓는다면 A_2가 들어올릴 수 있는 최대 질량[kg]은? (단, 실린더 내의 유체는 압축되지 않으며, 마찰은 모두 무시하고 피스톤의 질량은 무시한다.)

① 2.5   ② 5

③ 10   ④ 40

13. 그림은 질량 60kg인 스카이다이버가 공기 중에서 낙하할 때 시간에 따른 속도의 변화를 나타낸 것이다.

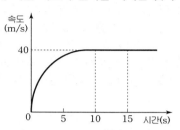

10초에서 15초 사이에는 일정한 속도로 낙하한다고 할 때, 그 구간에서 감소한 역학적 에너지[kJ]는? (단, 중력가속도는 10m/s² 이다.)

① 120   ② 160

③ 200   ④ 240

14. 그림은 레이저가 광섬유를 통해 진행하는 모습을 나타낸 것이다.

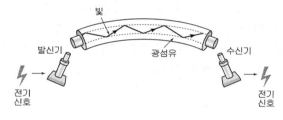

이에 대한 설명으로 옳지 않은 것은?

① 광통신은 전기 통신보다 많은 양의 정보를 동시에 전달할 수 있다.

② 광통신은 도선을 이용한 유선 통신에 비해 전송 거리가 매우 짧다.

③ 광통신은 빛 신호로 정보를 전하기 때문에 외부 전파에 의한 간섭이나 혼선이 도선을 이용한 유선 통신에 비해 적다.

④ 발신기에서는 전기 신호가 빛 신호로 변환되고, 수신기에서는 빛 신호가 전기 신호로 변환된다.

15. 그림과 같이 일정한 크기의 전기장 E인 공간에 질량이 m, 전하량이 e인 전하를 정지 상태에서 가만히 놓았더니 오른쪽으로 운동하기 시작하였다.

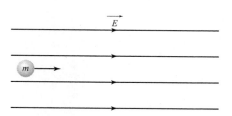

이 물체가 t초 동안 이동한 거리는? (단, 전기력을 제외한 모든 힘은 무시한다.)

① $\dfrac{eE}{m}t$ ② $\dfrac{eE}{2m}t$

③ $\dfrac{eE}{2m}t^2$ ④ $\dfrac{1}{2}\sqrt{\dfrac{eE}{m}}t^2$

16. 그림은 저항 값이 각각 1Ω, 3Ω, 6Ω인 3개의 저항이 연결된 회로에 전류계(Ⓐ)와 전지, 스위치(S)를 연결한 회로이다.

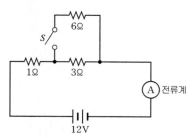

스위치를 닫은 후 전류계의 눈금(Ampere)은?

① 1 ② 2

③ 3 ④ 4

17. 그림과 같이 종이면에 수직으로 들어가고 세기가 4T인 균일한 자기장에 놓인 ⊏자형 도선 위에 금속 막대가 있다. 이 막대가 1m/s의 일정한 속도로 ⊏자형 도선에 수직하게 오른쪽으로 계속해서 움직인다.

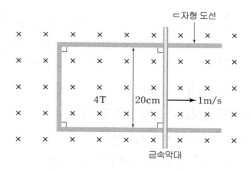

이때 금속막대에 유도되는 기전력의 크기(V)는? (단, ⊏자형 도선 사이의 거리는 20cm이다.)

① 0.4 ② 0.8

③ 1 ④ 1.6

18. 그림 (가)는 전류 I_0가 반시계 방향으로 흐르는 원형 도선을 나타낸 것이다. 이때 자기장은 중심에서의 세기가 B_0, 방향은 종이면에 수직으로 나온다. 그리고 한 평면상에서 (가)의 원형 도선의 중심 P로부터 그림 (나)와 같이 떨어진 곳에 전류 I가 흐르는 직선 도선이 놓여 있다. 이때 P에서 자기장의 세기는 B_0이고, 자기장의 방향은 (가)와 반대이다.

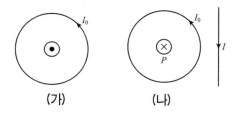

(가) (나)

① $\dfrac{B_0}{3}$ ② $\dfrac{B_0}{2}$

③ B_0 ④ $2B_0$

19. 그림 (가)는 금속판에 단색광 A를 비추었을 때 금속판에서 전지가 방출되지 않는 것을 나타내고, 그림 (나)는 그림 (가)의 금속판에 단색광 B를 비추었을 때 전지가 방출되는 모습을 나타낸 것이다.

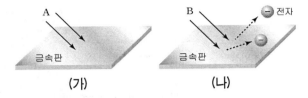

(가)　　　　　　　(나)

이에 대한 설명으로 옳지 않은 것은?

① 빛의 파장은 A가 B보다 같다.
② 광자 1개의 에너지는 A가 B보다 작다.
③ (가)에서 A의 세기를 증가시켜도 전자가 방출되지 않는다.
④ (나)에서 방출된 전자 1개의 에너지는 B의 광자 1개의 에너지와 같다.

20. 관찰자 A 기준으로 광속의 0.8배로 등속 직선 운동하는 우주선이 있다. 우주선 안의 시계로 60초가 지났다면, 관찰자 A의 시간은 몇 초가 지난 것으로 관측되겠는가?

① 36　　　　　　　② 72
③ 100　　　　　　④ 200

해설 및 정답

1. 무게는 행성이 당기는 인력 즉 힘이다.

$F = mg$ 이고 $g = \dfrac{GM}{R^2}$ 이므로

가장 큰 값은 B이다.

2. 속도가 일정하므로 가속도는 0이고 힘도 0이다.

3. 2초에 1회이면 1초에 0.5회이므로 진동수 $f = 0.5$

주기 $T = \dfrac{1}{f} = 2$초이다.

파장은 그림에서 8개 $v = \dfrac{\lambda}{T} = \dfrac{8}{2} = 4\text{m/s}$

4. u 쿼크의 전하량은 $+\dfrac{2}{3}e$, d 쿼크 전하량은 $-\dfrac{1}{3}e$

(가)는 $+e$ 이고 (나)는 0이므로

(가)는 양성자 (나)는 중성자이다.

5. 그래프에서 면적은 힘이 해준 일이고 일만큼 운동에너지이다. 면적이 18이므로

$18 = \dfrac{1}{2}mv^2$ $\quad 18 = \dfrac{1}{2} \times 4 \times v^2$

$v = 3\text{m/s}$

6. $A_1 v_1 = A_2 v_2$ 에서 단면적 $\dfrac{1}{4}$ 이면 속력은 4배이고

압력차는 $\rho h g$ 이다.

압력은 (나)가 더 크다.

7. 자유낙하이므로 $v = gt$ $\quad h = \dfrac{1}{2}gt^2$ 에서

$5 = \dfrac{1}{2} \times 10 \times t^2$ $\quad t = 1$초

1초후에 떨어지고 $v = 10 \times 1$ 그때 속력은 10m/s

충격량 $I = F \cdot t = m(v_2 - v_1) = 2 \times \{(-4) - (10)\}$

$= -2.8\text{N} \cdot \text{S}$

충돌 후 운동량 $mv = 2 \times 4 = 8\text{kg} \cdot \text{m/s}$

8. 가해준 열량만큼 내부에너지가 증가한다.

9. $Q_1 = W + Q_2$

효율은 $\eta = \dfrac{W}{Q_1} = \dfrac{Q_1 - Q_2}{Q_1}$

11. $T^2 = kR^3$ 에서 R 이 4배이면 T 는 8배가 된다.

12. $\dfrac{f_1}{A_1} = \dfrac{f_2}{A_2}$ $\quad \dfrac{10}{1} = \dfrac{f_2}{4}$

$f_2 = 40\text{kg}$

13. 면적은 이동거리이므로

10~15초 사이에 200m 낙하했다.

$mgh = 60 \times 10 \times 200 = 120000J = 120\text{KJ}$ 이다.

15. 입자가 받는 힘은 $F = qE$ 힘 $F = ma$ 이므로

$a = \dfrac{qE}{m}$ 이다.

$S = \dfrac{1}{2}at^2 = \dfrac{eE}{2m}t^2$

16. 스위치를 닫으면 합성저항은

$\dfrac{1}{R} = \dfrac{1}{3} + \dfrac{1}{6} = \dfrac{3}{6}$ $\quad R = 2\Omega$ 이고

1Ω 저항과는 직렬 연결이므로 전체 저항은 3Ω이다.

$V = IR$ 에서 $I = \dfrac{12}{3} = 4A$

17. $V = Blv$

$= 4 \times 0.2 \times 1 = 0.8\text{V}$

18. I_0 가 만드는 자기장이 나오는 방향으로 B_0

I_0 도선과 I 도선이 만드는 자기장의 합은 들어가는 방향으로 B_0이므로 도선 I에 의해 만들어지는 자기장은 $2B_0$ 이다.

20. $t = \dfrac{t_o}{\sqrt{1 - \left(\dfrac{v}{C}\right)^2}} = \dfrac{60}{\sqrt{1 - \left(0.8\dfrac{C}{C}\right)^2}}$

$= \dfrac{60}{\sqrt{0.36}} = \dfrac{60}{0.6} = \dfrac{600}{6} = 100$초

1. ②	2. ①	3. ②	4. ④	5. ①
6. ③	7. ②	8. ②	9. ④	10. ③
11. ④	12. ④	13. ①	14. ②	15. ③
16. ④	17. ②	18. ④	19. ②	20. ③

1. 무게가 550N인 두 개의 동일한 물체가 그림과 같이 도르래를 통해 용수철저울에 줄로 연결되어 평형을 이루고 있다. 용수철저울의 눈금[N]은?

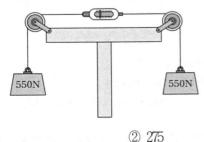

① 0

② 275

③ 550

④ 1100

2. 전자기파는 진공에서의 파장에 따라 다양한 이름으로 불린다. 다음 중 전자기파가 아닌 것은?

① 알파선

② 형광등 불빛

③ 병원에서 엑스레이 사진을 찍을 때 사용하는 X선

④ 자외선

3. 다음 그림은 똑같은 두 파동이 속력이 같고 서로 반대 방향으로 진행하다가 중첩되기 시작한 것을 나타낸다. 이때부터 파동의 $\frac{1}{4}$ 주기가 지났을 때 중첩된 파동의 모양으로 옳은 것은?

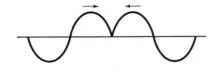

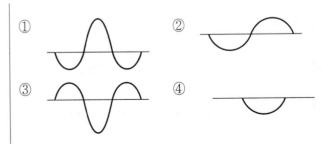

①

②

③

④

4. 다음 글에서 설명하는 기본입자는?

> · 렙톤에 속한다.
> · 중성자의 베타(β)붕괴 과정에서 발견된다.
> · 전하량은 $-e$이다.

① 중성자

② 전자

③ 양성자

④ 뮤온

5. 그림과 같이 x축 상에 거리가 d, $2d$, $4d$인 곳에 전하량이 각각 -1C, +2C, q인 전하가 고정되어 있다. 전하 q의 크기[C]는?

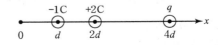

① -4

② +1

③ +2

④ +8

6. 두 인공위성 A와 B가 궤도반경이 각각 r_A, r_B인 다른 원궤도를 등속 원운동하고 있다. A와 B의 공전속력이 각각 v, $2v$라고 할 때 궤도 반경의 비 $r_A : r_B$는?

① 1:2   ② 2:1
③ 1:4   ④ 4:1

7. 그림과 같이 일정한 전류 I가 흐르는 직선 도선이 있고, 같은 평면에 놓인 원형 도선을 일정한 속도 v로 오른쪽으로 당길 때 일어나는 현상으로 옳지 않은 것은?

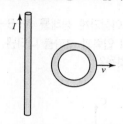

① 원형 도선에 전자기 유도 현상이 발생한다.
② 원형 도선 내부를 통과하는 자기력선속은 감소한다.
③ 원형 도선에 흐르는 유도전류의 방향은 반시계방향이다.
④ 원형 도선 내부를 통과하는 직선도선에 의한 자기장의 방향은 종이면으로 들어가는 방향이다.

8. 그림은 한쪽 끝이 열린 관에 물을 담고 소리굽쇠에서 나는 음파의 공명위치를 찾는 실험을 나타낸 것이다. 물의 높이를 낮추어 갈 때, n번째 공명이 일어난 위치를 x_n이라고 하자. $x_1 = L$일 때 x_2와 x_3의 값은?

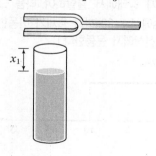

	x_2	x_3
①	$1.5L$	$2L$
②	$2L$	$3L$
③	$2L$	$4L$
④	$3L$	$5L$

9. 그림과 같이 받침대 A, B에 질량이 5kg, 길이가 4m인 막대를 수평면과 나란하게 올려놓고, O점으로부터 3m인 지점에 질량이 2kg인 물체를 올려놓았을 때 힘의 평형상태가 유지된다. 이때, 받침대 A가 막대에 작용하는 힘의 크기[N]는? (단, 중력가속도는 10m/s²이고, 막대의 밀도는 균일하며 두께와 폭은 무시한다.)

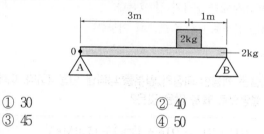

① 30   ② 40
③ 45   ④ 50

10. 그림 (가)는 동일한 두 금속구 A, B를 절연된 실에 연결하여 서로 접촉을 시켜 놓고 (+)대전체를 A에 가까이 가져간 것이고, 그림 (나)는 대전체를 가까이 한 상태에서 두 금속구를 분리시킨 후 대전체를 치운 상태이다. 이때, 금속구 A, B에 대전된 전하량은 각각 $-Q$, $+Q$이다. 두 금속구와 동일한 대전되지 않은 금속구 C를 (나)의 A에 접촉시키고 나서 분리한 후, 다시 B에 접촉시키고 나서 분리하였을 때 이에 대한 설명으로 옳지 않은 것은?

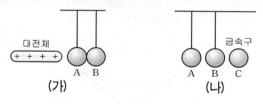

① 금속구 B의 최종 전하량은 $+\dfrac{Q}{2}$이다.

② 금속구 A의 최종 전하량은 $-\dfrac{Q}{2}$이다.

③ (가)에서 전자는 금속구 B에서 A로 이동하였다.

④ 금속구 C는 마지막에 (+)전하로 대전된다.

11. 그림은 p형 반도체에 (+)극을 연결하고, n형 반도체에 (−)극을 연결한 모습이다. 이에 대한 설명으로 옳지 않은 것은?

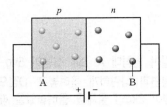

① A는 양공이다.
② 순방향 연결이다.
③ 이 회로에는 전류가 잘 흐른다.
④ B는 전자로 (−)극 쪽으로 이동한다.

12. 다음은 핵융합 과정의 일부를 나타낸 반응식이다. 이에 대한 설명으로 옳지 않은 것은?

$$_1^2H + _1^3H \rightarrow _2^4He + (\text{ⓐ}) + 17.6MeV$$

① ⓐ은 중성자이다.
② 에너지를 흡수하는 반응이다.
③ 반응 전과 후에 질량수가 변하지 않는다.
④ 반응 과정에서 질량결손이 일어난다.

13. 그림은 빛이 A매질에서 B매질로 비스듬히 입사할 때 경계면에서의 반사와 굴절 현상을 나타낸 것이다. 이에 대한 설명으로 옳은 것만을 모두 고른 것은?

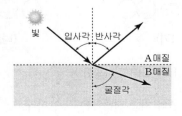

ㄱ. 입사각을 점점 증가시키면 특정각 이상부터 전반사가 일어난다.
ㄴ. 매질의 굴절률은 A가 B보다 크다.
ㄷ. 입사광의 속력은 굴절광의 속력보다 크다.
ㄹ. 입사광과 굴절광의 진동수는 같다.

① ㄱ, ㄷ　　　　　　　② ㄴ, ㄹ
③ ㄱ, ㄴ, ㄹ　　　　　④ ㄴ, ㄷ, ㄹ

14. 그림은 일정량의 이상기체 상태를 A→B→C로 변화시키는 동안, 이상기체의 압력과 부피를 나타낸 것이다. 이에 대한 설명으로 옳은 것은?

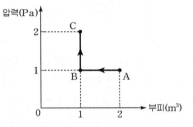

① A→B 과정에서 기체가 외부에 일을 한다.
② 기체의 내부 에너지는 A보다 B에서 더 크다.
③ B→C 과정에서 기체가 외부에 열을 방출한다.
④ 기체의 온도는 B보다 A에서 더 높다.

15. 물체가 정지 상태에서 출발하여 다음 그래프와 같이 가속된다. t=0s에서 t=20s까지 물체가 이동한 거리[m]는? (단, 물체는 직선상에서 운동한다.)

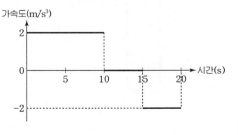

① 225　　　　　　　　② 250
③ 275　　　　　　　　④ 300

16. 부피가 1000cm³이고 질량이 0.1kg인 물체가 있다. 이 물체를 물속에 완전히 잠기게 했을 때 받게 되는 부력의 크기[N]는? (단, 물의 밀도는 1g/cm³, 중력가속도는 10m/s²이다.)

① 1

② 10

③ 100

④ 1000

17. 그림과 같이 두 점전하 A, B가 원점 O에서 동일한 거리만큼 떨어진 x축 상에 놓여 있다. y축 상의 한 점 P에서 A, B에 의해 $-y$방향의 전기장이 형성되어 있다고 할 때, 이에 대한 설명으로 옳은 것은?

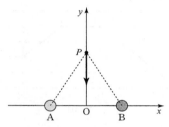

① A의 전하와 B의 전하는 서로 다른 종류이다.

② A의 전하량의 크기와 B의 전하량의 크기는 다르다.

③ P점에 $(-)$전하를 놓는다면, $(-)$전하는 $+y$축 방향으로 힘을 받는다.

④ 전기장의 세기는 O에서보다 P에서 더 작다.

18. 그림과 같이 질량 3kg인 물체를 천장에 실로 매달고 수평방향으로 힘 F를 가해, 실이 연직방향과 30°의 각이 유지되도록 하였다. 이때 줄에 걸리는 장력의 크기[N]는? (단, 중력가속도는 10m/s²이다.)

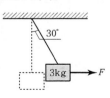

① $15\sqrt{2}$

② $15\sqrt{3}$

③ $20\sqrt{2}$

④ $20\sqrt{3}$

19. 보어의 수소원자 모형에서 양자수 n에 따른 전자의 에너지 E_n은 바닥상태의 에너지가 $-E_0$일 때,

$$E_n = -\frac{E_0}{n^2}$$

이다. 전자가 $n = 2$인 상태로 전이하면서 방출하는 빛의 진동수들 중에서 제일 큰 것을 제일 작은 것으로 나눈 값은?

① $\frac{3}{2}$

② $\frac{9}{5}$

③ 2

④ $\frac{11}{4}$

20. 그림은 감은 수 N_1인 1차 코일에 전압 V_1인 교류전원장치를 연결한 이상적이 변압기의 구조를 나타낸 것이다. 2차 코일에는 전압과 감은 수가 각각 V_2, $3N_1$일 때, 이에 대한 설명으로 옳지 않은 것은?

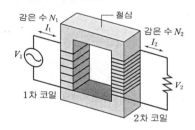

① 패러데이의 전자기 유도 현상을 이용한 것이다.

② 2차 코일에 걸리는 전압 V_2는 V_1의 3배이다.

③ 코일에 흐르는 교류전류의 세기는 I_2가 I_1의 3배이다.

④ 1차 코일과 2차 코일에 흐르는 교류전류의 진동수는 같다.

해설 및 정답

1. 물체가 평형을 이루고 있으므로 장력은 550N이다. 따라서 용수철 저울의 눈금은 550N이다.

2. 알파선은 알파 붕괴시 방출되는 알파입자의 흐름이다.

5. $k\dfrac{-1C}{d^2} + k\dfrac{2C}{(2d)^2} + k\dfrac{q}{(4d)^2} = 0$이므로 $q = 8C$이다.

6. $\dfrac{mv_A{}^2}{r_A} = \dfrac{mv_B{}^2}{r_B}$이므로
$r_A : r_B = m_B{}^2 : m_A{}^2 = 2^2 : 1^2 = 4 : 1$이다.

7. 들어가는 방향의 자기장이 감소하므로 유도전류의 방향은 시계 방향이다.

8. $x_1 = L = \dfrac{1}{4}\lambda$이므로 따라서
$\lambda = 4L$이다. $x_2 = \dfrac{3}{4}\lambda = 3L$이고, $x_3 = \dfrac{5}{3}\lambda = 5L$이다.

9. B가 받치는 점을 돌림힘의 중심으로 할 때 돌림힘의 평형은 $20 \times 1 + 50 \times 2 = N_A \times 4$를 만족한다.
따라서 $N_A = 30$N이다.

10. A와 C를 접촉 시키면 두 금속구의 전하량은 각각 $-\dfrac{Q}{2}$이다. 이 금속구 C를 B와 접촉시키면 두 금속구의 총 전하량은 $-\dfrac{Q}{2} + Q = +\dfrac{Q}{2}$이다. 이 전하량을 두 금속구가 동일하게 나누어 가지므로 B의 최종 전하량은 $+\dfrac{Q}{4}$이다.

11. B는 전자로 (+)극 쪽으로 이동한다.

12. 핵 융합 반응으로 에너지를 방출하는 반응이다.

13. 입사각이 굴절각보다 작으므로 굴절률은 A에서 더 크다. 따라서 빛의 속력은 A에서 더 느리므로 입사광의 속력은 굴절각의 속력보다 작다.

14. ① A→B 과정에서 부피가 감소하므로 외부에서 일을 받는다.
② B에서의 온도를 T라고 하면, A에서의 온도는 $2T$이다. 따라서 내부에너지는 A에서 더 크다.
③ B→C 과정에서 $W = 0$이고, ΔU는 증가하므로 외부에서 열을 받는다.

15. 시간에 따른 속력의 그래프는 아래쪽 그림과 같다.
$s = \dfrac{1}{2} \times 10 \times 20 + 5 \times 20 + \dfrac{1}{2} \times 5 \times (20 + 10) = 275$
따라서 이동거리는 275m이다.

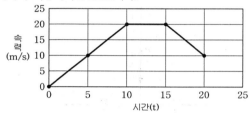

16. $B = \rho Vg = 10^{-3} \times 1000 \times 10 = 10$N이다.

17. ① A와 B는 같은 종류의 전하이다.
② A와 B의 전하량의 크기는 같다.
④ 두 점전하의 중간지점인 O에서 전기장의 세기는 0이므로 전기장의 세기는 P에서 더 크다.

18. 실의 장력을 T라고 할 때, $T\cos 30° = 30$ 이므로 $T = 20\sqrt{3}$N이다.

19. 제일 작은 진동수를 f_m, 제일 큰 진동수를 f_M이라고 할 때,

$$hf_M = 0 - E_2 = \frac{E_0}{4} \text{ 이고,}$$

$$hf_m = E_3 - E_2 = \left(-\frac{E_0}{9}\right) - \left(-\frac{E_0}{4}\right) = \frac{5}{36}E_0 \text{ 이다.}$$

따라서 $\dfrac{f_M}{f_m} = \dfrac{\dfrac{1}{4}}{\dfrac{5}{36}} = \dfrac{9}{5}$ 이다.

20. $\dfrac{V_2}{V_1} = \dfrac{N_2}{N_1} = \dfrac{I_1}{I_2}$ 이므로 교류전류의 세기 $I_1 = 3I_2$이다.

1. ③	2. ①	3. ①	4. ②	5. ④
6. ④	7. ③	8. ④	9. ①	10. ①
11. ④	12. ②	13. ③	14. ④	15. ③
16. ②	17. ③	18. ④	19. ②	20. ③

1. 그림은 형의가 적외선 리모컨을 사용하여 텔레비전을 켜는 모습을 나타낸 것이다.

적외선에 대한 설명으로 옳은 것은?

① 열화상 카메라에 이용된다.
② 라디오의 송수신에 이용된다.
③ 공항의 수하물 검색에 이용된다.
④ 전자레인지에서 음식을 데우기 위해 이용한다.

2. 다음은 어떤 발전 방식에 대한 신문 기사의 내용이다.

( )발전 설비는 모듈, 거치대, 소형 인버터와 모니터링 장치 등의 간단한 구조로 되어 있어 비교적 쉽게 설치할 수 있다. ( )발전은 날씨(일조량), 설치 방위, 음영 여부 등에 따라 영향을 받지만, 이를 통해 전력 수요가 급증하는 시기에 전력 피크를 완화할 수 있는 장점이 있다.

이 기사 내용에 해당하는 발전 방식은?

①
풍력 발전

②
조력 발전

③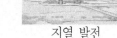
지열 발전

④
태양광 발전

3. 그림은 대전되지 않은 은박 풍선에 음(−)으로 대전된 에보나이트 막대를 가까이 가져갔을 때 은박 풍선이 에보나이트 막대 쪽으로 끌려온 모습을 나타낸 것이다.

은박 풍선에 대한 설명으로 옳은 것만을 있는 대로 고른 것은?

ㄱ. 음(−)으로 대전되었다.
ㄴ. 정전기 유도가 일어났다.
ㄷ. 에보나이트 막대로부터 받는 전기력은 0이다.

① ㄱ
② ㄴ
③ ㄱ, ㄴ
④ ㄴ, ㄷ

4. 그림은 원자핵의 중성자가 베타 붕괴하여 양성자, 중성미자, 입자 A가 생성되는 것을 나타낸 것이다.

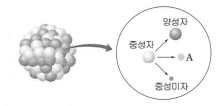

A에 대한 설명으로 옳은 것은?

① 양(+)전하를 띤다.
② 질량은 양성자보다 크다.
③ 강한 상호 작용을 매개한다.
④ 물질을 구성하는 기본 입자로 렙톤이다.

5. 그림은 마찰이 없는 수평인 얼음판에서 2m/s의 일정한 속력으로 운동하던 컬링 스톤 A가 정지해 있던 컬링 스톤 B와 충돌 후, A는 정지하고 B는 운동하는 것을 나타낸 것이다. A의 질량은 20kg이고, 충돌 전 A의 운동 방향과 충돌 후 B의 운동 방향은 같다.

① 20kg · m/s
② 30kg · m/s
③ 40kg · m/s
④ 50kg · m/s

6. 그림과 같이 마찰이 없는 경사면의 높이가 $2h$인 곳에서 질량 m인 물체를 가만히 놓았더니 물체가 높이 h인 곳을 속력 v로 지나간다.

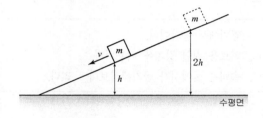

v는? (단, 중력가속도는 g이고, 물체의 크기와 공기 저항은 무시한다.)

① $\sqrt{gh}$
② $\sqrt{2gh}$
③ $\sqrt{3gh}$
④ $\sqrt{4gh}$

7. 그림과 같이 사람 A, B, C에 대해 일정한 속력 $0.8c$로 직선 운동하는 우주선이 빛을 방출하고 있다. 우주선의 고유 길이는 L_0이다.

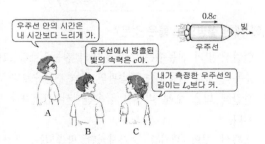

제시한 내용이 옳은 사람만을 있는 대로 고른 것은? (단, c는 빛의 속력이다.)

① B
② C
③ A, B
④ A, C

8. 사각형 도선의 중심축을 따라 막대자석이 그림과 같이 운동할 때, 도선에 유도되는 전류 I의 방향을 옳게 나타낸 것은?

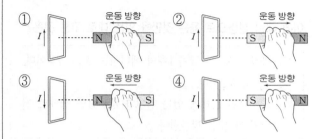

9. 그림과 같이 점전하 A, B가 점 p에서 같은 거리만큼 떨어진 x축 상의 두 점에 고정되어 있다. p에서 전기장은 0이며, A는 양(+)전하이다.

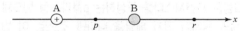

이에 대한 설명으로 옳은 것만을 있는 대로 고른 것은?

> ㄱ. B는 양(+)전하이다.
> ㄴ. 전하량은 A와 B가 같다.
> ㄷ. x축 상의 점 r에 음(−)전하를 놓으면, 음(−)전하는 +x방향으로 힘을 받는다.

① ㄱ, ㄴ
② ㄱ, ㄷ
③ ㄴ, ㄷ
④ ㄱ, ㄴ, ㄷ

10. 그림은 보어의 수소 원자 모형에서 양자수 n에 따른 에너지 준위 E_n과 전자의 전이 A, B를 나타낸 것이다. A, B에서 방출되는 빛의 파장은 각각 λ_A, λ_B이다.

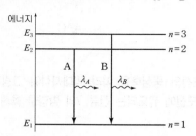

이에 대한 설명으로 옳은 것만을 있는 대로 고른 것은?

> ㄱ. 파장이 λ_A인 광자 1개의 에너지는 $E_2 - E_1$이다.
> ㄴ. $\lambda_B < \lambda_A$이다.
> ㄷ. $n=2$인 상태에 있는 전자가 $n=3$인 상태로 전이할 때 빛을 방출한다.

① ㄱ   ② ㄱ, ㄴ
③ ㄴ, ㄷ   ④ ㄱ, ㄴ, ㄷ

11. 그림은 트랜지스터를 구성하는 p형과 n형 반도체 중 한 반도체의 원자가 전자 배열을 나타낸 것으로, 이 반도체는 순수한 반도체인 실리콘(Si)에 불순물 X를 첨가한 것이다.

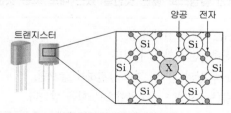

이 반도체에 대한 설명으로 옳은 것은?

① p형 반도체이다.
② X의 원자가 전자는 5개이다.
③ 실리콘의 원자가 전자는 3개이다.
④ 순수한 반도체보다 전기 전도성이 나쁘다.

12. 그림과 같이 마찰이 없는 수평면에서 질량이 각각 10kg, 30kg인 물체 A, B를 줄로 연결하고, B에 크기가 120N인 힘을 수평 방향으로 작용한다.

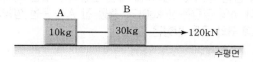

줄이 A를 당기는 힘의 크기는? (단, 줄의 질량과 공기 저항은 무시한다.)

① 30N   ② 40N
③ 60N   ④ 90N

13. 초음파에 대한 설명으로 옳은 것만을 있는 대로 고른 것은?

> ㄱ. 공기에서 종파이다.
> ㄴ. 의료용 진단 장치에 이용된다.
> ㄷ. 속력은 물에서가 공기에서보다 느리다.

① ㄱ   ② ㄷ
③ ㄱ, ㄴ   ④ ㄱ, ㄴ, ㄷ

14. 그림과 같이 빨간색 빛을 금속판에 비추었더니 광전자가 방출되지 않고, 초록색 빛을 비추었더니 광전자가 방출되었다.

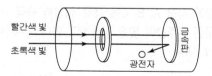

이에 대한 설명으로 옳은 것은?

① 빨간색 빛의 진동수는 초록색 빛의 진동수보다 크다.
② 초록색 빛의 진동수는 금속판의 문턱 진동수보다 작다.
③ 빨간색 빛을 오래 비추면 금속판에서 광전자가 방출된다.
④ 초록색 빛의 세기를 증가시키면 방출되는 광전자의 개수는 증가한다.

15. 그림은 정보 저장 매체인 CD, DVD의 면을 같은 배율로 확대한 모습을 나타낸 것이다.

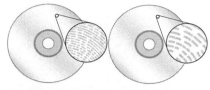

이에 대한 설명으로 옳은 것만을 있는 대로 고른 것은?

> ㄱ. CD는 빛을 사용하여 정보를 읽는다.
>
> ㄴ. CD는 DVD보다 많은 정보를 저장할 수 있다.
>
> ㄷ. DVD는 전자기 유도 현상을 이용하여 정보를 저장한다.

① ㄱ
② ㄴ
③ ㄱ, ㄷ
④ ㄴ, ㄷ

16. 그림과 같이 변전소 P에서 1000kW의 전력을 변전소 Q로 송전한다. Q에 도달한 전력이 750kW이고 P에서 Q까지 송전선의 저항값은 100Ω이다.

송전선에 흐르는 전류의 세기는?

① 40A
② 50A
③ 60A
④ 70A

17. 다음은 어떤 가전제품의 정보를 나타낸 것이다.

> 제품명 : ○○ 전열기
> 모델명 : ○○-○○○
> 정격 전압 : 220V, 60Hz
> 정격 소비 전력 : 500W
> 제조일 : 2018년 ○월 ○일

이 가전제품을 전압이 220V인 전원에 연결하여 하루에 2시간씩 30일 동안 사용하였을 때, 사용한 총 전력량은?

① 10kWh
② 15kWh
③ 20kWh
④ 30kWh

18. 그림과 같이 받침대 위에 놓인 길이 L, 무게 w인 직육면체 막대가 줄에 연결되어 수평을 유지하고 있다.

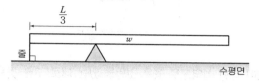

줄이 막대를 당기는 힘의 크기는? (단, 막대의 밀도는 균일하고, 줄의 질량은 무시한다.)

① $\dfrac{w}{4}$
② $\dfrac{w}{3}$
③ $\dfrac{w}{2}$
④ $\dfrac{2w}{3}$

19. 그림과 같이 밀도 ρ_0인 액체에 밀도 ρ, 부피 V인 물체가 $\dfrac{V}{2}$만큼 잠겨 정지해 있다.

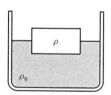

물체에 작용하는 힘에 대한 설명으로 옳은 것만을 있는 대로 고른 것은? (단, 중력가속도는 g이다.)

> ㄱ. 중력의 크기는 $\rho g V$이다.
>
> ㄴ. 부력의 크기는 $\dfrac{\rho_0 g V}{2}$이다.
>
> ㄷ. 중력과 부력은 작용 반작용 관계이다.

① ㄱ, ㄴ
② ㄱ, ㄷ
③ ㄴ, ㄷ
④ ㄱ, ㄴ, ㄷ

20. 그림은 이상 기체의 상태를 A→C 과정과 A→B→C 과정을 통해 A에서 C로 변화시킬 때 압력과 부피를 나타낸 것이다. A→C는 단열 과정, A→B는 등적 과정, B→C는 등압 과정이다.

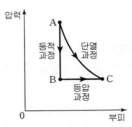

이에 대한 설명으로 옳은 것만을 있는 대로 고른 것은?

온도는 A에서가 C에서보다 높다.
A→C에서 내부 에너지는 일정하다.
B→C에서 기체는 외부에 일을 한다.

① ㄱ, ㄴ   ② ㄱ, ㄷ
③ ㄴ, ㄷ   ④ ㄱ, ㄴ, ㄷ

해설 및 정답

1. 라디오 송수신은 라디오파, 수하물 검색은 엑스선, 전자레인지는 마이크로파

3. ㄱ, ㄷ. 인력이 작용하므로 (+)으로 대전되어 있으며 전기력은 0이 아니다.

4. A는 전자이므로 음전하를 띠고 질량은 양성자보다 작다. 강한 상호작용을 매개하지 않는다.

5. A가 정지하였으므로 운동량은 모두 B로 이전된다.
따라서 B의 운동량은 $2 \times 20 = 40 \text{kg} \cdot \text{m/s}$

6. 에너지보존 법칙에 의해 $2mgh = mgh + \frac{1}{2}mv^2$
따라서 $v = \sqrt{2gh}$

7. C : 우주선의 길이는 L_0보자 작다.

9. ㄱ. B는 양전하이다.
ㄴ. 두 점전하의 중간지점에서 전기장이 0이므로 전하량은 A와 B가 같다.
ㄷ. 양전하와의 인력이 작용하므로 전하는 $-x$ 방향으로 힘을 받는다.

10. ㄷ. 전이 과정에서 에너지를 흡수하므로 빛이 방출되지 않는다.

11. X의 원자가 전자는 3개, 실리콘의 원자가 전자는 4개, 순수한 반도체보다 전기전도성이 좋다.

12. 두 물체의 가속도 $a = 120 \div (10 + 30) = 3\text{m/s}^2$이다.
따라서 A의 알짜힘 $F = 10 \times 3 = 30\text{N}$이다. 따라서 줄이 A를 당기는 힘은 30N이다.

13. 음파의 속력은 매질이 밀한 물에서가 더 빠르다.

14. 빨간색 빛은 초록색 빛보다 파장이 길기 때문에 진동수는 더 작다. 초록색 빛을 쪼일 때 금속판에서 광전자가 방출되므로 문턱 진동수보다 크다. 빨간빛의 진동수는 문턱 진동수보다 작으므로 아무리 오래 비추어도 광전자가 방출되지 않는다.

15. DVD는 CD보다 더 많은 정보를 저장할 수 있다. DVD는 빛을 이용하여 정보를 저장한다.

16. 1000-750=250kW가 손실전력 이다.
따라서 $250 \times 10^3 = I^2 \times 100$이므로 $I = 50\text{A}$

17. $Pt = 500 \times (2 \times 30) = 30000\text{Wh} = 30\text{kWh}$

18. $T \times \frac{L}{3} + \frac{w}{3} \times \frac{L}{6} = \frac{2}{3}w \times \frac{1}{3}L$를 만족한다.
따라서 $T = \frac{1}{3}w$

19. 중력과 부력은 모두 물체에 작용하며 크기는 같고 방향은 반대이므로 힘의 평형 관계이다.

20. ㄱ. 단열 팽창시 온도가 감소하므로 A의 온도가 더 높다.
ㄴ. 온도가 감소하므로 내부 에너지가 감소한다.
ㄷ. 부피가 증가하므로 외부에 일을 한다.

1. ①	2. ④	3. ②	4. ④	5. ③
6. ②	7. ③	8. ③	9. ①	10. ②
11. ①	12. ①	13. ③	14. ④	15. ①
16. ②	17. ④	18. ③	19. ①	20. ②

1. 다음은 일상에서 사용되는 전자기파의 예를 설명한 것으로 ㄱ~ㄷ의 특성을 옳게 짝지은 것은?

> ㄱ. 휴대전화와 같은 통신기기나 전자레인지에 사용된다.
> ㄴ. 물질에 쉽게 흡수되므로 물질을 가열하며, 비접촉 온도계에 사용된다.
> ㄷ. 에너지가 높아 생체조직과 유기체를 쉽게 투과하며, 공항에서 가방 속 물건을 검사하는 데 사용된다.

	ㄱ	ㄴ	ㄷ
①	마이크로파	적외선	X선
②	마이크로파	자외선	X선
③	자외선	적외선	γ선
④	적외선	자외선	X선

2. 그림은 직선 운동하는 물체의 속도를 시간에 따라 나타낸 것이다. 이 물체의 운동에 대한 설명으로 옳지 않은 것은?

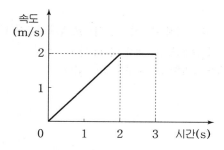

① 0초에서 2초까지 등가속도 운동을 한다.
② 0초에서 2초까지 이동한 거리가 2초에서 3초까지 이동한 거리보다 크다.
③ 0초부터 2초까지 평균속력은 1 m/s이다.
④ 1초일 때 가속도의 크기는 1 m/s²이다.

3. 그림은 고열원에서 500kJ의 열을 흡수하여 W의 일을 하고 저열원으로 300kJ의 열을 방출하는 열기관을 모식적으로 나타낸 것이다. 이 열기관의 열효율[%]은?

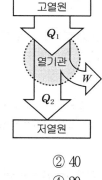

① 50   ② 40
③ 30   ④ 20

4. 그림처럼 솔레노이드 근처에서 막대자석을 움직였을 때, 솔레노이드에 유도되어 저항 R에 흐르는 전류의 방향이 A→R→B가 아닌 것은?

①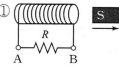

②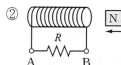

③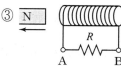

④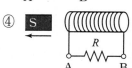

5. 그림은 일정량의 이상 기체 상태가 A→B→C를 따라 변화할 때 부피와 온도의 관계를 나타낸 것이다. 이에 대한 설명으로 옳은 것은?

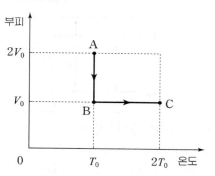

① A → B 과정에서 기체가 한 일은 0이다.
② A → B 과정에서 기체의 압력은 2배가 된다.
③ B → C 과정에서 내부에너지는 일정하다.
④ A → B 과정에서는 열을 흡수하고 B → C 과정에서는 열을 방출한다.

6. 그림 (가)는 단색광이 매질 A에서 매질 B로 입사각 θ로 입사할 때 반사하는 일부의 빛과 굴절하는 일부의 빛의 진행 경로를 나타낸 것이다. 그림 (나)는 같은 단색광이 매질 C에서 매질 B로 입사각 θ로 입사할 때 매질의 경계면에서 모두 반사되는 빛의 진행 경로를 나타낸 것이다. 이에 대한 설명으로 옳은 것은?

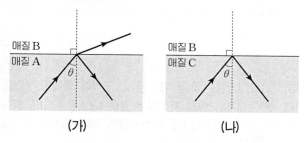

(가)　　　　　　(나)

① 매질 A에서 매질 C로 같은 단색광을 입사각 θ로 입사하면 전반사가 일어난다.
② (나)에서 임계각은 θ 보다 작다.
③ 매질 A의 굴절률이 가장 크다.
④ 단색광의 속력은 A에서보다 C에서 더 크다.

7. 그림은 질량이 5 kg인 정지한 물체에 작용하는 알짜힘을 시간에 대해 나타낸 것이다. 알짜힘이 작용하는 동안 물체의 운동 방향은 변하지 않는다. 물체의 운동에 대한 설명으로 옳은 것만을 모두 고르면?

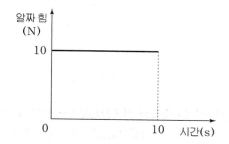

> ㄱ. 0에서 10초까지 물체가 받은 충격량의 크기는 100 N·s 이다.
> ㄴ. 0에서 10초까지 물체의 운동량의 크기는 일정하다.
> ㄷ. 10초에서 물체의 속력은 20m/s이다.

① ㄴ　　　　　　② ㄷ
③ ㄱ, ㄴ　　　　④ ㄱ, ㄷ

8. 그림은 행성 A에서 행성 B를 향해 일정한 속도로 움직이는 우주선을 나타낸 것이다. 우주선은 광속에 가까운 속도로 운동하고 있으며, 철수는 우주선내에 있고, 영희와 행성 A, B는 우주선 밖에 정지해 있다. 영희가 측정한 A와 B 사이의 거리와 우주선의 x 방향의 길이는 각각 L과 l이다. 이에 대한 설명으로 옳은 것만을 모두 고르면? (단, 행성 A와 우주선, 행성 B는 동일 선상에 있으며, 우주선은 $+x$ 방향으로 운동한다)

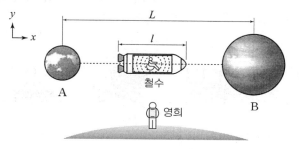

ㄱ. 철수가 측정한 A와 B 사이의 거리는 L 보다 짧다.

ㄴ. 철수가 측정한 우주선의 x축 방향의 길이는 l 보다 짧다.

ㄷ. 영희가 관찰한 철수의 시간은 영희 자신의 시간보다 느리게 간다.

① ㄱ, ㄴ   ② ㄱ, ㄷ

③ ㄴ, ㄷ   ④ ㄱ, ㄴ, ㄷ

9. 그림은 전압이 일정한 전원장치에 연결되어 녹색 단색광을 방출하는 $p-n$ 발광다이오드(LED)를 나타낸 것이다. 이에 대한 설명으로 옳지 않은 것은?

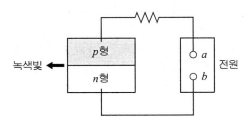

① 파란빛이 방출되는 다이오드는 그림의 다이오드보다 에너지띠 간격(띠틈)이 더 작다.

② 전원 장치를 반대로 연결하면 불이 들어오지 않는다.

③ LED 내부에서 전자와 양공이 결합한다.

④ a 단자는 (+)극이다.

10. 그림은 등속 직선 운동하는 자동차 A, B, C를 나타낸 것이다. A는 지면에 대하여 서쪽으로 20 m/s, B는 A에 대하여 동쪽으로 30 m/s, C는 B에 대하여 동쪽으로 20 m/s의 속력으로 운동한다. 지면에 대한 A, B, C의 속력을 각각 v_A, v_B, v_C 라고 할 때, 옳지 않은 것은? (단, 처음에 A는 B의 서쪽에, C는 B의 동쪽에 있다)

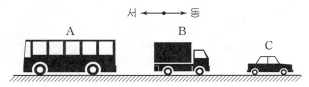

① $v_A > v_B > v_C$ 이다.

② v_B 는 10 m/s이다.

③ v_C 는 30 m/s이다.

④ B와 C 사이의 거리는 점점 멀어진다.

11. 그림은 보어의 원자모형에서 에너지준위 E_1, E_2, E_3와 전자가 전이하는 과정 a, b를 나타낸 것이다. 이에 대한 설명으로 옳은 것만을 모두 고르면?

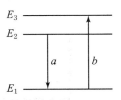

ㄱ. 에너지 준위는 불연속적이다.

ㄴ. 과정 a에서 빛이 방출된다.

ㄷ. 출입하는 빛에너지는 과정 a에서가 과정 b에서 보다 크다.

① ㄱ   ② ㄴ

③ ㄱ, ㄴ   ④ ㄴ, ㄷ

12. 핵반응에 대한 설명으로 옳은 것은?

① 우라늄 235 ($^{235}_{92}$U)가 중성자를 흡수한 후 가벼운 원자핵으로 분열한다.

② 수소 핵융합이 일어나면 질량이 증가한다.

③ 핵반응 전후에 질량이 보존된다.

④ 제어봉으로 연쇄 반응이 빠르게 일어나도록 조절한다.

13. 그림은 균일한 외부 자기장 B 영역에 물체를 넣었을 때, 물체 내부의 원자 자석의 배열을 나타낸 것이다. 원자 자석은 B와 반대 방향으로 정렬한다. 이에 대한 설명으로 옳은 것은?

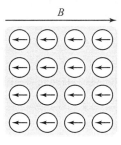

① B가 0일 때, 물체에 자석을 가까이 하면 물체와 자석 사이에는 인력이 작용한다.

② 원자 자석이 존재하는 이유는 원자 내 전자의 운동 때문이다.

③ 그림과 같은 성질을 갖는 물질로는 철, 니켈, 코발트가 있다.

④ B를 제거해도 원자 자석은 오랫동안 정렬을 유지한다.

14. 그림과 같이 점전하 $+Q$를 고정하고 거리 r인 점에 점전하 A를 두었다. $-9Q$인 점전하를 그림에 표시된 위치에 놓았을 때, 점전하 A가 받는 전기력이 0이 되었다. 거리 x는? (단, 전기력 외의 다른 힘은 모두 무시한다.)

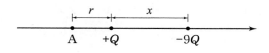

① $\dfrac{1}{2}r$　　　　　　② r

③ $\dfrac{3}{2}r$　　　　　　④ $2r$

15. 그림은 발전기의 원리를 도식으로 나타낸 것이다. 사각형 고리는 자석 사이에 있으며 고리와 연결된 회전축이 회전함에 따라 고리가 회전한다. 이에 대한 설명으로 옳은 것만을 모두 고르면?

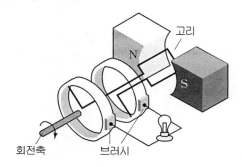

ㄱ. 발전기는 역학적 에너지를 전기에너지로 전환시키는 장치이다.

ㄴ. 고리를 통과하는 자기력선속의 변화가 클수록 흐르는 전류의 양이 증가한다.

ㄷ. 이 발전기에서 발생하는 전류의 방향은 일정하게 유지된다.

① ㄱ, ㄴ　　　　　　② ㄱ, ㄷ
③ ㄴ, ㄷ　　　　　　④ ㄱ, ㄴ, ㄷ

16. 그림에서 실선은 어느 파동의 한 순간의 모습을 나타낸 것이다. 0.1초 후에 점선과 같이 이동했다고 할 때, 이 파동의 속력[m/s]은?

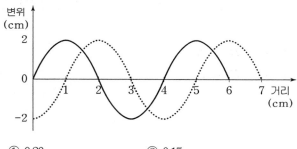

① 0.20　　　　　　② 0.15
③ 0.10　　　　　　④ 0.05

17. 그림은 스마트카드 내부의 모습을 도식으로 나타낸 것이다. 이에 대한 설명으로 옳은 것만을 모두 고르면?

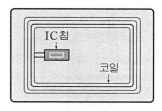

ㄱ. 코일은 안테나의 역할을 한다.

ㄴ. 전자기 유도현상에 의해서 코일에 전류가 흐른다.

ㄷ. 교통 카드나 하이패스 카드도 이 원리를 이용한 것이다.

① ㄱ, ㄴ　　　　　　② ㄱ, ㄷ
③ ㄴ, ㄷ　　　　　　④ ㄱ, ㄴ, ㄷ

18. 그림은 평행하게 놓인 직선 도선 P에 전류 I_0가 흐르고 P로부터 $2r$ 만큼 떨어진 지점에 도선 Q가 P에 나란하게 놓인 것을 나타낸 것이고, 표는 Q에 흐르는 전류의 크기와 방향, P와 Q 사이의 중심점 O에 형성되는 자기장의 세기를 나타낸 것이다. B_1, B_2, B_3 대소관계로 옳은 것은? (단, P에 흐르는 전류의 방향을 (+)로 하며, 지구자기장은 무시한다)

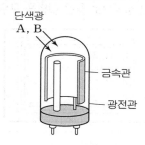

	도선 Q에 흐르는 전류의 크기	도선 Q에 흐르는 전류의 방향	O점에서 자기장의 세기
	0		B_1
	$2I_0$	+	B_2
	I_0	−	B_3

① $B_1 = B_2 > B_3$

② $B_2 > B_1 = B_3$

③ $B_3 > B_1 = B_2$

④ $B_3 > B_2 > B_1$

19. 그림은 광전관의 금속판에 단색광 A 또는 B를 비추는 모습을 나타낸 것이다. A를 비추었을 때 금속판에서는 광전자가 방출되었고, B를 비추었을 때는 광전자가 방출되지 않았다. 이에 대한 설명으로 옳은 것은?

단색광
A, B

금속관
광전관

① 금속판을 비추는 B의 세기를 증가시키면 광전자가 방출될 수 있다.

② 금속판에 A, B를 동시에 비추면 광전자가 방출되지 않는다.

③ 파장은 A가 B보다 짧다.

④ A의 진동수는 금속판의 문턱진동수보다 작다.

20. 그림은 질량이 M인 물체 A와 질량이 m인 물체 B를 도르래와 실을 사용하여 연결하고, A를 가만히 놓았을 때 A가 연직 아래 방향으로 등가속도 운동하는 것을 나타낸 것이다. A의 가속도의 크기는 $\frac{1}{2}g$이다. A, B에 작용하는 알짜힘을 각각 F_A, F_B라 할 때, $F_A : F_B$는? (단, g는 중력 가속도이고, 모든 마찰과 공기 저항, 실의 질량은 무시한다)

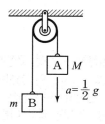

$a = \frac{1}{2}g$

① 1 : 2

② 1 : 3

③ 2 : 1

④ 3 : 1

1. 전자레인지에는 마이크로파 (극초단파)가 사용되고 비접촉 온도계로 적외선이 사용된다.

2. $v-t$ 그래프에서 기울기는 가속도 아래면적은 이동거리이므로 0~2초 사이 면적은 2이고 2~3초 사이면적도 2이므로 이동거리가 각각 $2m$로 같다. 0~2초에서 기울기가 일정하므로 가속도도 일정하다.

3. $Q_1 = W + Q_2$ $Q_1 = 500KJ$ $Q_2 = 300KJ$이므로 일 W는 200KJ이다. 열효율은 $\eta = \dfrac{W}{Q_1} \times 100(\%)$에서 $\dfrac{200}{500} \times 100 = 40(\%)$ 이다.

4. 자석의 운동을 방해하는 방향으로 전류가 유도된다.

5. A→B 과정에서 온도가 일정하므로 $P_0 V_0 = PV$에서 부피가 $\dfrac{1}{2}$로 되어서 압력이 2배로 된다.

6. (가)에서 매질B에서 굴절각이 A에서 입사각 보다 크므로 굴절율이 A가 B보다 크다. 또 굴절율의 차이가 심할수록 입사각과 굴절각의 차이가 심해진다. (나)에서 매질 C는 매질B 보다 훨씬 굴절율이 크다. $n_C > n_A > n_B$ (나)에서 각 θ에서 전반사가 일어났으므로 임계각은 θ 보다 작을 수 있다.

7. 충격량은 $I = F \cdot t = m \Delta v$ 처음 정지 상태였으므로 초기속력은 0이고 그래프의 면적은 충격량이다.
$I = 100 N \cdot s$ 이고 질량이 5kg이므로 10초 후 속력은 20m/s이다. 0~10초 사이 시간이 흐를수록 운동량은 증가한다.

8. 철수가 측정한 길이는 $L' = L\sqrt{1 - \left(\dfrac{v}{c}\right)^2}$ 으로 L보다 짧다.
철수가 측정한 우주선의 길이는 l로 고유길이이다.
영희가 철수의 시간을 측정하면 $t = \dfrac{t_0}{\sqrt{1 - \left(\dfrac{v}{c}\right)^2}}$ 로 길어진다.

9. P형 반도체는 양공(+)이 전하 운반체이고 N형 반도체는 전자(-)가 전하 운반체 이므로 P형 반도체는 (+)극 N형 반도체는 (-)극에 연결해야 전류가 흐른다.
띠틈 간격이 클수록 에너지가 크고 에너지가 클수록 짧은 파장 즉, 진동수가 큰 빛에너지가 방출된다.

10. A가 서쪽으로 20m/s이다. B는 A에 대한 상대속도가 동쪽으로 30m/s이므로 $v_{상대} = v_{물체} - v_{관찰자}$
$-30 = v_B - 20$ $v_B = -10m/s$ B는 동쪽 10m/s 이다.
C는 B를 기준으로 동쪽 20m/s 이면 $v_{상대} = v_C - v_B$
$-20 = v_C - (-10)$ $v_C = -13m/s$
C는 동쪽 30m/s 이다.

11. E_1, E_2, E_3로 높은 에너지 준위로 갈수록 에너지가 증가한다. 전자 높은 에너지 준위로 가려면 에너지를 흡수하고 낮은 에너지 준위로 떨어질 때 에너지 차이 만큼 방출한다.

12. 핵분열 반응이든 핵융합 반응이든 반응 후 질량이 감소하고 감소한 질량만큼 에너지가 발생한다.

13. 외부 자기장에 반대 방향으로 배열하므로 반자성체 이다.

14. 전기력은 $F = k\dfrac{Q_1 Q_2}{r^2}$ 이므로 정하량이 9배이므로 거리는 3배이다. 따라서 A에서 $3r$이고 $+Q$에서 거리 $x = 2r$이다.

15. 발전기는 역학적에너지를 전기에너지로 바꾸는 장치이다.
$V = -N\dfrac{d\phi}{dt}$ 로 기전력은 시간당 자속수의 변하량에 비례한다.

16. 파장 $\lambda = 4\text{cm}$ 이고 주기 $T = 0.4$초 이므로 속력 v는

$v = \dfrac{\lambda}{T}$ 에서 $v = 10\text{cm/s}$ 즉 $v = 0.1\text{m/s}$ 이다.

18. P에만 I_0의 전류가 흐르면 O점에서 자기장은 지면으로 들어가는 방향의 $B_1\left(k\dfrac{I_0}{r}\right)$ 크기의 자기장이 생긴다.

Q에 P와 같은 방향의 $2I_0$의 전류가 흐르면 도선 Q에 의해 지면에서 나오는 방향의 $k\dfrac{2I_0}{r}$ 크기 즉 $2B_1$의 자기장이 생기므로 P와 Q도선에 의해 상쇄 되어서 나오는 방향의 $k\dfrac{I_0}{r} = B_1$이 생긴다.

$B_1 = B_2$가 되고 Q에 아래 방향으로 I_0 전류가 흐르면 지면에 들어가는 방향의 $k\dfrac{I_0}{r} = B_1$의 자기장이 생겨서 P 도선의 자기장과 합하면 $2B_1$의 자기장이 생긴다.

19. B는 문턱진동수보다 작고 A는 문턱진동수 보다 크다.
파장은 진동수가 작은 B가 길다.

20. 줄의 장력을 T라 하면

A : $Mg - T = Ma$　　　B : $T - mg = ma$

$a = \dfrac{1}{2}g$이고 A와 B의 식에서 T를 소거하면

$(M - m)g = (M + m)a$

$(M - m)g = (M + m)\dfrac{1}{2}g$

$2M - 2m = M + m$　　$M = 3m$

A, B 두 물체의 질량은 $3 : 1$이고 가속도는 같으므로
$F = ma$에서 힘의 비는 $3 : 1$이다.

1. ①	2. ②	3. ②	4. ④	5. ②
6. ②	7. ④	8. ②	9. ①	10. ①
11. ③	12. ①	13. ②	14. ④	15. ①
16. ③	17. ④	18. ③	19. ③	20. ④

1. 그림은 전자기파를 파장에 따라 분류한 것이다. A에 대한 설명으로 옳은 것만을 모두 고르면?

ㄱ. 살균이나 소독에 사용한다.
ㄴ. 가시광선의 빨강 빛보다 진동수가 작다.
ㄷ. 열을 내는 물체에서 주로 발생한다.

① ㄱ
② ㄴ
③ ㄱ, ㄴ
④ ㄴ, ㄷ

2. 그림은 원점에 놓인 대전된 도체구 A에 의해 형성된 전기력선의 일부와 전기장 내에서 대전된 점전하를 P점에 가만히 놓았더니 Q점을 향하여 이동하는 것을 나타낸 것이다. 이에 대한 설명으로 옳은 것은?

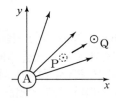

① A는 음(−)전하를 띤다.
② 점전하는 음(−)전하로 대전되어 있다.
③ 전기장의 세기는 P에서가 Q에서보다 작다.
④ P에서 Q로 이동하는 동안 점전하의 속력은 증가한다.

3. 저항이 4Ω인 송전선에 20 A의 전류가 흐를 때, 송전선에서 열로 손실된 전력[W]은?

① 800
② 1,000
③ 1,600
④ 3,200

4. 그림은 빛이 광섬유의 코어를 통해서만 진행하는 모습을 나타낸 것이다. 이에 대한 설명으로 옳지 않은 것은?

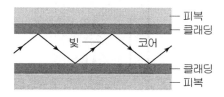

① 코어의 굴절률이 클래딩의 굴절률보다 크다.
② 코어와 클래딩의 경계면에서 전반사가 일어난다.
③ 코어를 진행하는 빛의 속력은 진공에서보다 느리다.
④ 코어와 클래딩의 경계면에서 빛의 입사각은 임계각보다 작다.

5. 그림과 같이 철수에 대하여 광속에 가까운 속력으로 등속도 운동하는 우주선에 영희가 타고 있다. 영희가 측정할 때 광원 O에서 나온 빛이 검출기 A, B에 동시에 도달했다. 이에 대한 설명으로 옳은 것만을 모두 고르면?

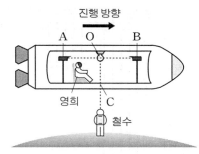

ㄱ. 철수가 측정할 때 O에서 나온 빛은 A와 B에 동시에 도달한다.
ㄴ. 우주선의 길이는 철수가 측정한 값이 영희가 측정한 값보다 크다.
ㄷ. 빛이 O에서 C까지 진행하는 데 걸린 시간은 철수가 측정한 값이 영희가 측정한 값보다 크다.

① ㄱ
② ㄷ
③ ㄱ, ㄴ
④ ㄴ, ㄷ

6. 그림은 평면 위에 전류가 흐르는 직선 도선과 검류계가 연결된 직사각형 도선이 놓인 것을 나타낸 것이다. 직사각형 도선에 A→Ⓖ→B 방향으로 전류가 흐르는 경우만을 모두 고르면?

> ㄱ. 직선 도선에 흐르는 전류 세기가 일정하다.
> ㄴ. 직선 도선에 흐르는 전류 세기가 점점 감소한다.
> ㄷ. 직선 도선의 전류 세기가 일정하고 직선 도선과 직사각형 도선 사이의 거리가 점점 멀어진다.

① ㄴ   ② ㄱ, ㄷ
③ ㄴ, ㄷ   ④ ㄱ, ㄴ, ㄷ

7. 그림은 수소 원자가 방출하는 선스펙트럼 계열의 일부를 나타낸 것이다. 이에 대한 설명으로 옳지 않은 것은?

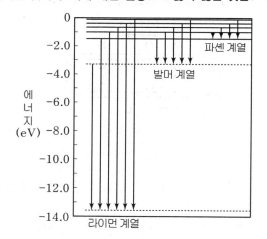

① 수소 원자에 있는 전자의 에너지 준위는 불연속적이다.
② 전자기파의 진동수는 라이먼 계열이 발머 계열보다 크다.
③ 광자 1개의 에너지는 라이먼 계열이 파셴 계열보다 크다.
④ 파셴 계열의 전자기파는 인체의 골격 사진을 찍는 데 이용된다.

8. 그림은 단열된 실린더에 일정량의 이상기체가 들어 있고 추가 놓여 있는 단열된 피스톤이 정지해 있는 모습을 나타낸 것이며, 이상기체의 온도와 외부의 온도는 각각 T_1과 T_2이다. 추를 제거하였더니 피스톤은 천천히 움직이다가 멈추었고 이상기체의 온도와 외부의 온도는 T_2로 같아졌다. 이에 대한 설명으로 옳은 것만을 모두 고르면? (단, 이상기체의 누출은 없고 대기압은 일정하며, 실린더와 피스톤 사이의 마찰은 무시한다)

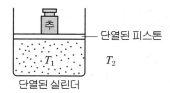

단열된 실린더

> ㄱ. $T_1 > T_2$이다.
> ㄴ. 피스톤이 움직이는 동안 이상기체의 압력은 증가한다.
> ㄷ. 이상기체가 한 일은 이상기체의 내부에너지 감소량과 같다.

① ㄱ   ② ㄴ
③ ㄱ, ㄷ   ④ ㄴ, ㄷ

9. 그림은 xy평면에서 Q점에 놓인 가늘고 긴 직선 도선에 일정한 세기의 전류가 흐르는 것을 나타낸 것이고, 표는 xy평면에 있는 점 P, R에서 전류에 의한 자기장의 방향과 세기를 나타낸 것이다. 다른 조건은 그대로 두고 직선 도선을 y축과 평행하게 P로 옮겼을 때, 이에 대한 설명으로 옳은 것만을 모두 고르면?

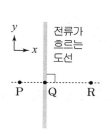

위치\자기장	방향	세기
P	⊙	$2B_0$
R	⊗	B_0

⊙ : xy평면에서 수직으로 나오는 방향
⊗ : xy평면에 수직으로 들어가는 방향

ㄱ. 도선에 흐르는 전류의 방향은 $+y$방향이다.

ㄴ. Q에서 자기장의 방향은 $\otimes$방향이다.

ㄷ. R에서 자기장의 세기는 $\frac{1}{3}B_0$이다.

① ㄱ, ㄴ   ② ㄱ, ㄷ

③ ㄴ, ㄷ   ④ ㄱ, ㄴ, ㄷ

10. 그림은 마찰이 없는 수평면에서 1 m/s의 속력으로 운동하던 질량 4 kg인 물체에 수평면과 나란한 방향으로 일정한 힘 2.4 N을 계속 가하였더니 물체의 속력이 5 m/s가 된 것을 나타낸 것이다. 이때 힘이 가해지는 동안 물체의 이동거리[m]는? (단, 물체의 크기는 무시한다)

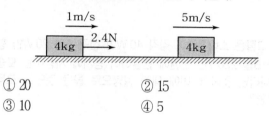

① 20   ② 15

③ 10   ④ 5

11. 다음 글에서 설명하는 기본 힘은?

- 이 힘을 매개하는 입자에는 Z보손과 W보손이 있다.
- 중성자가 전자 중성미자를 방출하면서 양성자로 붕괴되는 과정(베타붕괴)에서 발견되었다.

① 약한 상호작용(약력)

② 강한 상호작용(강력)

③ 전자기력

④ 중력

12. 직선상에서 움직이는 물체의 속도가 시간이 0초일 때 10 m/s이며, 5 m/s²의 등가속도 운동을 한다. 5초일 때 물체의 속도[m/s]는?

① 25   ② 35

③ 45   ④ 50

13. 그림과 같이 검전기를 (−)로 대전시킨 후, 금속판의 문턱진동수보다 낮은 진동수의 빛을 금속판에 비추어 주었다. 이때 일어나는 현상으로 옳은 것은?

① 금속박이 오므라든다.

② 금속박이 더 벌어진다.

③ 금속박이 오므라들다 벌어진다.

④ 금속박이 변하지 않는다.

14. 그림은 수면파 발생장치에서 발생한, 진동수가 f이고 속력이 일정한 수면파의 어느 순간의 모습을 표현한 것이다. 실선은 수면파의 이웃한 마루를 나타낸 것이고, 처음과 마지막 마루 사이의 거리가 L일 때, 이 수면파의 속력은?

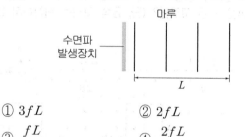

① $3fL$ ② $2fL$

③ $\dfrac{fL}{3}$ ④ $\dfrac{2fL}{3}$

15. 다음은 원자핵의 변환에서 방사선 방출을 나타낸 것이다. 이에 대한 설명으로 옳은 것만을 모두 고르면?

$$^{24}_{11}\text{Na} \rightarrow {}^{24}_{12}\text{Mg} + (\text{A})$$

$$^{226}_{88}\text{Ra} \rightarrow {}^{222}_{86}\text{Rn} + (\text{B})$$

ㄱ. A는 전기장의 방향으로 힘을 받는다.

ㄴ. A는 렙톤에 속한다.

ㄷ. B는 헬륨 원자핵이다.

① ㄴ   ② ㄱ, ㄴ

③ ㄱ, ㄷ   ④ ㄴ, ㄷ

16. 그림은 자기장 영역 Ⅰ, Ⅱ가 있는 xy평면에서 금속 고리 A와 ㄱ, ㄴ, ㄷ이 운동하고 있는 어느 순간의 모습을 나타낸 것이다. A와 ㄱ은 $+x$방향으로, ㄴ은 $-y$방향으로, ㄷ은 $-x$방향으로 각각 등속 직선 운동을 한다. 영역 Ⅰ, Ⅱ에서 자기장은 세기가 각각 B, $2B$로 균일하며 xy평면에 수직으로 들어가는 방향이다. 이 순간 ㄱ~ㄷ에 흐르는 유도전류의 방향이 A에 흐르는 유도전류의 방향과 같은 것만을 모두 고르면? (단, 금속 고리는 회전하지 않는다)

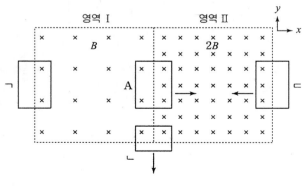

① ㄱ   ② ㄱ, ㄷ

③ ㄴ, ㄷ   ④ ㄱ, ㄴ, ㄷ

17. 그림은 빗면을 따라 운동하는 물체 A가 점 p를 속력 20 m/s로 통과하는 순간, q점에서 물체 B를 가만히 놓는 것을 나타낸 것이며, A가 최고점에 도달하는 순간 B와 충돌한다. B를 놓는 순간부터 A, B가 충돌할 때까지 B의 평균속력[m/s]은? (단, A, B의 크기와 모든 마찰은 무시하며, A, B는 동일 직선상에서 운동한다)

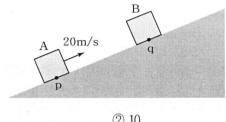

① 5   ② 10

③ 15   ④ 20

18. 그림은 소비전력이 각각 40 W인 전구 A와 20 W인 형광등 B를 220 V인 전원에 연결하여 동시에 사용하는 모습을 나타낸 것이다. 이에 대한 설명으로 옳은 것만을 모두 고르면?

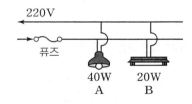

ㄱ. A와 B에 흐르는 전류의 세기는 같다.

ㄴ. A와 B의 저항의 크기의 비는 1:2이다.

ㄷ. A와 B를 동시에 5시간 동안 사용하면 전체 소비전력량은 300 Wh이다.

① ㄱ, ㄴ   ② ㄱ, ㄷ

③ ㄴ, ㄷ   ④ ㄱ, ㄴ, ㄷ

19. 그림 (가)는 마찰이 없는 수평면 위에서 물체 A가 정지해 있는 물체 B를 향해 일정한 속도 v_0으로 운동하는 것을 나타낸 것이다. A, B는 질량이 각각 m이고, 충돌 후 일직선상에서 각각 등속 운동한다. 그림 (나)는 충돌하는 동안 A가 B로부터 받는 힘의 크기를 시간에 따라 나타낸 것이며, 시간 축과 곡선이 만드는 면적은 $\frac{2}{3}mv_0$이다. 이에 대한 설명으로 옳은 것만을 모두 고르면? (단, 물체의 크기는 무시한다)

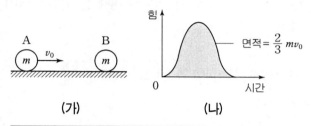

(가)   (나)

> ㄱ. 충돌 후 A의 속도는 $-\frac{1}{3}v_0$이다.
>
> ㄴ. 충돌 후 B의 속도는 $\frac{2}{3}v_0$이다.
>
> ㄷ. 충돌하는 동안 A가 B로부터 받은 충격량의 크기는 B가 A로부터 받은 충격량의 크기보다 크다.

① ㄱ   ② ㄴ

③ ㄱ, ㄴ   ④ ㄱ, ㄴ, ㄷ

20. 그림 (가)는 압력 P, 부피 V, 절대 온도 T인 일정량의 이상기체가 상자 안에 들어 있는 것을 나타낸 것이다. 기체의 압력을 일정하게 유지하면서 기체에 $5PV$의 열을 가하였더니 그림 (나)와 같이 부피가 증가하였고 온도는 $3T$가 되었다. 이 과정에서 기체의 내부에너지 변화량은? (단, 상자 안의 기체 분자 수는 일정하다)

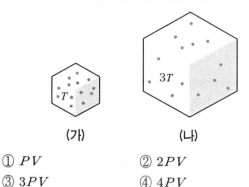

(가)   (나)

① PV ② $2PV$

③ $3PV$ ④ $4PV$

1. A는 자외선이다. 자외선은 가시광선 보다 진동수는 크다.

2. 전기력선의 방향이 A에서 나오는 방향이므로 A는 (+)전하이다. P점에 놓인 전하가 A에서 먼 쪽으로 밀려나므로 역시 (+)전하이다. 전기장의 세기는 A에 가까울수록 크다.

3. $P = I^2 R$
   $= 20^2 \times 4 = 1600 W$

4. 빛이 코어를 타고 계속 갈 수 있으려면 코어와 클래딩 경계면에서 전반사가 일어나야 하고 전반사가 되기 위해 코어의 굴절율이 커야 하고 임계각 이상의 각으로 입사되어야 한다.

5. 철수가 관찰할 때 광원의 빛은 A에 먼저 도달한다. 우주선의 길이는 철수가 측정하면 짧아진다.

6. 직선도선에 의해 사각형이 지면속으로 들어가는 자속이 생성된다. 이 자속이 증가하거나 또는 감소하는 변화가 일어날 때 전류가 유도 된다. 전류가 A→ⓒ→B로 흐르므로 지면으로 들어가는 자기장이 감소하고 있다.

7. 파셴 계열에서 나오는 파는 적외선이다. 인체 골격 사진은 X선으로 찍는다.

8. 단열 팽창하여 온도가 낮아지고 내부에너지 감소량 만큼 외부에 일을 하고 압력은 낮아진다.

9. 전류는 $+y$ 방향으로 자기장의 세기가 점 P가 점 R의 2배이므로 도선으로부터 떨어진 거리는 R점이 P점의 2배 이다. 도선을 P점으로 옮기면 Q점은 지면으로 들어가는 방향의 $2B_0$ 자기장이 생긴다. R점에서는 $\frac{2}{3}B_0$의 크기 이다.

10. 운동에너지의 차이 만큼 일을 해 주었고 운동에너지의 차이는 $\frac{1}{2} \times 4 \times 5^2 - \frac{1}{2} \times 4 \times 1^2 = 48(J)$이다.
   일 $W = F \cdot s$에서 $48 = 2.4 \times S$ $S = 20(m)$이다.

12. $v = v_0 + at$
   $= 10 + 5 \times 5$
   $= 35(m/s)$

13. 문턱 진동수 보다 낮은 진동수의 빛에서는 아무런 변화가 없다.

14. 마루와 마루사이가 파장이므로 파장은 $\lambda = \frac{L}{3}$이다.
   $v = f\lambda$
   $= \frac{fL}{3}$

15. A는 $_{-1}^0 A$이므로 전자 $_{-1}^0 e$이고 B는 $_2^4 B$이므로 $_2^4 He(\alpha$ 입자)이다.
   A는 자기장의 반대 방향으로 힘을 받는다. 전자는 렙톤에 속한다.

16. A도선이 x x x x 자기장이 증가 하므로 전류는 반시계 방향으로 유도 된다.
   ㄱ, ㄷ 도선도 자기장이 증가 하므로 전류가 반시계 방향으로 유도되고 ㄴ은 시계 방향으로 유도된다.

17. 빗면에서 가속도를 a라 하면 A물체는 $-a$의 가속운동을 B물체는 $+a$의 등가속도 운동을 해서 충돌하게 된다.
   $A : v = v_0 - at$ $0 = 20 - at$ $t = \frac{20}{a}$
   $B : v = at$ 에서 $v = a \times \frac{20}{a} = 20m/s$ 충돌 순간
   B의 속도는 20m/s이고 B가 속도 0에서 일정하게 증가했으므로 평균속도는 10m/s이다.

18. A와 B가 병렬 연결이므로 전압은 같다.

$P = VI$에서 A에 흐르는 전류가 B의 2배이다.

따라서 저항은 B가 A보다 2배 크다

A와 B의 5시간 전체 소비 전력량은 $(20+40) \times 5 = 300 \text{Wh}$
이다.

19. A가 받은 충격량과 B가 받은 충격량의 크기는 같다.

A: $I = F \cdot t = m(v_2 - v_1)$ 면적이 충격량이므로

B의 충격량도 $\frac{2}{3} m v_0$이다. 충돌 후 B의 속도는 $\frac{2}{3} v_0$이다.

운동량 보존의 법칙에서

$m v_0 = m v_A' + m \times \frac{1}{3} v_0 \qquad v_A' = \frac{1}{3} v_0$이다.

20. 압력이 일정한 등압 과정이다.

$Q = W + \Delta U \qquad Q = 5PV$의 열을 가해서
온도가 T에서 $3T$가 되었으므로 내부에너지는

$\Delta U = \frac{3}{2} nR(3T - T) = 3nRT$ 만큼 증가했다.

$PV = nRT$이므로 $3PV$ 만큼 증가했다.

1. ①	2. ④	3. ③	4. ④	5. ②
6. ③	7. ④	8. ③	9. ①	10. ①
11. ①	12. ②	13. ④	14. ③	15. ④
16. ②	17. ②	18. ③	19. ②	20. ③

1. 온도와 열에 대한 설명으로 옳지 않은 것은?

① 온도는 물체의 차고 뜨거운 정도를 수량적으로 나타낸 것이다.
② 열기관은 열을 역학적인 일로 바꾸는 장치이다.
③ 열은 자발적으로 저온에서 고온으로 이동할 수 있다.
④ 절대온도에서 1K 차이는 섭씨온도에서 1℃ 차이와 같다.

2. 그림은 다이오드가 연결된 회로에 교류 전원을 연결할 경우 저항에 흐르는 전류의 파형을 나타낸 것이다. 이로부터 알 수 있는 다이오드의 작용은?

① 정류 작용
② 스위치 작용
③ 증폭 작용
④ 자기 작용

3. 다음은 중수소 원자핵($_1^2$H)이 삼중수소 원자핵($_1^3$H)과 반응하여 헬륨 원자핵($_2^4$He)과 중성자($_0^1$n)가 생성되면서 에너지가 방출되는 과정을 나타낸 것이다. 이에 대한 설명으로 옳지 않은 것은?

$$_1^2\text{H} + {_1^3}\text{H} \rightarrow {_2^4}\text{He} + {_0^1}\text{n} + 17.6\,\text{MeV}$$

① 핵융합 반응이다.
② 핵반응 전후 질량의 합은 같다.
③ 핵반응 전후 질량수의 합은 같다.
④ 핵반응 전후 전하량의 합은 같다.

4. 그림은 일반적인 광통신 과정을 나타낸 것이다. 이에 대한 설명으로 옳은 것만을 모두 고르면?

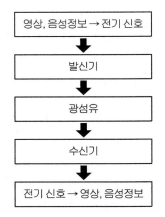

ㄱ. 발신기에서 전기 신호를 빛 신호로 변환한다.
ㄴ. 광섬유에서 코어의 굴절률이 클래딩의 굴절률보다 커서 전반사가 일어난다.
ㄷ. 광통신은 구리 도선을 이용한 전기통신에 비하여 도청이 어렵고 정보의 전송용량이 크다.

① ㄱ
② ㄱ, ㄴ
③ ㄴ, ㄷ
④ ㄱ, ㄴ, ㄷ

5. 20 m/s의 속력으로 직선 운동하던 질량 200 g의 공을 배트로 쳐서 반대 방향으로 30 m/s의 속력으로 날려 보냈다. 이 공이 배트로부터 받은 충격량의 크기[N·s]는?

① 2
② 4
③ 10
④ 12

6. 표는 입자 A와 B의 질량과 속력을 나타낸 것이다. 이 물체가 등속운동할 때 이에 대한 설명으로 옳은 것만을 모두 고르면?

입자	질량	속력
A	m	$2v$
B	$2m$	v

ㄱ. 운동에너지는 A가 B의 2배이다.
ㄴ. 운동량은 A가 B의 2배이다.
ㄷ. 물질파의 파장은 A와 B가 같다.

① ㄴ
② ㄷ
③ ㄱ, ㄷ
④ ㄱ, ㄴ, ㄷ

7. 그림은 어떤 원자의 에너지 준위를 나타낸 것이다. 전자가 $n = 4$인 상태에서 $n = 2$인 상태로 전이할 때 일어나는 현상으로 옳은 것은?

$$
\begin{aligned}
&n = 4 \quad \text{——} \quad E_4 = -3.4\text{eV} \\
&n = 3 \quad \text{——} \quad E_3 = -6.0\text{eV} \\
&n = 2 \quad \text{——} \quad E_2 = -13.6\text{eV} \\
&n = 1 \quad \text{——} \quad E_1 = -54.4\text{eV}
\end{aligned}
$$

① 7.6 eV의 에너지 흡수
② 7.6 eV의 에너지 방출
③ 10.2 eV의 에너지 흡수
④ 10.2 eV의 에너지 방출

8. 그림은 정지하고 있는 질량 2 kg인 물체에 수평 방향으로 10 N의 일정한 힘이 작용하는 모습을 나타낸 것이다. 정지에서 2초 후 물체의 운동에너지[J]는? (단, 공기저항, 물체와 지면 사이의 마찰은 무시한다)

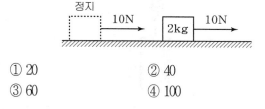

① 20
② 40
③ 60
④ 100

9. 그림은 순수한 반도체 결정의 에너지띠 구조를 나타낸 것이다. 이에 대한 설명으로 옳지 않은 것은?

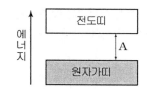

① A의 영역에는 전자가 존재할 수 없다.
② 원자가띠에 채워진 전자의 에너지는 모두 동일하다.
③ 절대온도 0 K일 때, 전도띠에는 전자가 존재하지 않는다.
④ 이 물질은 온도가 올라갈수록 전기 전도도가 증가한다.

10. 그림 (가)는 수평면 일직선상에서 질량 $2m$인 물체 A가 정지해 있는 질량 m인 물체 B와 충돌하는 것을 나타낸 것이고, 그림 (나)는 A가 B에 정면으로 충돌한 후 A, B가 같은 방향으로 운동하는 것을 나타낸 것이다. A의 속력이 충돌 직전 $2v$에서 충돌 직후 v로 변했다면, 충돌 직후 B의 속력은?

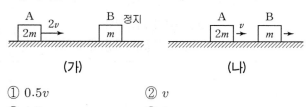

① $0.5v$
② v
③ $1.5v$
④ $2v$

11. 그림은 충분히 긴 구리관 속으로 자석이 낙하하는 모습이다. 이에 대한 설명으로 옳은 것만을 모두 고르면? (단, 공기저항, 자석과 구리관 사이의 마찰은 무시한다)

자석

구리관

| ㄱ. 자석이 낙하하는 동안 자석의 위치에너지는 감소한다. |
| ㄴ. 자석이 낙하한 거리만큼 자석의 운동에너지는 증가한다. |
| ㄷ. 자석의 역학적 에너지는 보존된다. |
| ㄹ. 감소한 역학적 에너지만큼 전기 에너지로 전환된다. |

① ㄱ, ㄴ
② ㄱ, ㄷ
③ ㄱ, ㄹ
④ ㄴ, ㄹ

12. 컴퓨터에서 정보를 저장하고 기록하는 장치인 하드디스크에 대한 설명으로 옳은 것만을 모두 고르면?

| ㄱ. 빛을 이용하여 저장된 정보를 읽어 낸다. |
| ㄴ. 디지털 신호로 정보가 기록된다. |
| ㄷ. 강자성체의 특성을 이용한 저장 매체이다. |

① ㄱ, ㄴ
② ㄱ, ㄷ
③ ㄴ, ㄷ
④ ㄱ, ㄴ, ㄷ

13. 그림은 전자기파를 어떤 물리량의 크기 순서대로 나타낸 것이다. 이에 대한 설명으로 옳은 것은?

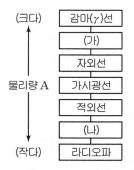

(크다)

| 감마(γ)선 |
| (가) |
| 자외선 |
| 가시광선 |
| 적외선 |
| (나) |
| 라디오파 |

물리량 A

(작다)

① 물리량 A에는 파장을 넣을 수 있다.
② 적외선보다 자외선의 진동수가 크다.
③ (가)는 휴대전화 데이터 통신과 전자레인지에 이용된다.
④ (나)는 사람 몸이나 건물 벽을 투과할 수 있어 의료 진단 분야, 비파괴 검사, 공항 검색대에서 사용된다.

14. 탄산음료가 담긴 차가운 병의 뚜껑을 처음으로 열었을 때 뚜껑 주변에 하얀 김이 서리는 현상이 나타난다. 이에 대한 설명으로 옳은 것만을 모두 고르면?

| ㄱ. 기체가 병 밖으로 빠져나오면서 기체는 등온 팽창한다. |
| ㄴ. 기체가 병 밖으로 빠져나오면서 부피가 증가하여 기체는 외부에 일을 한다. |
| ㄷ. 기체가 병 밖으로 빠져나오면서 기체의 내부 에너지는 감소한다. |

① ㄴ
② ㄷ
③ ㄱ, ㄷ
④ ㄴ, ㄷ

15. 파동에 대한 설명으로 옳지 않은 것은?

① 파동이 굴절할 때 파동의 파장은 변하지 않는다.
② 파동이 반사할 때 파동의 속력은 변하지 않는다.
③ 간섭현상은 두 개 이상의 파동이 만날 때 일어난다.
④ 파동이 퍼져 나갈 때 에너지가 전달된다.

16. 그림 (가)는 코일 위에서 자석을 연직 방향으로 움직이는 모습을 나타낸 것이고, (나)는 코일과 자석 사이의 간격을 시간에 따라 나타낸 것이다. 이에 대한 설명으로 옳은 것은?

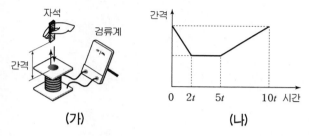

(가) **(나)**

① $4t$일 때 검류계에는 일정한 세기의 전류가 흐른다.

② 검류계에 흐르는 전류의 세기는 t일 때가 $8t$일 때보다 크다.

③ t일 때 코일이 자석에 작용하는 자기력의 방향은 자석의 운동 방향과 같다.

④ t일 때와 $7t$일 때, 검류계에 흐르는 전류의 방향은 서로 같다.

17. Ge 반도체에 In을 소량 첨가하여 만든 불순물 반도체에 그림처럼 화살표 방향으로 전기장을 걸었을 때, 이에 대한 설명으로 옳은 것만을 모두 고르면?

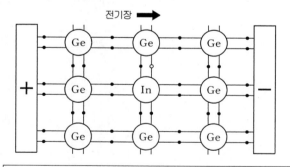

ㄱ. 불순물 반도체에 생긴 양공은 전도띠에 존재한다.

ㄴ. 양공은 오른쪽($-$)에서 왼쪽($+$)으로 이동한다.

ㄷ. 전류의 방향은 양공의 이동 방향과 같다.

ㄹ. 양공이 전도띠에 있는 전자보다 많으므로 주로 양공에 의해 전류가 흐른다.

① ㄱ, ㄴ ② ㄱ, ㄹ
③ ㄴ, ㄷ ④ ㄷ, ㄹ

18. 그림은 시간 $t = 0$에서 어떤 파동의 모습을 나타낸 것이다. $t = 0.1$초에서 점 P의 변위가 증가하였다면 이에 대한 설명으로 옳은 것은? (단, 파동의 주기는 0.5초이다)

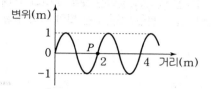

① 파동의 속력은 $1\,\mathrm{m/s}$이다.

② 파동의 진행 방향은 왼쪽이다.

③ 파동의 파장은 $1\,\mathrm{m}$이다.

④ 파동의 진폭은 $2\,\mathrm{m}$이다.

19. 그림 (가), (나)는 한쪽 끝이 닫힌 관에서 공기를 진동시켜 만든 정상파의 기본 진동수를 모식적으로 나타낸 것이다. 이에 대한 설명으로 옳지 않은 것은? (단, 관 안의 공기의 상태는 (가)와 (나)가 같으며 $L_1 > L_2$이다)

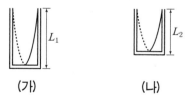

(가) **(나)**

① (가)에서 정상파의 파장은 관의 길이의 4배이다.

② 정상파의 파장은 (가)가 (나)에서보다 더 길다.

③ (가)가 (나)에서보다 더 높은 소리가 난다.

④ 관의 열린 끝 부분에서 정상파의 배가 만들어진다.

20. 그림은 B가 탄 우주선이 A에 대하여 $+x$방향으로 $0.8c$로 등속도 운동하고 있는 것을 나타낸 것이다. A에 대하여 정지한 막대 P, Q는 각각 x축, y축상에 놓여 있고, A가 측정한 P, Q의 길이는 모두 L이다. 이에 대한 설명으로 옳지 않은 것은? (단, c는 빛의 속력이다)

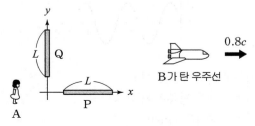

① B가 측정할 때, A의 시간은 빠르게 간다.

② B가 측정할 때, Q의 길이는 L이다.

③ B가 측정할 때, P의 길이가 Q의 길이보다 짧다.

④ B가 볼 때, A는 $-x$방향으로 $0.8c$의 속력으로 움직인다.

해설 및 정답

1. 열은 고온에서 저온으로만 흐른다.

2. 전류가 한 방향으로만 흐르게 하는 작용을 정류 작용이라 한다.

3. 핵융합 후 질량이 감소하고 감소한 질량 만큼 에너지가 발생한다.

4. 전기신호를 빛 신호로 변환해야 광섬유로 전송이 가능하고 광섬유에서 빛이 계속 전송되기 위해서 코어의 굴절율이 코어를 감싸고 있는 클레딩의 굴절율보다 커야 한다.

5. 충격량 $I = F \cdot t$
$\qquad = m(v_2 - v_1)$ 에서 v_1과 v_2의 방향은 반대이므로
$I = 0.2\{30 - (-20)\}$
$\quad = 10(N \cdot s)$ 이다.

6. 운동에너지 $E_A = \dfrac{1}{2}m(2v)^2 = 2mv^2$

$\qquad\qquad\quad E_B = \dfrac{1}{2}(2m)v^2 = mv^2$

운동량 $P_A = m \times (2v) = 2mv$
$\qquad\quad P_B = (2m) \times v = 2mv$

물질파파장 $\lambda_A = \dfrac{h}{m2v} = \dfrac{h}{2mv}$

$\qquad\qquad\quad \lambda_B = \dfrac{h}{2mv}$

7. $n = 4$에서 $n = 2$로 궤도 전이가 일어나면 각 궤도의 에너지 차이만큼 방출 또는 흡수가 된다.
$n = 4$에서 에너지가 크므로 $n = 2$로 전이 할 때 에너지 방출이 된다.
$E = E_4 - E_2 = (-3.4) - (-13.6)$
$\qquad = 10.2(eV)$

8. $F = ma$에서 $10 = 2a$ 가속도가 $a = 5\text{m/s}^2$이다.
$v = v_0 + at$ (처음속도 $v_0 = 0$)에서 2초 후 속도는

$v = 0 + 5 \times 2 = 10\text{m/s}$ 이다.

운동에너지는 $\dfrac{1}{2}mv^2 = \dfrac{1}{2} \times 2 \times 10^2 = 100(J)$ 이다.

9. 원자가띠에 속한 전자들도 각각 에너지가 다르다.
온도가 높을수록 즉 에너지가 클수록 전도띠로 전자가 많이 이동한다.

10. 운동량 보존의 법칙에서
$2m \times 2v = 2m \times v + m \times v_B$ 이고 $v_B = 2v$ 이다.

11. 자속의 변화를 방해하는 방향으로 전류가 유도 된다.
자석이 낙하하면 위치에너지는 감소한다. 감소한 만큼 운동에너지로 전환 되어야 하지만 구리관의 전기에너지가 생기므로 낙하한 만큼 전부가 운동에너지가 되지는 않는다.

12. 하드 디스크에 전기적 자기적 신호를 읽어낸다.

13. (가)는 X선 이고 (나)는 마이크로파 이다.
파장은 감마선이 짧고 라디오파가 가장 길다. 진동수는 감마선이 가장 크고 라디오파가 가장 작다.

14. 순간적으로 단열팽창하여 기체가 외부에 일을 하고 온도는 감소하므로 내부에너지는 감소한다.

15. 파동은 다른 매질로 들어갈 때 반사하고 다른 매질로 들어가는 파는 속도와 파장이 변하고 진동수는 변하지 않는다.

16. $4t$ 일 때 자석이 정지해 있으므로 전류가 유도 되지 않는다.
t 일 때가 $8t$ 일 때 보다 변화량이 크므로 전류세기가 크다.

17. 그림에서 인 (In)은 3가 원소이고 4가 원소인 저마늄에 넣어 양공이 전하를 운반하는 P형 반도체 이다.

18. 파장은 $\lambda = 2m$ 이고 주기는 $T = 0.5$초 이므로 속력은

$v = \dfrac{\lambda}{T} = \dfrac{2}{0.5} = 4\text{m/s}$ 이다.

0.1초 후 P점의 진폭이 증가 하므로 파동은 왼쪽으로 이동한다.

19. 한쪽 끝이 막힌 관에서 파장은

$\lambda = \dfrac{4L}{2n-1}$ 이다. 파장이 길수록 낮은 음의 소리가 난다.

20. B가 A를 볼때 A가 $-x$ 방향으로 0.8c의 속도로 움직이므로 A 시간이 느리게 간다.

1. ③	2. ①	3. ②	4. ④	5. ③
6. ③	7. ④	8. ④	9. ②	10. ④
11. ③	12. ③	13. ②	14. ④	15. ①
16. ②	17. ④	18. ②	19. ③	20. ①

1. 그림은 직선 운동을 하는 어떤 물체의 위치를 시간에 따라 나타낸 것이다. 이에 대한 설명으로 옳지 않은 것은?

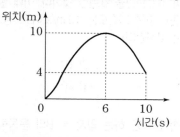

① 6초 때 물체의 순간 속력은 0이다.
② 0 ~ 10초 동안 이동한 거리는 16 m이다.
③ 0 ~ 10초 동안 평균 속력과 평균 속도는 같다.
④ 0 ~ 10초 동안 평균 속도의 크기는 0.4 m/s이다.

2. 그림은 고열원으로부터 Q의 열을 공급받아 외부에 W 만큼 일을 하고 저열원으로 q의 열을 방출하는 어떤 열기관을 나타낸 것으로 $q = \dfrac{Q}{2}$ 이다. 이에 대한 설명으로 옳은 것은?

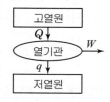

① $q = 2W$이다.
② 열기관의 효율은 50 %이다.
③ q를 줄이면 열효율이 떨어진다.
④ $Q = W$인 열기관을 만들 수 있다.

3. 밀폐된 빈 압력밥솥을 가열할 때, 압력밥솥 안에 있는 공기의 압력과 부피의 열역학적 관계를 개략적으로 나타낸 그래프는?

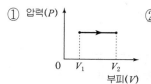 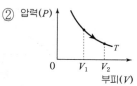

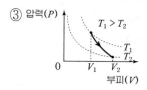 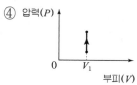

4. 그림은 저마늄(Ge)에 비소(As)가 도핑된 물질의 구조를 나타낸 모형이다. 이에 대한 설명으로 옳지 않은 것은?

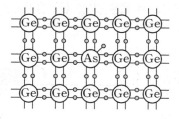

① n형 반도체이다.
② 원자가 전자가 비소는 5개, 저마늄은 4개이다.
③ 전압을 걸어 줄 경우 주된 전하 나르개는 양공이다.
④ 도핑으로 전도띠 바로 아래에 새로운 에너지 준위가 생긴다.

5. 그림은 용수철에 작용한 힘과 용수철이 늘어난 길이의 관계를 나타낸 것이다. 용수철을 원래 길이보다 3 cm 늘어난 A에서 6 cm 늘어난 B까지 늘리려면 해야 하는 일[J]은?

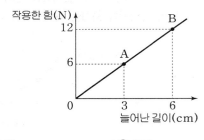

① 0.09   ② 0.18

③ 0.27   ④ 0.36

6. 그림은 마찰이 없는 수평면에서 절연된 용수철의 양 끝에 대전된 두 개의 구가 연결된 것을 나타낸 것이다. (가)는 대전된 구 A, B에 의해 용수철이 늘어난 상태로 평형을 유지한 것이고, (나)는 대전된 구 A, C에 의해 용수철이 압축된 상태로 평형을 유지하고 있는 모습을 나타낸 것이다. 용수철의 원래 길이를 기준으로 (가)에서 용수철이 늘어난 길이는 (나)에서 용수철이 압축된 길이보다 길다. 이에 대한 설명으로 옳은 것은? (단, 전기력은 A와 B, A와 C 사이에만 작용한다)

늘어난 길이   압축된 길이

A ⧸⧸⧸⧸⧸⧸ B   A ⧸⧸⧸ C

수평면   수평면

(가)   (나)

① 전하의 종류는 A와 C가 같다.

② 전하량의 크기는 B가 C보다 크다.

③ (가)에서 A에 작용한 전기력의 크기는 B에 작용한 전기력의 크기보다 크다.

④ (나)에서 용수철이 C에 작용한 힘의 크기는 용수철이 A에 작용한 힘의 크기보다 크다.

7. 그림은 지면으로부터 20 m 높이에서 가만히 떨어뜨린 물체가 자유낙하 도중 물체의 운동 에너지와 지면을 기준으로 하는 중력 퍼텐셜 에너지가 같아지는 순간을 표현한 것이다. 이때 물체의 속력 v [m/s]는? (단, 중력 가속도는 10 m/s^{2}이고, 공기 저항과 물체의 크기는 무시한다)

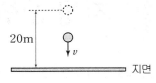

① $5\sqrt{2}$ ② 10

③ $10\sqrt{2}$ ④ 20

8. 표는 등속 운동을 하는 입자 A, B의 운동량, 속력, 물질파 파장을 나타낸 것이다. 이에 대한 설명으로 옳은 것은?

입자	운동량	속력	물질파 파장
A	p	v	㉠
B	$2p$	$3v$	λ

① ㉠은 3λ이다.

② 플랑크 상수는 $3\lambda p$이다.

③ 입자의 질량은 B가 A의 2배이다.

④ A와 B의 운동 에너지 비는 1 : 6이다.

9. 그림은 p-n 접합 다이오드, 저항, 전지, 스위치로 구성한 회로이다. 이에 대한 설명으로 옳은 것은?

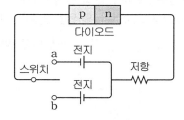

① 스위치를 a에 연결하면 다이오드에 순방향 바이어스가 걸린다.

② 스위치를 a에 연결하면 p형 반도체에서 n형 반도체로 전류가 흐른다.

③ 스위치를 b에 연결하면 양공과 전자가 계속 결합하면서 전류가 흐른다.

④ 스위치를 b에 연결하면 n형 반도체에 있는 전자가 p-n 접합면에서 멀어진다.

10. 그림 (가)는 동일한 크기의 전하량을 가진 두 점 전하 A, B를 각각 $x = 0$, $x = d$인 지점에 고정한 모습을 나타낸 것이다. 이때 B에 작용하는 전기력의 방향은 $+x$방향이다. 그림 (나)는 그림 (가)에 점 전하 C를 $x = 3d$인 지점에 추가하여 고정한 모습을 나타낸 것으로 이때 B에 작용하는 알짜 힘은 0이다. 이에 대한 설명으로 옳은 것은?

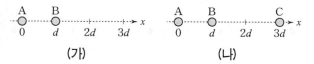

(가)   (나)

① 전하량은 C가 A의 2배이다.
② A와 B는 서로 다른 종류의 전하이다.
③ A와 C 사이에는 서로 당기는 힘이 작용한다.
④ B가 A에 작용하는 힘의 크기는 C가 A에 작용하는 힘의 크기보다 크다.

11. 다음은 단색광 A, B, C의 활용 예이다. A, B, C의 진동수를 각각 f_A, f_B, f_C라 할 때, 크기를 비교한 것으로 옳은 것은?

- A를 측정하여 접촉하지 않고 물체의 온도를 측정한다.
- B의 투과력을 이용하여 공항 검색대에서 가방 내부를 촬영한다.
- C의 형광 작용을 통해 위조지폐를 감별한다.

① $f_A > f_B > f_C$ ② $f_B > f_C > f_A$
③ $f_C > f_A > f_B$ ④ $f_C > f_B > f_A$

12. 그림 (가), (나)는 각각 수평인 실험대 위에 파동 실험용 용수철을 올려놓은 후 용수철의 한쪽 끝을 잡고 각각 앞뒤와 좌우로 흔들면서 파동을 발생시켰을 때 파동의 진행 방향을 나타낸 것이다. 이에 대한 설명으로 옳은 것은?

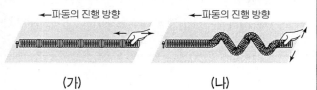

(가)   (나)

① (가)에서와 같이 진행하는 파동에는 소리(음파)가 있다.
② (가)에서 용수철의 진동수가 감소하면 파장은 짧아진다.
③ (나)에서 용수철의 진동 방향과 파동의 진행 방향은 같다.
④ (나)에서 진동수의 변화 없이 용수철을 좌우로 조금 더 크게 흔들면 파동의 진행 속력은 빨라진다.

13. 그림은 파원 A, 파원 B에서 줄을 따라 서로 마주 보고 진행하는 두 파동의 순간 모습을 나타낸 것이다. 두 파동의 속력은 모두 1 cm/s이고, 점 P는 줄 위의 한 점이다. 이에 대한 설명으로 옳지 않은 것은? (단, 점선으로 표시된 눈금의 가로세로 길이는 각각 1 cm이다)

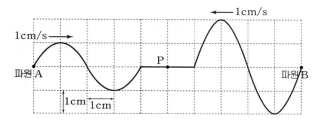

① 파원 A에서 출발한 파동의 파장은 4 cm이다.
② 파원 B에서 출발한 파동의 진동수는 0.25 Hz이다.
③ 그림의 상황에서 2초가 지난 후 P의 변위는 1 cm이다.
④ 두 파동이 중첩될 때 합성파의 변위 최댓값은 진동중심에서 1 cm이다.

14. 그림은 전동기의 구조를 모식적으로 나타낸 것이다. 이에 대한 설명으로 옳은 것만을 모두 고르면?

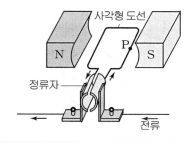

ㄱ. 전기 에너지를 운동 에너지로 변환한다.
ㄴ. 전류가 많이 흐를수록 회전 속력이 빨라진다.
ㄷ. 사각형 도선의 점 P는 위쪽으로 힘을 받는다.

① ㄱ, ㄴ   ② ㄱ, ㄷ
③ ㄴ, ㄷ   ④ ㄱ, ㄴ, ㄷ

15. 그림 (가)와 (나)는 검류계 G가 연결된 코일에 막대자석의 N극이 가까워지거나 막대자석의 S극이 멀어지는 모습을 나타낸 것이다. 이에 대한 설명으로 옳은 것은?

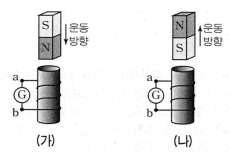

(가)   (나)

① 막대자석은 반자성체이다.
② 검류계 G에 흐르는 전류의 방향은 (가)와 (나)에서 같다.
③ (가)에서 막대자석에 의해 코일을 통과하는 자기 선속은 감소한다.
④ 막대자석이 코일에 작용하는 자기력의 방향은 (가)와 (나)에서 같다.

16. 그림과 같이 $+y$ 방향으로 전류가 흐르는 무한히 긴 직선 도선과 원형 도선이 xy 평면에 놓여 있다. 원형 도선에 전류가 유도되는 경우로 옳지 않은 것은?

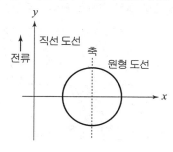

① 그림의 점선을 축으로 원형 도선을 회전시킨다.
② 원형 도선을 직선 도선 쪽으로 가까이 이동시킨다.
③ 원형 도선을 y축과 나란한 방향으로 회전 없이 이동시킨다.
④ 직선 도선에 흐르는 전류의 세기를 일정한 비율로 증가시킨다.

17. 그림은 종이 면에서 수직으로 나오는 방향으로 전류 I가 흐르는 무한히 긴 직선 도선 A와 전류가 흐르는 무한히 긴 직선 도선 B를 나타낸 것이다. 점 P, Q, R은 두 직선 도선을 잇는 직선상의 점들이고, A와 B 사이의 정중앙점 Q에서 자기장의 세기가 0이다. 이에 대한 설명으로 옳은 것은?

① 직선 도선 B의 전류의 세기는 $2I$이다.
② 점 P에서 자기장의 방향은 아래 방향이다.
③ 점 R에서 자기장의 방향은 아래 방향이다.
④ 직선 도선 B의 전류의 방향은 종이 면에 수직으로 들어가는 방향이다.

18. 그림은 공기에서 매질 A로 단색광이 동일한 입사각으로 입사한 후 굴절하는 경로를 나타낸 것이고, 표는 상온에서 매질 A에 해당하는 세 가지 물질의 굴절률을 나타내고 있다. 이에 대한 설명으로 옳은 것만을 모두 고르면?

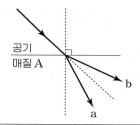

물	1.33
유리	1.50
다이아몬드	2.42

ㄱ. 매질 A가 물이면 단색광의 굴절은 b와 같이 일어난다.
ㄴ. 단색광의 속력은 공기 중에서보다 매질 A에서 더 크다.
ㄷ. 매질 A의 물질 중 공기에 대한 임계각이 가장 큰 물질은 물이다.
ㄹ. 단색광이 공기에서 매질 A로 진행하는 동안 단색광의 진동수는 변하지 않는다.

① ㄱ, ㄴ   ② ㄱ, ㄹ
③ ㄴ, ㄷ   ④ ㄷ, ㄹ

19. 그림과 같이 정지해 있는 A에 대해 B가 탑승한 우주선이 $0.9c$의 속력으로 움직이고 있다. B가 탑승한 우주선 바닥에서 출발한 빛이 거울에 반사되어 되돌아올 때까지, A와 B가 측정한 빛의 이동 거리는 각각 L_A, L_B이고, 이동 시간은 각각 t_A, t_B이다. 이에 대한 설명으로 옳은 것만을 모두 고르면? (단, c는 빛의 속력이다)

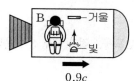

$0.9c$

A

ㄱ. $L_A > L_B$
ㄴ. $t_A > t_B$
ㄷ. $\dfrac{L_A}{t_A} > \dfrac{L_B}{t_B}$

① ㄱ, ㄴ
② ㄱ, ㄷ
③ ㄴ, ㄷ
④ ㄱ, ㄴ, ㄷ

20. 그림은 같은 금속판에 진동수가 다른 단색광 A와 B를 각각 비추었을 때 광전자가 방출되는 것을 나타낸 것이고, 표는 단색광 A와 B를 금속판에 각각 비추었을 때 1초 동안 방출되는 광전자의 수와 광전자의 물질파 파장을 나타낸 것이다. 이에 대한 설명으로 옳은 것만을 모두 고르면? (단, 단색광 A와 B의 빛의 세기를 각각 I_A, I_B라 하고, 진동수를 f_A, f_B라 한다)

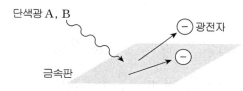

단색광	1초 동안 방출되는 광전자의 수	광전자의 물질파 파장
A	N	4λ
B	2N	λ

ㄱ. $f_A > f_B$
ㄴ. $I_A < I_B$
ㄷ. 금속판의 문턱 진동수를 f_0라 하면 $f_0 < f_B$이다.

① ㄱ, ㄴ
② ㄱ, ㄷ
③ ㄴ, ㄷ
④ ㄱ, ㄴ, ㄷ

해설 및 정답

1. 기울기는 속도이므로 6초 일 때 속도는 0이다.

앞으로 6초 동안 10m 이동했다가 이후 6~10초 동안 뒤로 6m 이동했으므로 총 16m 이동했다.

10초 동안 평균속력 $v = \dfrac{16}{10} = 1.6\,\text{m/s}$ 이고

$$\text{평균속도 } v = \dfrac{4}{10} = 0.4\,\text{m/s 이다.}$$

2. $Q = W + q$　　$q = \dfrac{Q}{2}$ 이므로　　$W = \dfrac{Q}{2}$ 이다.

열효율은 $\eta = \dfrac{W}{Q}$ 에서 $W = \dfrac{Q}{2}$ 이므로 50% 이다.

q 가 작아지면 W 가 증가 하게 되어 열효율이 증가한다.

$Q = W$ 인 효율 100% 기관은 제작이 불가능하다.

3. 부피는 변화 없고 온도와 압력은 증가한다.

4. 그림에서 비소가 5가 원소이므로 n 형 반도체이다.

전하 운반체는 전자이다.

5. 그림에서 면적이 일 이므로 3cm에서 6cm 늘릴 때

일은 $(12 + 6) \times 0.03 \times \dfrac{1}{2} = 0.27\,(J)$ 이다.

6. A, B 사이에는 척력이 작용하므로 A, B는 같은 종류의 전하이고 A, C 사이에는 인력이 작용하므로 A, C는 다른 종류의 전하이다.

변형된 길이가 (가)에서 (나) 보다 크므로 힘이 더 크고 전하량은 B가 C 보다 크다.

7. 20m 높이에서 떨어진 물체는 10m 높이에서 위치에너지가 절반이 되고 절반은 운동에너지로 전환된다. 10m 떨어진 만큼의 위치에너지가 (mgh) 운동에너지 $\left(\dfrac{1}{2}mv^2\right)$ 로 바뀌므로

$mgh = \dfrac{1}{2}mv^2$

$v = \sqrt{2gh} = \sqrt{2 \times 10 \times 10} = 10\sqrt{2}\,(\text{m/s})$ 이다.

8. A 입자는 운동량 $P = m_A v$ 이고 B 입자 운동량은

$2P = m_B 3v$ 이므로 $m_A = \dfrac{3}{2}m_B$ 이다. B 입자의 물질파

파장이 λ 이므로 $\lambda = \dfrac{h}{2P}$ 이고 A입자는 $\lambda_A = \dfrac{h}{P} = 2\lambda$ 이다.

운동에너지의 비는 속력은 B가 A의 3배이고 질량은 $\dfrac{2}{3}$ 배

이므로 $\dfrac{1}{2}mv^2$ 에서 운동에너지는 6배가 된다.

9. P형 반도체는 양공(+) N형 반도체는 전자(−)가 전하 운반체이다.

10. 그림 (가)는 척력이므로 A, B는 같은 종류의 전하이다.

그림 (나)는 3d에 C를 놓아 B의 알짜힘이 0이면 B, C 사이에도 척력이 작용하여 같은 종류의 전하이다.

힘의 크기는 $F = k\dfrac{q_1 q_2}{r^2}$ 이고 B가 A와 C로부터 받는

힘의 크기가 같고 떨어진 거리가 1:2이므로 전하량의 비는 A와 C가 1:4가 된다.

11. f_A 는 적외선의 진동수이고 f_B 는 X선의 진동수이다.

f_C 는 자외선의 진동수이다. 진동수의 크기는 $f_B > f_C > f_A$ 이다.

12. (가)는 종파의 모습으로 음파가 종파이고 (나)는 횡파의 모습으로 빛이나 전자기파가 여기에 속한다. 매질의 변화가 없다면 속력도 변화가 없다. $v = f\lambda$ 에서 진동수가 감소하면 파장은 증가한다. (가)는 진행방향과 진동방향이 같고 (나)는 진행방향과 진동방향이 수직이다.

13. 파동 A, B의 속력은 각각 1cm/s로 같고 파장은 4cm로 같으므로 $v = f\lambda$ 에서 진동수도 각각 $\dfrac{1}{4}$ 로 같다.

주기는 4초이다. 파동이 중첩될 때 최대 진폭은 3cm이다.

14. P점에 전류가 그림과 같은 방향으로 흐르면 아랫방향으로 힘 Bil의 크기를 받아 회전운동하게 된다.

15. 막대자석은 강자성체이고 (가)는 위쪽이 N, (나) 역시 위쪽이 N극을 만들기 위해 $a \to \text{ⓖ} \to b$로 전류가 흐른다.

16. 원형도선 속의 자속수가 변할 때 전류가 유도된다.

17. Q점에서 전류 A에 의해 만들어지는 자기장은 윗방향으로 $B = k\dfrac{I}{r}$이다. Q점에 자기장이 0이므로 B도선에서 아랫방향으로 $B = k\dfrac{I_B}{r}$의 자기장이 만들어지므로 B도선에서 지면에서 나오는 방향으로 전류가 흐른다. 전류의 세기도 A와 같다.

18. 굴절율이 큰 매질로 입사하면 굴절각은 입사각보다 작아진다. 매질이 말할수록 속력은 작아지고 파장도 짧아진다. 진동수는 불변이고 임계각은 $\sin\theta_c = \dfrac{1}{n}$로 굴절율이 클수록 작다.

19. $L = L_0\sqrt{1 - \left(\dfrac{v}{c}\right)^2}$

$t = t_0 \dfrac{1}{\sqrt{1 - \left(\dfrac{v}{c}\right)^2}}$ 이고 A와 B가 관측한 빛의 속도

$C = \dfrac{L_A}{t_A} = \dfrac{L_B}{t_B}$는 같다.

20. 물질파의 파장은 $\lambda = \dfrac{h}{mv}$로 전자의 속력이 클수록 즉 전자의 운동에너지가 클수록 물질파 파장은 작다. 방출되는 전자의 수는 빛의 세기에 비례한다.
물질파 파장이 작은 B 전자가 에너지가 크므로 $f_A < f_B$이고 전자의 수도 B가 많아서 $I_A < I_B$이다.
A, B 모두 광전자가 방출되었으므로 문턱진동수 보다 크다.

1. ③	2. ②	3. ④	4. ③	5. ③
6. ②	7. ③	8. ④	9. ③	10. ④
11. ②	12. ①	13. ④	14. ①	15. ②
16. ③	17. ②	18. ④	19. ①	20. ③

1. 보어의 수소 원자 모형에서 원자에 구속된 전자에 대한 설명으로 옳은 것은?

① 연속적인 에너지 준위를 갖는다.

② 전이할 때 방출하는 빛은 선 스펙트럼으로 나타난다.

③ 들뜬상태에서 바닥상태로 전이할 때 에너지를 흡수한다.

④ 원운동을 할 때 항상 에너지를 방출하므로 안정된 궤도에 존재할 수 없다.

2. 강자성체에 대한 설명으로 옳은 것만을 모두 고르면?

> ㄱ. 철은 강자성체이다.
> ㄴ. 외부 자기장과 같은 방향으로 자기화가 된다.
> ㄷ. 외부 자기장을 제거하면 바로 자기적 특성이 사라진다.

① ㄱ

② ㄱ, ㄴ

③ ㄴ, ㄷ

④ ㄱ, ㄴ, ㄷ

3. 진공에서 진행 중인 전자기파에 대한 설명으로 옳은 것만을 모두 고르면?

> ㄱ. X선은 적외선보다 파장이 크다.
> ㄴ. 전기장과 자기장의 진동 방향은 서로 수직이다.
> ㄷ. 전기장의 진동 방향과 전자기파의 진행 방향은 서로 수직이다.

① ㄱ

② ㄴ

③ ㄴ, ㄷ

④ ㄱ, ㄴ, ㄷ

4. 그림은 어떤 열기관의 한 순환과정 동안 내부의 이상기체의 압력과 부피의 관계를 나타낸 것이다. 이 열기관에서 한 순환과정 동안 공급한 열이 $20P_0V_0$일 때 열효율은?

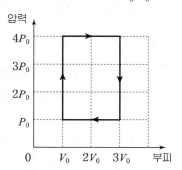

① 0.3

② 0.4

③ 0.5

④ 0.6

5. 그림은 등가속도 직선 운동을 하는 자동차의 속력을 시간에 따라 나타낸 것이다. 자동차의 운동에 대한 설명으로 옳지 않은 것은?

① 가속도의 크기는 2m/s^2이다.

② 2초인 순간의 속력은 6m/s이다.

③ 1초부터 2초까지 평균속력은 5m/s이다.

④ 0초부터 3초까지 이동 거리는 9m이다.

6. 그림은 질량이 m, M인 두 물체가 실로 연결되어 중력에 의하여 등가속도 운동하는 모습을 나타낸 것이다. 물체들의 가속도의 크기가 $\frac{3}{5}g$일 때, M의 값은 m의 몇 배인가? (단, 중력 가속도의 크기는 g이며, 실과 도르래의 질량과 모든 마찰은 무시한다)

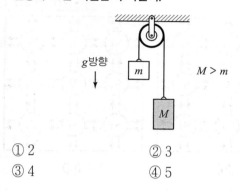

① 2
② 3
③ 4
④ 5

7. 그림 (가)는 마찰이 없는 수평면에서 질량이 m인 물체 A가 정지해 있는 물체 B를 향해 속력 $2v$로 등속 직선 운동하는 것을 나타낸 것이고, 그림 (나)는 A와 B의 충돌 전후 A의 운동량을 시간에 따라 나타낸 것이다. 충돌 후 A와 B의 속력은 같다. 이에 대한 설명으로 옳은 것만을 모두 고르면? (단, 공기저항은 무시한다)

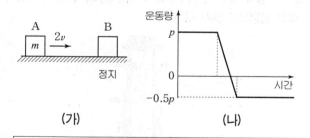

(가)   (나)

ㄱ. B의 질량은 $3m$이다.
ㄴ. 충돌 후 A의 속력은 $0.5v$이다.
ㄷ. 충돌 후 B의 운동량의 크기는 $3mv$이다.

① ㄱ, ㄴ
② ㄱ, ㄷ
③ ㄴ, ㄷ
④ ㄱ, ㄴ, ㄷ

8. 그림은 높이가 h인 A 지점에서 속력 $2v$로 운동하던 수레가 동일 연직면상에서 마찰이 없는 곡면을 따라 B 지점을 지나 최고점 C 지점에 도달하여 정지한 순간의 모습을 나타낸 것이다. B에서 수레의 속력은 v이고 높이는 $2h$이다. C의 높이가 $\frac{7}{3}h$일 때, B에서 수레의 운동 에너지는?
(단, 수레의 질량은 m, 중력 가속도의 크기는 g이며, 모든 마찰 및 수레의 크기는 무시한다)

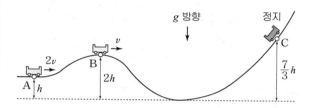

① $\frac{1}{3}mgh$

② $\frac{2}{3}mgh$

③ $2mgh$

④ $\frac{7}{3}mgh$

9. 그림은 관측자 A가 보았을 때, B가 타고 있는 우주선이 $0.7c$의 속력으로 등속 직선 운동을 하고 있는 것을 나타낸 것이다. 광원 S와 빛 검출기 P, Q는 A에 대해 정지해 있으며, 우주선의 운동방향과 평행한 직선상에 놓여 있다. A가 측정했을 때, P, Q 사이의 거리는 L이고 S에서 방출된 빛은 P, Q에 동시에 도달한다. B가 측정했을 때, 이에 대한 설명으로 옳은 것은? (단, c는 빛의 속력이다)

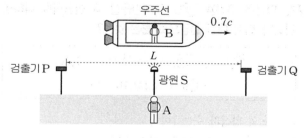

① P와 Q 사이의 거리는 L보다 길다.
② P와 Q 사이의 거리는 고유 길이이다.
③ A의 빛 시계가 B의 빛 시계보다 느리게 간다.
④ S에서 방출된 빛은 P와 Q에 동시에 도달한다.

10. 그림과 같이 반경이 R 인 동일한 두 금속구가 전하량 $+3Q$, $-Q$ 로 대전되어 중심 간 거리가 r 만큼 떨어져 있을 때, 두 금속구 사이에 작용하는 전기력의 크기가 F 였다. 두 금속구를 충분히 오랫동안 접촉시켰다가 다시 중심 간 거리를 $\frac{r}{2}$ 만큼 떨어뜨려 놓았을 때, 두 금속구 사이에 작용하는 전기력의 크기는? (단, $r \gg R$ 이다.)

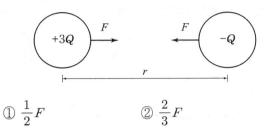

① $\frac{1}{2}F$ ② $\frac{2}{3}F$

③ $\frac{3}{2}F$ ④ $\frac{4}{3}F$

11. 다음은 우라늄 $^{235}_{92}U$ 가 핵반응할 때 반응식을 나타낸 것이다. 이에 대한 설명으로 옳은 것은?

$$^{235}_{92}U + \boxed{\text{(가)}} \rightarrow {}^{144}_{56}Ba + {}^{89}_{36}Kr$$
$$+3 {}^{1}_{0}n + 3.2 \times 10^{-11} J$$

① (가)의 양성자 수는 1이다.
② 중성자 수는 Ba이 Kr보다 크다.
③ 이러한 핵반응을 핵융합이라고 한다.
④ 핵반응 전과 핵반응 후의 총질량은 같다.

12. 그림 (가)는 실리콘(Si)만으로 구성된 순수한 반도체를, (나)는 실리콘만으로 구성된 순수한 반도체에 원자가 전자가 3개인 원자 X를 일부 첨가하여 만든 불순물 반도체를 나타낸 것이다. (가)와 (나)에 대한 설명으로 옳은 것은?

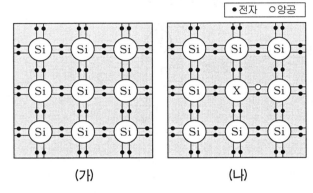

(가) (나)

① (나)는 p형 반도체이다.
② 비소(As)를 원자 X로 사용할 수 있다.
③ 전기 전도성은 상온에서 (가)가 (나)보다 높다.
④ (나)에 존재하는 양공은 전류의 흐름과 무관하다.

13. 그림과 같은 단면구조를 가지는 투과 전자 현미경에 대한 설명으로 옳지 않은 것은?

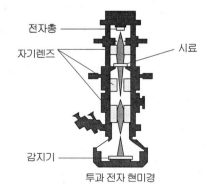

투과 전자 현미경

① 전자의 파동성을 이용한다.
② 전자의 파장이 클수록 높은 분해능을 가진다.
③ 최대 배율은 광학 현미경의 최대 배율보다 크다.
④ 자기렌즈는 자기장을 이용하여 전자선을 모을 수 있다.

14. 그림과 같이 무한히 긴 직선 도선 A, B가 xy 평면에 있다. A에는 일정한 전류 I가 흐르고, B에는 a 또는 b 방향으로 전류가 흐른다. 표는 B에 흐르는 전류의 크기와 방향에 따른 원점에서의 자기장의 크기를 나타낸 것이다. (가), (나)에 들어갈 값을 바르게 나열한 것은? (단, 지구자기장은 무시한다)

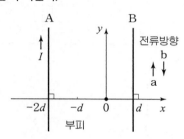

B의 전류의 크기	B의 전류의 방향	원점에서 자기장의 크기
I	a	B_0
(가)	a	0
I	b	(나)

   (가)   (나)

① $\frac{1}{3}I$ $\frac{1}{3}B_0$

② $\frac{2}{3}I$ $\frac{1}{2}B_0$

③ $\frac{1}{2}I$ $2B_0$

④ $\frac{1}{2}I$ $3B_0$

15. 그림과 같이 지면에 수직한 방향으로 들어가는 균일한 자기장 영역을, 자기장에 수직한 방향으로 등속 직선 운동하는 사각형 도선이 통과한다. 이에 대한 설명으로 옳은 것만을 모두 고르면?

ㄱ. A 지점에서 발생하는 유도전류의 방향은 반시계 방향이다.

ㄴ. A, B 지점에서 발생하는 유도전류의 크기는 서로 같다.

ㄷ. A, C 지점에서 발생하는 유도전류의 방향은 서로 같다.

① ㄱ   ② ㄱ, ㄷ

③ ㄴ, ㄷ   ④ ㄱ, ㄴ, ㄷ

16. 표는 서로 다른 금속 A, B에 진동수와 세기가 다른 단색광 P, Q를 비추었을 때 튀어나오는 광전자의 단위 시간당 개수를 나타낸 결과이다. 이에 대한 설명으로 옳은 것은?

금속판	단색광	튀어나오는 광전자의 단위 시간당 개수
A	P	2N
	Q	N
B	P	2N
	Q	0

① 진동수는 Q가 P보다 크다.

② A의 문턱(한계) 진동수는 P의 진동수보다 크다.

③ B의 문턱(한계) 진동수는 Q의 진동수보다 크다.

④ B에 비추는 Q의 세기를 증가시키면 광전자가 나올 것이다.

17. 그림은 재질이 같고 굵기가 다른 줄을 연결한 후, 굵은 줄의 한쪽 끝을 수직 방향으로 일정한 주기와 진폭으로 흔들었을 때 진행하는 파동의 어느 순간의 모습을 나타낸 것이다. 이에 대한 설명으로 옳은 것은? (단, 가는 줄의 길이는 무한하다)

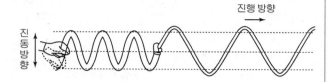

① 굵은 줄의 파장은 가는 줄의 파장보다 크다.
② 굵은 줄의 진동수는 가는 줄의 진동수보다 작다.
③ 굵은 줄의 진동 주기는 가는 줄의 진동 주기보다 크다.
④ 굵은 줄의 파동의 진행 속력은 가는 줄의 파동의 진행 속력보다 작다.

18. 그림은 단색광 P가 매질 1 → 매질 2 → 매질 1로 진행할 때 P의 경로를 나타낸 것이다. 표는 각 매질의 굴절률, P의 속력, 진동수, 파장을 나타낸 것이다. 표의 물리량의 대소 관계로 옳은 것은? (단, 모눈 간격은 동일하며, 각 매질 1, 2는 균일하다)

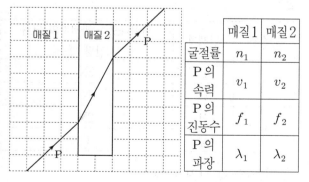

	매질 1	매질 2
굴절률	n_1	n_2
P의 속력	v_1	v_2
P의 진동수	f_1	f_2
P의 파장	λ_1	λ_2

① $n_1 < n_2$
② $v_1 > v_2$
③ $f_1 > f_2$
④ $\lambda_1 < \lambda_2$

19. 표는 질량이 서로 다른 입자 A, B의 운동 에너지와 속력을 나타낸 것이다. A와 B의 물질파 파장을 각각 λ_A, λ_B라고 할 때, λ_A, λ_B는? (단, 상대론적 효과는 무시한다)

입자	운동 에너지	속력
A	E	$\dfrac{1}{2}v$
B	$2E$	$2v$

	λ_A	:	λ_B
①	2		1
②	4		1
③	1		2
④	1		4

20. 그림은 실린더 안의 1몰의 이상기체의 상태가 A → B → C → A로 변화할 때 부피와 온도의 관계를 나타낸 것이다. A → B는 등온 과정, B → C는 단열 과정, C → A는 등적 과정이다. 실린더 안의 이상기체에 대한 설명으로 옳은 것은?

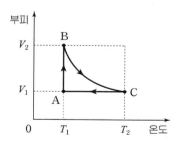

① A → B 과정에서 기체분자의 평균 운동 에너지는 증가한다.
② B → C 과정에서 기체는 외부에 일을 한다.
③ C → A 과정에서 기체는 외부로부터 열을 흡수한다.
④ 기체의 압력은 C에서 가장 크다.

해설 및 정답

1. 전자의 궤도는 각각 불연속적 에너지 준위를 가지며 들뜬 상태에서 바닥상태로 전이할 때 빛에너지를 방출하는 선스펙트럼을 나타낸다.

2. 철은 강자성체이고 외부자기장을 제거해도 자기적 특성이 남아있다.

3. X선은 적외선 보다 또 자외선 보다 파장이 짧다. 전자기파의 진행방향에 대해 전기장 자기장 각각 모두 서로 수직이다.

4. $W = P \Delta V$ 면적이 기체의 일이 되어서 일은 $W = 6P_0V_0$ 이다.

열효율 $\eta = \dfrac{W}{Q} = \dfrac{6P_0V_0}{20P_0V_0} = 0.3$

5. 0~1초 $a = \dfrac{4-2}{1} = 2\text{m/s}^2$

1~3초 $a = \dfrac{8-4}{2} = 2\text{m/s}^2$

가속도가 2m/s^2인 등가속 운동이고 2초일 때 속도는 6m/s 이다.

$v^2 - v_0^2 = 2as$ 에서 0초에서 3초 까지 거리는 $8^2 - 2^2 = 2 \times 2 \times s$ $s = 15(\text{m})$ 이다.

6. $Mg - T = Ma$ $T - mg = ma$ 가속도 $a = \dfrac{3}{5}g$이므로

$Mg - T = \dfrac{3}{5}Mg$ $T - mg = \dfrac{3}{5}mg$

$T = \dfrac{2}{5}Mg$ $T = \dfrac{8}{5}mg$ 장력 T가 같으므로

$\dfrac{2}{5}Mg = \dfrac{8}{5}mg$ $M = 4m$

7. A의 운동량이 충돌 후 $-0.5P$이므로 충돌 후 A는 처음과 반대 방향으로 v 속력으로 튕겨 나온다.
운동량 보존의 법칙에서
$m \times 2v = m \times (-v) + m_B v$ $m_B = 3m$ 이다.

8. C점에서 정지 상태이므로 위치에너지만 있다. 역학적 에너지 보존에서 B점의 위치에너지와 C점의 위치에너지 차이 만큼 B점에서 운동에너지이다.

$mg \times \dfrac{7}{3}h - mg \times 2h = \dfrac{1}{3}mgh$

9. 0.7c로 운동중인 B는 길이 수축이 일어나서 고유길이 L 보다 짧다. B가 관찰하면 A가 빠르게 움직여서 A의 시계가 느리게 간다.
B에서 보면 Q에 먼저 빛이 도달한다.

10. $F = k\dfrac{3Q^2}{r^2}$ (인력) 접촉시키면 전하량이 각각 $+Q$ 만큼씩 되므로

$F' = k\dfrac{Q^2}{\left(\dfrac{r}{2}\right)^2}$ (척력)

$= k\dfrac{4Q^2}{r^2} = \dfrac{4}{3}F$ 이다.

11. (가)는 $\dfrac{1}{0}n$인 중성자이다. Ba의 중성자수는 144-56=88 이고 Kr의 중성자수는 89-36=53이다. 반응 후 질량은 감소하고 감소한 질량만큼 에너지가 발생하는 핵융합 반응이다.

12. 실리콘은 +4가 원자이고 X 원자는 +3가 원자이므로 P형 반도체이다. P형 반도체는 전하운반체가 양공이고 불순물을 첨가한 반도체가 전도도가 뛰어나다.

13. 파장이 클수록 회절이 잘 일어나고 분해능은 떨어진다.

14. 도선 A에 의해 지면으로 들어가는 방향의 자기장이 $k\dfrac{I}{2d}$ 가 생긴다. B에 a 방향 전류가 흐르면 나오는 방향의 자기장 $k\dfrac{I}{d}$가 생기므로 상쇄되어서 나오는 방향의 $k\dfrac{I}{2d} = B_0$ 자기장이 생긴다. 원점에 자기장이 0이 되려면 B에 $\dfrac{1}{2}I$ 전류가 흐르고 B도선에 b방향 전류가 흐르면 A도선에 의한 자기장과 합이 $3B_0$가 된다.

15. A지점에서 $\begin{smallmatrix}x&x\\x&x\end{smallmatrix}$ 방향의 자기장이 증가하므로 반대방향의 자기장을 만들기 위해 반시계 방향으로 전류가 흐른다. B지점 은 변화 없으므로 전류가 흐르지 않는다.

C지점은 $\begin{smallmatrix}x&x\\x&x\end{smallmatrix}$ 방향의 자속이 감소하므로 $\begin{smallmatrix}x&x\\x&x\end{smallmatrix}$ 자속을 만드 는 방향 즉 시계 방향의 전류가 흐른다.

16. 금속판 B에서 광P가 광Q보다 진동수가 크다. 같은 광선 Q에서 B금속은 전자가 튀어나오지 않으므로 문턱진동수가 Q 보다 크다.

17. 줄에서 파의 속력은 $v = \sqrt{\dfrac{T}{\rho}}$ (ρ : 선밀도)이고

또 $v = f\lambda$ 에서 $f = \dfrac{1}{\lambda}\sqrt{\dfrac{T}{\rho}}$ 이다.

진동수는 매질이 변해도 같으며 속력이 증가하면 파장이 길 어진다.

18. 스넬의 법칙 $\dfrac{n_2}{n_1} = \dfrac{\sin\theta_1}{\sin\theta_2} = \dfrac{v_1}{v_2} = \dfrac{\lambda_1}{\lambda_2}$ ($f_1 = f_2$)

굴절의 관계에서 $v_1 < v_2$, $\lambda_1 < \lambda_2$ 이다.

19. 운동에너지는 $\dfrac{1}{2}mv^2$ 이다. B가 A의 2배인데 속력이 4배이므로 질량이 B가 A의 8배이다.

A 입자 $8m$ $\dfrac{1}{2}v$ B입자 m $2v$

물질파 파장 $\lambda = \dfrac{h}{mv}$ 이므로

$\lambda_A = \dfrac{h}{4mv}$ $\lambda_B = \dfrac{h}{2mv}$ 이고 $\lambda_A : \lambda_B = 1 : 2$ 이다.

20. 온도는 A점과 B점 온도는 T_1 으로 같고 C점은 단열 수축하여 온도가 T_2 로 올라갔다. $T_1 < T_2$ 운동에너지 $E_k = \dfrac{3}{2}kT$ 이므로 온도가 같으면 같다.

B → C 과정은 기체가 외부에서 일을 받는다.
C → A 과정은 부피 변화 없이 온도가 낮아지므로 열을 방출 한다.

1. ②	2. ②	3. ③	4. ①	5. ④
6. ③	7. ②	8. ①	9. ③	10. ④
11. ②	12. ①	13. ②	14. ④	15. ①
16. ③	17. ④	18. ④	19. ③	20. ④

1. 정지해 있던 질량 m의 물체가 일정한 힘을 받아 가속도 운동을 한다. 처음으로부터 1초, 2초, 3초 때의 운동에너지의 비를 구하면?

① 1:1:1
② 1:2:3
③ 1:3:5
④ 1:4:9

2. 아래 그림과 같이 전하량이 q_1, q_2인 전하가 x축 위의 a, $2a$의 지점에 놓여 있다.

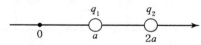

$x=0$의 위치에서 전기장의 세기 $E=0$이 되기 위한 $\dfrac{q_1}{q_2}$는?

① $-\dfrac{1}{4}$
② $-\dfrac{1}{2}$
③ $\dfrac{1}{2}$
④ $\dfrac{1}{4}$

3. 물 위에 떠 있던 배 밑바닥에 10cm² 넓이 만큼의 구멍이 생겼다. 이 구멍은 수면으로부터 80cm 아래에 있다고 할 때, 1초당 배 안으로 유입되는 물의 양은 대략 얼마인가? (단, 중력가속도는 10m/s²이고, 배는 가라앉지 않는다고 가정한다.)

① $2L$
② $4L$
③ $8L$
④ $16L$

4. 에너지를 얻는 원리가 같은 것끼리 바르게 짝지어진 것은?

① 원자폭탄, 수소폭탄
② 원자로, 수소폭탄
③ 태양, 수소폭탄
④ 태양, 원자폭탄

5. 원자력 발전은 핵물질이 분열하면서 줄어든 질량이 에너지로 변환되면서 그 에너지로 전기를 만드는 발전이다. 만일 핵분열 과정에서 핵물질의 질량이 4g 줄어들었고, 핵분열 과정에서 발생한 모든 에너지는 전기 에너지로 전환된다면 한 달 동안 몇 가구가 사용할 수 있는 전기 에너지를 만들겠는가? (단, 빛의 속도 $c=3\times10^8$m/s이고, 가구에서 한 달 동안 사용하는 전기 에너지는 약 500kWh=500×3.6MJ=18×108J이다.)

① 10만 가구
② 20만 가구
③ 1억 가구
④ 2억 가구

6. 100V, 400W의 전열기를 100V의 교류 전원에 연결하여 사용할 때, 이 전열기의 순간 소비전력의 최댓값은 얼마인가?

① 200 W
② 400 W
③ 800 W
④ 1600 W

7. 물 속에서 소리의 속력은 공기 중에서 보다 약 4배 빠르다. 진동수 500Hz인 소리의 물 속에서의 파장은 얼마인가? (단, 공기 중에서 소리의 속력은 300m/s로 한다.)

① 1.2 m
② 2.4 m
③ 6.0 m
④ 6.7 m

8. 솔레노이드에 의한 전류 자기장 실험의 결과로 가장 거리가 먼 것은?

① 솔레노이드 내부 자기장의 세기가 외부 자기장의 세기보다 상대적으로 약하다.

② 솔레노이드 내부와 외부의 자기장 모양은 막대 자석에 의한 자기장 모양과 비슷하다.

③ 솔레노이드 외부의 자기장은 균일하지 않고 코일에서 멀어질수록 약해진다.

④ 솔레노이드 내부의 자기장의 세기는 솔레노이드의 단위 길이당 감은 수가 많을수록 세고, 솔레노이드에 흐르는 전류의 세기가 셀수록 세다.

9. 다음은 전자기파 A, B, C의 특징을 설명한 것이다.

ㄱ. 투과력이 강해 인체의 골격을 살펴보거나 물질의 특성 분석, 공항 검색대에서 물품 검사를 할 때 이용된다.

ㄴ. 강한 열작용을 하여 열선이라고도 불리며 온도계, 리모컨 등에 이용된다.

ㄷ. 원자핵이 붕괴하는 경우에 발생하는 전자기파로 암을 치료하는 데 이용되나 많은 양을 오래 쪼이면 해롭다.

ㄱ, ㄴ, ㄷ를 파장이 짧은 것부터 순서대로 나열한 것은?

① ㄱ, ㄴ, ㄷ   ② ㄱ, ㄷ, ㄴ
③ ㄴ, ㄱ, ㄷ   ④ ㄷ, ㄱ, ㄴ

10. 다음은 칠판에 적혀 있는 소음 제거 방법에 대해 철수, 영희, 민수가 대화한 내용이다.

소음은 불규칙한 진동수의 소리들이 섞여 있어 불쾌하거나 시끄럽게 느끼는 소리로, 다른 소리를 발생시켜 소음을 줄이거나 없앤다.

철수 : 소리의 크기는 (㉠)과(와) 관계가있어.

영희 : 원래의 소리 파형과 (㉡) 위상의 소리를 발생시키면 소음이 제거 돼.

민수 : 소음 제거의 원리는 소리의 (㉢) 현상을 이용한 것이다.

㉠ ~ ㉢에 들어갈 말로 옳은 것은?

	㉠	㉡	㉢
①	진폭	반대	간섭
②	진폭	같은	회절
③	진동수	반대	간섭
④	진동수	같은	회절

11. 아래 그림 (가)와 (나)는 여러 진동수의 교류 입력 신호($V_{입력}$) 중 축전기와 저항을 이용하여 특정 진동수 범위의 신호를 출력($V_{출력}$)할 수 있는 회로를 나타낸 것이다.

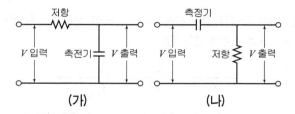

(가)   (나)

이에 대한 설명으로 옳은 것을 모두 고른 것은?

ㄱ. (가)에서 입력된 교류 신호의 진동수가 클수록 축전기에 걸리는 전압은 증가한다.

ㄴ. (나)에서 축전기는 진동수가 큰 전기 신호를 잘 흐르게 하는 특성이 있다.

ㄷ. (나)에서 입력된 교류 신호 중 진동수가 작은 신호는 차단하고 진동수가 큰 신호를 출력한다.
---

12. 아래 그림과 같이 행성 A, B가 각각 태양을 한 초점으로 하는 타원 궤도를 따라 운동하고 있다. A, B가 각각 한 주기 동안 운동할 때, 이에 대한 설명으로 옳은 것을 모두 고른 것은? (단, 두 궤도는 동일면 상에 있다.)

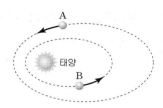

ㄱ. A의 속력은 일정하다.

ㄴ. 공전 주기는 A가 B보다 크다.

ㄷ. 태양이 B에 작용하는 힘의 크기는 일정하다.

① ㄴ

② ㄱ, ㄴ

③ ㄱ, ㄷ

④ ㄴ, ㄷ

13. 아래 그림 (가)와 같이 (-)전기로 대전된 대전체를 중성인 검전기의 금속판 가까이 가져간 후, (나)와 같이 손가락을 금속판에 댄 다음, (다)와 같이 대전체와 손가락을 동시에 치웠다.

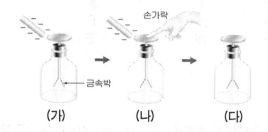

(가)　　　(나)　　　(다)

각 단계에서 금속박의 변화와 금속박에 대전된 전하의 종류에 대한 설명으로 가장 옳은 것은?

	단계	금속박의 변화	금속박에 대전된 전하
①	(가)	벌어진다.	(+)전하
②	(나)	오므라든다.	(-)전하
③	(다)	벌어진다.	(+)전하
④	(다)	오므라든다.	(-)전하

14. 아래 그림과 같이 질량이 각각 8kg과 3kg인 두 블록이 마찰이 없는 수평면 위에서 서로 맞닿아 있다. 질량이 8kg인 물체의 왼쪽에서 오른쪽으로 22N의 일정한 힘을 가하였을 때, 질량이 3kg인 물체에 가해지는 알짜힘은?

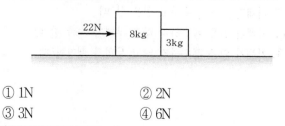

① 1N

② 2N

③ 3N

④ 6N

15. 아래 그림과 같이 x축 상에 두 점전하 A, B가 고정되어 있고, a는 A로부터, b와 c는 B로부터 같은 거리 d에 있다.

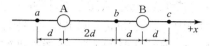

A와 B전하의 종류는 같고 b에서 전기장의 세기는 0이다. 이에 대한 설명으로 옳은 것을 모두 고른 것은?

ㄱ. 전하량의 크기는 A가 B보다 크다.

ㄴ. A가 양(+)전하이면 a점에 형성되는 전기장의 방향은 +x방향이다.

ㄷ. A가 음(-)전하이면 전기장의 세기는 a점이 c점보다 크다.

① ㄴ　　　　　　② ㄷ

③ ㄱ, ㄴ　　　　　④ ㄱ, ㄷ

16. 다음은 고체의 전기적 성질에 대해 설명한 글이다. (가)와 (나)에 들어갈 것으로 옳은 것은?

(가) 는 띠틈의 폭이 넓어 원자가띠의 전자가 띠틈을 넘어 (나) (으)로 쉽게 갈 수 없기 때문에 전류가 흐르지 못한다. 반면 반도체는 띠틈의 폭이 비교적 작아 원자가띠에 있는 전자들이 열이나 에너지를 받으면 들뜨게 되어 (나) (으)로 올라갈 수 있다.

	(가)	(나)
①	전도체	띠틈
②	전도체	원자가띠
③	부도체	전도띠
④	부도체	띠틈

17. 다음은 콤프턴 효과를 일부 설명한 것이다. ㉠ ~ ㉢에 들어갈 것으로 옳은 것은?

> 1923년 콤프턴(Compton, A.H)은 파라핀에 (㉠)선을 쬐면 그 일부가 (㉡)되고, (㉡)된 (㉠)선의 파장이 입사한 (㉠)선의 파장보다 (㉢)는 것을 발견하였다.

	㉠	㉡	㉢
①	X	반사	길다
②	X	산란	길다
③	감마	반사	짧다
④	감마	산란	짧다

18. 아래 그림은 엘리베이터가 1층을 출발하여 5층까지 올라가는 동안의 속도를 시간에 따라 나타낸 것이다. 2초일 때 엘리베이터에 타고 있는 질량이 50kg인 철수에 작용하는 알짜힘의 크기와 엘리베이터가 철수를 밀어 올리는 수직항력의 크기로 옳은 것은? (단, 중력가속도는 10m/s²이다.)

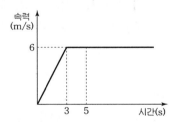

	알짜힘의 크기	수직항력의 크기
①	100N	500N
②	100N	600N
③	200N	500N
④	200N	600N

19. 아래 그림은 길이가 4d이고 무게가 W인 균일한 재질의 막대기 왼쪽 끝에 연직 위 방향으로 크기가 F인 힘을 작용하여 막대가 수평을 이룬 모습을 나타낸 것이다. 받침점이 막대에 작용하는 힘의 크기가 N일 때 N과 W를 F로 나타낸 것으로 옳은 것은?

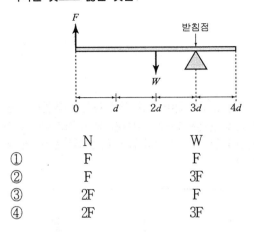

	N	W
①	F	F
②	F	3F
③	2F	F
④	2F	3F

20. 열역학 제1법칙을 $\Delta U = Q - W = Q - P\Delta V$라고 쓸 수 있으며 $\Delta U = 3/2 \cdot nR\Delta T$이다. 각 물리량별 (+)일 때와 (−)일 때 아래 표와 같이 각각의 변화로 해석할 수 있다.

물리량	(+)일 때	(−)일 때
ΔV	부피 팽창	부피 감소
W	외부에 일을 함	외부로부터 일을 받음
ΔT	온도 상승	온도 하강
ΔU	증가	감소
Q	열을 흡수	열을 방출

다음 중 기체의 온도가 가장 증가하는 경우는?

① 기체의 내부 에너지가 감소할 때
② 기체가 열을 흡수하고 일을 할 때
③ 기체가 열을 흡수하지 않고 부피가 수축 할 때
④ 기체가 열을 흡수하지 않고 부피가 팽창할 때

1. 일정한 힘을 받으면 가속도가 일정하고 등가속도 운동은 $v = v_0 + at$에서 $v_0 = 0$, $v = at$

$v_1 = a$, $v_2 = 2a$, $v_3 = 3a$이다.

$E = \frac{1}{2}mv^2$이므로 $1^2 : 2^2 : 3^2 = 1 : 4 : 9$이다.

2. $E = k\frac{q}{r^2}$에서 $E_1 = k\frac{q_1}{a^2}$, $E_2 = k\frac{q_2}{(2a)^2}$ 이고,

$E = E_1 + E_2 = 0$이므로 $q_1 = -\frac{q_2}{4}$ 이다.

따라서 $\frac{q_1}{q_2} = -\frac{1}{4}$ 이다.

3. $v = \sqrt{2gh}$ 에서 $v = 4$m/s이고,

물의 유입량은 $4 \times 10 \times 10^{-4} = 4 \times 10^{-3}$m³/s 이다.
1L=1000cm³=1000$(10^{-2}$m$)^3 = 10^{-3}$m³이다. 따라서 1초당 4L이다.

4. 원자로와 원자폭탄은 핵분열, 태양과 수소폭탄은 핵융합이다.

5. $E = mc^2 = 4 \times 10^{-3} \times (3 \times 10^8)^2 = 36 \times 10^{13}$J 이다.

따라서 $\frac{36 \times 10^{13}}{18 \times 10^8} = 2 \times 10^5 = 20$만이다.

6. $P = \frac{V^2}{R}$에서 전열기 저항은 $R = \frac{V^2}{P} = \frac{100^2}{400} = 25\,\Omega$이다.

최대전압이 $100\sqrt{2}$ V이므로 $P = \frac{(100\sqrt{2})^2}{25} = 800$W이다.

7. 파동의 속력 $v = f\lambda$ 이고, 물속에서 음파의 속력은 1200m/s 이다. 진동수는 변화 없이 $\lambda = \frac{v}{f} = \frac{1200}{500} = 2.4$m이다.

8. 외부는 내부보다 약하다.

9. A는 X선, B는 적외선, X는 감마선이다.

11. 축전기 저항 $X_C = \frac{1}{2\pi f C}$이므로 주파수가 클수록 저항이 작아져 전류가 많이 흐른다. $V_R = IR$에서 저항의 출력이 커지고 축전기 출력이 작아진다.

12. 타원궤도에서는 근일점에서 빠르고 원일점에서 느리다. 주기 $T^2 = kr^3$이고, 힘은 $F = \frac{GMm}{r^2}$이다.

13. (다)단계는 음(-)전하가 손으로 이동하여 검전기가 양(+) 전하를 띠고 벌어진다.

14. $F = Ma$에서 가속도 $a = 2$m/s²이다. 3kg 물체의 알짜힘 $F = 3 \times 2 = 6$N이다.

15. 전기장의 크기 $E = k\frac{q}{r^2}$ 이므로 전하량은 A가 B의 4배이다.

양전하가 만드는 전기장의 방향은 전하에서 반대 방향이다. 따라서 a점에서 전기장의 방향은 $-x$ 이다.

18. 가속도가 2m/s²이므로 알짜힘 $F = ma = 50 \times 2 = 100$N 이고, 중력은 아래로 500N이므로 수직항력은 600N이다.

19. 받침점을 기준으로 무게와 F에 의한 돌림힘은
$d \times w = 3d \times F$이므로 $F = \frac{1}{3}w$, $w = 3F$이다.
받침점은 F의 2배 이므로 $N = 2F$이다.

20. $Q = P\Delta V + \frac{3}{2}nR\Delta T = W + \Delta U$에서 $\Delta T > 0$이려면 $Q = 0$이고, $\Delta V < 0$일 때이다.

1. ④	2. ①	3. ②	4. ③	5. ②
6. ③	7. ②	8. ①	9. ④	10. ①
11. ④	12. ①	13. ③	14. ④	15. ④
16. ③	17. ②	18. ②	19. ④	20. ③

1. 아래 그림은 엘리베이터가 1층을 출발하여 5층까지 올라가는 동안의 속도를 시간에 따라 나타낸 것이다. 2초일 때 엘리베이터에 타고 있는 질량이 50kg인 철수에 작용하는 알짜힘의 크기와 엘리베이터가 철수를 밀어올리는 수직항력의 크기를 옳게 나타낸 것은? (단, 중력가속도는 10m/s² 이다.)

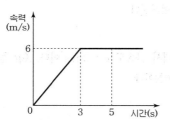

	알짜힘의 크기	수직항력의 크기
①	100N	500N
②	100N	600N
③	200N	500N
④	200N	600N

2. 그림과 같이 재형이는 공항에 설치되어 있는 무빙워크를 여러 방법으로 타 보았다. 첫 번째는 정지하고 있는 무빙워크를 일정한 속력으로 A지점에서 B지점까지 걸어가는데 60초가 걸렸다. 두 번째는 일정한 속력으로 운행하고 있는 무빙워크를 A지점에서 B지점까지 가만히 서서 타고 가는데 30초가 걸렸다. 만약 등속으로 운행하고 있는 이 무빙워크를 타고 A지점에서 B지점까지 등속으로 걸어갔다면 걸리는 시간은?

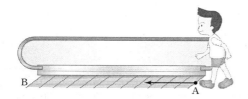

① 10초   ② 15초
③ 20초   ④ 30초

3. 다음 회로와 같이 2Ω, 4Ω, 8Ω인 세 저항을 병렬로 전원에 연결할 때 각 저항에 소모되는 전력량의 비($E_1 : E_2 : E_3$)는?

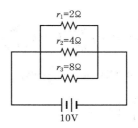

① 4 : 2 : 1   ② 16 : 4 : 1
③ 1 : 2 : 4   ④ 1 : 4 : 16

4. 만류인력의 법칙과 관련된 설명 중 가장 적절하지 않은 것은?

① 물체의 질량중심 사이의 거리가 r만큼 떨어진 질량 m_1, m_2인 두 물체 사이의 만류인력에는

$F = G\dfrac{m_1 m_2}{r^2}$ 의 관계가 있다. (여기서 F는 각 물체가 받는 중력이며, G는 만유인력상수이다.)

② 만류인력상수 G의 차원은 $[L^3 M^{-1} T^2]$이다.

③ 지구 주위를 도는 인공위성의 속도(V)와 만유인력상수(G) 간에는 $V = \sqrt{\dfrac{GM}{r}}$ 의 관계식이 성립한다.

④ 만류인력은 작용·반작용의 쌍을 이룬다.

5. 아래 그림 (가), (나), (다)는 도체, 부도체, 반도체의 에너지 띠 구조를 도식화하여 순서 없이 나타낸 것이다. 보기에서 옳은 것만을 모두 고른 것은?

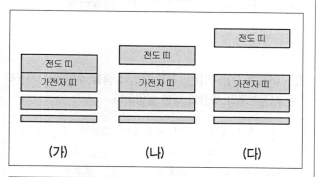

ㄱ. (가)에 해당하는 고체는 전자가 고체 안을 자유롭게 이동할 수 있다.

ㄴ. 상온에서 (나)에 해당하는 고체는 (다)에 비해 적은 에너지로도 전류를 흐르게 할 수 있다.

ㄷ. (다)에 해당하는 고체는 전자가 띠틈 이상의 에너지를 받아 전도띠로 이동하지 않는 한 전기장이 걸려도 전류가 흐르지 않는다.

① ㄱ, ㄴ   ② ㄱ, ㄷ
③ ㄴ, ㄷ   ④ ㄱ, ㄴ, ㄷ

6. 방사성 붕괴의 성질 및 특징을 열거한 것이다. 다음 중 가장 거리가 먼 것은?

① 반감기가 짧을수록 붕괴속도는 빠르고 방사능은 약하다.
② 방출되는 방사선의 세기는 시간이 지날수록 약해진다.
③ 운동량 보존의 법칙이 성립한다.
④ 에너지 방출에 의해 온도는 상승한다

7. 다음은 철수가 유적지에서 출토된 식물 씨앗의 연대를 추정하는 과정이다. (ㄱ)에 들어갈 숫자로 가장 적절한 것은?

ㄱ. 살아 있는 식물 씨앗의 14C의 양과 12C의 양의 비는 일정하게 유지되며, 과거에도 그 비는 현재와 같다고 본다.

ㄴ. 식물 씨앗의 12C의 양은 변하지 않고, 14C의 양은 방사성 붕괴에 의해서만 변한다고 본다.

ㄷ. 살아 있는 식물 씨앗에게서는 $\frac{14C의\ 양}{12C의\ 양}$이 a이고, 출토된 식물 씨앗에게서는 $\frac{14C의\ 양}{12C의\ 양}$이 $\frac{1}{4}a$이다.

ㄹ. 14C의 반감기가 약 5700년이므로 출토된 식물 씨앗은 약 (ㄱ)년 전의 것으로 추정할 수 있다.

① 2850   ② 5700
③ 11400   ④ 22800

8. 다음은 유체에 작용하는 힘을 설명한 것이다. 이와 가장 관계가 깊은 것은?

액체 속에서 물체는 물체의 부피로 인해 밀어낸 액체의 무게만큼 그 액체로부터 윗 방향으로 부력이라는 힘을 받는다.

① 파스칼의 원리   ② 아르키메데스의 원리
③ 베르누이의 정리   ④ 토리첼리의 정리

9. 다음 보기는 빛의 산란 성질을 나타낸 것이다. 옳은 것을 모두 고른 것은?

ㄱ. 공기 분자에 의한 빛의 산란의 세기는 파장의 4승에 반비례한다.

ㄴ. 하늘이 푸르게 보이는 것은 파장이 짧은 파란색 빛이 붉은색 빛보다 산란이 잘 일어나기 때문이다.

ㄷ. 빛은 산란에 의해서도 편광이 된다.

ㄹ. 눈, 설탕, 구름 등이 흰색으로 보이는 것은 모든 파장의 빛을 동일하게 산란시키기 때문이다.

① ㄱ, ㄴ   ② ㄱ, ㄷ
③ ㄴ, ㄷ   ④ ㄱ, ㄴ, ㄷ

10. 다음 그림은 주기가 같은 두 파동 A, B의 어느 순간의 모습을 나타낸 것이다. 두 파동은 오른쪽으로 진행한다.

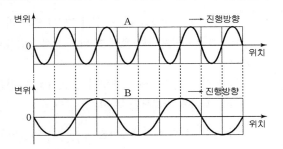

A, B에 대한 설명으로 옳은 것만을 있는 대로 고른 것은?

ㄱ. 진동수는 A가 B보다 크다.
ㄴ. 파장은 A가 B보다 작다.
ㄷ. 파동이 진행하는 속력은 A가 B보다 작다.

① ㄱ, ㄴ   ② ㄴ, ㄷ
③ ㄱ, ㄷ   ④ ㄱ, ㄴ, ㄷ

11. 열역학법칙에 대한 다음 설명 중 가장 옳은 것을 고르면?

① 이상기체가 단열 팽창할 때 내부에너지는 증가한다.
② 이상기체가 단열 팽창할 때 이상기체의 온도는 올라간다.
③ 열효율 100%인 초특급 열기관이 존재할 수 있다.
④ 서로 접촉하고 있지 않은 두 물체 A와 B가 각각 물체 C와 열평형상태에 있으면 두 물체 A와 B는 열평형상태에 있다.

12. 다음 그림은 물이 흐르는 관의 모습을 모식적으로 나타낸 것이다. 관의 단면적은 모두 동일하다. 물의 흐름의 방향과 부피당 흐름률(cm³/s)은 관의 화살표와 숫자로 나타냈다.

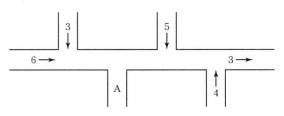

A지역으로 흐르는 물의 방향성과 부피당 흐름률로 옳은 것은?

① ↑, 15cm³/s   ② ↑, 3cm³/s
③ ↓, 15cm³/s   ④ ↓, 3cm³/s

13. 아래의 (가)~(다)는 각각 우리가 생활 주변에서 사용하는 저장매체의 특징에 대한 설명이다.

(가) 주로 컴퓨터에서 사용하는 대용량 저장매체로 플래터, 헤드, 스핀들 모터 등으로 구성된다.
(나) 정보를 읽을 때에는 홈이 있는 부분과 없는 부분에서 반사된 레이저 빛의 세기의 차이를 이용한다.
(다) 반도체를 이용하여 만든 셀을 기초로 하여, 포함된 전자의 수에 따라 달라지는 셀의 특성을 이용한다.

이에 대한 설명으로 옳은 것만을 있는 대로 고른 것은?

ㄱ. (가)는 자기적 성질을 이용한 매체이다.
ㄴ. (나)에서 푸른색보다 붉은색 레이저를 이용하면 더 많은 정보를 저장할 수 있다.
ㄷ. (다)는 디지털 정보를 저장한다.

① ㄴ   ② ㄷ
③ ㄱ, ㄴ   ④ ㄱ, ㄷ

14. 지구 주위를 돌고 있는 인공위성은 지구를 한 초점으로 하는 타원궤도를 따라 원운동을 하는데 그 속력에 대한 설명으로 가장 옳은 것은?

① 원지점에서 가장 크다.
② 근지점에서 가장 크다.
③ 근지점에서 가장 작다.
④ 궤도상 어느 지점에서도 같다.

15. 그림과 같이 발전소에서 공급전력 P_0, 송전 전압 V_0으로 송전하고 있을 때, 가정에서 사용할 수 있는 전력은 공급 전력의 90%이다. 발전소에서 공급 전력과 송전선의 저항을 변화시키지 않고, 가정에서 사용할 수 있는 전력을 공급 전력의 99%로 하기 위한 송전 전압은?

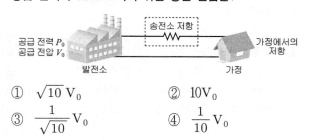

공급 전력 P_0
공급 전압 V_0

송전소 저항

가정에서의 저항

발전소

가정

①　$\sqrt{10}\,V_0$

②　$10V_0$

③　$\dfrac{1}{\sqrt{10}}\,V_0$

④　$\dfrac{1}{10}\,V_0$

16. 전자기파의 파장을 짧은 것부터 차례로 바르게 나열한 것은?

① X선 - 감마선 - 라디오파 - 가시광선
② 라디오파 - 가시광선 - X선 - 감마선
③ 감마선 - X선 - 가시광선 - 라디오파
④ 감마선 - 라디오파 - X선 - 가시광선

17. 그림과 같이 공기에서 비누막에 빛을 입사시켰더니 빛의 일부는 비누막의 윗면에서 반사되고 일부는 굴절해서 들어간 후 비누막의 아랫면에서 반사되어 다시 공기로 나왔다.

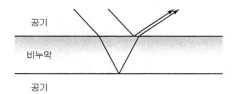

공기

비누막

공기

이에 대한 설명으로 옳은 것만을 있는 대로 고른 것은?

> ㄱ. 공기에서 비누막으로 들어간 빛은 공기 중에 비해 파장이 짧아지고 속력이 느려진다.
> ㄴ. 비누막의 윗면에서 반사된 빛은 비누막으로 들어간 빛과 진동수가 같다.
> ㄷ. 비누막의 윗면과 아랫면에서 반사된 빛은 서로 간섭을 일으켜서 비누막 위에 알록달록한 무늬를 만든다.

① ㄱ, ㄴ
② ㄴ, ㄷ
③ ㄱ, ㄷ
④ ㄱ, ㄴ, ㄷ

18. 그림은 고열원으로부터 5kcal의 열을 흡수하여 외부에 W의 일을 하고 저열원으로 3kcal의 열을 방출하는 열기관을 모식적으로 나타낸 것이다. 이 열기관의 열효율은?

① 10%
② 20%
③ 40%
④ 60%

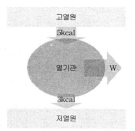

고열원

5kcal

열기관

W

3kcal

저열원

19. 그림과 같이 반지름의 비가 1 : 2인 톱니바퀴 A와 B를 체인에 연결하고 손잡이를 돌려 B를 등속 원운동시켰다. 등속 원운동하는 동안, A의 물리량이 B보다 큰 것을 있는 대로 고른 것은? (단, A, B의 축은 고정되어 있고, 체인은 미끄러지지 않는다.)

A

B

ㄱ. 주기	ㄴ. 분당 회전 수	ㄷ. 각속도

① ㄱ, ㄴ
② ㄴ, ㄷ
③ ㄱ, ㄷ
④ ㄱ, ㄴ, ㄷ

20. 잠수부인 광희가 수면에서의 부피가 100m³인 고무 풍선을 가지고 바닷속으로 들어갔더니 고무풍선의 부피가 50m³가 되었다. 이때 고무풍선이 받는 압력은 몇 기압인가? (단, 수면의 대기압은 1기압이고 다른 조건은 모두 동일한 것으로 가정한다.)

① 1기압
② 0.5기압
③ 2기압
④ 4기압

해설 및 정답

1. 2초일 때 철수의 가속도 $a = 2\text{m/s}^2$이다. 따라서 철수에 작용하는 알짜힘 $F = ma = 50 \times 2 = 100\text{N}$이다. 또한 철수에 작용하는 알짜힘 $F = N - mg = N - 500 = 100$이므로 수직항력은 600N이다.

2. 재형이가 걸어가는 속력을 v라 하고 A부터 B까지의 거리를 s라고 하면 $\frac{s}{v} = 60$이다. 또한 무빙워크의 속도를 v'이라고 하면 $\frac{s}{v} = 30$이다.
따라서 $v : v' = 1 : 2$이므로 $v' = 2v$이다. 따라서 무빙워크를 걸어가는 경우 $\frac{s}{v + v'} = \frac{s}{v + 2v} = \frac{1}{3}\frac{s}{v} = \frac{1}{3} \times 60 = 20$초이다.

3. $P = \frac{V^2}{R}$에서 병렬연결이므로 V는 모두 동일하므로 $E_1 : E_2 : E_3 = \frac{1}{2} : \frac{1}{4} : \frac{1}{8} = 4 : 2 : 1$이다.

4. 만유인력상수 $G = \frac{Fr^2}{m_1 m_2} = \frac{\text{MLT}^{-2} \times \text{L}^2}{\text{M}^2} = \text{L}^3\text{M}^{-1}\text{T}^{-2}$이다.

5. (가)는 도체, (나)는 반도체, (다)는 부도체이다.

6. 반감기가 짧을수록 붕괴속도는 빠르고 방사능은 강해진다.

7. 출토된 씨앗의 ^{14}C 양의 비가 $\frac{1}{4}$a이므로 반감기가 두 번 지난 것이다. 따라서 5700 × 2 = 11400년이다.

9. 빛의 산란 세기 $I = I_0 \frac{8\pi^4 \alpha^2}{\lambda^4 R^2}(1 + \cos^2\theta)$이므로 파장의 4승에 반비례한다.

10. B의 한 파장은 A의 두 파장과 같다.
따라서 $\lambda_A : \lambda_B = 1 : 2$이고, 주기가 같으므로 $f_A : f_B = 1 : 1$, $v = f\lambda$이므로 $v_A : v_B = 1 : 2$이다.

11. 이상기체가 단열 팽창하면 내부에너지는 감소하고, 따라서 온도도 감소한다. 열효율이 100%인 열기관은 존재할 수 없다.

12. 유입되는 양은 6+3+5+4=18이므로 A에서 15만큼 빠져야 한다. 따라서 A에서의 방향은 ↓이다.

13. (가)는 하드디스크, (나)는 CD, DVD, (다)는 플래시메모리 CD는 홈을 촘촘히 팔 수록 더 많은 정보를 저장할 수 있는데, 이때 파장이 짧아져야 한다. 따라서 파란색 레이저를 이용하면 더 많은 정보를 저장할 수 있다.

15. $P_{손실} = \left(\frac{P_0}{V_0}\right)^2 r$이므로 공급전력이 10%에서 1%로 $\frac{1}{10}$배 감소하기 위해서는 송전 전압은 $\sqrt{10}$배가 되면 된다.

17. ㄱ. 비누막의 굴절률이 더 크므로 파장이 짧아지고 따라서 속력이 느려진다.
ㄴ. 반사할 때에는 진동수가 변하지 않는다.
ㄷ. 빛의 간섭에 의해 알록달록한 무늬를 만든다.

18. $\frac{Q_H - Q_L}{Q_H} = \frac{5 - 3}{5} = \frac{2}{5} = 40\%$

19. 같은 체인으로 연결되어 있으므로 $v_A : v_B = 1 : 1$이다.
$r_A : r_B = 1 : 2$이므로
$\omega_A : \omega_B = \frac{v_A}{r_A} : \frac{v_B}{r_B} = \frac{1}{1} : \frac{1}{2} = 2 : 1$,
$T_A : T_B = \frac{2\pi}{\omega_A} : \frac{2\pi}{\omega_B} = 1 : 2$,
$f_A : f_B = \frac{1}{T_A} : \frac{1}{T_B} = 2 : 1$

20. $PV = P'V'$이므로 부피가 $\frac{1}{2}$배가 되면 압력은 2배가 되므로 고무풍선이 받는 압력은 2기압이다.

1. ②	2. ③	3. ①	4. ②	5. ④
6. ①	7. ③	8. ②	9. ①	10. ②
11. ④	12. ③	13. ④	14. ②	15. ①
16. ③	17. ④	18. ③	19. ②	20. ③

1. 다음 표는 여러 가지 물질의 굴절률을 나타낸 것이다. 빛의 전반사가 일어나는 일사각의 범위가 가장 큰 경우는?

물질	공기	물	유리
굴절률	1.00	1.33	1.52

① 물에서 공기로 진행할 때
② 물에서 유리로 진행할 때
③ 유리에서 공기로 진행할 때
④ 유리에서 물로 진행할 때

2. 그림은 비행기가 활주로에 착륙한 후부터 정지할 때까지의 속도-시간 그래프를 나타낸 것이다. 이 그래프에 대한 설명으로 옳은 것은?

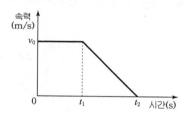

① 시간 $0 \sim t_1$ 동안 비행기에 알짜힘이 작용한다.
② 속도 v_0가 2배가 된다면 $0 \sim t_1$ 동안 이동한 거리는 4배가 된다.
③ 시간 $0 \sim t_2$ 동안 이동한 거리는 $\frac{1}{2}v_0(t_1 + t_2)$이다.
④ 시간 $t_1 \sim t_2$ 동안 가속도의 방향은 운동 방향과 같다.

3. 다음은 나트륨(Na^+)을 표시한 것이다. 이에 대한 설명으로 옳은 것을 모두 고른 것은?

$$^{23}_{11}Na^+$$

> ㄱ. 중성자수는 12개이다.
> ㄴ. 전자수는 10개이다.
> ㄷ. 이온 반지름이 원자 반지름보다 작다.

① ㄱ, ㄴ   ② ㄴ, ㄷ
③ ㄱ, ㄷ   ④ ㄱ, ㄴ, ㄷ

4. 다음은 동일 직선상에서 운동하는 물체 A, B의 충돌 전후의 위치를 시간에 따라 나타낸 것이다. 이에 대한 설명으로 옳은 것을 모두 고른 것은? (단, A와 B에 외부의 힘은 작용하지 않는다.)

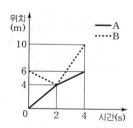

> ㄱ. 충돌 시 A가 받은 충격량의 크기와 B가 받은 충격량의 크기는 같다.
> ㄴ. A의 질량은 B의 질량의 4배이다.
> ㄷ. A와 B의 운동에너지의 총합은 충돌 전과 후에 동일하다.

① ㄱ, ㄴ   ② ㄱ, ㄷ
③ ㄴ, ㄷ   ④ ㄱ, ㄴ, ㄷ

5. 0℃에서 저항이 20Ω일 때, 온도를 100℃로 해주면 저항은 얼마가 되는가?
(단, 비저항 온도계수 $\alpha = 3.0 \times 10^{-3}$이다.)

① 13Ω 　　　　　 ② 26Ω
③ 39Ω 　　　　　 ④ 52Ω

6. 그래프는 색을 감지하는 사람의 원뿔 세포 A, B, C가 파장에 따라 빛을 흡수하는 정도를 나타낸 것이다. 이에 대한 설명으로 옳은 것을 모두 고른 것은?

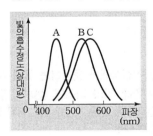

ㄱ. 백색광에는 A와 B만 강하게 반응한다.
ㄴ. A, B, C는 각각 청색, 녹색, 황색 원뿔 세포이다.
ㄷ. 적외선이 눈에 들어오면 A, B, C 모두 반응하지 않는다.

① ㄱ, ㄴ 　　　　　 ② ㄱ, ㄷ
③ ㄴ, ㄷ 　　　　　 ④ ㄱ, ㄴ, ㄷ

7. 그림은 자동차에서 발생한 진동수가 f인 경적 소리의 파면을 진행 방향으로 나타낸 것이다. 경적 소리는 벽의 작은 틈을 통해 전파되고 있으며, 자동차로부터 멀어질수록 지면으로부터 위쪽 방향으로 휘어져 진행한다. 이에 대한 설명으로 옳지 않은 것은?

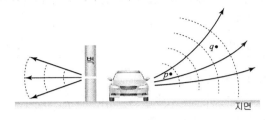

① 벽의 작은 틈에서 소리는 회절한다.
② f가 감소할수록 회절이 더 잘 된다.
③ 지면에서 높아질수록 공기의 온도는 높다.
④ 소리의 속력은 p에서가 q에서보다 빠르다.

8. 그림은 공기 덩어리가 상승하면서 구름이 생성되는 원리를 나타낸 것이다. 과정 A에서는 공기 덩어리가 단열 팽창하고 과정 B에서는 수증기의 응결이 일어난다. 이에 대한 설명으로 옳은 것을 모두 고른 것은?

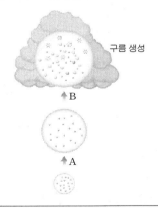

ㄱ. A에서 공기 덩어리의 온도는 낮아진다.
ㄴ. A에서 공기 덩어리는 외부로부터 일을 받는다.
ㄷ. B에서 응결되는 수증기는 외부로부터 열을 흡수한다.

① ㄱ, ㄴ 　　　　　 ② ㄴ, ㄷ
③ ㄱ, ㄷ 　　　　　 ④ ㄱ, ㄴ, ㄷ

9. 다음 중 빛을 이용한 정보의 저장매체가 아닌 것은?

① Flash Memory
② Compact Disc
③ Digital Versatile Disc
④ Blu-ray Disc

10. 다음은 광전 효과에 대해 설명한 글의 일부이다. (가)~(다)에 들어갈 내용으로 옳은 것은?

> 금속에 특정 진동수 이상의 진동수를 가진 빛을 쪼이면 금속으로부터 (가) 가 튀어나오는 현상을 광전 효과라고 한다. 아인슈타인은 "빛은 (나) 에 비례하는 에너지를 갖는 (다) 라고 하는 입자들의 흐름이다." 라는 광양자설로 광전 효과를 설명하였다. 광양자설에 의하면 금속으로부터 튀어나온 (가) 의 운동 에너지는 (나) (이)가 큰 빛을 쪼일 때 더 커진다.

	(가)	(나)	(다)
①	중성자	파장	광자
②	전자	세기	쿼크
③	양성자	세기	쿼크
④	전자	진동수	광자

11. 전류가 흐를 때 빛을 방출하는 다이오드를 발광다이오드(Light Emitting Diode)라고 한다. 다음 중 발광다이오드에 대한 설명이 아닌 것은?

① p-n 접합 다이오드에 순방향으로 전류가 흐를 때 전도띠의 바닥에 있던 전자가 원자가띠의 꼭대기에 있는 양공으로 떨어지면 그 사이 띠틈에 해당하는 만큼의 에너지가 빛으로 방출된다.
② LED를 제작하는 반도체의 재질에 따라 띠틈의 에너지가 변화하며, 이를 이용하여 방출하는 빛의 색깔을 바꿀 수 있다.
③ LED는 전력 손실이 작은 장점 이외에도 수명이 길고 크기가 작으며 가벼워서 각종 영상 표시 장치, 조명 장치, 레이저 등의 제작에 사용되고 있다.
④ 이미터(E), 베이스(B), 컬렉터(C)라고 부르는 세 개의 단자로 되어 있다.

12. 일정량의 기체에 5kcal의 열량을 가하였더니 기체가 팽창하면서 외부에 8400J의 일을 하였다. 이때 기체의 내부 에너지 증가량은 몇 J인가? (1kcal=4200J)

① 0
② 8400
③ 12600
④ 29400

13. 그림과 같이 정사각형 도선이 균일한 자기장에 가만히 놓여 있다. 자기장의 방향은 정사각형 도선의 면에 수직으로 들어가는 방향이다.

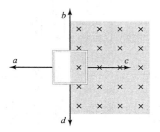

정지해 있던 정사각형 도선을 v의 속력으로 움직이는 순간 도선에 생기는 유도 기전력에 대한 설명으로 옳은 것을 모두 고른 것은?

> ㄱ. a와 c 방향으로 움직일 때 유도 기전력의 세기는 서로 같다.
> ㄴ. a와 c 방향으로 움직일 때 유도 기전력의 방향은 서로 같다.
> ㄷ. b와 d방향으로 움직일 때 유도 기전력은 생기지 않는다.

① ㄱ
② ㄴ
③ ㄱ, ㄷ
④ ㄴ, ㄷ

14. 그림과 같이 천장에 매달린 고정 도르래에 질량이 각각 m_1, m_2인 두 개의 벽돌 A, B가 늘어나지 않는 줄에 매달려 있다. 정지해있던 벽돌들을 가만히 놓았을 때 벽돌 B가 아래 방향으로 가속도 a로 내려가게 되었다. 벽돌 A의 질량 m_1은? (단, 줄과 도르래의 질량, 모든 마찰은 무시하며, 중력가속도는 g이다.)

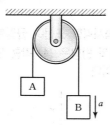

① $\dfrac{g+a}{g-a}m_2$ ② $\dfrac{g-a}{g+a}m_2$

③ $\dfrac{g+2a}{g-2a}m_2$ ④ $\dfrac{g-2a}{g+2a}m_2$

15. 그림은 수평면 위에 높여 있는 질량 4kg인 물체 B 위에 질량 1kg인 물체 A를 올려놓은 후, 물체 B에 10N의 힘을 오른쪽으로 작용한 모습을 나타낸 것이다.

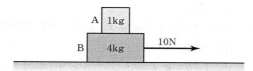

물체 A가 미끄러지지 않고 물체 B와 한 덩어리로 함께 움직였을 때, 물체 A에 작용하는 마찰력의 방향과 크기는? (단, 물체 B와 수평면 사이의 마찰은 무시하고, 중력가속도는 10m/s²이다.)

	방향	크기
①	왼쪽	2N
②	왼쪽	4N
③	오른쪽	2N
④	오른쪽	4N

16. 다음 A, B는 수소(H)의 핵융합과 우라늄(U)의 핵분열 과정을 나타낸 핵 반응식이다.

A : $_1^1H + _1^2H \rightarrow (\text{㉠}) + r + 약 5.5MeV$

B : $_{92}^{235}U + (\text{㉡}) \rightarrow _{92}^{236}U \rightarrow _{56}^{141}Kr + _{56}^{141}Ba + 3_0^1n$
   $+ 약 200MeV$

㉠의 중성자 수와 ㉡에 해당하는 입자로 옳은 것은?

	㉠의 중성자 수	㉡
①	0	$_1^1H$
②	1	$_0^1n$
③	2	$_0^1n$
④	1	$_{-1}^0e$

17. 다음 표의 A와 B는 동위원소 관계이고, B와 C는 질량수가 같을 때, (가)와 (나)의 합은?

중성 원자	A	B	C
양성자 수	18	(가)	19
중성자 수	20	22	(나)

① 39   ② 40
③ 41   ④ 42

18. 그림은 직선 운동을 하는 어떤 물체의 속도를 시간에 따라 나타낸 것이다. 이 물체의 운동에 대한 설명으로 옳은 것을 모두 고른 것은?

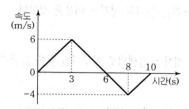

> ㄱ. 0~10초 동안 이동한 거리는 10m이다.
> ㄴ. 0~10초 동안 평균속도의 크기는 1m/s이다.
> ㄷ. 3~8초 동안의 평균가속도는 -2m/s²이다.

① ㄱ   ② ㄴ
③ ㄱ, ㄷ   ④ ㄴ, ㄷ

19. 그림은 보어의 수소 원자 모형을 나타낸 것이다. 이에 대해 옳게 말한 사람을 모두 고른 것은?

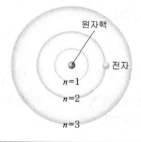

> 철수 : 원자핵과 전자 사이에는 쿨롱의 법칙을 따르는 힘이 작용해
> 영희 : 전자가 $n=1$인 궤도에 있을 때 전자의 에너지가 가장 커
> 민수 : 전자가 $n=3$에서 $n=2$인 궤도로 전이할 때 원자가 빛을 흡수해

① 철수   ② 민수
③ 철수, 영희   ④ 영희, 민수

20. 다음 표는 동일한 지진에 대해 관측소 A와 B의 지진 기록이다. 이에 대한 설명으로 옳은 것을 모두 고른 것은?

관측소	지진파 도달 시각		진도
	P파	S파	
A	21시 58분 27초	21시 58분 47초	3.0
B	21시 58분 17초	21시 58분 29초	4.0

> ㄱ. PS시는 A가 B보다 짧다.
> ㄴ. 지진의 규모는 A와 B에서 같다.
> ㄷ. 진원까지의 거리는 A가 B보다 멀다.
> ㄹ. 지표면이 흔들린 정도는 A가 B보다 크다.

① ㄱ, ㄴ   ② ㄱ, ㄹ
③ ㄴ, ㄷ   ④ ㄷ, ㄹ

1. 전반사 임계각은 $\sin\theta_C = \dfrac{n_2}{n_1}$ 이다. 따라서 전반사 입사각 범위가 크려면 임계각은 작아야 한다. 따라서 n_1는 크고, n_2은 작은 유리에서 공기로 진행하는 경우에 가장 크다.

2. ① $0{\sim}t_1$에서는 속력이 일정하므로 알짜힘이 0이다.
② $s = vt$이므로 속도가 2배가 되면 이동거리도 2배가 된다.
④ $t_1{\sim}t_2$ 동안 속도는 줄어든다. 따라서 운동 방향과 가속도 방향은 반대이다.

3. ㄱ. 23-11=12   ㄴ. 11-1=10
ㄷ. 이온 반지름은 원자반지름과 같다.

4. ㄱ. 작용반작용에 의해 A가 받는 충돌량과 B가 받는 충돌량은 같다.
ㄴ. $2m_A - m_B = m_A + 3m_B$이므로 $m_A = 4m_B$
ㄷ. 충돌 전
$$E = \frac{1}{2} \times 4m_B \times 2^2 + \frac{1}{2} \times m_B \times (-1)^2 = \frac{1}{2}17m_B$$
충돌 후
$$E' = \frac{1}{2} \times 4m_B \times 1^2 + \frac{1}{2} \times m_B \times 3^2 = \frac{1}{2}13m_B$$
이므로 동일하지 않다.

5. $\rho\big(1 + 3.0 \times 10^{-3} \times (100 - 0)\big) = 1.3\rho$

6. ㄱ. 백색광은 모든 색의 빛이 있으므로 A, B, C 모두 강하게 반응한다.
ㄴ. A 청색, B 녹색, C 적색

7. 소리가 위쪽으로 굴절되므로 더 밀한 것이고 높은 곳이 더 온도가 낮다.

8. ㄱ. 단열팽창이므로 온도가 낮아진다.
ㄴ. 팽창하므로 외부에 일을 한다.
ㄷ. 수증기로 응결되므로 열을 방출한다.

9. 플래시메모리는 전기적 성질을 이용한 것이다.

11. 이미터, 베이스 컬렉터로 이루어진 것은 트랜지스터이다.

12. 가한열량 $Q = 5 \times 4200 = 21000\text{J}$이다.
따라서 내부에너지 증가량 $\Delta U = 21000 - 8400 = 12600\text{J}$이다.

13. ㄱ, ㄴ 방향이 반대지만 속력이 동일하므로 유도 기전력의 세기는 같고, 방향은 반대이다.
ㄷ 도선을 지나는 자속의 양이 변하지 않기 때문에 유도기전력이 생기지 않는다.

14. A에 대한 운동 방정식: $T - m_1 g = m_1 a$,
B에 대한 운동 방정식 : $m_2 g - T = m_2 a$
두 식을 더하면 $m_1(g+a) = m_2(g-a)$이므로
$$m_1 = \frac{g-a}{g+a}m_2$$이다.

15. 두 물체가 함께 움직이므로 가속도 $a = \dfrac{10}{1+4} = 2\text{m/s}^2$이다.
따라서 A의 알짜힘이 곧 마찰력이므로 마찰력은 2N이고, 방향은 오른쪽이다.

16. ㉠ : ^3_2He, ㉡ : ^1_0n 따라서 ㉠의 중성자는 3-2=1개이다.

17. A와 B는 동위원소이므로 양성자 수가 동일하다. 따라서 (가)는 18, B와 C는 질량수가 같으므로 양성자와 중성자 수의 합이 동일하다 따라서 (나)는 18+22-19=21이다.
답은 18+21=39

18. ㄱ. $\dfrac{1}{2} \times 6 \times 6 + \dfrac{1}{2} \times 4 \times 4 = 26\text{m}$

ㄴ. 변위는 $\dfrac{1}{2} \times 6 \times 6 + \dfrac{1}{2} \times 4 \times (-4) = 10\text{m}$이다.

따라서 평균 속도는 $10 \div 10 = 1\text{m/s}$이다.

ㄷ. $a = \dfrac{-10}{5} = -2\text{m/s}^2$

19. $n = 1$일 때 에너지가 가장 작고, $n = 3$에서 $n = 2$로 전이할 때 에너지가 낮아지므로 빛을 방출한다.

20. ㄱ. A PS시 : 47-27=20초, B PS시 : 29-17=12초

ㄴ. 지진의 규모는 진원에서 방출된 에너지의 양이고, 동일한 지진이므로 규모도 동일

ㄷ. 지진파가 늦게 도달한 A가 더 멀다.

ㄹ. 진도가 더 큰 B가 흔들리는 정도가 크다.

1. ③	2. ③	3. ④	4. ①	5. ②
6. ④	7. ③	8. ①	9. ①	10. ④
11. ④	12. ③	13. ③	14. ②	15. ③
16. ②	17. ①	18. ④	19. ①	20. ③

1. 얼음을 알루미늄 호일로 싸는 것보다 담요로 싸면 잘 녹지 않는다. 이 현상에 대한 옳은 설명을 가장 잘 고른 것은?

> ㄱ. 감자를 삶을 때 쇠젓가락을 꽂아 놓으면 감자가 더 빨리 익는다.
> ㄴ. 방에 난로를 피우면 난로에서 먼 곳에 있는 공기도 따뜻해진다.
> ㄷ. 추운 날 밖에 놓여 있는 의자에 앉을 때, 철로 만든 의자보다는 나무 의자에 앉을 때 훨씬 덜 차갑게 느낀다.

① ㄱ, ㄴ   ② ㄱ, ㄷ
③ ㄴ, ㄷ   ④ ㄱ, ㄴ, ㄷ

2. 다음은 xy 평면에서 전류가 흐르는 무한히 가늘고 긴 직선 도선 A, B, C를 나타낸 것이다. A, B에는 각각 $-x$, $+y$ 방향으로 세기가 I_0인 전류가 흐르고 있다. 점 P, Q는 xy 평면상에 있으며, Q에서 자기장의 세기는 0이다. 옳은 설명을 가장 잘 고른 것은?

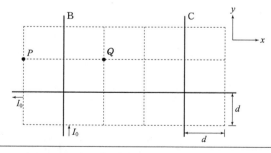

> ㄱ. C에 흐르는 전류의 세기는 I_0보다 크다.
> ㄴ. C에 흐르는 전류의 방향은 $-y$방향이다.
> ㄷ. P에서 자기장의 방향은 xy 평면에 수직으로 들어가는 방향이다.

① ㄱ   ② ㄴ
③ ㄱ, ㄴ   ④ ㄱ, ㄷ

3. 특수상대성 이론에 따라, 질량이 10g인 정지한 물체가 모두 에너지로 전환 된다면, 발생된 에너지는?

① 10^9J   ② 3×10^9J
③ 9×10^{14}J   ④ 9×10^{16}J

4. 다음은 카레이서인 영수가 탄 자동차의 운동에 관한 글이다. 아래의 ㉠ ~ ㉢ 중 옳게 사용된 것은 모두 몇 개인가?

> 카레이서인 영수가 400m 트랙을 10바퀴 도는 시합, 즉 ㉠이동거리 4km를 달리는 시합에 참가하였다. 곡선 구간을 달리는 동안 영수는 자동차 계기판을 통해 ㉡등속도로 달리고 있다는 것을 알았으며, 영수가 탄 자동차가 출발선에서 출발하여 최종 도착선을 통과할 때까지 1분 40초의 기록으로 우승하였다. 출발선에서 출발하여 최종 도착선을 통과할 때까지 자동차의 ㉢평균속도는 40m/s이었다.

① 없음   ② 1개
③ 2개   ④ 3개

5. 그림은 전압이 9V인 전원에 전기 용량이 각각 C_1, C_2, C_3인 축전기 3개를 연결하여 각각의 축전기가 완전히 충전된 회로를 나타낸 것이다. $C_1 = 4\,\mu$F, $C_2 = 2\,\mu$F, $C_3 = 3\,\mu$F일 때, 축전기 C_3에 저장된 전기 에너지는?

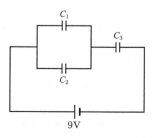

① 54μF   ② 60μF
③ 81μF   ④ 108μF

6. 다음 빈 칸을 순서대로 옳게 제시한 것은?

> 전류의 흐름을 방해하는 것을 (㉠)이라 하고, 단위는 (㉡)를/을 사용한다.

	㉠	㉡
①	전압	V
②	저항	A
③	전력	W
④	저항	Ω

7. (가)는 한쪽 끝이 벽에 고정된 줄을 따라 $\frac{d}{t_0}$의 속력으로 $-x$방향으로 진행하는 진폭 A인 파동의 모습을 나타낸 것이다. (나)는 (가)의 줄에서 정상파가 만들어진 후, $x = 3d$에서 줄의 변위를 $t = 0$인 순간부터 시간에 따라 나타낸 것이다.

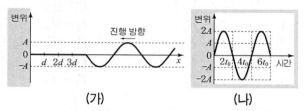

(가)　　　　　　　(나)

$x = d$와 $x = 2d$에서 줄의 변위를 $t = 0$인 순간부터 시간에 따라 나타낸 것을 적절한 그래프로 가장 잘 고른 것은?

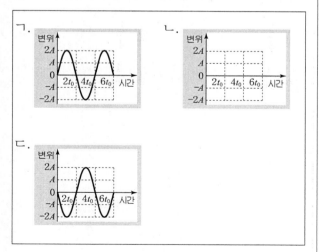

	$x = d$	$x = 2d$
①	ㄱ	ㄴ
②	ㄷ	ㄱ
③	ㄷ	ㄴ
④	ㄱ	ㄷ

8. 질량이 10kg인 정지한 물체에 힘을 가했을 때 물체의 속도와 시간과의 관계가 그래프와 같았다. 이 힘이 가해지는 5초 동안의 일률의 크기는?

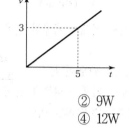

① 6W　　　　　　② 9W
③ 10W　　　　　　④ 12W

9. 다음과 같이 저항값이 R인 저항, 전기 용량이 C인 축전기, 자체 인덕턴스가 각각 L, $2L$인 두 코일을 교류 전원에 연결하였다. 교류 전원의 진동수는 $\frac{1}{2\pi\sqrt{LC}}$이다. 옳은 설명을 가장 잘 고른 것은?

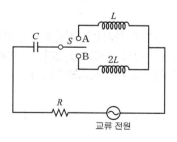

> ㄱ. S를 A에 연결했을 때 회로의 임피던스는 R이다.
> ㄴ. S를 A에 연결했을 때 저항에 걸리는 전압과 축전기에 걸리는 전압은 위상이 같다.
> ㄷ. 전류의 실효값은 S를 B에 연결했을 때가 A에 연결했을 때보다 작다.

① ㄱ, ㄴ　　　　　　② ㄱ, ㄷ
③ ㄴ, ㄷ　　　　　　④ ㄱ, ㄴ, ㄷ

10. 다음과 같이 온도 300K의 이상기체 n몰(mol) A상태에서 B상태로 변화하였다. 이때 기체의 변화를 설명한 것으로 가장 옳은 것은? (단, 이 기체는 단원자분자 기체이다.)

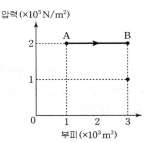

① A→B 과정에서 기체가 흡수한 열은 기체가 한 일보다 크다.
② B 상태의 온도는 600K이다.
③ A→B 과정에서 기체가 외부에 한 일은 600J이다.
④ B 상태의 압력은 $2×10^5 N/m^2$이다.

11. 오른쪽 방향으로 등가속도 운동하던 물체가 5초 뒤에는 왼쪽으로 40m/s의 속도가 되었다. 이 물체의 평균 가속도는? (단, 물체의 처음 속도는 10m/s)

① $-4m/s^2$
② $-6m/s^2$
③ $-8m/s^2$
④ $-10m/s^2$

12. 물체, 책상면, 지구 사이에 상호 작용하는 힘이 다음과 같다. 작용·반작용의 관계에 있는 힘과 평형을 이루고 있는 힘을 가장 옳게 짝지은 것은?

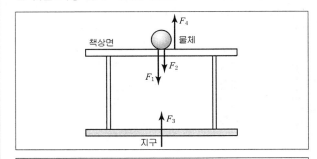

- F_1 : 지구가 물체를 당기는 힘(중력)
- F_2 : 물체가 책상을 누르는 힘(전압력)
- F_3 : 물체가 지구를 당기는 힘
- F_4 : 책상면이 물체를 떠받치는 힘(수직항력)

	작용과 반작용	힘의 평형
①	$F_2 - F_4$	$F_1 - F_4$
②	$F_2 - F_4$	$F_1 - F_2$
③	$F_1 - F_2$	$F_3 - F_4$
④	$F_1 - F_2$	$F_1 - F_4$

13. $_{92}U^{238}$의 반감기는 $4.5×10^9$년이다. $1.8×10^{10}$년 후에는 $_{92}U^{238}$의 양은 현재보다 몇 배로 변화되는가?

① $\frac{1}{2}$
② $\frac{1}{4}$
③ $\frac{1}{16}$
④ $\frac{1}{32}$

14. (가)는 자기화되지 않은 물체 A, B를 +x 방향의 균일한 자기장 영역 P에 고정시켜 놓은 것을, (나)는 (가)에서 자기장을 제거하고 B 대신에 자기화되지 않은 C를 놓아 고정시켜 놓은 것을 나타낸 것이다. (가)와 (나)에서 A와 B, A와 C 사이에는 서로 당기는 방향으로 자기력이 작용한다. A, B, C는 각각 강자성체, 상자성체, 반자성체를 순서를 없이 나타낸 것이다.

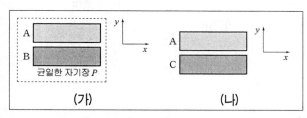

(가)　　　　　(나)

옳은 설명을 가장 잘 고른 것은?

ㄱ. A는 강자성체이다.
ㄴ. B는 P와 같은 방향으로 자기화 된다.
ㄷ. C의 오른쪽은 S극으로 자기화 된다.

① ㄴ　　　　　　② ㄷ
③ ㄱ, ㄴ　　　　　④ ㄱ, ㄷ

15. 그림과 같이 물체 A를 높이가 $4h$인 곳에서 가만히 놓고, 잠시 후에 물체 B를 높이가 h인 곳에서 가만히 놓았더니 두 물체가 낙하하여 동시에 바닥에 닿았다. B를 놓는 순간 A의 높이는? (단, 중력가속도는 일정하고, 물체의 크기가 공기 저항은 무시한다.)

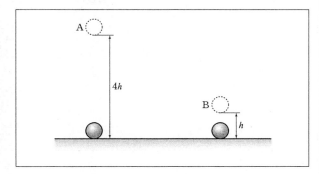

① h　　　　　　② $\dfrac{3}{2}h$
③ $2h$　　　　　　④ $3h$

16. (가)는 매질 Ⅰ에서 Ⅱ를 향해 입사각 θ_1으로 입사한 빛이 두 매질의 경계면을 따라 진행하는 모습을 나타낸 것이고, (나)는 매질 Ⅰ에서 매질 Ⅱ를 향해 입사각 θ_1으로 입사한 빛이 굴절각 θ_2로 굴절하여 진행하는 모습을 나타낸 것이다.

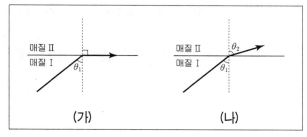

(가)　　　　　(나)

옳은 설명을 잘 고른 것은?

ㄱ. 굴절률은 매질 Ⅰ이 매질 Ⅲ보다 작다.
ㄴ. 굴절률은 매질 Ⅱ가 매질 Ⅲ보다 크다.
ㄷ. (가)에서 매질 Ⅰ에서 매질 Ⅱ로, 입사각 θ_2로 빛이 입사하면 경계면에서 전반사가 일어난다.

① ㄷ　　　　　　② ㄱ, ㄴ
③ ㄱ, ㄷ　　　　　④ ㄴ, ㄷ

17. 다음은 전자기파의 특징과 이용분야를 나타낸 것이다. ㉠, ㉡에 해당하는 전자기파의 명칭을 가장 잘 고른 것은?

전자기파	특징과 이용분야
㉠	원자핵이 붕괴하는 경우에 발생한다. 투과력이 강하며, 암을 치료하는데 이용된다.
㉡	열을 내는 물체에서 주로 발생하며, 리모컨 등에 이용된다.

	㉠	㉡
①	X선	자외선
②	γ선	적외선
③	자외선	가시광선
④	가시광선	전파

18. 다음 중 옳은 설명을 가장 잘 고른 것은?

> ㄱ. 열역학 제1법칙은 열에너지를 포함한 역학적 에너지가 보존됨을 말한다.
>
> ㄴ. 열역학 제2법칙은 자연현상의 방향성을 설명한다. 효율이 100%인 열기관은 열역학 제2법칙에 위배된다.
>
> ㄷ. 에너지를 생산하면서 영구히 가동되는 기관은 제2종 영구기관이다.

① ㄷ
② ㄱ, ㄴ
③ ㄱ, ㄷ
④ ㄴ, ㄷ

19. 그림은 수소 원자의 전자 전이를 나타낸 것이다. 전자 전이 a~e에 대해 다음 중 옳은 설명을 가장 잘 고른 것은? (단, 수소 원자의 에너지 준위는 $E_n = -\dfrac{1312}{n^2}$ KJ/mol 이다.)

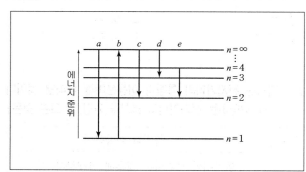

> ㄱ. 파장이 가장 짧은 빛을 방출하는 것은 a이다.
>
> ㄴ. d에 의해 방출되는 빛은 적외선 영역에 해당한다.
>
> ㄷ. b에 해당하는 에너지는 수소 원자의 이온화 에너지와 같다.

① ㄱ, ㄴ
② ㄱ, ㄷ
③ ㄴ, ㄷ
④ ㄱ, ㄴ, ㄷ

20. A가 20m 떨어진 B를 부를 때, A가 만들어낸 음파의 진동수가 100Hz라면, B가 듣게 되는 음파의 파장과 주기로 가장 옳은 것은? (단, 공기 중의 음속은 340m/s이다.)

	파장	주기
①	3.4m	100s
②	3.4m	0.01s
③	100m	0.01s
④	0.01m	3.4s

해설 및 정답

1. 문제에서 제시된 현상은 전도에 의한 열전달이다. ㄱ, ㄷ은 전도에 관한 설명이며, ㄴ은 복사에 관한 설명이다.

2. Q점에서의 자기장

$B = B_A + B_B + B_C = \left(k\frac{I_0}{d}\right) + \left(\frac{I_0}{d}\right) + \left(-k\frac{I_C}{2d}\right) = 0$ 이므로

$I_C = 4I_0$ 이다. 따라서 C에 흐르는 전류의 세기는 I_0 보다 크고, 전류의 방향은 $+y$ 방향이다.

P에서의 자기장은 $\left(k\frac{I_0}{d}\right) + \left(-k\frac{I_0}{d}\right) + \left(-k\frac{4I_0}{4d}\right) = -\frac{I_0}{d}$

이므로 xy평면에 수직으로 나오는 방향이다.

3. $E = mc^2 = (10 \times 10^{-3}) \times (3 \times 10^8)^2 = 9 \times 10^{14}$J이다.

4. 트랙은 폐곡선으로 4km 즉, 4000m는 이동거리이며, 계기판에 나타나는 것은 속도가 아니며 속력이므로 ⓒ은 등속력이다. 따라서 도착선을 통과할 때는 평균속력을 측정한 것이며, 평균속도는 변위가 0이기 때문에 0이다.

5. C_1과 C_2의 합성 전기용량은 $4 + 2 = 6\mu F$이다. 이것을 C_3와 직렬연결하면 각각에 저장되는 전하량이 동일하다. 따라서 $6V_1 = 3V_2$이고, $V_1 + V_2 = 9$이므로 $V_2 = 6$V이다. 따라서 C_3에 저장된 에너지는

$U = \frac{1}{2}CV^2 = \frac{1}{2} \times 3 \times 6^2 = 54\mu J$이다.

7. (나)에서 파동의 주기 $T = 4t_0$이므로 진동수

$f = \frac{1}{T} = \frac{1}{4t_0}$ 이다. 따라서 파동의 파장 $\lambda = 4d$이다. 따라서 $x = d$, $3d$인 지점은 마디이고, 두 지점은 변위가 반대이다.

8. 이동거리 $s = \frac{1}{2} \times 3 \times 5 = \frac{15}{2}$m이므로, 평균 속력은 $\frac{3}{2}$m/s이다. 또한, 물체의 가속도 $a = \frac{3}{5}$m/s²이므로 물체에 작용하는 알짜힘 $F = ma = 10 \times \frac{3}{5} = 6$N이다.

따라서 일률은 $P = Fv = 6 \times \frac{3}{2} = 9$W이다.

9. ㄴ. 저항에 걸리는 전압의 위상이 축전기에 걸리는 전압의 위상보다 $\frac{\pi}{2}$ 빠르다.

10. $P_A V_A : P_B V_B = 1 : 3$이므로 $T_B = 900K$이다.
$Q = W + \Delta U$에서 온도가 증가하므로 $\Delta U > 0$이므로 흡수한 열은 기체가 한 일보다 크다.
$W = P\Delta V = (2 \times 10^5) \times (2 \times 10^3) = 4 \times 10^8$J이다.
①에 대한 해양경찰청 의견은 '열'은 '열량'을 말하는 것으로 가장 옳은 것은 ④이다.

11. $a = \frac{(-40) - 10}{5} = -10$m/s²

12. 작용 · 반작용은 $F_2 - F_4$, $F_1 - F_3$, 평형은 $F_1 - F_4$

13. $(1.8 \times 10^{10}) \div (4.5 \times 10^9) = 4$이므로 반감기가 4번 지난 것, 따라서 현재 양의 $\left(\frac{1}{2}\right)^4 = \frac{1}{16}$ 배이다.

14. ㄴ. A와 B는 인력이 작용하므로 B는 P와 반대 방향으로 자기화 된다.
A : | S N |, B : | N S |, C : | N S |

15. $4h = \frac{1}{2}gt_A^2$이므로 $t_A = \sqrt{\frac{8h}{g}} = 2\sqrt{\frac{2h}{g}}$ 이고,

$h = \frac{1}{2}gt_B^2$이므로 $t_B = \sqrt{\frac{2h}{g}}$ 이다. A를 놓는 순간 A의 높이는 $4h - \frac{1}{2}g\left(2\sqrt{\frac{2h}{g}} - \sqrt{\frac{2h}{g}}\right)^2 = 4h - h = 3h$이다.

16. $\frac{\sin 90°}{\sin\theta_1} = \frac{n_1}{n_2}$, $\frac{\sin\theta_2}{\sin\theta_1} = \frac{n_1}{n_3}$에서 $n_1 > n_2$이고, $\theta_1 < \theta_2$이므로 $n_1 > n_3$이다. 또한 스넬의 법칙 두 식을 나누면 $\frac{1}{\sin\theta_2} = \frac{n_3}{n_2}$이므로 $n_2 < n_3$이다. 따라서 $n_2 < n_3 < n_1$이다.

18. 에너지를 생산하며 영구히 가동되는 기관은 제 1종 영구
기관이다.

19. $E = \dfrac{hc}{\lambda}$ 이므로 에너지가 클수록 파장은 짧다.

$n = 1$으로 전자가 전이될 때 라이머 계열, 자외선을 방출하고,
$n = 2$로 전자가 전이될 때 발머계열, 가시광선을 방출하며
$n = 3$이상의 준위로 전자가 전이될 때 적외선을 방출한다.

20. $v = f\lambda$ 에서

$\lambda = \dfrac{v}{f} = \dfrac{340}{100} = 3.4\text{m}, \ \ T = \dfrac{1}{f} = \dfrac{1}{100} = 0.01$초이다.

1. ②	2. ①	3. ③	4. ②	5. ①
6. ④	7. ③	8. ②	9. ②	10. ④
11. ④	12. ①	13. ③	14. ④	15. ④
16. ①	17. ②	18. ③	19. ④	20. ②

1. 힘과 운동의 법칙을 설명하고 있다. 다른 하나는 무엇인가?

① 달리던 사람이 돌부리에 걸려 넘어진다.
② 로켓이 가스를 내뿜으며 올라간다.
③ 버스가 갑자기 출발하면 승객이 뒤로 넘어진다.
④ 마라톤 선수가 결승선에서 계속 달리다가 멈춘다.

2. 지구 주위를 돌고 있는 인공위성 안에서 물체를 공중에 놓아도 떨어지지 않고 떠 있는 이유를 옳게 설명한 것은 무엇인가?

① 물체의 무게와 공기의 부력에 의한 크기가 같아 평형 상태이다.
② 인공위성이 지구와 태양의 만유인력의 평형점에 있기 때문이다.
③ 물체의 무게와 원심력의 합력이 같기 때문이다.
④ 인공위성이 중력의 영향에서 탈출했기 때문이다.

3. 20m/s로 수평으로 날아오는 공을 $\frac{1}{10}$초 후 멈추게 하려면 얼마만큼의 힘이 필요한가?(단, 공의 질량은 150g 이고, 공기저항을 무시한다.)

① 150 dyne
② 3×10^5 dyne
③ 3×10^6 dyne
④ 3×10^7 dyne

4. 베르누이 법칙을 바르게 설명한 것은 모두 몇 개 인가?

> ㉠ 유체 속도가 증가하면 압력이 낮아진다.
> ㉡ 깊이가 같으면 같은 깊이 지점의 압력이 모두 같다.
> ㉢ 분무기, 벤투리관, 비행기의 날개
> ㉣ 자동차 브레이크, 자동차 조향 장치, 굴삭기의 유압장치

① 1개
② 2개
③ 3개
④ 4개

5. 다음 중 물리량과 차원의 관계가 다른 것은?

	물리량	차원
①	밀도	$[ML^{-3}]$
②	에너지	$[ML^2T^{-2}]$
③	운동량	$[ML^{-1}T^{-2}]$
④	힘	$[MLT^{-2}]$

6. 평행한 두 직선도선에서 왼쪽 도선은 위쪽으로 전류가 흐르고 오른쪽 도선은 아래쪽으로 흐를 때 두 도선 사이 중앙부에서 자기장의 방향은?

① 위쪽
② 아래쪽
③ 중앙부로 들어가는 방향
④ 중앙부에서 나오는 방향

7. 이상 기체 1몰이 있다. 이 이상 기체의 상태가 압력이 3배, 부피가 $\frac{1}{4}$배로 변하게 되었다. 최종 상태의 내부에너지는 처음 상태의 몇 배가 되겠는가?

① $\frac{3}{4}$ 배
② $\frac{4}{3}$ 배
③ $\frac{1}{4}$ 배
④ $\frac{1}{12}$ 배

8. 다음 그림은 발광다이오드의 발광 원리를 나타내고 있다. 이에 대한 설명으로 틀린 것은?

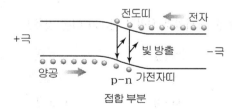

① 발광 다이오드는 p-n 접합 다이오드로 제작된다.
② LED에 어떤 파장의 빛을 비추어도 전류는 발생하지 않는다.
③ 많은 수의 전자가 전도띠에 있으며 많은 수의 양공이 원자가띠에 분포한다.
④ n형 반도체에 전지로부터 전자가 계속 공급되어 빛을 방출하게 된다.

9. 다음 그림은 어떤 망원경의 빛의 경로를 나타낸 것이다. 이에 대한 설명으로 옳은 것은?

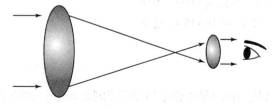

① 대형 망원경의 제작이 어렵고 제작비가 많이 든다.
② 반사 망원경의 원리이다.
③ 오목거울을 사용하여 빛을 모은다.
④ 상이 흔들리는 단점이 있다.

10. 높이 300m인 곳에서 물체 A를 자유 낙하시킴과 동시에 그 바로 밑의 지상에서는 물체 B를 50m/s로 연직 상방으로 던져 올렸다. 두 물체는 몇 초 후에 만나겠는가?(단, 중력가속도는 g이고, 공기의 저항은 무시한다.)

① 4초   ② 6초
③ 10초   ④ 12초

11. 다음 그림은 베르누이 법칙을 알아볼 수 있는 장치를 나타낸 것이다. 굵은 관과 가는 관을 U자 모양의 관으로 연결하고 가벼운 스티로폼 공을 넣어 기압의 차이를 확인할 수 있다. 굵은 관의 A 지점을 지날 때 공기의 속력은 v_A, 압력은 P_A이고 가는 관의 B 지점을 지날 때 공기의 속력은 v_B, 압력은 P_B이다. 공기가 관을 지나는 동안에 대한 설명으로 옳은 것은 모두 몇 개 인가?(단, 유체는 베르누이 법칙을 만족한다.)

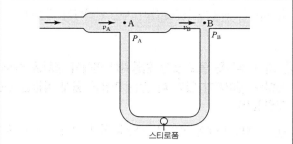

㉠ 두 단면을 같은 시간 동안 통과하는 유체의 질량은 서로 같다.
㉡ v_A가 v_B보다 크다.
㉢ P_A가 P_B보다 크다.
㉣ 스티로폼 공에 오른쪽으로 힘이 작용한다.

① 1개   ② 2개
③ 3개   ④ 4개

12. 열의 이동에 대한 설명으로 옳은 것을 모두 고른 것은?

> ㉠ 금속 막대에서 전도에 의해 이동하는 열량은 금속 막대의 길이에 비례하고 양끝의 온도 차이에 비례한다.
> ㉡ 모든 조건이 같고 열전도율만 다른 두 금속 막대에서 열전도율이 클수록 전도에 의해 단위 시간당 이동하는 열의 양이 많다.
> ㉢ 지구 중력장을 벗어나면 대류에 의한 열의 이동은 거의 일어나지 않는다.
> ㉣ 열은 고온의 물체에서 저온의 물체로 스스로 이동하며 저온의 물체에서 고온의 물체로는 스스로 이동하지 않는다.

① ㉠, ㉢, ㉣   ② ㉠, ㉡, ㉢
③ ㉡, ㉢, ㉣   ④ ㉠, ㉡, ㉣

13. 다음 그림은 같은 양의 물이 들어 있는 두 열량계에 물체 A, B를 각각 넣었을 때 물체와 물의 온도를 시간에 따라 나타낸 것이다. A, B의 질량은 각각 m, $2m$이다.

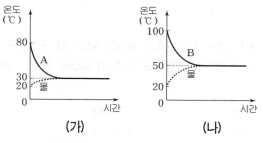

(가)   (나)

위 그림에서 물체 A, B의 비열을 각각 C_A, C_B라고 할 때 $C_A : C_B$ 는?(단, 외부와의 열 출입은 없다고 가정한다.)

① 2 : 3   ② 3 : 4
③ 1 : 1   ④ 3 : 2

14. 기체가 단열 팽창하는 경우와 단열 압축하는 경우 기체분자의 평균 운동에너지는 어떻게 변하는가?

	단열 팽창	단열 압축
①	감소한다	감소한다
②	감소한다	증가한다
③	증가한다	증가한다
④	증가한다	감소한다

15. 다음 그림은 주상 변압기를 통해 공급된 전기 에너지가 집 안의 전등과 헤어드라이어에서 소비되고 있는 모습을 나타낸 것이다. 주상 변압기의 1차 코일과 2차 코일에 걸리는 전압은 각각 V_1, V_2이다. 헤어드라이어를 켰을 때가 껐을 때보다 큰 물리량만을 모두 고른 것은? (단, 주상 변압기에서 에너지 손실은 무시한다.)

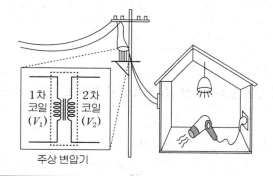

주상 변압기

> ㉠ 2차 코일에 흐르는 전류의 세기
> ㉡ 집으로 공급되는 전력
> ㉢ $\dfrac{V_2}{V_1}$

① ㉠   ② ㉡, ㉢
③ ㉠, ㉢   ④ ㉠, ㉡

16. 다음 그림은 백열전구에서 방출되는 빛의 스펙트럼을 알아보는 실험이다.

[실험 방법]
(가) 그림과 같이 백열전구를 직류 전원 장치에 연결한다.
(나) 직류 전원 장치의 전압을 V_1에서 V_2로 높이면서 필라멘트의 색과 온도, 전구에서 방출되는 빛의 스펙트럼을 분광기를 통해 관찰한다.

[실험 결과]

전압	필라멘트의 색	필라멘트의 온도	전구에서 방출되는 빛의 스펙트럼
V_1	빨간색	T_1	
V_2	노란색	T_2	A

위 실험 결과에 대한 설명으로 옳은 것을 모두 고른 것은?

⊙ T_2는 T_1 보다 높다.
ⓒ A는 연속 스펙트럼이다.
ⓒ 필라멘트 색의 변화는 빈의 변위 법칙으로 설명할 수 있다.

① ⊙, ⓒ　　　　　　② ⓒ, ⓒ
③ ⊙, ⓒ, ⓒ　　　　④ ⊙, ⓒ

17. 다음 그림은 광전 효과를 실험한 것이다. 아래의 설명 중 가장 옳지 않은 것은?

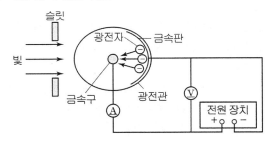

① 금속판에 (−)극을, 금속구에 (+)극을 연결한 후 한계 진동수 이상의 빛을 가해 광전자가 방출되어 전류가 흐를 때 전압을 증가시켜도 전류의 세기는 거의 변하지 않는다.
② 금속판에 (+)극을, 금속구에 (−)극을 연결한 후 한계 진동수 이상의 빛을 가해 광전자가 방출될 때 역전압을 걸어 전압을 증가시키면 광전류의 세기는 증가한다.
③ 광전 효과가 발생할 때 방출되는 광전자의 최대 운동에너지는 빛의 진동수와 관계있다.
④ 광전관에 역전압을 걸어주어 광전류가 0이 되는 순간 전압은 광전자의 최대 운동에너지에 비례한다.

18. 진폭 2cm, 주기 2초인 횡파가 4cm/s의 속력으로 x축의 (+) 방향으로 진행하고 있다. 이 파동의 파장은 얼마인가?

① 2 cm　　　　　② 4 cm
③ 6 cm　　　　　④ 8 cm

19. 전자기파를 진동수가 작은 것부터 큰 순서대로 바르게 나열한 것은?

① 장파 → 단파 → 적외선 → γ선
② 단파 → 장파 → γ선 → 적외선
③ γ선 → 적외선 → 단파 → 장파
④ 적외선 → γ선 → 장파 → 단파

20. 소음측정기로 주택가 주변의 소음을 측정한 결과, 낮에는 50 dB로 밤의 20 dB보다 30 dB이 높았다. 낮에는 밤보다 소음의 세기가 몇 배인가?

① 10배
② 100배
③ 1000배
④ 10000배

해설 및 정답

1. 로켓이 가스를 뿜으며 올라가는 건 작용 반작용 법칙이고 나머지는 관성의 법칙이다.

2. 지구 중력에 의한 무게와 원심력이 같기 때문이다.

3. 충격량은 운동량의 변화량과 같다.

$$I = F \cdot t = m(v_2 - v_1)$$

$$F \times \frac{1}{10} = 0.15(0 - 20) \qquad F = -30N$$

즉 힘 F는 날아오는 공의 반대방향으로 $30N = 30 \times 10^5$ dyne 의 힘이 필요하다.

4. 속력이 증가하면 압력이 감소하는 베르누이 정리는 벤튜리관 비행기의 양력의 원리이다.

5. 밀도 $kg/m^3 (ML^{-3})$ 에너지 $kg \cdot m^2/s^2 (ML^2T^{-2})$
운동량 $kg \cdot m/s (MLT^{-1})$ 힘 $kg \cdot m/s^2 (MLT^{-2})$

6.

중앙부에서 들어가는 방향으로 자기장이 생긴다.

7. $\dfrac{P_0 V_0}{T_0} = \dfrac{3P_0 \times \frac{1}{4} V_0}{T} \qquad T = \dfrac{3}{4} T_0$

내부에너지 $U = \dfrac{3}{2} nRT$ 이므로 내부에너지는 $\dfrac{3}{4}$ 배 이다.

8. LED에 일정파의 빛을 비추면 전류가 흐르게 되는 것은 광 다이오드이다.

9. 굴절망원경은 대형렌즈의 제작이 어렵고 제작비가 크다. 갈릴레이식 굴정망원경은 접안렌즈가 오목렌즈이고 오목거울을 이용하여 빛을 모은다. 반사망원경은 상이 흔들리는 단점이 있다.

10. A가 떨어진 거리 S_A와 B가 올라간 거리 S_B의 합이 300m 이다.

$$S_A = \frac{1}{2} g t^2 \qquad S_B = v_0 t - \frac{1}{2} g t^2$$

$$S_A + S_B = v_0 t \qquad 300 = v_0 t \qquad v_0 = 50m/s \text{ 이므로}$$

$t = 6$초 이다.

11. $P_A + \dfrac{1}{2} \rho v_A^2 + \rho h_A g = P_B + \dfrac{1}{2} \rho V_B^2 + \rho h_B g$

유체가 수평하게 흐르므로 $h_A = h_B$이고 단면적이 A가 B 보다 크므로 $v_A < v_B$이다.

$$P_A + \frac{1}{2} \rho v_A^2 = P_B + \frac{1}{2} \rho V_B^2 \qquad P_A > P_B \text{ 이고}$$

압력이 A가 크므로 스티로폼 공은 오른쪽으로 작용한다.
유체는 같은 시간에 같은 양이 지나간다.

12. 전도되는 열량은 $Q = \dfrac{kA\Delta T}{d}$ 로 막대길이에 반비례 한다. 대류는 밀도차에 의해 무거운 것이 가라앉고 가벼운 것은 위로 이동한다. 무중력 상태에서 대류는 일어나지 않는다.
열의 이동은 고온에서 저온으로 이동한다.

13. $Q = cm\Delta T$ 주고 받은 열량이 같으므로

$C_A m (80 - 30) = 1 \times M(30 - 20)$

$5mC_A = M$

$C_B \times 2m(100 - 50) = 1 \times M(50 - 20)$

$10mC_B = 3M$이고

$10mC_B = 3 \times 5mC_A \quad 2C_B = 3C_A \quad C_A : C_B = 2 : 3$이다.

14. 단열팽창하면 온도가 내려가고 단열압축하면 온도가 올라간다.

15. 헤어드라이어를 켰을 때 전류가 흐르고 전력이 소모하게 된다.

$\dfrac{N_2}{N_1} = \dfrac{V_2}{V_1}$ 값은 일정하다.

16. 온도가 높을수록 파장이 짧은 빛을 방출한다.
백열전구는 연속스펙트럼이다. $\lambda T =$ 일정(빈의 법칙)

17. 역전압을 걸어 전압을 증가시키면 전류가 흐르지 않는다.

18. $v = \dfrac{\lambda}{T}$ 에서 $\lambda = vT$ 이다. $\lambda = 4 \times 2 = 8\text{cm}$

19. 진동수가 작을수록 파장은 길다.

20. 10dB 차이에 10배이므로 30dB 차이는 $10 \times 10 \times 10$
즉 1000배이다.

1. ②	2. ③	3. ③	4. ②	5. ③
6. ③	7. ①	8. ②	9. ①	10. ②
11. ③	12. ③	13. ①	14. ②	15. ④
16. ③	17. ②	18. ④	19. ①	20. ③

1. 다음 중 72 km/h의 속력으로 30초 동안 이동한 물체의 이동 거리는 몇 m인가?

① 100 m   ② 200 m
③ 400 m   ④ 600 m

2. 다음 그림은 xy 평면에서 등가속도 운동하는 질량이 m인 물체의 x축 방향 속력 v_x와 y축 방향 속력 v_y를 시간 t에 따라 각각 나타낸 것이다. 0초부터 4초까지 물체에 작용하는 알짜힘의 크기는 2N이고, 알짜힘이 물체에 한 일은 W이다.

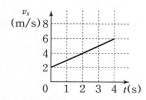 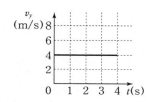

다음 중 W와 m으로 옳은 것은?

	W	m
①	16 J	1 kg
②	16 J	2 kg
③	32 J	2 kg
④	32 J	2.5 kg

3. 다음 중 지면에서 5 m 높이에 있던 질량 2 kg의 물체가 지면에 도달할 때의 속도는?(단, 중력 가속도는 10 m/s²이며 낙하하는 동안 공기의 저항에 의한 열 에너지로의 전환은 없었다.)

① 10 m/s   ② 20 m/s
③ 50 m/s   ④ 100 m/s

4. 다음 설명 중 가장 옳지 않은 것은?

① 자기장의 단위는 T(테슬라)이다.
② 직류 전동기는 자기력의 원리를 이용한 것이다.
③ 자기력선은 자석의 N극에서 나와서 S극으로 들어간다.
④ 솔레노이드 내부에서는 중심쪽으로 갈수록 자기장이 세다.

5. 다음 중 전자기력을 이용한 기구가 아닌 것은?

① 전류계   ② 전압계
③ 발전기   ④ 전동기

6. 코일의 양끝에 검류계를 연결해 놓고 막대자석을 코일에 접근시키거나 멀리 가져가면 검류계의 바늘이 움직인다. 이처럼 코일 내부를 통과하는 자기장을 변화시킬 때 코일에 전류가 흐르는 전자기 유도 현상과 가장 관계가 깊은 물리학자는 다음 중 누구인가?

① 드 브로이   ② 키르히호프
③ 맥스웰   ④ 패러데이

7. 다음 그림은 무선 충전 패드 위에 스마트폰을 올려놓고 충전하는 것을 나타낸 것이다. 충전 패드의 1차 코일에 전원을 연결하면 스마트폰 내부의 2차 코일에 의해 스마트폰이 충전된다. 다음 중 이에 대한 설명으로 옳은 것만을 모두 고른 것은?

- ㉠1차 코일에 흐르는 전류에 의한 자기장은 시간에 따라 변한다.
- ㉡2차 코일에는 기전력이 유도된다.
- ㉢충전 패드와 스마트폰 사이의 거리가 멀수록2차 코일에 흐르는 전류의 세기는 감소한다.

① ㉠

② ㉡

③ ㉡, ㉢

④ ㉠, ㉡, ㉢

8. 다음 그림은 원자핵 속의 중성자가 양성자로 바뀌면서 입자 A와 중성미자를 방출하는 모습을 모식적으로 나타낸 것이다. 다음 중 이에 대한 옳은 설명만을 모두 고른 것은?

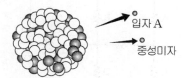

- ㉠ A는 전자이다.
- ㉡ 양성자는 위 쿼크 1개, 아래 쿼크 2개로 이루어져 있다.
- ㉢ 약한 상호 작용의 매개 입자는 중성미자이다.

① ㉠

② ㉠, ㉡

③ ㉡, ㉢

④ ㉠, ㉢

9. 반감기가 1,600년인 라듐 12 g이 있다. 다음 중 4,800년 후의 라듐의 질량은?

① 6 g

② 4.5 g

③ 3 g

④ 1.5 g

10. 그림 (가), (나), (다)는 수소 원자의 양자수에 따른 전자 구름의 형태를 모식적으로 나타낸 것이다. 표는 (가), (나), (다) 상태에서의 주 양자수 n, 궤도 양자수 l을 각각 나타낸 것이다.

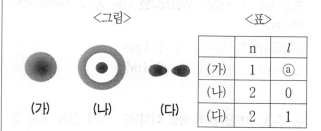

<그림>

(가) (나) (다)

<표>

	n	l
(가)	1	ⓐ
(나)	2	0
(다)	2	1

다음 중 이에 대한 설명으로 옳은 것만을 모두 고른 것은?

- ㉠ 위 표의 ⓐ는 0이다.
- ㉡ 전자의 에너지 준위는 (나)가 (다)보다 낮다.
- ㉢ (다)의 상태에서 전자가 가질 수 있는 자기 양자수의 개수는 모두 3개이다.

① ㉠, ㉡

② ㉠, ㉢

③ ㉡, ㉢

④ ㉠, ㉡, ㉢

11. 속도 25 m/s로 달리는 차가 정지해 있던 차를 스쳐 지나갈 때 정지해 있던 차가 10 m/s²의 가속도로 출발하였다면 두 차는 몇 초 후에 만나겠는가?

① 2초

② 3초

③ 4초

④ 5초

12. 질량이 50 kg인 사람이 엘리베이터를 탔다. 엘리베이터의 중력 가속도가 9.8 m/s²이라면, 다음 중 이 사람의 몸무게가 가장 무겁게 측정될 때는?

① 엘리베이터가 0.5 m/s²의 가속도로 내려가고 있을 때
② 엘리베이터가 0.5 m/s²의 가속도로 올라가고 있을 때
③ 엘리베이터가 등속으로 내려가고 있을 때
④ 엘리베이터가 등속으로 올라가고 있을 때

13. 마찰을 무시할 수 있는 얼음판 위에서, 질량 40 kg인 어린이는 10 m/s의 속력으로, 질량 60 kg인 어른은 5 m/s의 속력으로 마주보며 달려오다가 정면으로 충돌하였다. 충돌 직후 두 사람이 껴안았다면 다음 중 두 사람의 속력(m/s)은?

① 0.5 m/s   ② 1 m/s
③ 2 m/s   ④ 4 m/s

14. 다음 그림은 p-n 접합 다이오드, 직류 전원, 교류 전원, 스위치, 저항을 이용하여 회로를 구성하고 스위치를 a에 연결하였더니 저항에 화살표 방향으로 전류가 흐르는 것을 나타낸 것이다. X는 p형 반도체와 n형 반도체 중 하나이다.

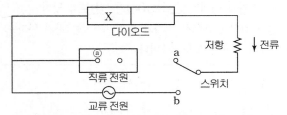

다음 중 이에 대한 설명으로 옳은 것만을 모두 고른 것은?

┌───┐
│ ㉠ 직류 전원의 단자 ⓐ는 (+)극 이다.   │
│ ㉡ X는 p형 반도체이다.   │
│ ㉢ 스위치를 b에 연결하면 저항에 흐르는 전류의 방향 │
│   은 변한다.   │
└───┘

① ㉠, ㉡   ② ㉠, ㉢
③ ㉡, ㉢   ④ ㉠, ㉡, ㉢

15. 다음 중 파동의 회절에 대한 설명으로 가장 옳은 것은?

① 회절은 호이겐스의 원리로 설명할 수 있다.
② 회절은 슬릿의 폭이 넓을수록 잘 일어난다.
③ 회절은 파동의 파장이 짧을수록 잘 일어난다.
④ 빛에 의해 나타난 물체의 그림자는 회절현상으로 볼 수 있다.

16. 다음 중 다이오드에 대한 설명으로 가장 옳지 않은 것은?

① 전류가 흐를 때 접합면을 통해 p형 반도체의 전자와 n형 반도체의 양공이 서로 반대 방향으로 이동한다.
② p형 반도체와 n형 반도체를 접합하여 만든 소자이다.
③ 고주파 속의 저주파 성분만을 검출하는 작용을 한다.
④ p형 반도체 쪽에 (+)극, n형 반도체 쪽에 (−)극을 연결해야만 전류가 흐른다.

17. 다음 그림은 저항 A, B, C, D, E와 전압이 일정한 전원, 스위치로 회로를 구성한 것을 나타낸 것이다. 저항 A~E의 저항값은 각각 $2R$, $2R$, $3R$, $3R$, $12R$이다. 스위치를 a, b에 각각 연결할 때, 총 저항값은 각각 R_a, R_b이다. 다음 중 $\dfrac{R_a}{R_b}$ 는?

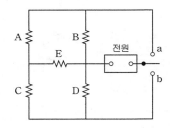

① $\dfrac{1}{2}$ ② $\dfrac{2}{3}$
③ $\dfrac{3}{4}$ ④ $\dfrac{4}{5}$

18. 다음 그림은 도서관에서 학생이 RFID 도서 반납 시스템을 이용하여 여러권의 책을 한 번에 반납할 때 도서 반납 시스템의 작동 원리를 나타낸 것이다.

다음 중 이에 대한 옳은 설명만을 모두 고른 것은?

> ㉠ 리더는 자외선을 이용하여 태그의 정보를 읽는다.
> ㉡ 책에 부착된 태그에는 책을 식별할 수 있는 정보가 담겨 있다.
> ㉢ 정보를 주고받을 때 태그와 리더에는 전자기파 공명 현상이 일어난다.

① ㉠
② ㉠, ㉡
③ ㉡, ㉢
④ ㉠, ㉡, ㉢

19. 빛을 금속에 쬐어서 전자가 방출될 때, 다음 중 에너지가 가장 큰 것은?

① 적외선
② γ선
③ 자외선
④ X선

20. 다음은 여러 가지 빛의 현상을 나타낸 것이다. 빛의 파동성으로만 설명이 가능한 것은?

> ㉠ 빛의 간섭 현상   ㉡ 빛의 직진 현상
> ㉢ 빛의 회절 현상   ㉣ 빛의 광전 효과

① ㉠, ㉡
② ㉠, ㉢
③ ㉡, ㉣
④ ㉢, ㉣

해설 및 정답

1. 72km/h의 속력은 72000m/3600s = 20m/s 이다.
30초 동안 이동거리는 20×30 = 600(m) 이다.

2. 그래프에서 x방향의 가속도는 기울기이므로 a = 1m/s² 이고
y방향의 가속도는 0이다.
x방향으로만 힘이 작용하고 $F = ma$에서 2 = m×1
질량 m = 2kg이고
한 일은 $W = F·s$ 에서 힘의 방향인 x방향의 이동거리는
그래프에서 면적이므로
s = 16(m) 이다.
$W = 2×16 = 32(J)$

3. 5m 높이에서 물체가 자유낙하하면 $h = \frac{1}{2}gt^2$에서 1초 후
에 떨어지고 이때 속력은 $v = gt$에서 $v = 10m/s$ 이다.

4. 솔레노이드 내부 자기장은 같다.

5. 발전기는 운동에너지를 이용한다.

6. 자속의 변화로 전류를 유도하는 것은 패러데이 법칙이다.

8. 중성자가 붕괴되어 양성자로 되는 β 붕괴이다.
이때 전자가 나온다. 양성자는 up 쿼크 2개와 down 쿼크 1개로
이루어져 있다. 약한 상호 작용의 매개 입자는 W보손과 Z보손
이다.

9. $N = N_0\left(\frac{1}{2}\right)^{\frac{t}{T}}$

$N = 12\left(\frac{1}{2}\right)^{\frac{4800}{1600}}$ $N = 12×\left(\frac{1}{2}\right)^3 = 1.5(g)$

10. 주양자수 $n = 1, 2, 3, 4, \cdots$ 이고
궤도양자수 l은 $0 \leq l \leq (n-1)$이다.
a는 $l = 0$이고 (나)와 (다)는 모두 에너지 준위가 $n = 2$이다.
(다)에서 자기 양자수는 m이
$-l \leq m \leq l$이므로 $l = 1$이면 m은 $-1, 0, 1$ 3가지 이다.

11. 스쳐 지나는 순간부터 이동거리가 같을 때 만난다.
$25t = \frac{1}{2}×10×t^2$ $t = 5$초

12. 위로 가속할 때 관성력은 중력과 같은 아랫 방향이 되므로
몸무게가 가장 크게 측정된다.

13. 운동량 보존의 법칙에서
$40×10 + 60×(-5) = (40+60)×V$
$100 = 100×V$ $V = 1m/s$

14. 전류의 방향을 고려할 때 X는 P형 반도체이고 직류전원의
ⓐ는 (+)극이다.
교류전원에 연결하면 직류전원과 같은 방향으로 전류가 흐르
다 전류가 흐르지 않다가를 반복한다.

15. 회절은 호이갠스 원리로 설명할 수 있고 회절은 슬릿의
폭이 작을수록 파장은 클수록 잘 일어난다.

16. 전류가 흐를 때 P형 반도체의 양공과 N형 반도체의 전자
가 접합면 쪽으로 이동한다.

17.

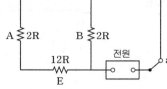

스위치를 a에 연결하면 R_a는 A와 E는 직렬연결로 합성값이
14R이다. B와는 병렬 연결이므로
$$\frac{1}{R_a} = \frac{1}{14R} + \frac{1}{2R} = \frac{8}{14R}$$
$R_a = \frac{7}{4}R$이다.

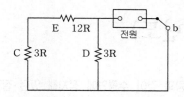

스위치를 b에 연결하면 R_b는 C와 E는 직렬연결로 합성값이 15R이다. D와는 병렬 연결이므로

$$\frac{1}{R_b} = \frac{1}{15R} + \frac{1}{3R} = \frac{6}{15R} \quad R_b = \frac{5}{2}R$$이다.

$$\frac{R_a}{R_b} = \frac{\frac{7}{4}R}{\frac{5}{2}R} = \frac{7}{10}$$ 이다.

18. 리더는 라이오파를 이용한다.
정보를 주고 받을 때 공명 현상이 일어난다.

19. 에너지가 가장 큰 전자기파는 γ선이다.

20. 간섭과 회절은 파동성으로 설명된다.

1. ④	2. ③	3. ①	4. ④	5. ③
6. ④	7. ④	8. ①	9. ④	10. ②
11. ④	12. ②	13. ②	14. ①	15. ①
16. ①	17. 답없음	18. ③	19. ②	20. ②

1. 몸무게가 80kg중인 사람이 탄 엘리베이터가 4m/s의 등속도로 올라가고 있을 때, 엘리베이터의 밑바닥이 받는 힘 (N)은? (단, 중력 가속도는 10 m/s² 이다.)

① 0   ② 320
③ 400   ④ 800

2. 변압기에서 1차 코일과 2차 코일의 감은 횟수의 비가 5 : 2일 때 2차 코일에 저항 10Ω의 전열기를 연결 하였더니 10A의 전류가 흘렀다. 변압기의 전력 손실이 없다면 1차 코일의 전압은 몇 V인가?

① 150   ② 250
③ 500   ④ 750

3. 아래 그림과 같이 서로 다른 물질의 경계면에서 빛이 진행되고 있다.

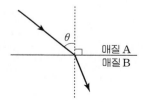

다음 중 옳은 것을 모두 고른 것은?

> ㉠ 매질 A의 굴절률이 B의 굴절률보다 더 작다.
> ㉡ 입사각 θ를 아무리 크게 하여도 전반사는 일어나지 않는다.
> ㉢ 매질 B에서 빛의 속력이 A보다 더 빠르다.

① ㉠   ② ㉡
③ ㉠, ㉡   ④ ㉡, ㉢

4. 아래 그림과 같이 수평면에 정지해 있던 질량이 2kg인 물체에 수평 방향으로 8N의 힘을 2초 동안 작용 하였다. 물체가 수평면을 지나서 경사면을 따라 도달할 수 있는 수평면으로부터의 최대 높이 h(m)는? (단, 수평력이 작용되는 동안 물체는 수평면에 있고, 물체의 크기 및 모든 마찰과 공기 저항은 무시하며, 중력 가속도는 10m/s² 이다.)

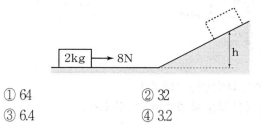

① 64   ② 32
③ 6.4   ④ 3.2

5. 자체 인덕턴스가 20 mH인 코일이 0.02초 동안 5 A의 전류를 증가시키면 이 회로에 발생하는 유도 기전력(V)은?

① 2   ② 5
③ 10   ④ 20

6. 70℃ 물 100 g과 10℃ 물 50 g을 섞으면 몇 ℃가 되겠는가? (단, 외부와의 열 출입은 없다고 가정한다.)

① 45   ② 50
③ 55   ④ 60

7. 자동차가 200 km를 가는데 처음 80 km는 20 km/h의 속력으로 나머지 120 km는 30 km/h의 속력으로 달렸다면 전체 평균속력은 몇 km/h인가?

① 20   ② 25
③ 28   ④ 30

8. 아래 그림에서 (가)는 전기 용량이 동일한 축전기 A, B 를 전압이 일정한 전원에 직렬로 연결한 것을 나타낸 것이고, (나)는 (가)상태에서 축전기 A의 두 극판 사이의 간격은 $\frac{1}{2}$배로 감소하고, B의 두 극판 사이의 간격은 2배로 증가한 것을 나타낸 것이다.

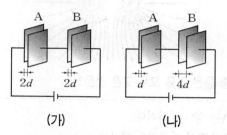

(가)에서 (나)로 변화시킬 때, A, B에 대한 설명으로 다음 중 옳은 것을 모두 고른 것은?

> ㉠ A에 저장되는 전하량은 증가한다.
> ㉡ B에 걸리는 전압이 감소한다.
> ㉢ B에 저장되는 전기 에너지는 증가한다.

① ㉠
② ㉡
③ ㉢
④ ㉡, ㉢

9. 지구보다 반지름이 2배 크고, 질량이 8배 큰 행성에서의 탈출속력은 지구에서의 탈출속력의 몇 배인가?

① $\frac{1}{4}$배
② 1배
③ 2배
④ 4배

10. 어떤 물체에 30 N의 힘을 주어서 힘의 방향과 60° 방향으로 20 m를 이동시켰다. 이 힘이 한 일(J)은?

① 10
② 30
③ 100
④ 300

11. 아래 그림은 xy평면에 무한히 긴 직선 도선 A, B가 y축과 나란하게 고정되어 있는 것을 나타낸 것이다. A, B 에는 각각 $+y$방향, $-y$방향으로 세기가 I_0인 전류가 흐른다.

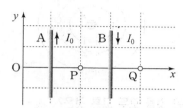

전류에 의한 자기장에 대한 설명으로 다음 중 옳은 것을 모두 고른 것은? (단, 모눈 간격은 일정하고, 지구 자기장은 무시한다.)

> ㉠ P에서 자기장의 방향은 xy평면에 수직으로 들어가는 방향이다.
> ㉡ O와 Q에서 자기장의 방향은 서로 같은 방향이다.
> ㉢ 자기장의 세기는 P에서가 Q에서보다 크다.

① ㉠
② ㉡
③ ㉠, ㉢
④ ㉠, ㉡, ㉢

12. 다음 중 러더퍼드의 원자 모형에 대한 설명으로 가장 옳지 않은 것은?

① 원자중심에는 양전기를 띤 원자핵이 있다.
② 원자핵이 원자 질량의 대부분을 차지한다.
③ 원자핵의 크기는 10^{-10}m 정도이고, 그 둘레를 전자가 돌고 있다.
④ 전자는 에너지 준위가 다른 궤도로 전이할 때 그 차에 해당하는 에너지를 방출 또는 흡수한다.

13. 양 끝이 고정되어 있는 40 cm의 기타줄을 따라 진행하는 파동의 속력이 1,500 m/s일 때, 이 기타줄에서 나올 수 있는 가장 낮은 소리의 진동수(Hz)는?

① 1,250
② 1,550
③ 1,750
④ 1,875

14. 아래 그림은 보어의 수소 원자 모형을 나타낸 것으로 n은 양자수이다.

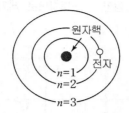

다음 중 옳은 것을 모두 고른 것은?

> ㉠ 전자가 n=1인 궤도에 있을 때 전자의 에너지가 가장 크다.
> ㉡ 원자핵과 전자 사이에는 쿨롱 법칙을 따르는 힘이 작용한다.
> ㉢ 전자가 n=3에서 n=2인 궤도로 전이할 때, 원자가 에너지를 방출한다.

① ㉠
② ㉠, ㉡
③ ㉡, ㉢
④ ㉠, ㉡, ㉢

15. 길이가 0.6 m인 도선을 자기장 0.4 T인 공간에서 자기장에 직각으로 5 m/s의 속도로 이동시키면 유도 되는 기전력(V)은?

① 1.0
② 1.2
③ 1.5
④ 2.0

16. 어떤 이상 기체의 절대 온도를 T라고 할 때, 이 기체 분자의 드브로이 파장과 절대 온도와의 관계로 가장 옳은 것은?

① $\sqrt{T}$에 반비례
② $\sqrt{T}$에 비례
③ T에 반비례
④ T에 비례

17. 아래 그림은 고정되어 있는 두 점전하 A, B 주위의 전기력선을 나타낸 것이다.

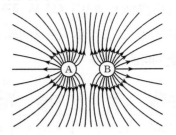

다음 중 옳은 것을 모두 고른 것은?

> ㉠ A는 양(+)전하이다.
> ㉡ A와 B의 전하량은 다르다.
> ㉢ A와 B 사이에 전기적 인력이 작용한다.

① ㉠
② ㉡
③ ㉢
④ ㉠, ㉡

18. 아래 그림은 일정량의 이상 기체의 상태가 A→B→C →D→A를 따라 변할 때 압력과 부피를 나타낸 것이다.

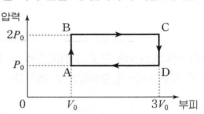

다음 중 옳은 것을 모두 고른 것은?

> ㉠ B→C 과정에서 기체가 외부에 한 일은 D→A 과정에서 기체가 외부로부터 받은 일의 2배이다.
> ㉡ A→B→C 과정에서 기체 분자의 평균 속력은 증가한다.
> ㉢ C→D→A 과정에서 기체의 내부 에너지는 증가한다.

① ㉠
② ㉢
③ ㉠, ㉡
④ ㉠, ㉡, ㉢

19. 줄의 길이가 L, 추의 질량이 m인 단진자의 주기는 T이다. 질량만 5m으로 했을 때의 주기를 T_1, 길이만 4L로 했을 때의 주기를 T_2라고 할 경우 서로의 관계를 나타낸 것으로 가장 옳은 것은?

① $T = T_1 < T_2$

② $T = T_1 > T_2$

③ $T < T_1 = T_2$

④ $T < T_1 < T_2$

20. 아래 그래프는 어떤 물체의 직선상에서의 운동 상태를 속도-시간 그래프로 나타낸 것이다. 이에 대한 해석으로 가장 옳은 것은?

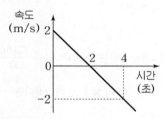

① 물체의 운동 방향이 한 번 바뀌었다.

② 0초 때의 물체의 위치와 2초 때의 물체의 위치가 같다.

③ 시간이 흐를수록 속력이 계속 감소하고 있다.

④ 4초 때의 가속도는 $1\,m/s^2$이다.

1. 등속이므로 가속도가 0이므로 800N이다.

2. $V=IR$에서 2차 코일의 전압은 100V이다. 변압기에서

$\dfrac{N_2}{N_1}=\dfrac{V_2}{V_1}$ $\dfrac{2}{5}=\dfrac{100}{V_1}$ $V_1=250\,V$이다.

3. $\dfrac{n_2}{n_1}=\dfrac{\sin\theta_1}{\sin\theta_2}=\dfrac{v_1}{v_2}=\dfrac{\lambda_1}{\lambda_2}$

입사각 보다 굴절각이 작으므로 B의 굴절율이 A의 굴절율보다 크고 이 경우 전반사가 일어날 수 없고 B에서 속력이 A보다 느리다.

4. $F=ma$에서 $8=2\times a$ 가속도 $a=4\text{m/s}^2$이고 2초 동안 힘을 가하면 속도는 $v=v_0+at$에서

$v=8\text{m/s}$ 이다. 운동에너지는 경사면 위에서 위치에너지가 되므로

$\dfrac{1}{2}\times2\times8^2=2\times10\times h$ $h=3.2(\text{m})$이다.

5. $V=L\dfrac{dI}{dt}$에서 $V=20\times10^{-3}\times\dfrac{5}{0.02}=5(V)$이다.

6. 70℃의 물이 잃은 열량과 10℃의 물이 얻은 열량이 같으므로

$Q=cm\Delta t$에서 평형온도가 t이면

$1\times100\times(70-t)=1\times50\times(t-10)$

$7000-100t=50t-500$ $7500=150t$

$t=50℃$

7. 80km를 20km/h 속력으로 4시간을 달리고

120km를 30km/h 속력으로 가면 4시간 걸리므로 200km 의 거리를 8시간 동안 달렸으므로 평균 속력은

$v=\dfrac{200\text{km}}{8\text{h}}=25\text{km/h}$이다.

8. 축전기의 전기용량은 $C=\dfrac{\varepsilon A}{d}$이므로 판사이 간격이 $\dfrac{1}{2}$이 된 A는 전기용량 C가 2배가 되고 2배가 된 B는 $\dfrac{1}{2}$배가 된다.

$Q=C_0V_0$에서 (가)에서 축전기가 직렬 연결이므로 합성값은 $\dfrac{1}{2}C_0$이고 전하량은 A와 B에 각각 $Q=\dfrac{1}{2}C_0V_0$이고 (나)에서 축전기의 합성 용량은

$\dfrac{1}{C}=\dfrac{1}{2C_0}+\dfrac{1}{\dfrac{C_0}{2}}$ $C=\dfrac{2}{5}C_0$이다.

따라서 A와 B에 각각 $Q=\dfrac{2}{5}C_0V_0$이다.

A의 전하량은 감소한다. B의 전압은 (가)에서 $\dfrac{1}{2}V_0$였고 (나)에서 $Q=CV$에서 $\dfrac{2}{5}C_0V_0=\dfrac{1}{2}C_0\times V$

$V=\dfrac{4}{5}V_0$이다.

B전압은 증가한다.

B의 전기에너지는 (가)에서 $\dfrac{1}{2}C_0\left(\dfrac{1}{2}V_0\right)^2=\dfrac{1}{8}C_0V_0^2$이고

(나)에서 $\dfrac{1}{2}\left(\dfrac{1}{2}C_0\right)\left(\dfrac{4}{5}V_0\right)^2=\dfrac{4}{25}C_0V_0^2$이다.

전기에너지도 증가한다.

9. 지구표면에서 탈출속력은 $\dfrac{1}{2}mv^2+\left(-\dfrac{GMm}{R}\right)=0$에서

$v=\sqrt{\dfrac{2GM}{R}}$이다. M이 8배 R이 2배이면

속력 v는 2배이다.

10. $W=F\cdot s\cos\theta$에서

$W=30\times20\times\cos60=300(J)$이다.

11. P점에서 A에 의한 자기장이 지면속으로 들어가는 방향으로 $k\dfrac{I_0}{r}$가 생기고 B도선에 의해서도 지면속으로 들어가는 방향으로 $k\dfrac{I_0}{r}$가 생겨서 $k\dfrac{2I_0}{r}$의 자기장이 지면속으로 들어가는 방향으로 생긴다. O점에서는 지면에서 나오는 방향 Q점에서도 같은 방향의 자기장이 생긴다. 자기장은 P점에서는 도선 A, B가 같은 방향의 자기장을 만들고 Q점에서 반대 방향의 자기장을 만들어 P에서 더 크다.

12. 전자는 에너지 준위가 다른 궤도로 전이할 때 그 차에 해당하는 에너지를 방출 또는 흡수하는데 이것은 보어의 원자 모형이다.

13. 낮은 소리는 진동수가 가장 작은 파이고 파장이 가장 길 때이다. 40cm 줄을 튕기면 파장은 80cm 즉 $\lambda = 0.8$m 이다. $v = f\lambda$ 에서 $1500 = f \times 0.8$ $f = 1875(Hz)$ 이다.

14. 전자는 바깥 궤도로 갈수록 에너지가 증가하고 밖에서 안으로 전이할 때 그 차이 만큼 에너지를 방출한다.

15. $V = -Blv$ $V = 0.4 \times 0.6 \times 5 = 1.2(V)$

16. $\lambda = \dfrac{h}{mv}$ 이고 기체운동에너지는 $\dfrac{1}{2}mv^2 = \dfrac{3}{2}kT$ 이다.

즉 $v \propto \sqrt{T}$ 이고 물질파 파장은 $\lambda \propto \dfrac{1}{v}$ 이므로

$\lambda \propto \dfrac{1}{\sqrt{T}}$ 이다.

17. 양전하에서 전기력선이 나오는 방향이고 전기력선의 수는 전하량에 비례한다.

18. B→C 과정의 일은 아랫면적이 $4P_0V_0$ 이고
D→A 과정의 받은 일 아랫면적이 $2P_0V_0$ 이다.

운동에너지는 $\dfrac{3}{2}kT$ 로 온도가 높을수록 속력이 증가한다.

온도는 $T = \dfrac{PV}{nR}$ 에서 A→B→C로 갈수록 증가한다.

내부에너지는 $U = \dfrac{3}{2}nRT$ 로 온도는 C→D→A로 갈수록 감소한다.

19. 주기 T는 $T = 2\pi\sqrt{\dfrac{l}{g}}$ 이므로 질량과 관계없고 길이 l
이 4배이면 T는 2배가 된다.
$T = T_1 < T_2$

20. 2초 전후로 속도의 부호가 바뀌므로 운동 방향이 바뀌었다.
0초일 때 비해 2초 일 때 2m 앞에 있다.
가속도는 기울기로 일정하게 -1m$/$s^{2}이다.
속력은 0~2초까지 감소하고 2~4초는 증가한다.

1. ④	2. ②	3. ③	4. ④	5. ②
6. ②	7. ②	8. ③	9. ③	10. ④
11. ④	12. ④	13. ④	14. ③	15. ②
16. ①	17. ①	18. ③	19. ①	20. ①

1. 정지해 있던 자동차가 등가속도 운동을 시작한 후 3초와 5초 사이에 32m 이동하였다. 이 자동차의 가속도(m/s^2)는?

① 2   ② 4

③ 6   ④ 8

2. 200V 용 500W 의 전열기가 있다. 니크롬선의 길이를 반으로 잘라서 200V 의 전원에 연결했을 때, 소비 전력(W)은?

① 250   ② 500

③ 700   ④ 1000

3. 단면적이 S인 도선에서 전자들이 평균 v의 속력으로 운동할 때 전류의 세기는? (단, 전자의 전하량은 e, 단위 체적당 전자의 수는 n이다.)

① $\dfrac{enS}{v}$ ② $\dfrac{env}{S}$

③ $envS$ ④ $\dfrac{1}{envS}$

4. 그림 (가)는 수평면에 정지해 있던 질량이 4kg인 물체에 수평방향으로 힘을 작용하여 3m를 이동시키는 것을 나타낸 것이다. 그림 (나)는 이 물체에 작용 하는 힘의 크기와 이동한 거리에 대한 그래프를 나타낸 것이다. 물체가 3m 를 지나는 순간에서의 속력(m/s)은?

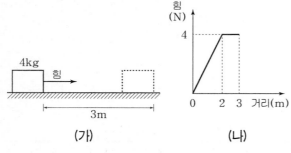

(가)   (나)

① 2   ② 4

③ 6   ④ 8

5. 5m/s 로 운동하는 질량 4kg 의 물체에 힘이 작용하여 속력이 10m/s 로 되었다면 힘이 한 일의 양(J)은?

① 150   ② 200

③ 250   ④ 300

6. 기전력이 24V 이고, 내부저항이 1Ω 인 전지를 3Ω 의 외부저항에 연결하였을 때, 이 전지의 단자전압(V)은?

① 12   ② 14

③ 16   ④ 18

7. 그림과 같이 단면적이 변하는 수평한 관에 밀도가 ρ인 물이 점 P 에서 속력 v로 흐를 때, 관 아래에 연결된 유리관 속의 밀도가 각각 5ρ, 9ρ 인 액체의 최고점 높이가 같은 상태로 유지된다. 점 P 와 점 Q 에서 단면적은 각각 3S, S이다.

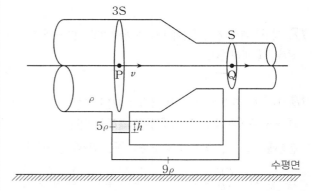

밀도가 5ρ 인 액체 기둥의 높이는 h 이고, P와 Q에서의 높이가 같을 때 속력 v는? (단, 중력 가속도는 g 이고, 물과 액체는 베르누이 법칙을 만족한다.)

① $\sqrt{\dfrac{2gh}{3}}$ ② $\sqrt{\dfrac{gh}{2}}$

③ $\sqrt{gh}$ ④ $\sqrt{3gh}$

8. 다음 그림과 같이 무게 30N 인 물체가 두 실 A와 B에 의해 매달려 있다. 이 때 두 실 A와 B에 작용하는 장력의 크기를 각각 T_A, T_B 라고 할 때, 장력의 비 $T_A : T_B$ 를 바르게 나타낸 것으로 가장 옳은 것은?

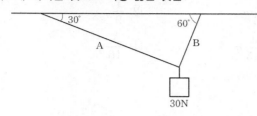

① $\sqrt{3} : 1$ ② $2 : 1$
③ $1 : 2$ ④ $1 : \sqrt{3}$

9. 어떤 방사성 물질 80g 이 붕괴를 시작해서 10g 이 되는데 24초가 걸렸다면 40g 이 되는데 걸리는 시간(초)은?

① 6   ② 8
③ 10   ④ 12

10. 수면파가 8m/s 의 속력으로 진행하고 있다. 어떤 점에서 수면의 높이가 2초에 한 번씩 최대로 된다면 이 수면파의 파장(m)은?

① 20   ② 16
③ 14   ④ 12

11. 다음 그림과 같이 높이 8m 인 곳에서 물체를 자유 낙하 시킬 때 높이 3m 지점에서 물체의 자유낙하 속도(m/s)는? (단, 중력가속도 $g = 10\text{m/s}^2$ 이고, 공기의 저항은 무시한다.)

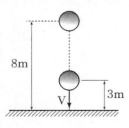

① 5   ② $5\sqrt{2}$
③ 10   ④ $10\sqrt{2}$

12. 우주비행사가 0.6c 의 일정한 속력으로 지구로부터 9 광년 떨어진 어떤 별까지 여행을 떠났다. 지구를 출발하여 이 별에 도착할 때까지 우주비행사가 측정한 여행 시간 (년)으로 가장 옳은 것은? (단, c는 진공 중에서의 빛의 속력이다.)

① 6   ② 8
③ 10   ④ 12

13. 다음 그림은 광전 효과 실험에서 어떤 금속에 빛을 비추었을 때 방출되는 광전자의 최대 운동 에너지와 빛의 진동수의 관계를 나타낸 그래프이다. 이 그래프로 알 수 없는 것으로 가장 옳은 것은?

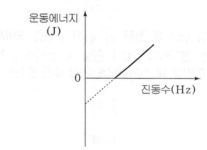

① 금속의 일함수   ② 한계 진동수
③ 빛의 세기   ④ 플랑크 상수

14. 자체유도계수(인덕턴스) $20 \times 10^{-5} H$ 의 코일과 전기용량 $5 \times 10^{-7} F$ 의 축전기가 직렬로 연결된 회로에서 코일에 의한 유도리액턴스의 값과 축전기에 의한 용량리액턴스의 값이 같아지려면 주파수가 몇 Hz인 교류전류를 흘려야 하는가?

① $\dfrac{5}{2\pi}$ ② $\dfrac{25}{2\pi}$
③ $\dfrac{10}{2\pi}$ ④ $\dfrac{10^5}{2\pi}$

15. 다음 중 마이크에 대한 설명으로 옳은 것을 모두 고른 것은?

> ㉠ 마이크는 전기 신호를 소리 신호로 바꾸어 주는 장치이다.
> ㉡ 마이크에서 만들어지는 전기 신호는 유도 전류에 의해 만들어지는 교류 전류이다.
> ㉢ 마이크의 동작 과정에서는 전류가 흐르는 원형 코일 주위에 자기장이 생기는 앙페르 법칙이 적용된다.

① ㉢ 　　　　　② ㉡, ㉢
③ ㉡ 　　　　　④ ㉠, ㉡

16. 전하량이 Q인 두 전하 q_1, q_2가 r 만큼 떨어져 있을 때 작용하는 전기력이 F였다. 만일 두 전하의 거리를 3r 만큼 떼어 놓았을 때 전기력으로 가장 옳은 것은?

① $\dfrac{1}{3}F$ 　　　　② $3F$

③ $\dfrac{1}{9}F$ 　　　　④ $9F$

17. 콘덴서에 걸어준 교류전압의 주파수가 감소하면 이 콘덴서의 리액턴스(X_C)는?

① 증가한다.
② 감소한다.
③ 변함없다.
④ 전압이 감소할 때 증가한다.

18. 같은 종류의 두 물체 A, B가 있다. A의 온도가 27℃이고, B의 온도가 127℃ 일 때, A, B에서 방출되는 복사에너지의 비로 가장 옳은 것은?

① 3 : 4 　　　　② $3^4 : 4^4$
③ 27 : 127 　　④ $27^2 : 127^2$

19. 지구의 반지름을 R, 질량을 M, 만유인력 상수를 G 라고 할 때, 지표면에서 높이가 3R이 되는 지점에서의 중력가속도로 가장 옳은 것은?

① $\dfrac{1}{3}g$ 　　　　② $\dfrac{1}{9}g$

③ $\dfrac{1}{15}g$ 　　　④ $\dfrac{1}{16}g$

20. 온도가 각각 527℃와 327℃인 두 열원 사이에서 작동하는 열기관(카르노 기관)의 최대효율(%)로 가장 옳은 것은?

① 25 　　　　　② 50
③ 75 　　　　　④ 100

1.

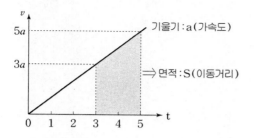

그래프에서 기울기는 가속도 a이고 아래면적이 이동거리 이므로 면적을 구하면

$(5a+3a) \times 2 \times \dfrac{1}{2} = 32 \qquad 8a = 32$ 이고

가속도 a는 $a = 4\text{m/s}^2$이다.

2. 전력은 $P = VI = I^2R = \dfrac{V^2}{R}$ 이므로 $R = \dfrac{V^2}{P} = \dfrac{200^2}{500}$ 이고

저항 $R = 80\Omega$이다. 절반 길이는 40Ω이므로

$P = \dfrac{200^2}{40} = 1000\,W$ 이다.

3. 전류 $I = \dfrac{Q}{t}$ 이고 전하량은 길이 l이고 단면적 s인 체적 ls

속의 전하량은 $lsne$ 이다.

따라서 전류는 $I = \dfrac{snel}{t} = snev$ 이다.

4. 그래프에서 면적은 해준 일이므로 해준 일 만큼 운동에너지 가 된다. 면적은 $(W = F \cdot s)$ $W = 8\text{J}$이고 운동에너지가 8J

이므로 $8 = \dfrac{1}{2}mv^2$ $(m = 4kg)$ $v = 2\text{m/s}$ 이다.

5. 운동에너지 증가량만큼 해준 일이다.

$\dfrac{1}{2} \times 4 \times 10^2 - \dfrac{1}{2} \times 4 \times 5^2 = 150\text{J}$

6. $E = IR + Ir, \quad I = \dfrac{E}{R+r} = \dfrac{24}{3+1} = 6A$

$V = IR = 6 \times 3 = 18\,V$

7. 단면적이 3S인 P점에서 속력이 v이면 Q점에서 속력은 단면적이 S이므로 $3v$이다.

P점과 Q점의 압력차이는 $P_P - P_Q = 9\rho gh - 5\rho gh = 4\rho gh$ 이다.

베르누이 정리에서(수평관이므로 높이차는 없다)

$P_P + \dfrac{1}{2}\rho v_P^2 = P_Q + \dfrac{1}{2}\rho v_Q^2$

$P_P - P_Q = \dfrac{1}{2}\rho\{v_Q^2 - v_P^2\} = \dfrac{1}{2}\rho\{9v^2 - v^2\} = 4\rho v^2$

$P_P - P_Q = 4\rho gh$ 이므로

$v = \sqrt{gh}$ 이다.

8. x방향의 힘은 $T_A \cos 30 = T_B \cos 60, \quad \sqrt{3}\,T_A = T_B$

y방향의 힘은 $T_A \sin 30 + T_B \sin 60 = 30$

$\dfrac{1}{2}T_A + \dfrac{\sqrt{3}}{2}T_B = 30 \qquad \dfrac{1}{2}T_A + \dfrac{3}{2}T_A = 30$

$T_A = 15N \qquad T_B = 15\sqrt{3}\,N$이다.

9. 80g에서 40g 되는 반감기

$N = N_0\left(\dfrac{1}{2}\right)^{\frac{t}{T}}$ 에서 $10 = 80\left(\dfrac{1}{2}\right)^{\frac{24}{T}}$ 이고 $T = 8$초 이다.

10. 속력이 8m/s 이고 주기 T가 2초이므로 파장은

$v = \dfrac{\lambda}{T}$ 에서 $\lambda = 8 \times 2 = 16(\text{m})$ 이다.

11. 5m 낙하시간은 $h = \dfrac{1}{2}gt^2$ 에서 $5 = \dfrac{1}{2} \times 10 \times t^2$

$t = 1$초이고

1초 일 때 속력은 $v = gt$ 에서 $v = 10\text{m/s}$ 이다.

12. $t = \dfrac{t_0}{\sqrt{1 - \left(\dfrac{v}{c}\right)^2}} = \dfrac{9}{\sqrt{1 - \left(\dfrac{0.6c}{c}\right)^2}} = \dfrac{9}{0.8} = 11.25$ 광년

가장 가까운 값 12광년이다.

13. 그래프의 y 절편이 일함수이고 x축을 지나는 점이 한계 진동수 기울기가 플랑크 상수이다. 빛의 세기는 알 수 없다.

14. $2\pi fL = \dfrac{1}{2\pi fC}$ 에서 $f = \dfrac{1}{2\pi\sqrt{LC}}$ 이다.

$$f = \frac{1}{2\pi\sqrt{20\times10^{-5}\times5\times10^{-n}}} = \frac{1}{2\pi\times10^{-5}} = \frac{10^5}{2\pi}$$

15. 마이크는 소리신호를 전기신호로 바꾼다. 마이크는 소리의 진동에 의해 자속 변화를 일으켜 유도 전류를 발생시키는 패러데이법칙이 적용된다.

16. 쿨롱의 법칙 $F = k\dfrac{q_1 q_2}{r^2}$ 에서 거리 r이 $3r$이 되면 힘은 $\dfrac{1}{9}F$가 된다.

17. 축전기의 저항 $X_c = \dfrac{1}{2\pi fC}$ 이므로 f 감소시 X_c는 증가한다.

18. 복사에너지는 $E \propto T^4$ 이므로 $(300)^4 : (400)^4$ 즉 $3^4 : 4^4$ 이다.

19. $g = \dfrac{GM}{R^2}$ 이고 지표에서 $3R$ 이므로 지구중심에서 $4R$ 이다. 따라서 $\dfrac{1}{16}g$ 이다.

20. 열효율은 $\eta = 1 - \dfrac{T_2}{T_1} = 1 - \dfrac{600}{800} = \dfrac{1}{4}$ 이고 즉 25%이다.

1. ②	2. ④	3. ③	4. ①	5. ①
6. ④	7. ③	8. ④	9. ②	10. ②
11. ③	12. ④	13. ③	14. ④	15. ③
16. ③	17. ①	18. ②	19. ④	20. ①

9급 서울시(경력) · 지방직(고졸자)
경력경쟁 · 해양경찰

스마트 9급물리

定價 23,000원

저 자 신 용 찬
발행인 이 종 권

2017年 1月 7日 초 판 발 행
2020年 1月 20日 1차개정발행
2023年 3月 8日 2차개정발행

發行處 (주) 한솔아카데미

(우)06775 서울시 서초구 마방로10길 25 트윈타워 A동 2002호
TEL : (02)575-6144/5   FAX : (02)529-1130
〈1998. 2. 19 登錄 第16-1608號〉

※ 본 교재의 내용 중에서 오타, 오류 등은 발견되는 대로 한솔아
　카데미 인터넷 홈페이지를 통해 공지하여 드리며 보다 완벽한
　교재를 위해 끊임없이 최선의 노력을 다하겠습니다.

※ 파본은 구입하신 서점에서 교환해 드립니다.

www.inup.co.kr / www.bestbook.co.kr

ISBN 979-11-6654-294-7 13420